# GRUNDRISS DER BOTANIK

VON

## Dr. OTTO STOCKER

**PROFESSOR DER BOTANIK**
**AN DER TECHNISCHEN HOCHSCHULE DARMSTADT**

MIT 303 ABBILDUNGEN

SPRINGER-VERLAG

BERLIN · GÖTTINGEN · HEIDELBERG

1952

ISBN-13: 978-3-642-49034-7     e-ISBN-13: 978-3-642-92582-5
DOI:   10.1007/978-3-642-92582-5

„Eine jede Wissenschaft ist für sich ein *System*;
und es ist nicht genug in ihr nach Prinzipien zu
bauen und also *technisch* zu verfahren, sondern man
muß mit ihr, als einem für sich bestehenden Ge-
bäude, auch *architektonisch* zu Werke gehen, und sie
nicht, wie einen Anbau und als einen Teil eines
andern Gebäudes, sondern als ein *Ganzes für sich* behandeln, ob man gleich *nachher* einen *Übergang* aus
diesem in jenes oder wechselseitig errichten kann."

I. KANT: *Kritik der Urteilskraft*, § 68.

# Vorwort.

Während für die akademische Ausbildung in Botanik eine gute Auswahl
von *Lehrbüchern* zur Verfügung steht, mangelt es an einem kurzgefaßten „*Grundriß*", welcher, über den Zweck eines Repetitoriums hinausgehend, die wesentlichen Tatsachen in ihrem wissenschaftlichen Zusammenhang, wie KANT sagt,
„architektonisch" aufbaut und damit dem Studierenden eine wirksame Hilfe bei
der Verarbeitung der Vorlesung und der Vorbereitung zum Examen bietet. Ein
solcher Grundriß ist zunächst notwendig für die große Gruppe von Studierenden, welche, wie Mediziner, Pharmazeuten, Chemiker, Land- und Forstwirte
und Teile der Lehramtsanwärter, Botanik nur als *Nebenfach* zu betreiben haben
und ihr deshalb nur eine beschränkte Zeit und Aufnahmefähigkeit widmen können. Ihnen kann nicht wohl zugemutet werden, sich selbst aus der Stoffülle eines
Lehrbuches das Wesentliche auszusuchen und in einen Zusammenhang zu bringen. Für den Biologen im *Hauptfach* gilt im Beginn des Studiums dasselbe; auch
er sollte zunächst einmal eine klare Wegleitung in das Gebiet erhalten, in welches er in der Folge an Hand der Lehrbücher in eigener Untersuchungsarbeit
tiefer eindringen muß.

Bei der *Auswahl des Stoffes* eines solchen Grundrisses muß naturgemäß
die *allgemeine Botanik* den Schwerpunkt bilden, und ihr ist, in die Abschnitte
*Morphologie* und *Physiologie* gegliedert, der größte Teil des Buches gewidmet.
Dabei finden die Kryptogamen eine hinreichende Berücksichtigung, weil nur auf
dieser Basis der Bau und die Funktion des Kormophyten klargelegt werden
kann. Eingearbeitet ist die Genetik, in der Darstellung beschränkt auf botanische Objekte. An geeigneten Stellen wird etwas näher auf Methoden und Pro-
blemstellungen eingegangen; diese Ergänzungen sind durch Kleindruck vom
Haupttext unterschieden. Auch auf praktische Anwendungen ist mehrfach hin-
gewiesen, zumal wenn sie, wie das Ertragsgesetz, im Zug des wissenschaftlichen
Gedankenganges liegen.

Um die zentralen Kapitel der Morphologie und Physiologie gruppieren sich kurzgefaßte Abschnitte über *Systematik* und *Ökologie*. In ihnen soll die *Mannigfaltigkeit* der Lebensformen und des Lebensgeschehens zum Ausdruck kommen, die zu betonen um so notwendiger ist, als in einem Grundriß die Vereinheitlichung in allgemeine Ordnungsprinzipien und Gesetzmäßigkeiten übersteigert erscheint. Die *Systematik* ist der Morphologie vorangestellt und beginnt mit dem Begriff und der Benennung der Art als dem geschichtlichen und psychologischen Ausgangspunkt jeder ernsten Beschäftigung mit Botanik. Es folgt eine Klarlegung der Grundlagen der Systembildung, wobei auch der Begriff des Generationswechsels eingeführt wird. Schließlich wird ein anschaulicher Überblick über die Hauptgruppen des Pflanzenreichs gegeben. Damit sind notwendige Voraussetzungen für das Verständnis der Morphologie in einem in sich geschlossenen Zusammenhang vorweggenommen. Der Abschnitt über *Ökologie* folgt dem über *Physiologie*. Er faßt eine Reihe von Tatsachen, welche man bisher in den Lehrbüchern als Anhängsel an morphologische und physiologische Grundlagen weit zerstreut zusammensuchen mußte, in einem einheitlichen Gedankengang zusammen. Dieses Vorgehen ist gerade für einen Grundriß geboten, weil nur auf dem Hintergrund ihrer Umwelt die Pflanze als ganzheitlicher Organismus plastisch hervortritt.

Endlich schien mir auch ein Blick auf die *Geobotanik ( Pflanzengeographie)* und die *Quantenbiologie (Biophysik)* nützlich, weil diese Grenzgebiete die Pflanze in den Makro- und Mikrokosmos der Gesamtnaturwissenschaft eingliedern. Diesem Abschluß des Buches steht als Einleitung ein Überblick über die *historischen und erkenntnismäßigen Grundlagen* der Botanik gegenüber.

In einem solchen „architektonischen" Grundriß hat die *Illustration* besondere Aufgaben zu erfüllen: Einmal verlangt die Herausarbeitung der *allgemeinen* Ordnung und Gesetzmäßigkeit die Bevorzugung von auf das Wesentliche hin *schematisierten* Bildausführungen. Zum andern sollte aber auch die *Mannigfaltigkeit* der Lebensformen in einer *ästhetisch* ansprechenden Form zur Anschauung gebracht werden. Es wurden daher, abgesehen von wenigen, aus Veröffentlichungen des Verlages übernommenen Druckstöcken, alle Abbildungen neu entworfen. Insoweit fremde Originale als Vorlagen dienten, wurden fast überall Änderungen vorgenommen, die teilweise sehr weit gehen und für die die Verantwortung mir zufällt; die ursprünglichen Autoren sind aber in jedem Falle genannt. In die zeichnerische Ausführung, soweit sie nicht für die Kurvendarstellungen und technischen Bilder vom Zeichenbüro des Verlages übernommen wurde, teilte sich mit mir dankenswerterweise Herr HEINER ROTHFUCHS, Abteilungsleiter an der Werk- und Kunstschule in Wiesbaden. Herr ROTHFUCHS hat in seinen, jeweils am Ende der Unterschrift durch ein (R) kenntlich gemachten Zeichnungen den, wie ich glaube, erfolgreichen Versuch gemacht, durch Verwendung moderner graphischer Technik die Ausdrucksfähigkeit und den künstlerischen Wert der Strichätzung zu steigern und damit der wissenschaftlichen Buchillustration neue Anregungen zu geben.

Es ist mir eine angenehme Pflicht, dem Springer-Verlag meinen Dank für die sorgfältige Betreuung des Buches zum Ausdruck zu bringen und ebenso der wertvollen Hilfe zu gedenken, welche meine Mitarbeiter am Botanischen Institut bei der Beschaffung von Abbildungsvorlagen und der Fertigstellung des Manuskriptes geleistet haben.

Darmstadt, im September 1951                                O. Stocker.

# Inhaltsverzeichnis.

## Weiterführende Lehrbücher.

### a) Gesamtgebiet der Botanik.

FITTING, SCHUMACHER, HARDER, FIRBAS: Lehrbuch der Botanik für Hochschulen. 845 Abb., 626 S., 1 Karte. Stuttgart 1951. *(Alle Gebiete gleichmäßig behandelnd.)*

SCHMEIL-SEYBOLD: Lehrbuch der Botanik. 2 Bände. 437+268 Abb., 441+314 S., 96 farb. Tafeln. Heidelberg 1951. *(Betont: Morphologie und Ökologie der Blütenpflanzen.)*

WALTER: Einführung in die Phytologie. 4 Bände (davon erschienen I; II; III, 1). 269+157+ 229 Abb., 491+261+525 S. Stuttgart-Ludwigsburg 1950, 1951 *(Betont: Angewandte Botanik, Geobotanik.)*

### b) Allgemeine Botanik (Morphologie und Physiologie).

TROLL: Allgemeine Botanik. 597 Abb., 748 S. Stuttgart 1948. *(Betont: Morphologie.)*

v. GUTTENBERG: Lehrbuch der allgemeinen Botanik. 630 Abb., 648 S., 6 Tafeln. Berlin 1951.

### c) Einzelne Gebiete.

BÜNNING, PAECH: Lehrbuch der Pflanzenphysiologie. 3 Bände (davon erschienen I, 2; II/III). 18+404 Abb. 268+464 S. Berlin-Göttingen-Heidelberg 1948, 1950.

HUBER: Pflanzenphysiologie. 75 Abb., 191 S. Heidelberg 1949. *(Betont: Angewandte Botanik.)*

v. WETTSTEIN: Handbuch der systematischen Botanik. 709 Abb., 1152 S., 4 Schema. Leipzig und Wien 1935.

FITTING: Grundzüge der Vererbungslehre. 116 Abb., 322 S., 1 Tafel. Stuttgart 1949.

# Einleitung: Historische und erkenntnismäßige Grundlagen.

## I. Geschichte.

**Ausgangspunkte.** Die Botanik als Wissenschaft hat zwei Ausgangspunkte. Der eine war das praktische Bedürfnis, die Pflanze als Nähr- und Heilmittel zu nutzen, der andere das spekulative Streben, die Pflanze als Teil des Kosmos zu erkennen. Von beiden Seiten her ist die Pflanze seit den ältesten Zeiten im Gesichtskreis des menschlichen Denkens gestanden. Sie war eine Existenzgrundlage ebenso für den primitiven, Pflanzen sammelnden Wildbeuter wie für den späteren, Pflanzen kultivierenden Ackerbauer. Sie war aber auch von Anfang an ein Objekt mythisch-religiöser Vorstellungen und später naturphilosophischer Betrachtung.

**Altertum.** Im griechischen Kulturkreis treten erstmals um 450 v. Chr. botanische Schriften auf. Als Wissenschaft wird die Botanik um 350 v. Chr. von ARISTOTELES begründet. Die Schriften seines Schülers THEOPHRAST (um 320 v. Chr.) bedeuten den Höhepunkt der antiken Botanik, die in der Folge in Verfall geriet.

**Neuzeit.** Die *abendländische Botanik* ist eine im mitteleuropäischen Raum geborene *Neuschaffung der Reformationszeit*. An ihrem Anfang stehen die „Kräuterbücher", das erste 1530 herausgegeben von BRUNFELS (Mönch, dann Lehrer und Arzt in Straßburg), mit auf eigenen Beobachtungen beruhenden Beschreibungen und Abbildungen kultivierter und wildwachsender Pflanzen. Den ersten Versuch, die schnell steigende Zahl der beschriebenen Pflanzenarten *systematisch* zu ordnen, machte 1583 CESALPINO (Arzt und Professor in Rom). 1671 führten MALPIGHI (Arzt und Professor in Bologna) und GREW (Arzt in London) das Mikroskop in die Botanik ein und begründeten die *Pflanzenanatomie*. Die experimentelle Erforschung der Lebensprozesse, die *Physiologie*, wurde 1727 durch die Untersuchungen von HALES (Pfarrer in England) als besonderer Zweig der Botanik begründet.

Die *Periode des Aufbaues* zur heutigen Wissenschaft beginnt mit LINNÉ (Arzt und Professor in Uppsala), der 1753 in den „Species plantarum" die *Systematik* auf eine allgemeine Grundlage stellte. Der *Morphologie* als der Lehre von der Gestalt gab 1790 GOETHE mit der „Metamorphose der Pflanze" eine neue Richtung. 1793 eröffnete SPRENGEL (Rektor in Spandau) mit seinen Beobachtungen über die Bestäubung der Blüten die *Ökologie* als Wissenschaft der Umweltbeziehungen. 1805 erschien die umfassende *Pflanzengeographie* ALEXANDER v. HUMBOLDTS (Akademiker in Berlin). Die Bedeutung der *Zelle* als elementares Bauelement wurde 1838 von SCHLEIDEN (Professor in Jena) erkannt. HOFMEISTER (Buchhändler in Leipzig) schuf 1851 durch seine vergleichenden Untersuchungen an Moosen, Farnen und Blütenpflanzen für die *Entwicklungsgeschichte* den Grundgedanken des Generationswechsels, während DARWIN (Privatgelehrter in England) 1859 die *Abstam-*

*mungslehre* begründete. Wenig später begann mit SACHS (Professor in Würzburg) die Ausweitung der experimentellen *physiologischen* Forschung. Die *Vererbungslehre* geht auf die Kreuzungsversuche MENDELS (Abt in Brünn) 1865 und die Aufklärung der Zellkernteilung durch STRASBURGER (Professor in Bonn) 1886 zurück; 1900 wurden die Mendelschen Gesetze wieder entdeckt, und 1901 veröffentlichte DE VRIES (Professor in Amsterdam) die Mutationstheorie.

**Gegenwart.** Im beginnenden 20. Jahrhundert ist der Bereich der botanischen Wissenschaften im wesentlichen abgegrenzt und in seinen Grundlagen zusammenfassend dargestellt. Es beginnt die heutige *Epoche des Ausbaues* durch *intensive* Vertiefung aller Wissenszweige. Sie führt einerseits zur Spezialisierung des einzelnen Forschers, andererseits zum Zusammenschluß von Arbeitsgemeinschaften, welche über den Rahmen der biologischen Fachrichtungen hinaus in das Gebiet der übrigen Naturwissenschaften und der Mathematik übergreifen. Durch die Einführung des *Elektronenmikroskopes*, die *Verfeinerung chemischer Methoden* und die Heranziehung *quantenphysikalischer Betrachtungen* sind in jüngster Zeit grundlegend neue Erkenntnisse über feinste Strukturen und letzte Reaktionsabläufe gewonnen worden.

Im Gefolge der nur wissenschaftliche Interessen verfolgenden *reinen Botanik* hat sich eine weit ausgedehnte *angewandte Botanik* entwickelt. Sie weitet die Ergebnisse rein wissenschaftlicher Forschung für die praktischen Belange der Land- und Forstwirtschaft, der Heilkunde und Industrie aus und sucht umgekehrt für diese neue wissenschaftliche Grundlagen.

# II. Umgrenzung und Einteilung.

**Begriff der Pflanze.** Die *Botanik* ist als Wissenschaft von den Pflanzen neben der *Zoologie und Anthropologie* als Wissenschaften von den Tieren und vom Menschen ein Teil der *Biologie* als der Gesamtwissenschaft vom Leben.

*Eine völlig eindeutige Abgrenzung des Begriffs „Pflanze" ist weder gegenüber dem des Tieres noch dem des leblosen Körpers möglich.* Es gibt unter den einzelligen Geißelalgen (S. 17) Formen, die mit gleichem Recht als Pflanze oder als Tier angesprochen werden können, und bei den noch nicht zellulären Viren (S. 16) bleibt die Auffassung als Lebewesen oder als leblose Eiweißkörper offen.

Gegenüber dem leblosen Naturkörper ist das *Lebewesen* ein außerordentlich kompliziertes, aber als harmonische Ganzheit wirkendes System von wesentlich auf Eiweißkörpern beruhenden Strukturen und an sie geknüpften Reaktionen. Daraus resultiert die *Individualität der Organismen*, welche in *Gestalt, Stoffwechsel, Wachstum* und *Entwicklung, Fortpflanzung, Reizbarkeit* und *Bewegung* ihren Ausdruck findet.

Innerhalb dieser allgemeinen Merkmale des Lebens ist die wesentliche Eigenschaft der *Pflanze* ihre Fähigkeit zu *autotropher Lebensweise*, d. h. zur Ernährung auf rein anorganischer Grundlage. Das gilt vor allem für den Kohlenstoff, der aus dem Kohlendioxyd der Luft mittels Lichtenergie zu körpereigenen Baustoffen assimiliert wird. Im Zusammenhang mit dieser Photosynthese steht die *grüne Farbe* und der *fädige oder flächige Bau* unter *Verzicht auf Ortsbeweglichkeit*. Demgegenüber ist das stets *heterotrophe*, d. h. auf lebende oder tote organische Nahrung angewiesene *Tier* beweglich, mit Nervensystem und Sinnesorganen ausgestattet und mit inneren Verdauungs- und Stoffaustauschflächen versehen. Jedoch sind auch innerhalb des Pflanzenreichs einzelne Arten und ganze Gruppen, wie die Pilze und die meisten Bakterien, zur Heterotrophie übergegangen und zeigen dann mehr oder weniger große Abweichungen vom Typus.

**Erkenntnismöglichkeiten.** Unser wissenschaftliches Erkenntnisvermögen findet am Organismus zwei Angriffspunkte: seine Gestaltungen (Formen) und seine Lebensäußerungen (Funktionen).

Die *Form* wird geschaut und gezeichnet. Um sie wissenschaftlich zu beherrschen, wird durch Übereinanderschauen vieler individueller Einzelformen der Typus oder das *Urbild* einer Formenreihe gefunden, etwa das Urbild eines Staubblattes oder das einer Anemone. Die *Funktion* tritt als Vorgang in unser Bewußtsein und wird im Versuch als *Ursache und Wirkung* erklärt, etwa die Krümmung eines Stengels als bedingt durch einseitige Beleuchtung.

Form und Funktion gehören also ganz verschiedenen Erkenntnisbereichen an, sind aber im lebenden Organismus stets verbunden. Die urbildliche Analyse der einen verlangt deshalb stets nach der ursächlichen der anderen und umgekehrt. *Die Beziehung zwischen Form und Funktion ist das Zentralproblem der Biologie.*

Bei Form und Funktion kann unser Interesse entweder auf die Analyse *spezieller Einzelfälle* oder auf die Herausschälung *allgemeiner Begriffe und Gesetze* gehen. Die Richtung auf das *Spezielle* führt, wenn die Form betrachtet wird, zur Beschreibung und Ordnung der Pflanzenarten (*Systematik* oder *Taxonomie*), wenn die Funktion, zur Erfassung ihrer umweltbedingten Lebensverhältnisse *(Ökologie)*. Die *allgemeine* Betrachtungsweise ergibt hinsichtlich der Form Begriffe wie Blatt, Leitgewebe, Zelle *(Morphologie)*, hinsichtlich der Funktion Beziehungen wie Transpiration, Wachstumsgeschwindigkeit, Lichtreizbarkeit *(Physiologie)*. Auch hier bedingen sich die beiden Betrachtungsweisen gegenseitig; das Allgemeine wird aus der Fülle des Speziellen abgeleitet und umgekehrt das Spezielle auf Grund allgemeiner Begriffe analysiert.

Erkenntnismäßig sind danach vier *Hauptgebiete* der Botanik gegeben: Die allgemeinen der Morphologie und Physiologie und die speziellen der Systematik (Taxonomie) und Ökologie.

|  | Form | Funktion |
|---|---|---|
| Allgemein | Morphologie | Physiologie |
| Speziell | Systematik | Ökologie |

Zu ihnen kommen zwei *Grenzgebiete*. Die *spezielle* Betrachtung sieht die Pflanzenarten eingebettet in den Raum und die Geschichte der Erde. Systematik und Ökologie treten damit in Beziehung zur Geographie und Geologie und bearbeiten mit diesen zusammen das Grenzgebiet der *Geobotanik ( Pflanzengeographie)*. Auf der anderen Seite löst die *allgemeine* Betrachtung die Formen und Funktionen schließlich zu atomaren Dimensionen und quantenmäßigen Beziehungen auf, wobei Morphologie und Physiologie mit Chemie und Physik verschmelzen; man kann dieses Grenzgebiet als *Biophysik* oder besser als *Quantenbiologie* bezeichnen.

Neben diesen erkenntnismäßig bedingten Teilgebieten findet man aus praktischen Gründen zahlreiche andere unterschieden. Soweit sie nicht einfach weitere Unterteilungen sind, wie Zytologie und Organographie innerhalb der Morphologie, betrachten sie bestimmte Sachgebiete unter mehreren Erkenntnismöglichkeiten. So faßt z. B. die *Genetik* die morphologischen, physiologischen und quantenbiologischen Erkenntnisse auf dem Gebiet der Vererbung zusammen oder die *Hydrobiologie* alle auf Wasserorganismen bezüglichen systematischen, ökologischen und geobiologischen Befunde.

Im Rahmen eines Grundrisses ist es nicht möglich und auch nicht angebracht, sämtliche Teilgebiete der Botanik in gleicher Weise zu behandeln. Grundlegend sind die allgemeinen Hauptgebiete der Morphologie und Physiologie, von deren Stand ein vollständiger Überblick gegeben werden soll. Die speziellen Gebiete der Systematik und Ökologie dagegen können nur in ihren Prinzipien dargestellt werden, und bei Geobotanik und Quantenbiologie kann es sich um nicht mehr als die Vermittlung einer ungefähren Vorstellung handeln.

# A. Systematik (Taxonomie).

## I. Prinzipien.

### 1. Der Artbegriff.

**Definition.** Als elementare Einheit für die Ordnung der Pflanzengestalten benützt die Systematik die *Art (species)*. Darunter wird eine *Gruppe von Pflanzenindividuen* verstanden, *welche in allen wesentlichen gestaltlichen Merkmalen übereinstimmen* und sich dadurch als zusammengehörig aus der Vielheit der in der Natur gegebenen Einzelpflanzen herausheben.

**Abgrenzung.** Ein Beispiel für die Umgrenzung von Arten gibt die Abb. 1. Die bei der gewöhnlichen Frühlingsanemone *(Anemone nemorosa L.)* an einzelnen Individuen auftretenden Unterschiede der Blütenfarbe zeigen alle Übergänge von reinweiß bis rötlich, purpurn oder sogar blau und geben deshalb zur Ausgliederung verschiedener Arten keinen Anlaß. Dagegen ist die seltenere gelbe Anemone *(Anemone ranunculoides L.)* (Abb. 1 *B*) als besondere Art zu betrachten, weil ihre Blütenfarbe keine Übergänge zu weiß zeigt und weil auch einige andere Merkmale konstant verschieden sind: Die Blüten stehen meist zu zweit, nicht einzeln wie bei *Anemone nemorosa*, die Blumenblätter sind unterseits behaart, nicht kahl, die am Blütenstengel stehenden drei Blätter (Hochblätter) sind viel kürzer gestielt und ihre Blattabschnitte schmäler. In anderen Fällen ist die Entscheidung, ob eine Artabtrennung erfolgen soll, mehr oder weniger subjektiv. So gibt es bei der Alpenanemone (Abb. 1 *C*) zwei Formen, eine weißblühende in den Kalkalpen und eine schwefelgelbe in den Urgesteinsalpen, die sich außer in der Blütenfarbe nur in den Keimblättern deutlich unterscheiden. LINNÉ hat sie als zwei Arten beschrieben *(Anemone alpina L.* und *Anemone sulphurea L.)*, heute betrachtet man sie nur noch als Unterarten (subspecies) einer einzigen Art. Solche Unterarten besiedeln meist bestimmte Gebiete und sind deshalb pflanzengeographisch bedeutungsvoll.

**Bezeichnung.** Jede Art bedarf zur wissenschaftlichen Anerkennung einer meist lateinisch abgefaßten Beschreibung *(Diagnose)*, die eine sichere Wiedererkennung gestattet. Bei der Namengebung entstehen durch die große Zahl der zu benennenden Arten, es mögen insgesamt etwa 300000 sein, Schwierigkeiten. Diese hat LINNÉ

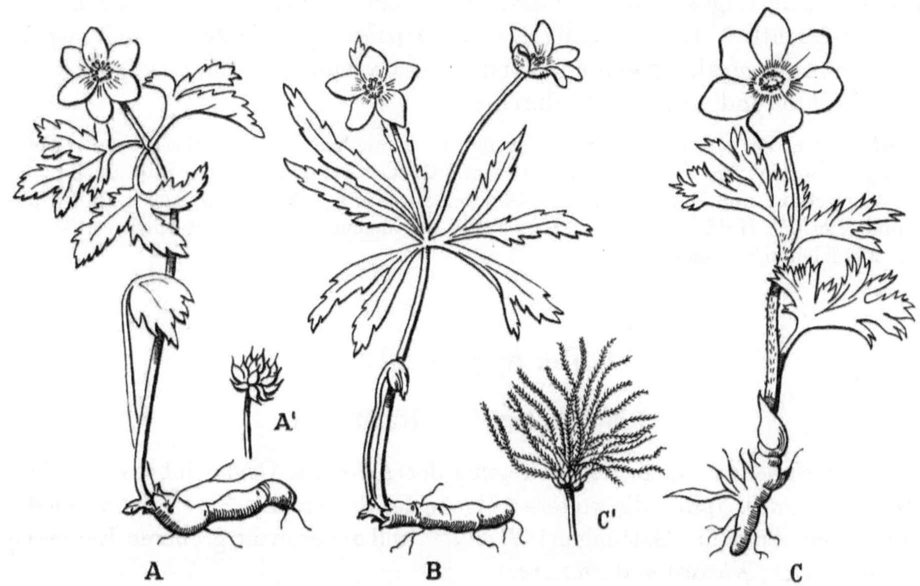

Abb. 1. Art- und Gattungsbegrenzung. *A* Weißes Windröschen, *Anemone nemorosa L.* mit Fruchtstand *A'*.
*B* Gelbes Windröschen, *Anemone ranunculoides L. C* Alpen-Kuhschelle, *Anemone alpina L. = Pulsatilla alpina Schrank* mit Fruchtstand *C'*. (R.)

dadurch behoben, daß einander nahestehende Arten in eine *Gattung (genus)* vereinigt werden. Die etwa 170000 Arten von Blütenpflanzen sammeln sich auf diese Weise in etwa 11000 Gattungen. Diese werden durch lateinische oder latinisierte Substantive benannt und durch Beifügung eines Adjektivs in die Arten aufgegliedert *(binäre Nomenklatur)*. Dem Artnamen wird der oft abgekürzte Name des Autors beigefügt, von dem Diagnose und Benennung stammt (L. z. B. bedeutet LINNÉ). Das ist notwendig, weil manchen Arten von verschiedenen Autoren verschiedene Namen *(Synonyme)* gegeben worden sind, von denen aber in Zukunft gemäß internationaler Vereinbarung nur noch der älteste gebraucht werden soll *(Prioritätsprinzip)*.

Die *Abgrenzung der Gattungen* ist naturgemäß mehr dem subjektiven Ermessen der Autoren unterworfen als die der Arten. Innerhalb der Gattung Anemone z. B. haben *Anemone alpina L.* und andere Arten Früchte mit federartig verlängerten Griffeln (Abb. 1 *C'*). Das wird von manchen Systematikern als ausreichend erachtet, die „Teufelsbärte" als eine besondere Gattung *Pulsatilla* abzutrennen. *Pulsatilla alpina Schrank* ist dann synonym *Anemone alpina L.*

**Bastarde.** Die nach gestaltlichen Merkmalen ausgesonderten Art- und Gattungseinheiten erweisen sich bei der *Fortpflanzung* auch als *physiologische Einheiten*. Zwischen Individuen einer Art besteht im allgemeinen unbeschränkte Kreuzungsfähigkeit mit Erzeugung fruchtbarer Nachkommenschaft. Individuen verschiedener Arten, aber gleicher Gattung können meistens Bastarde erzeugen *(Artbastarde)*, welche aber in der Regel unfruchtbar bleiben. Zwischen Arten verschiedener Gattungen sind Bastarde sehr selten *(Gattungsbastarde)*.
Diese Kreuzungsbedingungen erhalten einerseits die Umgrenzung der Art aufrecht und sorgen andererseits durch dauernde Durchmischung innerhalb derselben

für die Gleichmäßigkeit des Artbildes. Die Unterarten einer Art sind zwar untereinander fruchtbar kreuzungsfähig, aber die Bastarde pflegen der Umwelt gegenüber weniger angepaßt zu sein und können sich deshalb gegen die Konkurrenz der
unvermischten Individuen nicht durchsetzen.

**Kleinarten.** Bei gewissen Gattungen erfolgt die Samenbildung in der Regel ohne vorhergegangene Befruchtung *(Apomixis)*. In diesem Fall verfallen lebensfähige Mutationen nicht
der Vermischung und können sich als *Kleinarten* durchsetzen (S. 166). Das gilt z. B. für die
Brombeeren und Habichtskräuter *(Hieracium)*, von denen allein in Deutschland über 100
bzw. 200 Kleinarten bekannt sind.

## 2. Der Systemaufbau.

### a) Morphologische Grundlagen.

**Systemeinheiten.** Nach der Festlegung der Arten als Grundeinheiten ist ihre
*Ordnung zu einem System* die weitere Aufgabe der Systematik. Sie erfolgt durch die
Zusammenfassung der Gattungen in *Familien* und dieser in die größeren Einheiten
der *Ordnungen, Klassen* und *Stämme.*

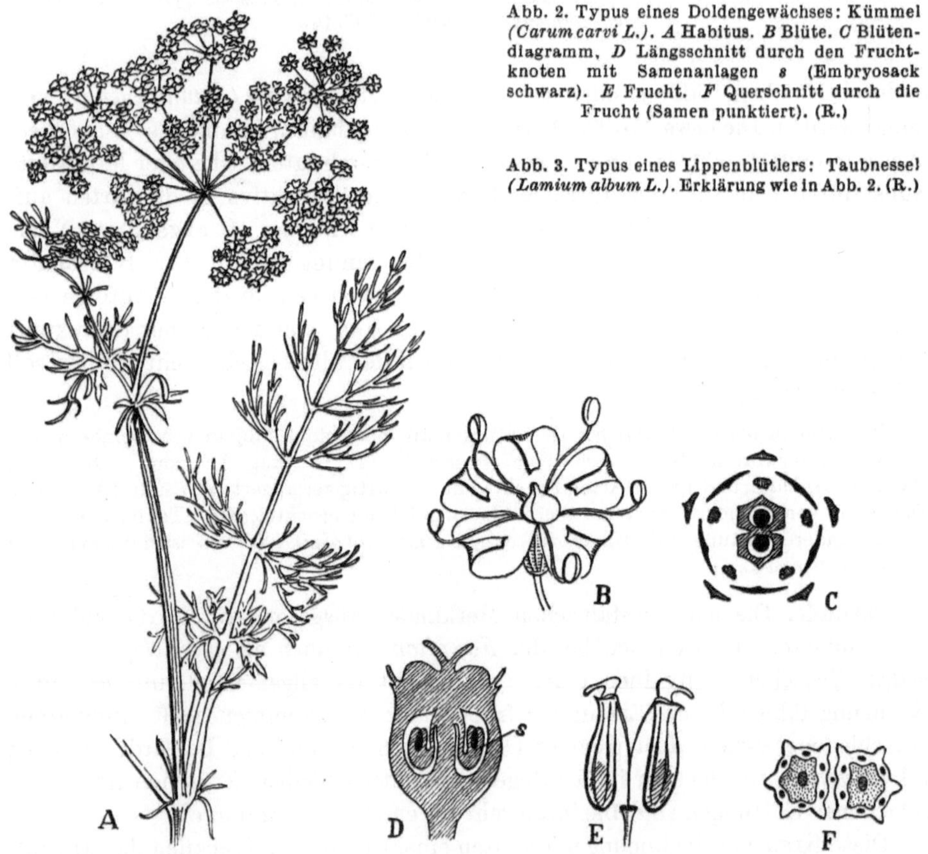

Abb. 2. Typus eines Doldengewächses: Kümmel
*(Carum carvi L.)*. *A* Habitus. *B* Blüte. *C* Blütendiagramm, *D* Längsschnitt durch den Fruchtknoten mit Samenanlagen *s* (Embryosack
schwarz). *E* Frucht. *F* Querschnitt durch die
Frucht (Samen punktiert). (R.)

Abb. 3. Typus eines Lippenblütlers: Taubnessel
*(Lamium album L.)*. Erklärung wie in Abb. 2. (R.)

**Künstliche und natürliche Systeme.** LINNÉ hat die Blütenpflanzen nach der Anzahl, Länge und Verwachsung der Staubblätter in Klassen und diese hauptsächlich nach der Zahl der Stempel in Ordnungen eingeteilt. Ein solches, auf einzelnen Merkmalen beruhendes „*künstliches*" *System* hat den Vorteil einer raschen Eingliederungsmöglichkeit jeder Art und ist deshalb zum Bestimmen von Pflanzen bequem. Es ist aber insofern unbefriedigend, als es in der Gesamtorganisation sehr ähnliche Formen oft auseinanderreißt und umgekehrt unähnliche zusammenbringt; so sind im LINNÉschen System die Gräser auf 5 Klassen verstreut. Das Ziel eines „*natürlichen*" *Systems* ist die Ordnung nach der *Gesamtheit* der Merkmale.

**Familientypen.** Wenn eine größere Zahl gut ausgeprägter Merkmale gemeinsam ist, kann ein sehr einheitlicher *Familientypus* zustande kommen, wie etwa bei Kreuzblütlern, Doldengewächsen, Lippenblütlern, Kompositen, Gräsern und Orchideen.

In Abb. 2 und 3 sind solche Familientypen einander gegenübergestellt, um die Methode der Abgrenzung zu erläutern. Die *Doldengewächse (Umbelliferae)* haben ihren Namen von dem auffallenden Blütenstand. Die Blätter sind zerteilt und stehen mit scheidenartig ausgehöhltem Blattgrund wechselständig an dem runden gerieften Stengel. Bei den *Lippenblütlern (Labiatae)* dagegen sitzen die Blüten in Scheinquirlen um den Stengel herum, umgeben von Laub- oder Hochblättern; die Blätter sind stets ungeteilt ohne scheidenartigen Grund, in streng gegenständig-gekreuzter Blattstellung an dem vierkantigen glatten Stengel. Es kommt so ein ganz verschiedener Habitus zustande, der schon an sich auf die Zugehörigkeit zur einen oder anderen Familie hinweist. Die letzthin entscheidenden Merkmale ergeben sich aus Blüte und Frucht. Die Doldenblüte (Abb. 2 *B, C*) ist, von oben gesehen, radial-symmetrisch (aktinomorph) mit fünf freien, an der Spitze sehr charakteristisch eingebogenen Blütenblättern und fünf Staubblättern. Der Fruchtknoten ist unterständig, d. h., er sitzt unterhalb des undeutlichen Kelches und der Blüten- und Staubblätter, trägt aber oben dicke Griffelpolster und zwei kurze Griffel (*B, D*). Er ist aus zwei Fruchtblättern zusammengewachsen, jedes von ihnen 5rippig, mit Ölgängen zwischen den Rippen (*F*) und hängenden Samenanlagen (*D*). In der Frucht lösen sich die beiden Hälften (Spaltfrucht, *E, F*). Die *Lippenblüte* (Abb. 3 *B, C*) ist zweiseitig symmetrisch

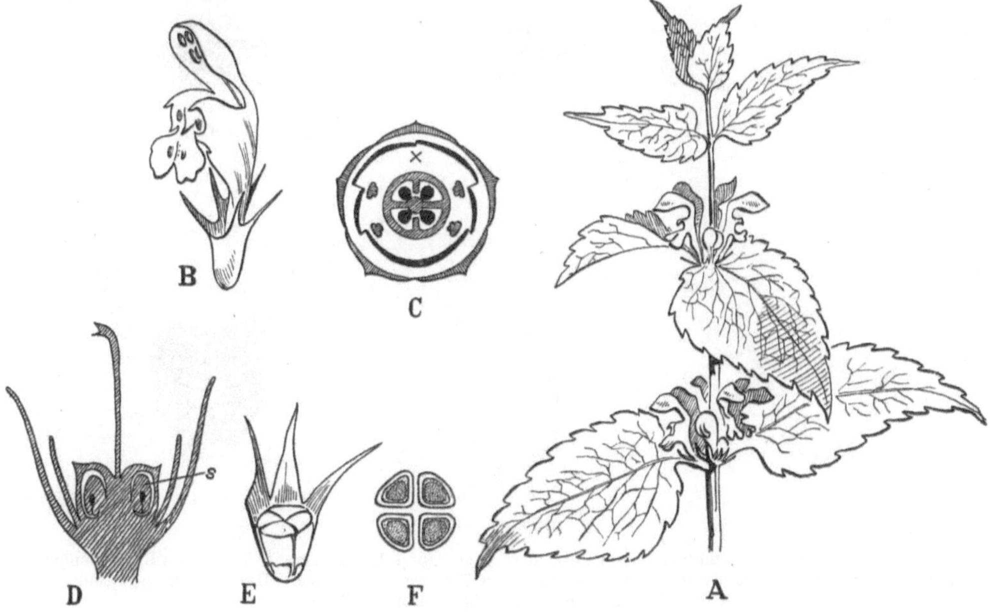

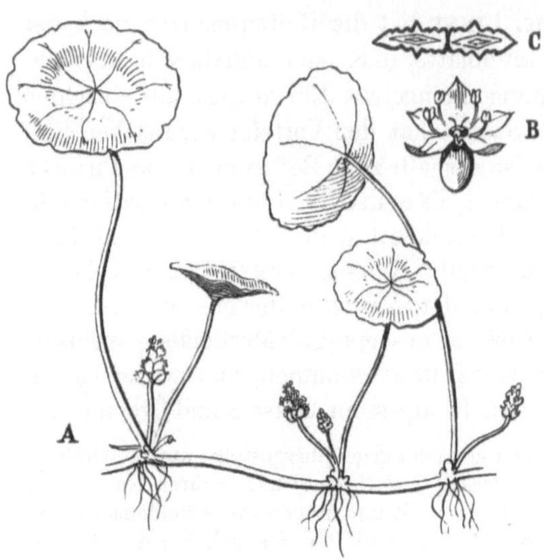

Abb. 4. Wassernabel *(Hydrocotyle vulgaris L.)*, ein vom Familientyp stark abweichendes Doldengewächs. *A* Pflanze. *B* Einzelblüte. *C* Frucht im Querschnitt. (Nach Thomé, verändert.) (R.)

(zygomorph), indem zwei Blumenblätter zur Oberlippe, die drei übrigen zur Unterlippe verwachsen. Nur vier Staubblätter sind ausgebildet, die Stelle des fehlenden fünften ist im Diagramm (*C*) durch ein × angedeutet. Der Fruchtknoten ist oberständig, d. h., er sitzt innerhalb des Kelches und der Kronenröhre und trägt einen langen Griffel mit gespaltener Narbe (*D*). Er entsteht auch hier aus zwei Fruchtblättern, ist aber durch eine weitere nachträgliche Scheidewand 4fächerig und trennt sich bei der Reife in vier Nüßchen (*E, F*). Die Samenanlagen sind aufrecht-gekrümmt (*D*).

**Formenreihen.** Schon in einer so einheitlichen Familie wie den Doldengewächsen gibt es einzelne Gattungen, die auf Grund wesentlicher Merkmale zugerechnet werden müssen, obwohl sie im ganzen Habitus kaum noch eine Ähnlichkeit zum Familientyp aufweisen. Das gilt z. B. vom Wassernabel *(Hydrocotyle)*, der sich nur durch Blüte und Frucht als Doldengewächs ausweist (Abb. 4). In anderen Familien geht die Auflösung in einzelne Typen noch viel weiter, und das Kriterium der Zusammengehörigkeit ist dann nicht mehr die Konstanz von Merkmalen, sondern ihre Abwandlung in *Formenreihen.*

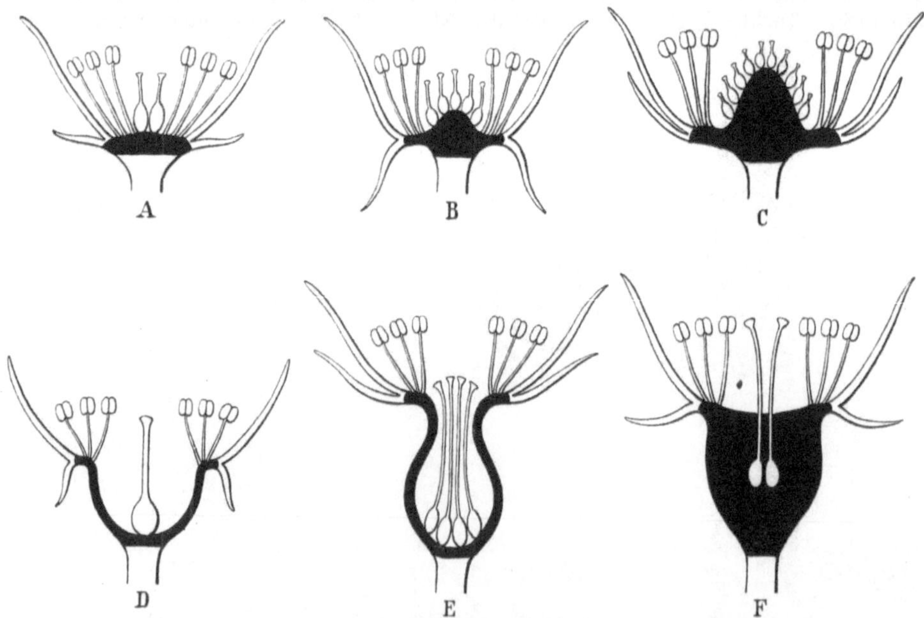

Abb. 5. Formenreihe der Blütenbildung bei Rosengewächsen. Obere Reihe: Emporwölbung des Blütenbodens (schwarz gezeichnet). *A* Blutwurz *(Potentilla erecta)*. *B* Himbeere. *C* Erdbeere. Untere Reihe: Einsenkung des Blütenbodens. *D* Kirsche. *E* Rose. *F* Birne.

Als Beispiel einer Formenreihe sind in Abb. 5 Blütenformen der Rosengewächse (*Rosaceae*) dargestellt. Als Grundform kann die der Blutwurz (*Potentilla erecta*) angesehen werden (*A*). Aus ihr kann man die anderen Rosaceenblüten als Emporwölbung (*B, C*) oder Eintiefung (*D, E, F*) des sich mehr und mehr vergrößernden, in Abb. 5 schwarz hervorgehobenen „Blütenbodens" ableiten. Dieser wird schließlich fleischig und bildet eine „Scheinfrucht", welche bei der Erdbeere (*C*) die eigentlichen Früchte als kleine Nüßchen trägt oder bei Birne und Apfel (*F*) als Kerngehäuse einschließt.

**Progression.** Die Systematik versucht, den Formenreihen einen *Richtungssinn (Progression)* beizulegen. Man schreitet dabei von „ursprünglichen" zu „abgeleiteten" Formen fort. In einer *aufsteigenden* Progession wird die einfachere Gestaltung als ursprünglich, die kompliziertere als abgeleitet angesehen; in Abb. 5 kommt man so zu den Reihen $A \to B \to C$ und $A \to D \to E \to F$. Als aufsteigend progressiv gelten vor allem: Verwachsung der Kronblätter (Sympetalie, Abb. 3 *B, C*) gegenüber Freikronblättrigkeit (Choripetalie, Abb. 2 *B, C*), zweiseitige Symmetrie der Blüte (Zygomorphie, Abb. 3 *B, C*), gegenüber radialer (Aktinomorphie, Abb. 2 *B, C*), Unterständigkeit des Fruchtknotens (Abb. 2 *B, D*) gegenüber Oberständigkeit (Abb. 3 *B, D*).

Von *absteigender* Progression (Reduktion) spricht man, wenn kompliziertere Formen zu einfacheren zurückgebildet werden. Dieser Vorgang kann gleichzeitig mit aufsteigender Progression oder Beharrung anderer Organe erfolgen. Die Abb. 6 gibt als Beispiel die Reduktion von Staubblättern in einer Progressionsreihe, die in der Familie der Rachenblütler (*Scrophulariaceae*) von fast aktinomorphen zu zygomorphen Blüten führt. Als Übergang von voll ausgebildeten zu völlig unterdrückten Staubblättern finden sich dabei Gebilde, die keinen Blütenstaub mehr erzeugen, aber noch unverkennbar staubblattähnlich sind (Staminodien, Abb. 6 *B, D*). Solche bis zur Funktionsunfähigkeit reduzierte Organe werden als *rudimentär* bezeichnet.

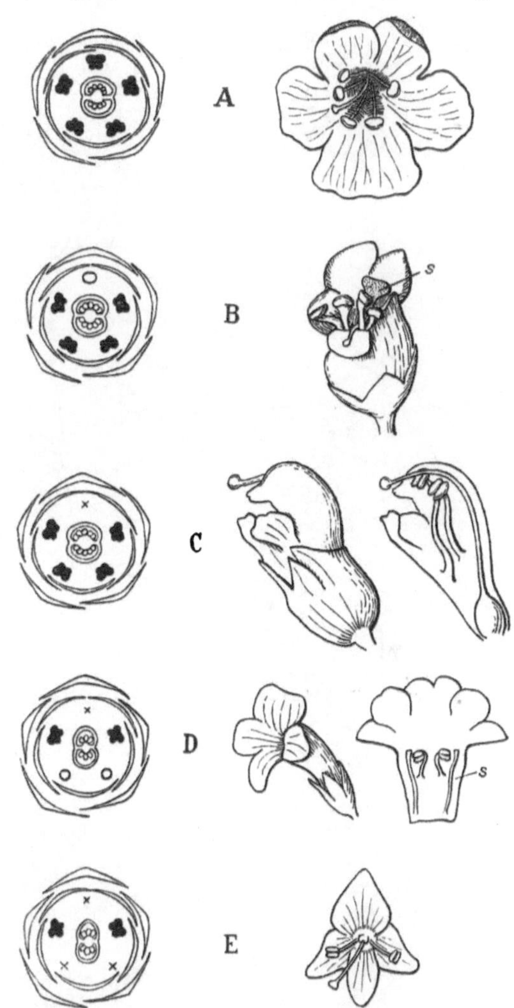


Abb. 6. Progression von aktinomorpher zu zygomorpher Blütenform und Reduktion von Staubblättern in der Familie der Rachenblütler (*Scrophulariaceae*). *A* Königskerze (*Verbascum*). *B* Braunwurz (*Scrophularia*). *C* Klappertopf (*Rhinanthus;* im Längsschnitt kommen nur die beiden Staubblätter einer Seite zur Darstellung). *D* Gnadenkraut (*Gratiola;* rechts die Blüte aufgeschnitten und aufgerollt). *E* Ehrenpreis (*Veronica*). *s* reduzierte Staubblätter (Staminodien), im Diagramm durch Kreise bezeichnet. × Stelle eines ausgefallenen Staubblattes.
(Nach Thomé, v. Wettstein, Eichler, teilweise verändert.)

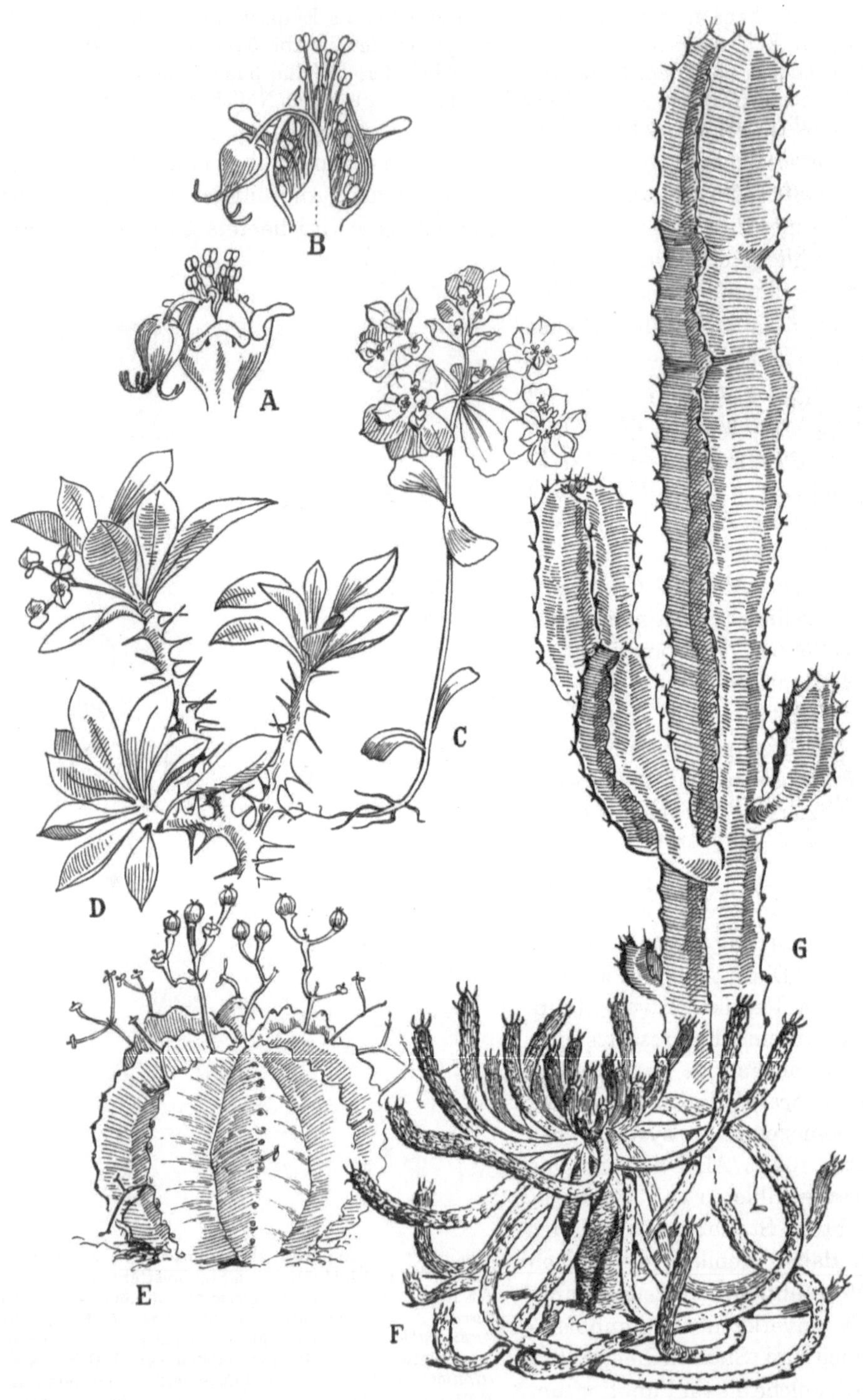

Abb. 8. Konvergenz von Arten verschiedener Familien. *A Cereus juspertei (Cactaceae).*
*B Euphorbia resinifera (Euphorbiaceae). C Caralluma europaea (Asclepiadaceae). D Senecio*
*stapeliformis (Compositae).* (R.)


Abb. 7. (S. 10) Divergenz innerhalb der Gattung *Euphorbia. A* Blütenstand einer *Euphorbia.*
*B* Längsschnitt desselben. *C Euphorbia helioscopia. D E. splendens. E E. meloformis. F E. caput*
*medusae. G E. canariensis (A, B* nach Baillon.) (R.)

**Homologe und analoge Organe.** Den strengen Beweis für die Gleichsetzung der Staminodien mit Staubblättern liefert die *Entwicklungsgeschichte (Ontogenie)*. Sie zeigt, daß die Staminodien in der Blütenknospe wie Staubblätter angelegt werden und erst im Lauf der weiteren Entwicklung ihre abweichende Gestalt erhalten. Solche *entwicklungsgeschichtlich* (ontogenetisch) gleichwertigen Organe werden *homolog* genannt. *Die Homologie-Beziehungen bilden die Grundlage der systematischen Reihenbildung.*

Homologe Organe können physiologisch sehr verschiedene Funktionen erfüllen. So können sich Staminodien in Honigdrüsen (Nektarien) oder Blumenblätter (z. B. in gefüllten Blüten) umbilden. In der *Funktion* übereinstimmende Organe heißen *analog*, unabhängig davon, ob sie entwicklungsgeschichtlich homolog sind oder nicht. So sind z. B. alle Nektarien analog, obwohl sie sich von den verschiedensten Organen inner- und außerhalb der Blüte herleiten können.

**Konvergenz und Divergenz.** Die Wandlungsfähigkeit der Formen erschwert oft die Erkennung systematischer Zusammenhänge dadurch, daß zusammengehörige Arten habituell *divergieren* (Abb. 7) oder nicht zusammengehörige *konvergieren* (Abb. 8). Das gilt in besonderem Maße für *vegetative* Organe, die sich an besondere Umweltbedingungen angepaßt haben. *Blüten* und andere fruktifikative Organe sind weniger abhängig und pflegen ihren Bauplan weniger leicht zu ändern. Auf sie stützt sich deshalb die systematische Gliederung in erster Linie.

Ein Beispiel weitgehender *Divergenz* gibt die Gattung *Euphorbia* (Wolfsmilch). Die vegetativ außerordentlich verschiedenen Arten (Abb. 7 *C—G*) werden durch die einheitlichen, sehr eigenartigen Blütenverhältnisse systematisch eng zusammengehalten; die scheinbare „Blüte" (*A, B*) ist in Wirklichkeit ein aus stark reduzierten hüllenlosen Stempel- und Staubblattblüten zusammengesetzter und von umgewandelten Hochblättern umgebener Blütenstand.

*Konvergente* Arten aus vier, einander systematisch sehr fernstehenden Familien sind in Abb. 8 zusammengestellt. Vegetativ sehr ähnlich — alle sind blattlose sukkulente Wüstenpflanzen —, unterscheiden sie sich durch ganz verschiedenen Blütenbau.

## b) Entwicklungsgeschichtliche Grundlagen (Generationswechsel).

Als *entwicklungsgeschichtliche* Grundlage für die Abgrenzung und Bewertung der höheren systematischen Einheiten spielt der als *Generationswechsel* bezeichnete Tatsachenkomplex eine entscheidende Rolle.

**Kernphasenwechsel.** Bei der Vereinigung *(Kopulation)* der weiblichen und männlichen Geschlechtszellen *(Gameten)* entsteht durch Verschmelzung der beiden Zellkerne eine Kernphase mit verdoppelter *(diploider)* Chromosomenzahl. Ein ihr zugehöriger Organismus wird als *Diplont* bezeichnet. Aus ihm entsteht ein *Haplont* mit einfachem *(haploidem)* Chromosomensatz durch die *Reduktionsteilung* des Zellkernes (Meiose, S. 40).

**Generationswechsel.** Bei allen vielzelligen *Tieren* erfolgt die Reduktionsteilung bei der Bildung der Gameten. Auf sie bleibt die haploide Phase beschränkt, und vegetativ ist der tierische Organismus stets ein Diplont. Im *Pflanzen*reich dagegen kann der Zeitpunkt der Reduktionsteilung sehr verschieden liegen, und neben reinen Haplonten und reinen Diplonten gibt es zahlreiche *Diplohaplonten mit einem Generationswechsel zwischen haploiden und diploiden vegetativen Entwicklungszuständen.*

Man bezeichnet im Pflanzenreich die *Gameten* ausbildenden Organe allgemein als *Gametangien* und die Gametangien tragende Pflanze als *Gametophyt*; sie ist in der Regel ein *Haplont*. Die bei der Kopulation der Gameten entstehende, stets diploide Verschmelzungszelle ist die *Zygote*. Wenn sie sich zu einem *Diplonten* entwickelt, so heißt dieser *Sporophyt*, weil er *Sporangien* trägt, in welchen unter Reduktionsteilung haploide *Sporen* (Gonosporen) entstehen, aus denen wiederum Gametophyten hervorgehen. Dabei ist zu beachten, daß als „Sporen" auch Vermehrungskörper bezeichnet werden, die keine Beziehung zum Kernphasen- und Generationswechsel haben.

Das Gesamtschema des Generationswechsels stellt sich folgendermaßen dar:

$$\left.\begin{array}{l}\text{♂ Gamet}\\ \text{♀ Gamet}\end{array}\right\} - \to \text{Zygote} \to \text{Sporophyt} \to \text{Sporangium} - \left\{\begin{array}{l}\text{Spore} \to \text{♂ Gametophyt} \to \text{♂ Gamet}\\ \text{Spore} \to \text{♀ Gametophyt} \to \text{♀ Gamet}\end{array}\right.$$

(Kopulation)　　　(Diplont)　　　(Reduktionsteilung)　　　(Haplont)

Es ist dabei nicht notwendig, daß getrennte männliche (♂) und weibliche(♀) Gametophyten vorhanden sind *(Diözie)*; die beiden Geschlechter können auch auf eine einzigen Pflanze vereinigt sein *(Monözie)*. Den Sporophyten bezeichnet man auch als ungeschlechtliche, den Gametophyten als geschlechtliche Generation. In Abb. 9 ist der Generationswechsel einer Braunalge dargestellt, bei der Gametophyt und Sporophyt so andersartig aussehen, daß sie vor der Entdeckung des entwicklungsgeschichtlichen Zusammenhanges für zwei verschiedene Algenarten gehalten wurden.

**Progression.** Als ursprünglich ist Haplontie anzusehen. Dabei ist die erste Teilung der Zygote eine Reduktionsteilung, und es gibt infolgedessen keine Sporophyten, Sporangien und Gonosporen (Abb. 10 *A*). Bei den Diplohaplonten (*B*) finden sich zunächst Formen, bei denen der Sporophyt gegenüber dem Gametophyten sehr klein ist (Abb. 9). Bei anderen sind beide gleichgroß, oft auch gleichgestaltet. Schließlich gibt es solche, bei denen der Sporophyt bei weitem überwiegt und der Gametophyt nur noch aus wenigen Zellen besteht. Fällt er ganz weg, so wird das Sporangium zum Gametangium (*C*), und es liegt Diplontie vor.

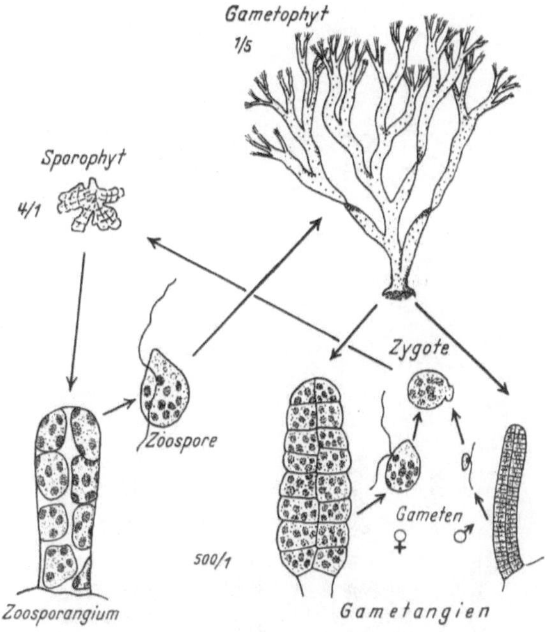



Abb. 9. Generationswechsel der Braunalge *Cutleria multifida;* der Sporophyt hieß früher *Aglaozonia parvula.* (Nach Kuckuck, Sauvageau, Smith, verändert.)

### c) Phylogenetische Grundlagen.

**Deszendenztheorie.** Der Aufbaumöglichkeit eines natürlichen Systems liegt eine tatsächliche stammesgeschichtliche *(phylogenetische)* Verwandtschaft der Arten zugrunde. Daß die heutigen Arten sich aus früher lebenden, jetzt im allgemeinen ausgestorbenen entwickelt haben *(Deszendenztheorie)* und damit verschiedene Verwandtschaftsgrade zueinander besitzen, kann als gesicherte Tatsache gelten; problematisch ist noch die Art und Weise, in der die Baupläne der größeren Gruppen entstanden sind. Nur die Annahme einer solchen echten Verwandtschaft vermag eine Reihe morphologischer, entwicklungsgeschichtlicher und pflanzengeographischer Tatsachen sinnvoll zu erklären; so sind beispielsweise die Staminodien nur als rudimentäre Überreste früher funktionierender Staubblätter verständlich.

**Paläobotanik.** Ihren stärksten Beweis entnimmt die Deszendenztheorie den fossil erhaltenen Organismenresten. Ihre Zahl hat sich auch auf botanischem Gebiet in den letzten Jahrzehnten außerordentlich vermehrt, und die Verbesserung der Präparationstechnik macht es heute in vielen Fällen möglich, bis zur mikroskopischen Untersuchung vorzuschreiten, so daß wir beispielsweise über den Bau der Spaltöffnungen und die Bildung der Sporen bei Pflanzen des ältesten Paläozoikums (Psilophyten) gut Bescheid wissen.

**Phylogenese.** Aus dem Fundmaterial der Paläobotanik ergibt sich, daß die höher organisierten Gruppen der heutigen Pflanzenwelt nicht von Anfang an vorhanden waren, sondern erst im Lauf der Erdgeschichte aufgetreten sind. Es zeigt sich weiter, daß eine Anzahl von in früheren Erdperioden einmal häufigen Formen, wie Psilophyten, Schuppenbäume, Samenfarne, heute nicht mehr vorhanden sind. Der in Abb. 11 dargestellte, im einzelnen freilich vielfach noch hypothetische Stammbaum ergibt für jede Erdperiode einen Querschnitt der damaligen Pflanzenwelt. Die Arten dieser früheren Vegetationen sind, abgesehen von den nachtertiären jüngsten Zeiten, heute sämtlich ausgestorben. Das bedeutet, daß z. B. die *heute* lebenden Grünalgen nicht dieselben sind wie die des Kambiums und deshalb nicht als Vorfahren

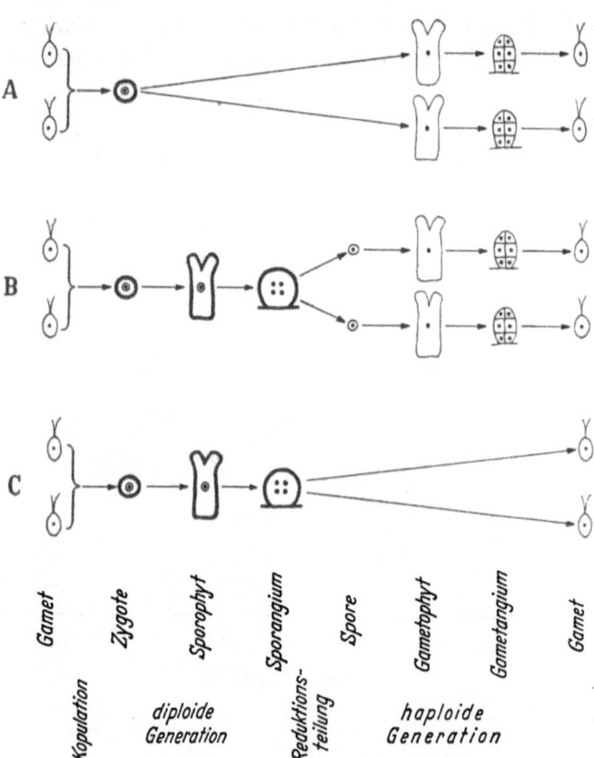



Abb. 10. Progression des Generationswechsels. *A* Haplont. *B* Diplohaplont. *C* Diplont. Bei *C* ist das Sporangium gleichzeitig Gametangium.

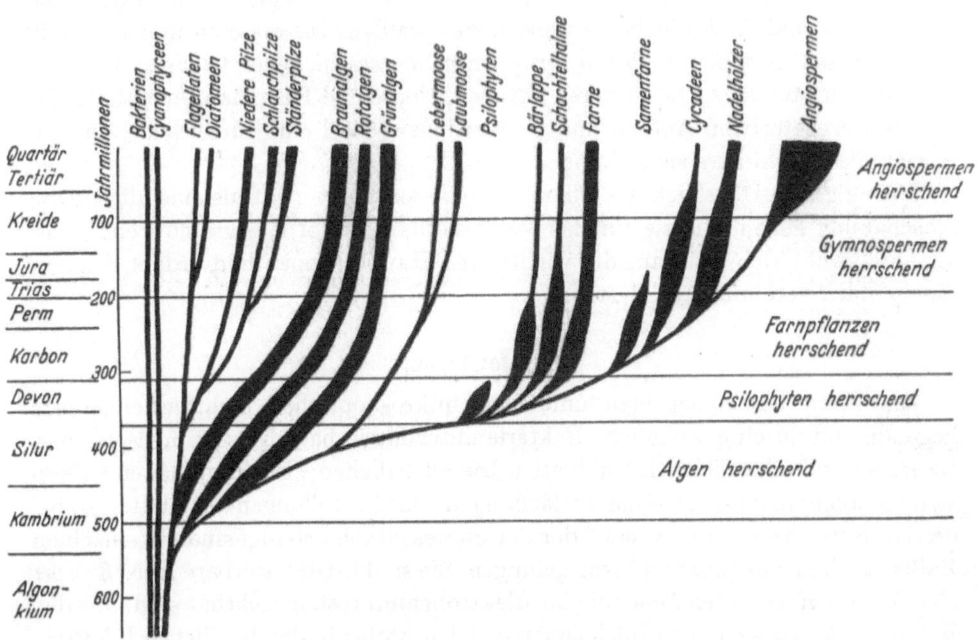


Abb. 11. Stammbaum des Pflanzenreichs. (Nach Zimmermann, verändert.)

der heutigen Blütenpflanzen aufgefaßt werden dürfen. Sie sind zu ihnen nur Vettern eines sehr entfernten, auf schon längst ausgestorbene Ahnen zurückgehenden Verwandtschaftsgrades, und die Primitivität ihrer Organisation geht darauf zurück, daß sie sich im Gegensatz zu dem zu den Blütenpflanzen fortgeschrittenen Parallelzweig phylogenetisch nur wenig verändert haben.

**Phylogenetisches System.** Ein im letzten Sinn natürliches System, welches die genaue phylogenetische Verwandtschaft der Formen wiedergibt, scheitert nicht nur an der Lückenhaftigkeit des paläobotanischen Materials, sondern auch an der Unmöglichkeit, die unendlich vielen, in der Abb. 11 nicht gezeichneten Verzweigungen des Stammbaumes in übersichtlicher Weise darzustellen. Deshalb bauen auch die heutigen Systeme im wesentlichen auf morphologischen und entwicklungsgeschichtlichen Grundlagen auf, wobei die phylogenetischen Tatsachen berücksichtigt und die ausgestorbenen Formen mit eingegliedert werden. Sie vervollständigen das System sehr wesentlich. Das gilt namentlich für Zwischenglieder heutiger Formenreihen, wie die Psilophyten am Anfang der Farnpflanzen oder die Samenfarne als Übergang zwischen Farnen und Gymnospermen.

## II. Die Hauptgruppen des Pflanzenreichs.

Eine erste Unterteilung des Pflanzenreichs ist die in *Kryptogamen* und *Phanerogamen*, je nachdem *Blüten* fehlen oder vorhanden sind. Als charakteristische Vermehrungskörper treten bei den Kryptogamen *Sporen*, bei den Phanerogamen *Samen* auf, weshalb die letzteren auch als *Samenpflanzen (Spermatophyta)* bezeichnet werden. Die Kryptogamen können weiter in die beiden Abteilungen der *Thallophyta* und *Archegoniatae* unterschieden werden. Die ersteren umfassen mit Spaltpflanzen, Algen und Pilzen Gruppen sehr verschiedener Organisation und Entwicklungstendenz. Die letzteren dagegen, Moose und Farnpflanzen enthaltend, zeigen in vegetativem Aufbau und Generationswechsel eine einheitliche, auf die Samenpflanzen hinstrebende Linie.

Der folgende Überblick des Pflanzenreichs soll nicht mehr als eine allgemeine Anschauung geben, wie sie für das Verständnis der Morphologie notwendig ist. Er beschränkt sich dazu auf die wichtigsten Hauptgruppen und ordnet diese in einem stark vereinfachten System.

### Vorstufe: Viren.

Als *Viren* bezeichnet man unter der mikroskopischen Sichtbarkeitsgrenze liegende und durch gewöhnliche Bakterienfilter filtrierbare Erreger menschlicher, tierischer und pflanzlicher Krankheiten. Die pflanzlichen Viruskrankheiten äußern sich vor allem in mosaikartigen Verfärbungen oder Einrollungen der Blätter, so bei der Kartoffel, wo sie am „Abbau" der Sorten wesentlich beteiligt sind. In einzelnen Fällen ist die Isolierung von Viren gelungen. Sie sind kristallisierbare *Eiweißkörper* (Nukleoproteide), deren Moleküle im Elektronenmikroskop sichtbar sind. Mit den Kristallen lassen sich neue Infektionen erzielen, wobei in den befallenen Pflanzenzellen eine schnelle Vermehrung der Virusmoleküle auf Kosten des Wirtsplasmas stattfindet. Es liegt also ein Körper vor, der sich teils wie eine leblose Substanz, teils wie ein wachsender Organismus verhält. Die bisher bekannten Viren können aber phylogenetisch nicht als Urorganismen angesehen werden, weil sie als Parasiten auf bereits vorhandene Organismen angewiesen sind.

## 1. Abteilung: *Thallophyta.*

### 1. Stamm: Spaltpflanzen *(Schizophyta).*

Die *Spaltpflanzen,* zu denen *Bakterien* und *blaugrüne Algen* (Cyanophyceen) zählen, sind in *Zellen* organisierte, unzweifelhaft echte Lebewesen mit *Protoplasma* als lebender Grundsubstanz. Sie sind aber noch wenig differenziert. Die Thymonukleoproteide (S. 37) sind zwar in körnigen oder netzartigen Körperchen konzentriert, aber diese treten *nicht* zu einem *Zellkern* zusammen. Ebenso ist bei den zur Assimilation befähigten Formen das Chlorophyll im Zellplasma verteilt und *nicht* an besondere Chlorophyllträger *(Chloroplasten)* gebunden. Es gibt deshalb keine mit Kernteilung und Kernverschmelzung verbundene Zellteilung und geschlechtliche Vermehrung, sondern nur eine „Spaltung", die quer zur Längsachse der Zelle erfolgt. Jedoch erscheinen diese Unterschiede gegenüber dem übrigen Pflanzenreich neuerdings nicht mehr so scharf, weil die Nukleoproteidkörper an der Spaltung beteiligt sind und an geschlechtliche Vorgänge anklingende Zellverschmelzungen bei Bakterien beobachtet wurden.

**1. Bakterien** *(Bacteria)*: Die Bakterien berühren sich größenmäßig mit großen Viren. Sie bilden in der Regel einzelne Zellen von Kugel-, Stäbchen- oder Schraubenform, welche unbeweglich oder mit Geißeln versehen sind (Abb. 12 *A—D*), wobei auch innerhalb ein und derselben Art verschiedene Formen auftreten können *(C).*

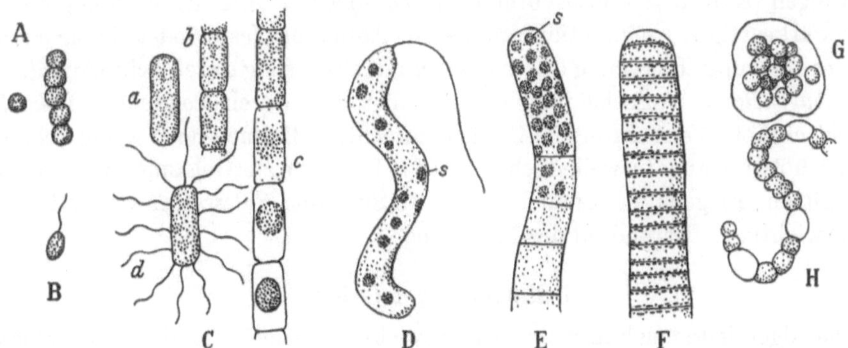

Abb. 12. Spaltpflanzen. *A–D* Bakterien: *A Streptococcus. B Nitrosomonas. C Bacillus subtilis* („Heubacillus"); *a* unbegeißelte Zelle, *b* Zellfaden, *c* Sporenbildung, *d* begeißelte Schwärmzelle. *D Thiospirillum sanguineum* mit Schwefelkörnchen *s. E–H* Blaugrüne Algen: *E Beggiatoa alba; s* Schwefelkörnchen. *F Oscillatoria curviceps. G Microcystis flos-aqae. H Nostoc Linckia. A–E* etwa 1500/1. *F–H* etwa 450/1. (Nach Migula, Fischer, Winogradsky, Warming, Gumont, Kirchner, Bornet, teilweise verändert.)

Manche Arten bilden durch Zusammenballung des Protoplasmas „Sporen", die gegenüber Austrocknung und Hitze besonders widerstandsfähig sind (*C*). Die Bakterien sind nicht nur als Erreger von Infektionskrankheiten wichtig, sondern spielen auch eine grundlegende Rolle im Gesamthaushalt der Natur. Dabei ist bemerkenswert, daß neben den zahlreichen, auf organische Stoffe als Nahrung angewiesenen *heterotrophen* Arten auch *autotrophe* vorkommen. Teilweise besitzen diese ähnlich den höheren Pflanzen einen grünen Farbstoff (Bakteriochlorophyll) und nützen mit ihm photosynthetisch die Lichtenergie aus, teilweise arbeiten sie aber auch ohne Chlorophyll chemosynthetisch mit der Energie von Oxydationen, wie z. B. des Schwefelwasserstoffs zu Schwefel bzw. Schwefelsäure (Schwefelbakterien, Abb. 12 *D*). Fossile Bakterien sind schon aus dem ältesten Paläozoikum bekannt, und vielleicht gehören autotrophe Bakterien zu den Urtypen des Lebens.

    **2. Blaugrüne Algen** *(Cyanophyceae)*. Sie besitzen, abgesehen von einigen farblos gewordenen Formen (Abb. 12 *E*), Chlorophyll, dessen Farbton durch einen blauen Eiweißfarbstoff (Phykozyan) abgewandelt ist, und stellen phylogenetisch einen autotrophen Parallelzweig zu den Bakterien dar. Einzellig oder fädig organisiert und durch Schleim oft zu Kolonien verbunden (Abb. 12 *F–H*), werden sie als Überzüge an feuchte Stellen und im Plankton als „Wasserblüte" sichtbar.

### 2. Stamm: Geißelalgen *(Flagellatae)*.

Von der primitiven Zellstruktur der Spaltpflanzen führen keine Übergangsformen zu der vollkommneren der *Geißelalgen* oder *Flagellaten. Diese Gruppe stellt den schon im Beginn des Paläozoikums nachweisbaren Urtyp dar, von dem aus sich sowohl das übrige Pflanzen- wie auch das gesamte Tierreich entwickelt hat.*

Die Flagellaten sind *einzellige* Organismen mit differenziertem *Zellkern* und echter, mit Kernteilung verbundener *Zellteilung*. Die weiteren Organisationsmerkmale vereinigen in verschiedener Abstufung Ausgangspunkte pflanzlicher und tierischer Entwicklungs-

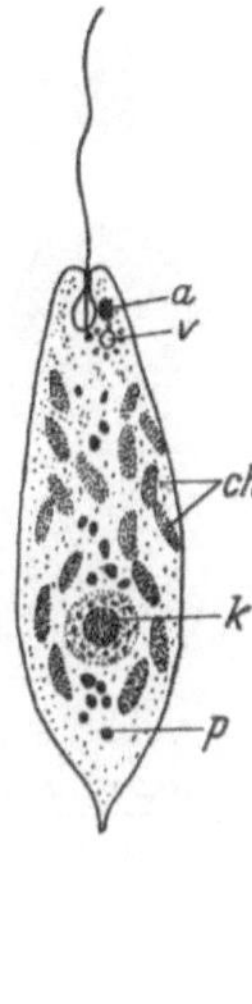

Abb. 13. *Euglena viridis*, eine Geißelalge. *a* Augenfleck, *ch* Chloroplasten, *k* Zellkern, *p* Paramylumkörner (Kohlehydrat), *v* kontraktile Vakuole. 500/1. (Nach Doflein, verändert.)

richtungen (Abb. 13): Photosynthese in *Chloroplasten* unter Abscheidung von öl- oder stärkeartigen Assimilationsprodukten, Aufnahme fester oder flüssiger organischer Nahrung, Bewegung durch *Geißeln* mit Steuerung durch lichtempfindliche rote *Augenflecke*, Ausscheidung von Abfallstoffen durch *kontraktile Vakuolen*. Geschlechtliche Vermehrung ist bei den einfacheren Formen noch wenig bekannt, bei den höheren aber bisweilen schon von der Isogamie zur Oogamie (Abb. 14) fortgeschritten. Flagellaten kommen überall in Süß- und Salzwasser vor und bilden einen wichtigen Bestandteil des Planktons.

### 3. Stamm: Algen *(Algae).*

Die Algen leiten sich in mehreren Entwicklungsreihen, von denen die wichtigsten die Grün-, Braun- und Rotalgen sind, von den Flagellaten ab. Von der einzelligen, beweglichen Organisationsstufe aus entstehen *vielzellige, festgewachsene Formen mit fädigen oder flächenförmigen Vegetationskörpern.* Sie sind mit wenigen Ausnahmen *Wasserpflanzen* und beherrschen in einer großen Mannigfaltigkeit der Gestalt und Größe den küstennahen Wasserraum der Meere in ähnlicher Weise wie die Samenpflanzen den Luftraum der Länder. Diese Besiedelung des Meeres ist der des Landes vorangegangen, und man kann das ältere Paläozoikum als die „Tangzeit" der Erde bezeichnen (Abb. 11).

Parallel zu der morphologischen Differenzierung der Vegetationskörper erfolgt in den einzelnen Reihen eine *Progression des Generationswechsels* vom Überwiegen des Gametophyten zu dem des Sporophyten (Abb. 10). Sporangien und Gametangien stimmen im Bau grundsätzlich überein (Abb. 9), zeigen aber in den verschiedenen Algengruppen weitgehende Abwandlungen. Dasselbe gilt für die Sporen und Gameten. Beide behalten in vielen Fällen (z. B. Abb. 9) die Flagellatenform bei, so daß dann die in der Phylogenese vorangegangene Organisationsstufe als Stadium der individuellen Entwicklung (Ontogenese) auftritt, eine Erscheinung, welche allgemein als *biogenetische Regel* bezeichnet wird und als indirekter Beweis der Deszendenz der Organismen betrachtet werden kann.

Von den mit Geißeln beweglichen kurzlebigen „*Zoosporen*" (Abb. 9) geht die Progression zu unbeweglichen, mit mehr Reservestoffen und derberen Membranen ausgestatteten *Dauersporen.* Neben den unter Reduktionsteilung in Vierergruppen entstehenden *Tetrasporen* des Generationswechsels werden vielfach auch außerhalb desselben stehende, nur der Vermehrung oder Überdauerung ungünstiger Umweltperioden dienende Sporen gebildet.

Bei den *Gameten* sind begeißelte, in beiden Geschlechtern gleiche, frei schwärmende *Isogameten* ursprünglich (Abb. 14 A). Progressiv ist die Arbeitsteilung in wenige große, viel Protoplasma, Chloroplasten und Reservestoffe führende, dadurch aber weniger bewegliche *weibliche* und zahlreiche kleine, plasma-

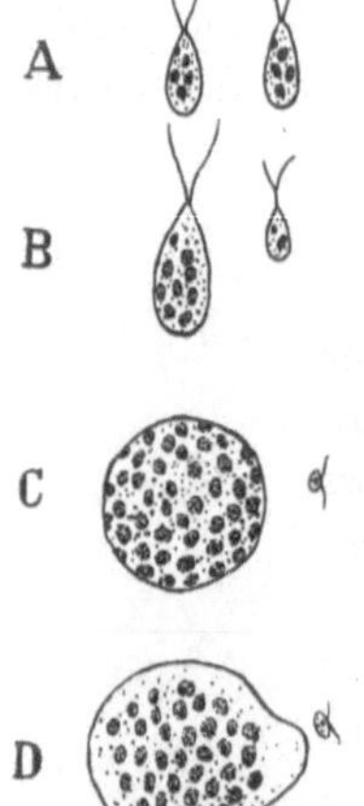

Abb. 14. Gametendifferenzierung bei Algen. *A* Isogamie zwischen Isogameten *(Cladophora). B* Anisogamie zwischen Makro- und Mikrogameten *(Halicystis). C* Oogamie zwischen Ei und Spermatozoid *(Fucus). D* Oogamie zwischen Oogonium und Spermatozoid *(Vaucheria). A, B* etwa 450/1, *C, D* 200/1. (Nach Smith, Oltmanns u.a., verändert.)

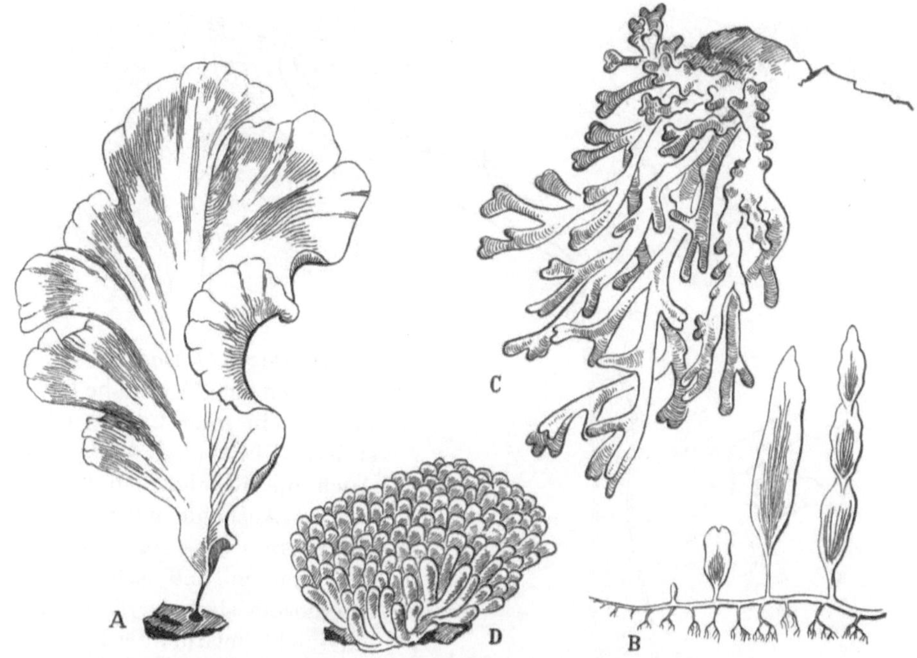



Abb. 15. Grünalgen des Meeres. *A Ulva lactuca* (Meerlattich). *B Caulerpa prolifera*, auf Sandgrund wachsend. *C Codium tomentosum. D Valonia utricularis*. Etwa 1/2. (Nach Oltmanns u. a., verändert.) (R.)

und chlorophyllarme, aber schnell bewegliche *männliche* Gameten *(Anisogame-ten, B)*. Eine noch weitergehende Differenzierung führt zu unbeweglichen *Eiern* und diese aufsuchende *Spermatozoiden* (Oogamie, *C*); in diesem Fall werden die Gametangien als *Oogonium* und *Antheridium* unterschieden. Endlich kann auch die Eizelle im Oogonium verbleiben und in diesem befruchtet werden (*D*).

**1. Grünalgen** *(Chlorophyceae)*. Von einzelligen flagellatenartigen Formen aus bildet die Mehrzahl der Grünalgen schwimmende oder flutende watteartige Büschel aus einfachen oder verzweigten Zellfäden (Abb. 43, 44). Größere flächige und kompakte Gestaltungen finden sich im Meer (Abb. 15). Der Generationswechsel bevorzugt im allgemeinen die haploide Phase.

**2. Kieselalgen** *(Diatomeae)*. Diese einzelligen Algen gehen auf braune Flagellaten zurück. Sie sind durch zwei meist fein skulpturierte Schalen aus Kieselsäure charakterisiert, die wie Boden und Deckel einer Dose ineinandergreifen. Diatomeen treten in der Plankton- und Bodenvegetation der Meere und Binnengewässer oft in großen Mengen auf; fossil abgelagerte Schalen bilden die Kieselgur-Erde.

**3. Braunalgen** *(Phaeophyceae)*. Die braune Färbung rührt wie bei den Diatomeen von einem Karotin-Farbstoff her, welcher das Grün des Chlorophylls überdeckt. Die Braunalgen sind fast ausschließlich Meeresalgen. Sie bilden eine Parallelreihe zu den Grünalgen, welche mit fädigen Formen beginnend zu sehr hochdifferenzierten und großen Gestaltungen führt, wobei baumförmige Arten Höhen bis 4 m und flutende Längen bis 50 m erreichen (Abb. 16, 17). Diese großen Vegetationskörper sind diploid; die Reduktion der haploiden Generation hat bei den Fucaceen (Abb. 17 *B, D*) bis zur völligen Unterdrückung derselben geführt (Abb. 10 *C*), so daß diese Formen, als einzige Pflanzen, reine Diplonten sind.

**4. Rotalgen** *(Rhodophyceae)*.
Sie stellen eine Algenreihe dar,
bei der ein roter Eiweißfarb-
stoff das Chlorophyll verdeckt.
Auch die Rotalgen sind mit
wenigen Ausnahmen Bewohner
der Meere, wo sie vor allem an
den tieferen und schattigen
Standorten siedeln. Sie erreichen nicht die Größe der Braunalgen, sind aber ebenfalls sehr
vielgestaltig (Abb. 18, 47—49).

### 4. Stamm: Pilze *(Fungi)*.

Die Pilze sind eine *heterotrophe* Parallelentwicklung zu
den autotrophen Algen. Sie
führen niemals Chlorophyll und
sind als Saprophyten oder Parasiten auf organische Kohlen-
stoff- und oft auch Stickstoffquellen angewiesen. Phylogenetisch gehen sie auf Flagellaten,
teilweise vielleicht auch auf
niedere Algenstufen zurück.
Von dieser Basis aus hat sich
eine große Mannigfaltigkeit
von Formen entwickelt, freilich
ohne die Differenzierung und
Größe der Algen zu erreichen.
Der Generationswechsel zeigt
wieder eine sehr ausgeprägte

Abb. 16. *Macrocystis pyrifera*, die größte
Braunalge. 1/300.
(Nach Harvey, verändert.) (R.)

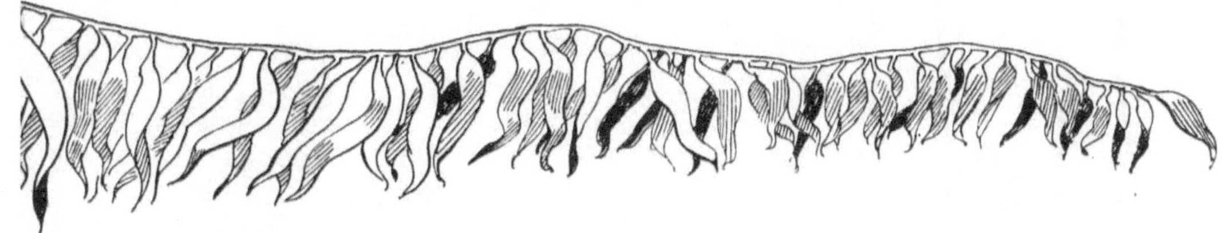

Progression vom Vorwiegen der haploiden Generation bei den primitiven Gruppen bis zur vollständig diploiden Pilzkörpergestaltung bei den höchstdifferenzierten.

**1. Niedere Pilze** *(Phycomycetes)*. Unter dieser Bezeichnung faßt man mehrere Ordnungen von Pilzen zusammen, bei denen sich die diploide Phase auf die Zygote beschränkt. Die einfachsten Formen sind einzellig und treten als flagellatenähnliche Schwärmer und Amöben auf; sie sind teilweise gefährliche Parasiten (Kohlhernie, Kartoffelkrebs). Die Mehrzahl der Arten bildet als *Myzel* bezeichnete Rasen und Geflechte aus verzweigten Pilzfäden *(Hyphen)*, welche vielkernig, aber meist nicht durch Querwände in einzelne Zellen gegliedert sind. Neben anderen, viele Pflanzenschädlinge enthaltenden Ordnungen gehören hierhin die Jochpilze mit den Köpfchenschimmeln. Bei ihnen kopulieren, ähnlich wie bei gewissen Algen (Jochalgen), nicht frei bewegliche Gameten, sondern die Plasmainhalte zweier mit-

Abb. 17. Braunalgen. *A Laminaria digitata;* 1/20. *B Fucus vesiculosus* (Blasentang); 1/5. *C Colpomenia sinuosa;* 1/4. *D Himanthalia lorea;* 1/10. (Nach Harvey, Oltmanns u. a., verändert.) (R.)

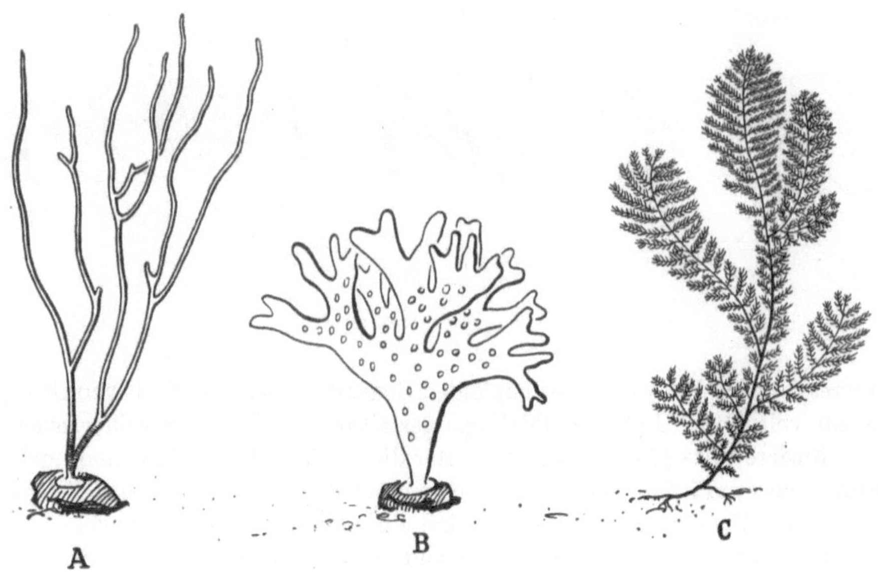

Abb. 18. Rotalgen. *A Nemalion multifidum. B Nitophyllum punctatum. C Ptilota plumosa.* Etwa 1/3.
(Nach Oltmanns u. a.) (R.)

einander in Verbindung tretender Hyphenzellen (Abb. 19). Die Unmengen von Sporen erzeugenden Sporangien sind außerhalb des Generationswechsels stehende Vermehrungsorgane.

**2. Höhere Pilze** *(Eumycetes).* Im Generationswechsel tritt mehr und mehr die sporophytische Phase in den Vordergrund. Parallel mit dieser aufsteigenden Progression entstehen die differenzierten Pilzkörper, die volkstümlich als „Pilze" und „Schwämme" bezeichnet werden. Die Mannigfaltigkeit der Formen ist außerordentlich groß, auch dadurch, daß mehrfach Rückbildungen der Organisationshöhe stattgefunden haben. Nach der Form der Sporangien unterscheidet man Schlauch- und Ständerpilze.

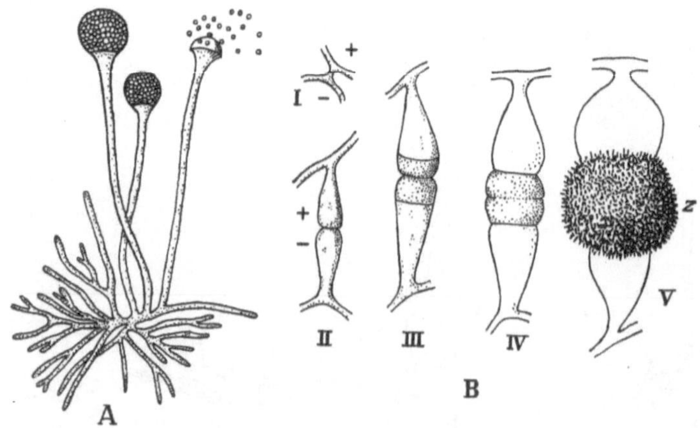

Abb. 19. Jochpilz *(Rhizopus nigricans). A* Myzel mit (vegetativen) Sporangien; 50/1. *B* Kopulation eines +- und —-Myzels. *z* Zygote. 200/1. (Nach De Bary, Schenck.)

a) **Schlauchpilze** *(Ascomycetes)*. Sie bilden in einem *schlauchförmigen Sporangium (Ascus)* meist 8 Sporen aus (Abb. 20 *A*). Aus ihnen entwickeln sich haploide, in Zellen geteilte Myzele, die schließlich zur Bildung *haploider Fruchtkörper* übergehen. Erst in diesen kopulieren männliche (Antheridien) und weibliche (Ascogonien) vielkernige Gametangien, wobei die beiden Geschlechter in einem Myzel monözisch vereinigt oder, wie im Schema der Abb. 20 *A* angenommen, auf zwei verschiedene Myzele diözisch verteilt sein können. Es ist eine Eigentümlichkeit der höheren Pilze, daß in der Zygote (Ascogonium) die männlichen und weiblichen Zellkerne zunächst nicht verschmelzen, sondern sich nur paarweise zusammenlegen (konjugierte Kerne). Indem sie sich jeweils gleichzeitig teilen, entstehen aus dem Ascogonium Hyphen mit paarkernigen Zellen (ascogene Hyphen). Erst bei der Anlage der Asci verschmelzen die beiden Kerne (Abb. 20 *A*, 1, 2). Es folgt die Reduktionsteilung (3) und nach weiteren Teilungen die Sporenbildung (4—8).

Die primitiven Schlauchpilze, zu denen die Hefen, die Grün- und Schwarzschimmel *(Aspergillus, Penicillium)* und die als Pflanzenschädlinge wichtigen Mehltaue gehören, vermehren sich hauptsächlich vegetativ durch Zellsprossung (Hefen) oder Abschnürung sporenähnlicher Zellen (Konidien), und die Ascusbildung erfolgt ohne oder mit sehr einfacher Fruchtkörperbildung. Bei den höheren Formen dagegen bilden die Asci zusammen mit sterilen Hyphen (Paraphysen) flach ausgebreitete oder versenkte Schichten (Hymenien). Hierhin gehören neben kleineren, teilweise als Pflanzenschädlinge wichtigen Arten, darunter das Mutterkorn, auch größere, Fruchtkörper bildende, wie die Morcheln und Trüffeln (Abb. 21).

b) **Ständerpilze** *(Basidiomycetes)*. Bei ihnen sitzen 4 Sporen auf einem im typischen Fall einzelligen *tonnenförmigen Ständer (Basidie)* (Abb. 20 *B*). Der Gene-

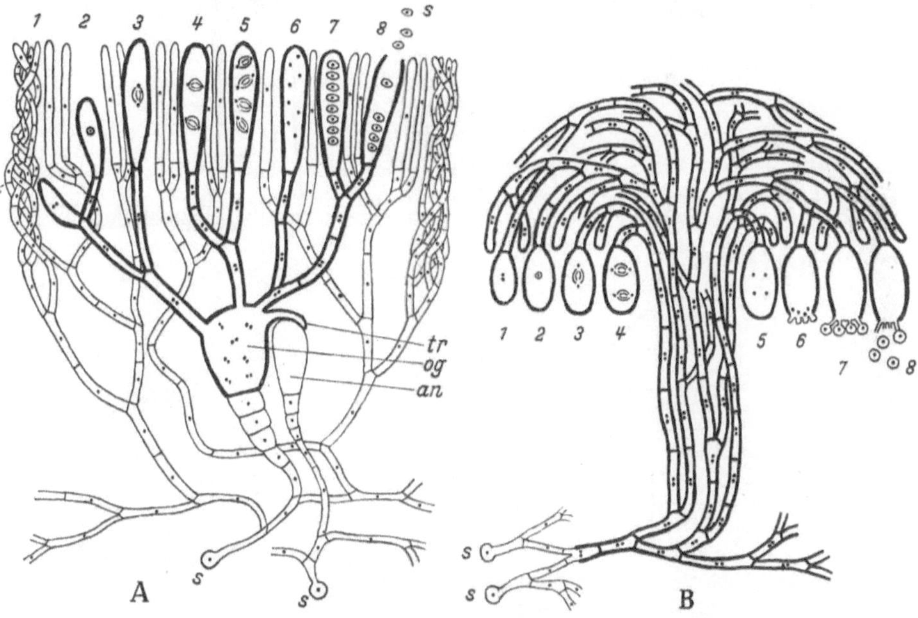

Abb. 20. Entwicklungsschema der höheren Pilze. *A* Schlauchpilz (Ascomycet). *B* Ständerpilz (Basidiomycet). Zellen der gametophytischen Phase dünn, der sporophytischen dick umrandet. *s* Sporen, *og* Oogonium (Ascogonium) mit Trichogyne *tr*, *an* Antheridium, 1—8 Entwicklungsstadien der Schläuche (Asci) bzw. Ständer (Basidien). (Nach Harder, verändert.)

rationswechsel ist gegenüber den Ascomyceten weiter progressiv, indem die Kopulation zum paarkernigen Myzel schon vor der Bildung der Fruchtkörper erfolgt, diese also vollständig von der *diploiden* Phase aufgebaut werden (Abb. 20 *B*).

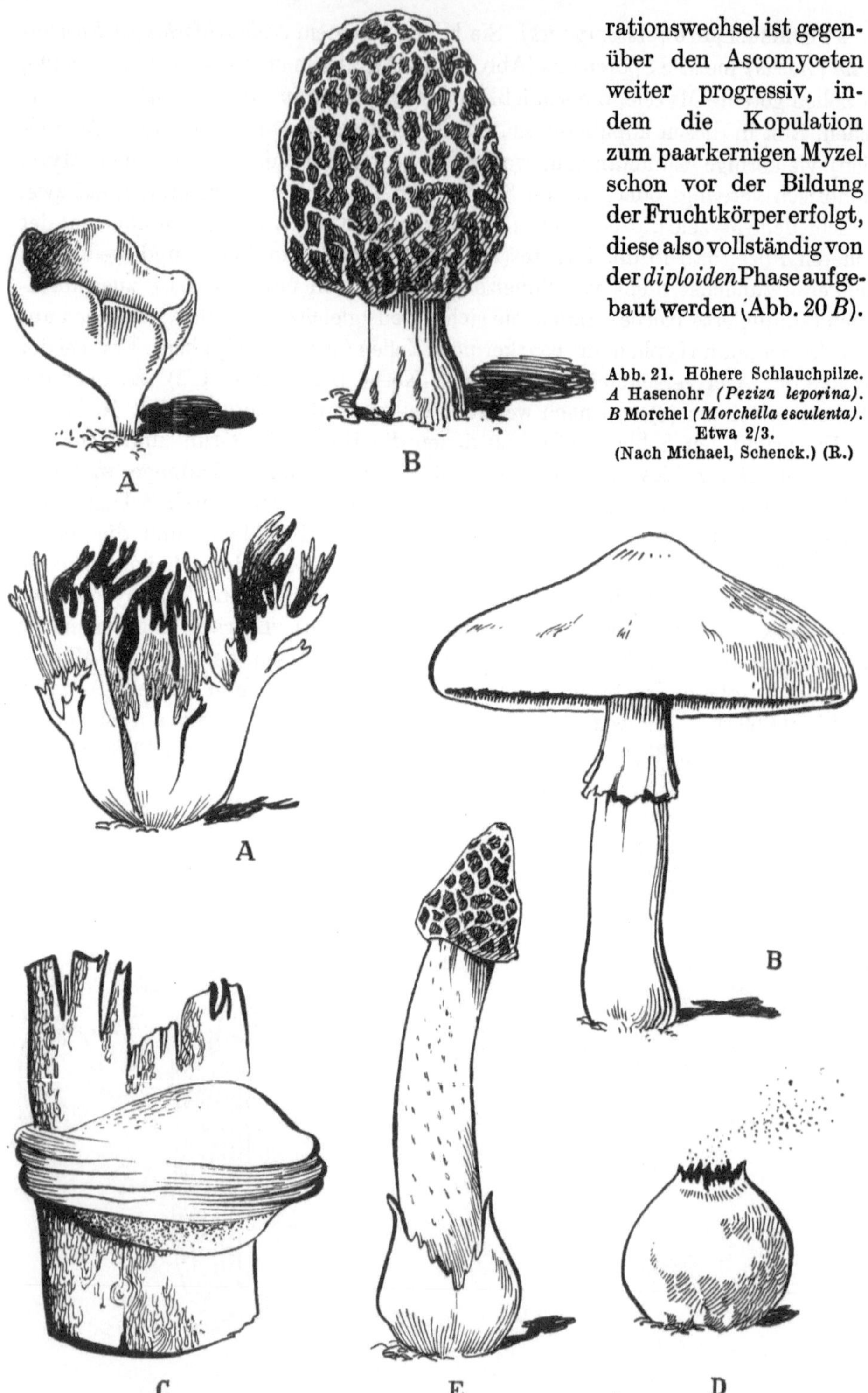

Abb. 21. Höhere Schlauchpilze. *A* Hasenohr *(Peziza leporina)*. *B* Morchel *(Morchella esculenta)*. Etwa 2/3. (Nach Michael, Schenck.) (R.)

Abb. 22. Höhere Ständerpilze. *A* Ziegenbart *(Clavaria)*. *B* Blätterpilz (Champignon). *C* Baumschwamm *(Polyporus)*. *D* Bauchpilz (Bovist). *E* Desgleichen (Stinkmorchel). 1/3. (R.)

Die Verschmelzung der konjugierten Kerne erfolgt aber erst in der Basidie unmittelbar vor der Reduktionsteilung. Die Basidien bilden meist zusammenhängende Hymenien an bestimmten Stellen der Fruchtkörper, so bei den Ziegenbärten (Abb. 22 *A*) auf deren Oberfläche, bei den Blätterpilzen (Champignon, *B*) auf Lamellen der Unterseite eines Hutes, bei den Röhrenpilzen (Steinpilz, Baumschwämme, *C*) in Röhren ebenda, bei den Bauchpilzen im Inneren des Fruchtkörpers, von wo die Sporen entweder ausstäuben (Bo-

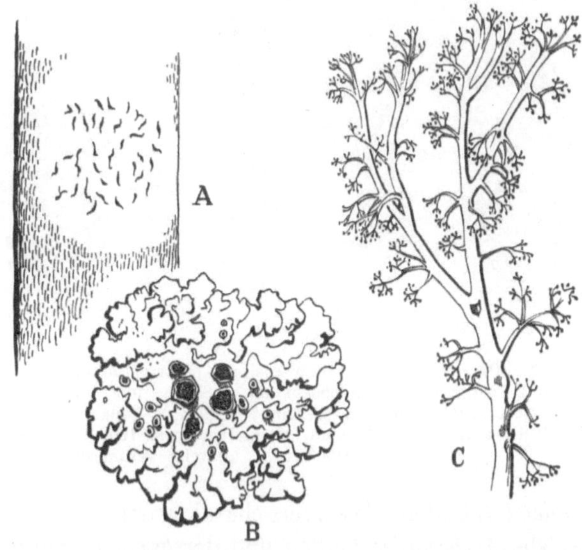

Abb. 23. Flechten. *A* Krustenflechte (Schriftflechte, *Graphis scripta*) auf Erlenrinde. *B* Blattflechte *(Parmelia acetabulum)*. *C* Strauchflechte (Renntierflechte, *Cladonia rangiferina*). 1/1. (*B, C* nach Reinke.) (R.)

vist, *D*) oder an einem Stiel herausgehoben werden (Stinkmorchel, *E*).

Basidiomyzeten mit vierzellig geteilten Basidien sind die als Pflanzenschädlinge, zumal an Getreide, sehr wichtigen *Rostpilze (Uredinales)* und *Brandpilze (Ustilaginales)*. Das im Gewebe der Wirtspflanze lebende Myzel ist stark reduziert, und es werden keine Fruchtkörper gebildet. Der Generationswechsel ist weit auseinandergezogen und bei den Rostpilzen meist mit einem Wechsel der Wirtspflanze verbunden. Beim Schwarzrost z. B. parasitiert die einkernige Generation in den Blättern der Berberitze, die paarkernige in denen von Getreide und anderen Gräsern.

### 5. Stamm: Flechten *(Lichines)*.

Die Flechten, welche namentlich in nebelreichen Klimaten auf Rinden, Gestein und auch nackter Erde zahlreich auftreten, sind keine einheitlichen Organismen, sondern zusammengesetzt aus höheren Pilzen (bei uns stets Schlauchpilzen) und grünen oder blaugrünen Algen (Symbiose, S. 229). Ihrer Gestalt nach lassen sie sich in dem Substrat anliegende oder eingesenkte *Krustenflechten*, lappig gegliederte *Blattflechten* und frei sich erhebende *Strauchflechten* unterscheiden (Abb. 23).

## 2. Abteilung: *Archegoniatae.*

In der Gruppe der Archegoniaten, welche die Moose und Farnpflanzen umfaßt, vollzieht sich der *Übergang der autotrophen Pflanze vom Wasser- zum Landleben.* Während die Vegetationskörper der Thallophyten nach sehr verschiedenen Gestaltungsprinzipien aufgebaut sind, beginnt mit den Archegoniaten eine *einheitliche Entwicklung*, die schließlich zur morphologischen Gliederung in *Stengel, Blatt* und *Wurzel* führt. Es besteht ein *strenger Generationswechsel*, wobei sich wiederum mit zunehmender morphologischer Differenzierung der Schwerpunkt vom Gameto-

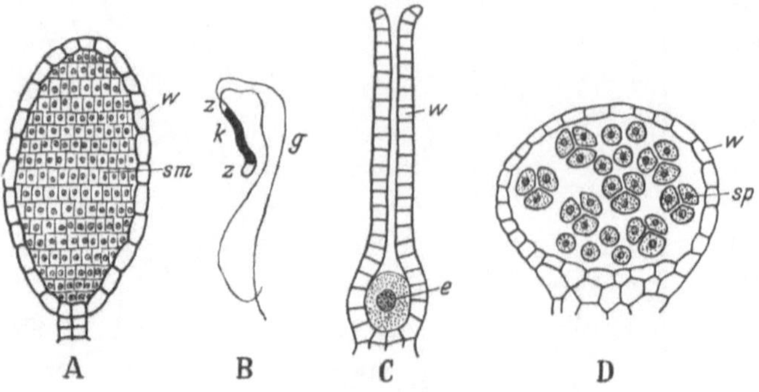

Abb. 24. Organe des Generationswechsels bei Archegoniaten. *A* Antheridium. *B* Spermatozoid. *C* Archegonium. *D* Sporangium eines Lebermooses. *w* Wandschicht, *sm* Spermatozoidmutterzellen, *k* Zellkern, *z* Zytoplasma, *g* Geißeln, *e* Eizelle mit Zellkern, *sp* Sporen. Etwa 100/1, *B* 1000/1. (Nach Strasburger, Ikeno u. a., teilweise verändert.)

phyten auf den Sporophyten verlagert. Die Gestalt der Gametangien und Sporangien wird weitgehend einheitlich (Abb. 24). Die männlichen Gametangien (*A*), *Antheridien* genannt, sind tonnenartige Gebilde, in denen sich außerordentlich zahlreiche, kleine, männliche Gameten als *Spermatozoiden* (*B*) bilden. Besonders charakteristisch sind die weiblichen Gametangien (*C*), welche *Archegonien* heißen und der ganzen Gruppe den Namen geben. Sie sind flaschenförmige Gebilde, in deren Bauch der weibliche Gamet als *Eizelle* liegt. Diese wird durch ein Spermatozoid, das durch Regenwasser übertragen in den Hals des Archegoniums eindringt, befruchtet und gibt der diploiden *Sporophyten*generation den Ursprung. Das von dieser gebildete *Sporangium* (*D*) ist ein kapselartiger Körper, in welchem unter Reduktionsteilung in Vierergruppen (Tetraden) *Sporen* gebildet werden; aus ihnen geht bei der Keimung die *Gametophyten*generation hervor.

Die Archegoniaten zerfallen in die beiden Stämme der Moose und Farnpflanzen.

## 6. Stamm: Moose *(Bryophyta)*.

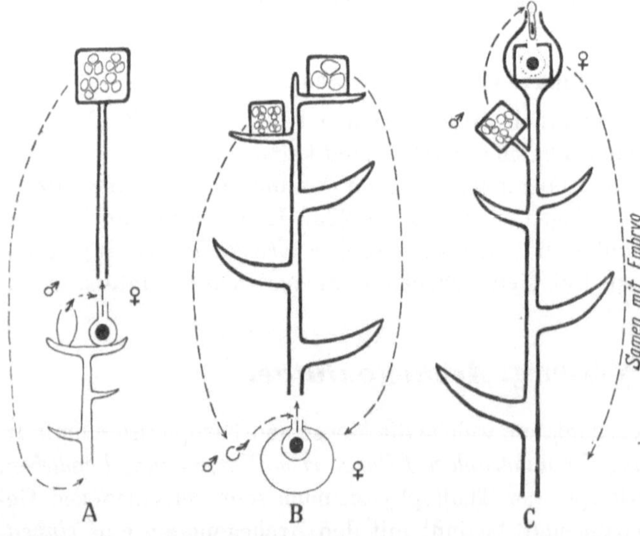


Abb. 25. Progression des Generationswechsels bei Archegoniaten und Spermatophyten. *A* Moos. *B* Farnpflanze *(Selaginella)*. *C* Samenpflanze. Gametophyt dünn, Sporophyt dick umrandet. Spermatozoiden bzw. Spermakern und Eizellen schwarz, Sporangien quadratisch gezeichnet.

Phylogenetisch sind die Moose wahrscheinlich von den Grünalgen abzuleiten. Die Abzweigung muß, da wohlerhaltene Moosreste aus dem Karbon bekannt sind, schon im Paläozoikum erfolgt sein.

Die *Vegetationskörper* der Moose sind *haploide Gametophyten*. Der aus der befruchteten Eizelle sich entwickelnde *Sporophyt* wächst aus dem Hals des Archegoniums heraus und bleibt auf das dem Gametophyten mit einem Stiel aufgesetzte *Sporangium* beschränkt (Abb. 25 *A*).

**1. Lebermoose** *(Hepaticae)*. Die oft sehr zierlichen Formen dieser vor allem in feuchten Schluchten, an Bächen usw. vorkommenden Moose lassen sich morphologisch in flächenförmige thallose und in deutlich in Stengel und Blätter gegliederte foliose unterscheiden (Abb. 26 *A, B*).

**2. Laubmoose** *(Musci)*. Die Differenzierung von Stengel und Blatt ist allgemein und vollkommener als bei den Lebermoosen. Auch die Sporangien sind höher organisiert (Abb. 26 *C*).

### 7. Stamm: Farnpflanzen (Pteridophyta).

Bei den Farnpflanzen, zu denen außer den eigentlichen Farnen auch die Bärlappe und Schachtelhalme

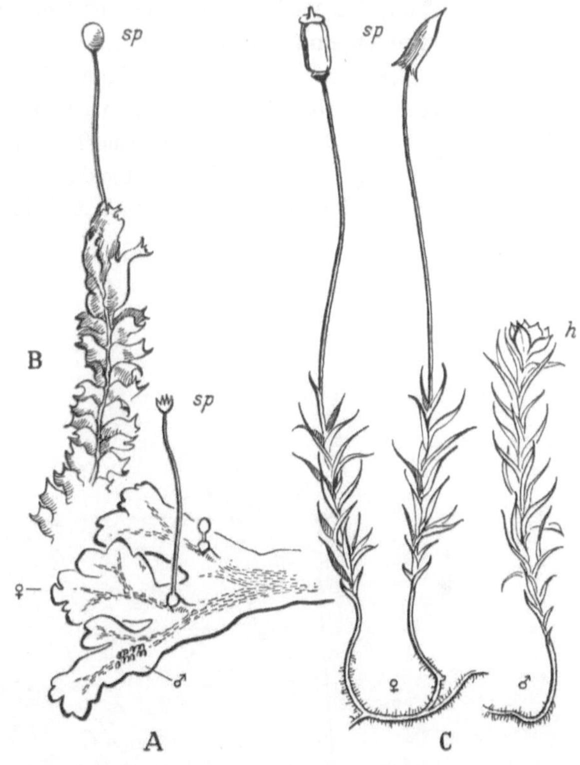


Abb. 26. Moose. *A* Thalloses Lebermoos *(Pellia epiphylla)*. *B* Folioses Lebermoos *(Lophocolea bidentata)*. *C* Laubmoos *(Polytrichum commune)*. *sp* Sporangien, *h* Hüllblätter des Antheridiumstandes eines männlichen Gametophyten. Etwa 3/2. (Nach Knapp, Müller, Kerner von Marilaun, teilweise verändert.) (R.)

rechnen, wird der als *Prothallium* bezeichnete Gametophyt mehr und mehr reduziert, und der *Sporophyt bildet den Vegetationskörper* (Abb. 25 *B*). Der Progression des Generationswechsels entspricht die reichere morphologische und anatomische Gliederung, welche mit der Ausbildung echter Wurzeln, Leitgewebe und Spaltöffnungen die Organisationsstufe der höheren Pflanzen erreicht (Kormus).

Phylogenetisch stellen die Farnpflanzen keine Weiterentwicklung der Moose dar, sondern sind als Parallelstamm zu diesen aufzufassen. Ein reichhaltiges und gut erhaltenes fossiles Material ermöglicht eine weitgehende Rekonstruktion der stammesgeschichtlichen Entwicklung, welche im Paläozoikum ihren Höhepunkt hat (Abb. 11).

**1. Psilophyten** *(Psilophytinae)*. Diese älteste Gruppe der Farnpflanzen, die schon im Karbon wieder ausgestorben war, hatte im Devon ihre Blütezeit. Die einfachsten Formen stellen gabelig verzweigte, blattlose Sprosse mit endständigen Sporangien dar *(Rhynia,* Abb. 27 *A)*, in welchen im Dünnschliff Sporentetraden nachweisbar sind. Die Pflanzen sind also Sporophyten, die mit Spaltöffnungen und Leitbündeln ausgestattet waren und daher schon eine beträchtliche Organisationshöhe besessen haben. Gametophyten sind noch nicht gefunden worden; es ist deshalb anzunehmen, daß sie klein und hinfällig waren. Neben solchen blattlosen

Formen finden sich im Devon nach verschiedenen Richtungen hin differenzierte beblätterte Typen, die als Vorläufer unserer heutigen Bärlappe, Schachtelhalme und Farne anzusehen sind (Abb. 27 *B—D*).

**2. Bärlappe** *(Lycopodiinae)*. Die heutigen Bärlappe sind meist kleine, nadelförmig oder moosartig beblätterte Formen (Abb. 28), welche namentlich in den feuchteren Klimaten der Gebirge und der Tropen angetroffen werden. Sie sind Reste einer ungemein reichen Entfaltung der Gruppe in der *Steinkohlenzeit*, in welcher *baumförmige* Typen (Abb. 29) das Waldbild beherrschten (Abb. 11).

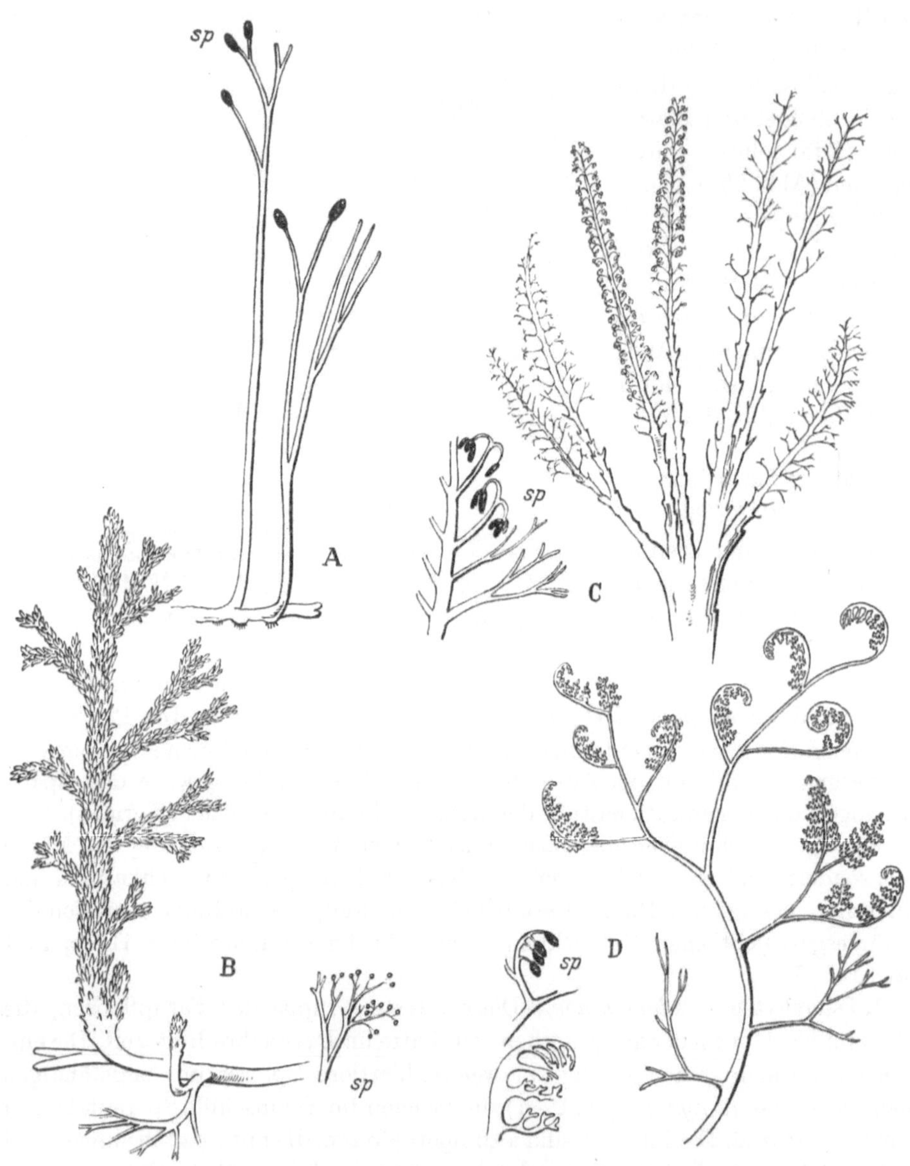

Abb. 27. Psilophyten. *A* Blattlose Form *(Rhynia major)*. *B* Vorläufer der Bärlappe *(Asteroxylon mackiei)*. *C* Vorläufer der Schachtelhalme *(Hyenia elegans)*. *D* Vorläufer der Farne *(Protopteridium hostimense)*. *sp* Sporangien. Etwa 1/3. (Nach Kidston und Lang, Kräusel, Zimmermann.) *(R.)*

Bei den Bärlappen läßt sich parallel zur Reduktion der Gametophyten eine bedeutungsvolle Progression der Sporendifferenzierung verfolgen, die von Isosporie zu Heterosporie geht und schließlich zu Bestäubung und Samenbildung führt. Die *Sporangien* sitzen einzeln auf als *Sporophylle* bezeichneten Blättern, die oft zu Ähren oder Zapfen zusammentreten (Abb. 28, 29). Im ursprünglichen Fall gibt es nur eine Art von Sporangien und Sporen (*Isosporie*, Abb. 28 *A, A'*). Die Sporen fallen aus und keimen an der Erde zu sehr kleinen, Antheridien und Archegonien tragenden Gametophyten, die hier wie bei allen Pteridophyten *Prothallium* heißen. Progressiv ist die getrennte Ausbildung von *Mikrosporangien* mit vielen kleinen *Mikrosporen* und von *Makrosporangien* mit nur vier, einer Tetrade entsprechenden, großen *Makrosporen* (*Hetero-*

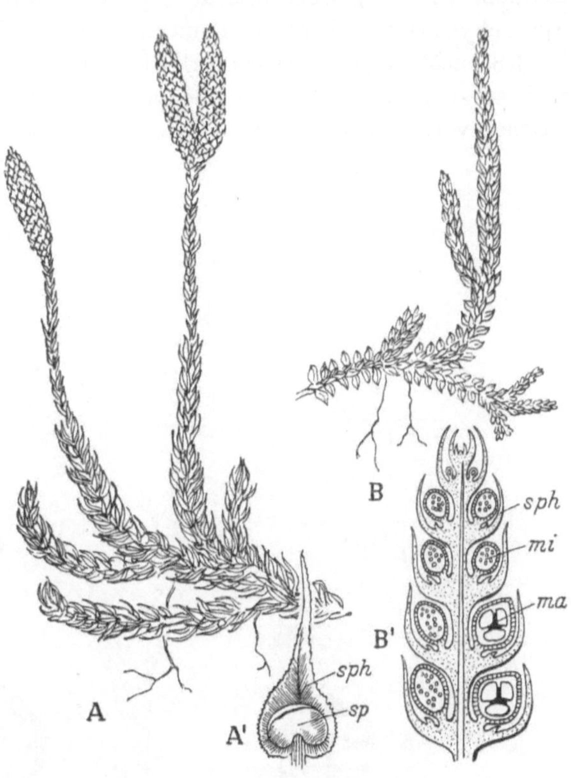



Abb. 28. Bärlappe. *A Lycopodium clavatum; A'* einzelnes Sporophyll mit Sporangium. *B Selaginella helvetica; B'* Längsschnitt durch die Sproßspitze. *sph* Sporophylle, *sp* homospores Sporangium, *mi* Mikrosporangium, *ma* Makrosporangium. 1/1. *A', B'* vergr. (Nach Thomé, Schenck, Sachs, verändert). (R.)

*sporie*, Abb. 28 *B'*, 29 *B*). Der aus den Mikrosporen entstehende männliche Gametophyt bleibt innerhalb der Sporenhaut und ist auf wenige Zellen reduziert. Er bildet, ohne ein differenziertes Antheridium zu entwickeln, eine größere Zahl von Spermatozoiden. Aus den Makrosporen entstehen vielzellige weibliche Gametophyten, die weniger reduziert sind und einige Archegonien ausbilden. Die Befruchtung erfolgt so, daß beide Sporenarten auf den Erdboden fallen und dann die aus den Mikrosporen frei werdenden Spermatozoiden bei Nässe die Eizellen schwimmend erreichen. Baumförmige, auch morphologisch höher als die heutigen Formen organisierte Bärlappe der Steinkohlenzeit (Schuppenbäume, Abb. 29) hatten teilweise die Heterosporie noch weiter getrieben, indem im Makrosporangium nur noch eine einzige Makrospore zur Entwicklung kam und diese nicht mehr ausfiel, sondern innerhalb des Makrosporangiums am Baum ein stark reduziertes Prothallium erzeugte (Abb. 29 *C*). Die sehr kleinen Mikrosporen wurden durch den Wind auf die Makrosporangien geweht, so daß nunmehr die Gametenkopulation auf der Pflanze stattfand. Damit wurde bei den Bärlappen schon im Karbon der heute bei den Blütenpflanzen bestehende Modus der *Bestäubung* erreicht. Ebenso kamen diese Formen schon damals zur Bildung von *Samen*, indem der aus der befruchteten Eizelle entstandene Embryo mit dem Prothallium als Nährgewebe und der Sporangiumwand nebst einem Auswuchs des Sporophylls (Integument) als Samenschale einen Ruhezustand einging.

    **3. Schachtelhalme** *(Equisetinae)*. Die Blätter psilophytischer Vorläufer (Abb. 27 *C*) sind zu den Stengel umschließenden Scheiden reduziert. Der heute nur noch spärlich vorkommende Zweig hat im ausgehenden Paläozoikum und namentlich

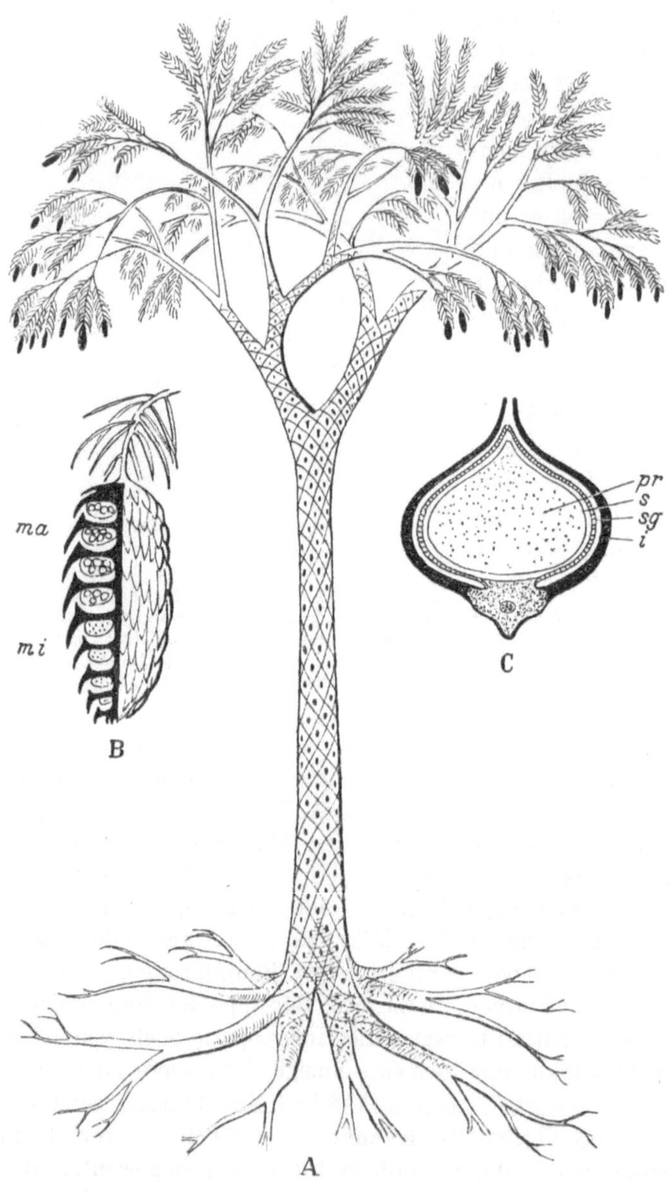

Abb. 29. Karbonische Bärlappe. *A* Schuppenbaum *(Lepidodendron)*, Höhe etwa 20 m. *B* Sporophyllzapfen desselben, links im Längsschnitt die Mikro*(mi)*- und Makro*(ma)*-Sporangien zeigend. *C* Schnitt durch das Makrosporangium einer samentragenden Art *(Lepidocarpon)*. *pr* weibliches Prothallium in der Makrosporenwand *s*, *sg* Wand des Makrosporangiums, *i* Hülle (Integument) als Auswuchs des Sporophylls. 10/1. (Nach Hirmer, Mägdefrau, Scott, verändert.) (R.)

im Mesozoikum eine bedeutende Rolle gespielt und kam damals baumförmig vor (Calamiten).

**4. Farne** *(Filicinae)*. Für die seit dem Paläozoikum bis heute formenreich und teilweise baumförmig vertretenen Farne sind die großen, wahrscheinlich aus Sproßsystemen psilophytischer Vorläufer entstandenen Blätter kennzeichnend (Abb. 27 *D*). Entwicklungsgeschichtlich sind die meisten der heute lebenden Formen isospor, aber es gibt in einigen Fällen eine ähnliche Reihe zu Heterosporie und Gametophytenreduktion wie bei den Bärlappen. Diese Progression hat im Karbon zur Entstehung der *Samenfarne ( Pteridospermae)* geführt, welche zum Ausgangspunkt der Samenpflanzen geworden sind.

# 3. Abteilung: *Spermatophyta* (Samenpflanzen).

Bei den Samenpflanzen (Abb. 25 *C*) sind die *Mikrosporangien* mit ihren Sporophyllen in *Staubblätter* umgewandelt, und die von ihnen erzeugten *Mikrosporen* bilden den *Blütenstaub* (Pollen). Die *Makrosporangien* bilden zusammen mit Teilen ihrer Sporophylle (Integument) die *Samenanlagen*. Die *Makrospore* keimt innerhalb der Samenanlage zu einem mehr und mehr reduzierten weiblichen Gametophyten, welcher bei den Nacktsamern noch ein kleines *Prothallium* mit *Archegonien* darstellt, bei den Bedecktsamern nur noch einen wenigzelligen *Embryosack* mit einer *Eizelle*. Der noch stärker reduzierte männliche Gametophyt entsteht in der Mikrospore *( Pollenkorn)*. Nachdem dieses durch Wind oder Insekten auf die Samenanlage übertragen worden ist, entläßt es zwei Spermatozoiden bzw. *Spermakerne*. Die befruchtete Eizelle entwickelt den Sporophyten, der aber zunächst auf dem Stadium eines *Embryo* stehenbleibt und zusammen mit den übrigen zu Nährgewebe und Samenschale umgewandelten Teilen der Samenanlage den *Samen* bildet. *Der Samen der Samenpflanzen ist also ein Ruhezustand des Sporophyten und in keiner Weise homolog mit den Sporen der Farne und Moose.* Die Umwandlung der Mikro- und Makrosporangien ist mit der Bildung von *Blüten* verbunden, die sich mit dem Übergang von Wind- zu Insektenbestäubung durch den Hinzutritt von Kelch und Blumenkrone mehr und mehr differenzieren (Abb. 119).

## 8. Stamm: Nacktsamer *(Gymnospermae).*

Bei den Nacktsamern (Gymnospermen) ist die Blütenbildung noch sehr unvollkommen. Die meist *zapfenförmigen Blütenstände* erinnern an die Sporangienstände der Bärlappe (Abb. 28, 29). Charakteristisch ist, daß die *Samenanlagen* und *Samen* *offen* auf dem Sporophyll (Fruchtblatt) sitzen (Abb. 30 *B*), worauf der Name Nacktsamer Bezug nimmt.

**1. Samenfarne** *( Pteridospermae)*. Diese karbonische, heute ausgestorbene Ausgangsgruppe war in ihrem Aussehen noch durchaus farnartig.

**2. Cycadeen** *(Cycadinae)*. Die Cycadeen waren im Mesozoikum ein beherrschender Bestandteil der Vegetation, sind aber heute nur noch in wenigen Arten vertreten. Sie sind im Aussehen palmenähnlich (Abb. 30 *A*). Die oft noch deutlich ihre Blattnatur verratenden Sporophylle *(B, C)*, sind diözisch verteilt, oft in Zapfen zusammengefaßt. Die Pollenschläuche entlassen in einem von der Samenanlage ausgeschiedenen Flüssigkeitstropfen frei schwimmende Spermatozoiden.

Abb. 30. Cycadeen. *A Cycas revoluta*, am Gipfel mit weiblichen Fruchtblättern. *B* Fruchtblatt (Makrosporo-
phyll) mit Samenanlagen *sa* von *Cycas revoluta*. *C* Staubblatt (Mikrosporophyll) mit Pollensäcken (Mikrosporangien) *mi* von *Cycas circinnalis*. (Nach Schenck, Sachs, Richard.) (R.)

**3. Nadelhölzer** *(Coniferae)*. Die auch heute noch sehr bedeutungsvolle Klasse
geht in ihrer phylogenetischen Entwicklung bis in das jüngere Paläozoikum zurück
und spielte im Mesozoikum eine große Rolle. Sie ist charakterisiert durch die
meist nadelförmige Ausbildung der Blätter und die Anordnung der Staub- und
Fruchtblätter in kätzchen- und zapfenartigen Blüten- und Fruchtständen.

### 9. Stamm: Bedecktsamer *(Angiospermae)*.

Bei den Bedecktsamern (Angiospermen) umschließen die Fruchtblätter, einzeln oder meist zu mehreren verwachsen, die Samenanlagen als *Fruchtknoten*. Dementsprechend liegen die Samen in einer *Frucht*. Indem auch die Staubblätter eine
bestimmte Form annehmen und *Blüten-* und *Kelchblätter* hinzutreten, entsteht die
*Blüte* im engeren Sinne des Sprachgebrauches (Abb. 119). Im Generationswechsel
sind die Gametophyten noch mehr reduziert als bei den Gymnospermen.

Phylogenetisch treten die Angiospermen erst in der unteren Kreide auf; sie
müssen sich in bisher nicht näher bekannter Weise von Gymnospermen abgezweigt
haben (Abb. 11).

Man teilt die Angiospermen in Einkeim- und Zweikeimblättler ein.

**1. Zweikeimblättler** *(Dicotyledoneae*, meist kurz als *Dikotyle* bezeichnet). Der
Embryo besitzt zwei Keimblätter. Weitere Merkmale sind die netznervige Aderung
der oft geteilten Blätter und die Fünf- oder Vierzähligkeit der Blüten.

Die Unterteilung folgt im wesentlichen der Progression von Windbestäubung
zu Insektenbestäubung und hier wieder der zunehmenden Spezialisierung auf be-

stimmte Insektenarten. Als *Kronenlose (Monochlamydeae)* faßt man eine Reihe von Familien zusammen, die von windblütigen Formen ohne oder mit nur einfacher, unauffälliger Blütenhülle aus zu einfach gebauten Insektenblüten führt. Diese Progression erfolgt über die Familien der Birken, Buchen, Pappeln,Weiden, Brennnesseln, Knöteriche, Wolfsmilchgewächse bis zu Kakteen und Nelken (Abb. 7, 8 *A*), wo sie den Anschluß an die zweite Gruppe der *Freikronblättler (Dialypetalae)* gewinnt. Diese besitzen Blüten mit doppelter, aus Kelch und Blumenkrone bestehender Blütenhülle, deren Kronblätter frei, d. h. nicht miteinander verwachsen sind. Die Blüten sind meist weit offen und damit den verschiedensten Insektenarten zugänglich. Viele bekannte Familien rechnen hierhin, wie Hahnenfüße, Kreuzblütler, Rosen, Leguminosen, Dolden (Abb. 1, 5, 2). Bei der dritten Gruppe, den *Verwachsenkronblättlern (Sympetalae)*, nehmen die Blüten unter Verwachsung der Kronblätter meist kompliziertere Formen an, die nur noch den Besuch bestimmter Insekten zulassen. Hierhin gehören u. a. die Eriken, Schlüsselblumen, Winden, Lippenblütler, Rachenblütler, Nachtschatten und Körbchenblütler (Abb. 3, 6, 8 *D*).

**2. Einkeimblättler** (*Monocotyledoneae*, kürzer *Monokotyle*). Sie besitzen nur ein Keimblatt und sind durch ganzrandige, ungeteilte, meist parallelnervige Blätter und dreizählige Blüten gekennzeichnet. Ihre Familien, darunter Lilien, Gräser, Palmen, Bananen und Orchideen, enthalten freikronblättrige, verwachsenkronblättrige und, z. B. bei den Gräsern, kronenlose, auf Windbestäubung eingerichtete Blüten. Die letzteren sind aber hier sicher phylogenetisch nicht ursprünglich, sondern durch Reduktion aus freikronblättrigen Insektenblüten entstanden. Dieselbe Auffassung wird übrigens vielfach auch für die kronenlosen Dikotylen vertreten, deren Reihe dann in der obigen Aufstellung rückwärts gelesen werden müßte.

# B. Morphologie.

Die Organismen lassen sich gestaltlich in einzelne *Organe* wie Blatt, Blüte, Stengel, Wurzel gliedern, deren Typus die *Organographie* zu erfassen sucht. Bei mikroskopischer Analyse (Pflanzenanatomie) erweisen sich die Organe als zusammengesetzt aus Komplexen gleichartiger Zellen, die man als *Gewebe* bezeichnet und in der *Histologie* untersucht. Als elementares Bauelement ergibt sich in jedem Fall die *Zelle*, die auch für sich allein einen Organismus (Einzeller) bilden kann. Mit ihr beschäftigt sich die *Zytologie*. In der Folge werden wir die Histologie im Rahmen der Organographie behandeln, von der sie sich ohne Wiederholungen nicht abtrennen läßt.

## I. Zytologie.

### 1. Der Bauplan der Zelle.

Der das Leben tragende und insofern wesentlichste Teil einer Zelle ist das *Protoplasma*. Es ist bei der Pflanze im allgemeinen von einer festen *Zellwand* aus lebloser Substanz umgeben (Abb. 31). Das Protoplasma ist, abgesehen von den Spaltpflanzen (S. 16), in das *Zytoplasma*, das Substrat der allgemeinen Lebens-

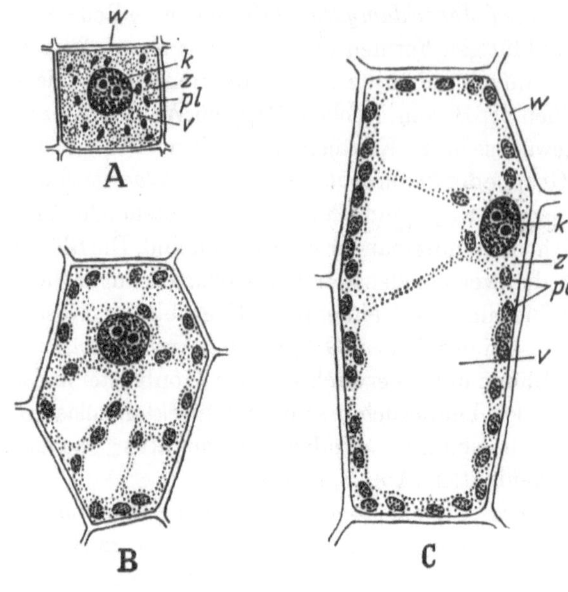

Abb. 31. Aufbau der Zelle. *A* Embryonale Zelle eines Teilungsgewebes *B* Wachsende Zelle. *C* Ausgewachsene Zelle. *z* Zytoplasma, *k* Zellkern mit zwei Nukleolen, *pl* Plastiden, *v* Vakuole, *w* Zellwand. Etwa 300/1.

funktionen, und den *Zellkern* (Nukleus), dem eine leitende Rolle zukommt, differenziert. Eine dritte, typisch pflanzliche und nur den Spaltpflanzen und Pilzen fehlende Protoplasmadifferenzierung sind die *Plastiden* als Reaktionsorte der photosynthetischen Kohlenstoffassimilation. Innerhalb des Zytoplasmas liegen mit Zellsaft gefüllte Hohlräume *(Vakuolen)*, die in jungen Zellen sehr klein sind, in ausgewachsenen aber meist den größeren Teil der Zelle einnehmen und das Protoplasma auf einen dünnen Wandbelag einschränken (Abb. 31 *A—C*).

## 2. Das Zytoplasma.

Das *Zytoplasma* erscheint im Mikroskop, abgesehen von winzigen körnigen Einschlüssen (Chondriosomen und Mikrosomen), als helle, gleichmäßige, leicht- bis zähflüssige und oft in Strömung befindliche Masse. Ihr liegt eine *submikroskopische*, d. h. unter dem Auflösungsvermögen des Lichtmikroskops liegende *Struktur* zugrunde, deren Träger im wesentlichen *Eiweißkörper* sind.

**Eiweißmolekül.** Die als Eiweiße *(Proteine)* bezeichneten Stoffe sind hochmolekulare Ketten aus *Aminosäuren.* Das Aminosäuremolekül ist durch eine $\alpha$-Amino- und eine Säuregruppe charakterisiert und kann sich über diese Gruppen mit anderen Aminosäuremolekülen koppeln *(Peptidbindung).*

Aminosäure                                    Peptidbindung

Es entstehen so Moleküle mit einer *Hauptkette* —NH—CH—CO— usw., an welcher die Radikale der Aminosäuren als *Seitenketten* sitzen. Solche Verbindungen heißen *Peptide.*

Die *Proteine* sind *Polypeptide* aus einer sehr großen Zahl von Aminosäuren mit Molekulargewichten von etwa 17 600 bis in die Millionen. Ein möglicher Ausschnitt eines Moleküls kann etwa so aussehen:

Asparaginsäure    Alanin    Tyrosin    Leucin    Cystein    Arginin

Ausschnitt eines Aminosäuremoleküls

Es sind bisher etwa 24 verschiedene Aminosäuren als Eiweißbausteine bekanntgeworden, die sehr verschieden strukturiert sind und teilweise auch Schwefel als Sulfhydryl-Gruppe ($-SH$) enthalten. Da sie in das Eiweißmolekül in verschiedener Kombination, Anzahl und Anordnung eintreten, gibt es eine praktisch unendlich große Zahl möglicher Eiweißarten, zum mindesten über $10^{1000}$, d. h. ein Vielfaches der $10^{46}$ im Weltmeer vorhandenen Wassermoleküle. Die Spezifität der art- und rasseneigenen, ja auch der individuellen Eiweiße ist so erklärlich. Diese Mannigfaltigkeit wird noch dadurch erhöht, daß sich weitere Verbindungen der verschiedensten Art als *prosthetische Gruppen* ansetzen können; man spricht dann von *Proteiden*.

**Kolloidale Eiweißstruktur.** Die Makromoleküle der Proteine bzw. aus ihnen zusammengesetzte Verbände *(Mizellen)* können kugelig zusammengeballt *(globuläres Eiweiß)* oder fadenförmig gestreckt sein *(fibrilläres Eiweiß)*. Im ersten Fall (Abb. 32 *A*) bilden sie mit Wasser ein leicht bewegliches *Sol*, aus dem sie bei hoher Konzentration in losen Lückengittern kristallisieren. Im zweiten Fall dagegen entsteht ein steifes *Gel* (*B*) aus netzartig verbundenen Fadenmolekülen, die in festen Kettengittern kristallisieren. Im Zytoplasma finden sich beide Zustände nebeneinander und können teilweise ineinander übergehen. Das ist verständlich, weil die *Haftpunkte*, an denen die fibrillären Moleküle ver-

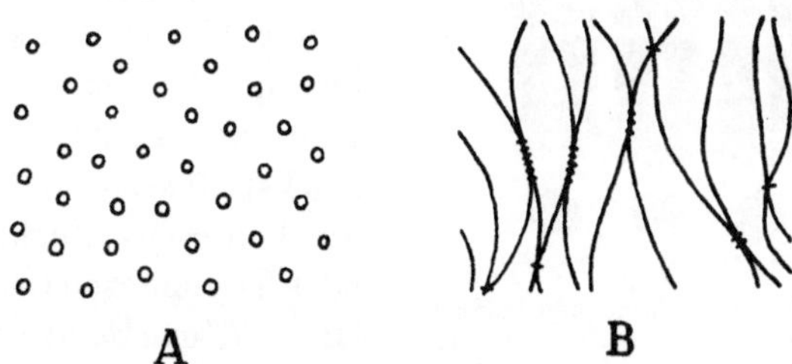

Abb. 32. Kolloidale Eiweißzustände. *A* Sol eines globulären Eiweißes. *B* Gel eines fibrillären Eiweißes, Haftstellen durch Querstriche bezeichnet. (Nach Frey-Wyßling. verändert.)

knüpft sind, auf Bindungen sehr verschiedener Art beruhen; neben festeren valenzartigen kommen lockere kohäsionsartige vor, die sich unter dem Wechsel der
Bedingungen leicht lösen und wieder knüpfen. Diese teils sol-, teils gelartige
Struktur ermöglicht einerseits Bewegung und leichten Stoffaustausch, andererseits Formgestaltung und Ordnung der sich an prosthetischen Gruppen abspielenden Stoffwechselreaktionen.

**Lipoide.** Neben Eiweiß sind, wenn auch meist in geringerer Menge, *Lipoide*
*(Phosphatide)* ein steter Bestandteil des Zytoplasmas. Sie bauen sich nach beistehendem Schema des *Lezithins* aus Glyzerin, Phosphorsäure, Fettsäuren und
Stickstoffbasen auf.

$$
\begin{array}{llll}
\text{Phosphor-} & \text{Glyzerin} & \text{Fettsäuren} \\
\text{säure}
\end{array}
$$

Hydrophiler Pol — Phosphorsäure, Glyzerin, Fettsäuren — Hydrophober (lipophiler) Pol

$$
\begin{aligned}
&\quad\quad\; O \quad\quad H_2C-O--CO \cdot (CH_2)_{14} \cdot CH_3\\
&\quad\quad\; \|\\
&HO-P--O-CH\\
&\quad\quad\; O \quad\quad H_2C-O \;\; -CO \cdot (CH_2)_{16} \cdot CH_3\\
&\quad\quad\; CH_2\\
&\quad\quad\; CH_2\\
&HO-N-CH_3\\
&\quad CH_3 \; CH_3\\
&\quad\quad \text{Cholin}
\end{aligned}
$$

Lezithin.

Durch die Möglichkeit, verschiedene Fettsäuren einzubauen, sind die Lipoide
sehr abwandelbare Substanzen von einer gewissen Artspezifität. Die OH-Gruppen
der Phosphorsäure und der Stickstoffbase verleihen ihnen *hydrophile*, d. h. Wasser
anziehende Eigenschaften, während die $CH_3$-Gruppen der Fettsäuren einen hydrophoben, Wasser abstoßenden, aber Fett annehmenden *lipophilen* Pol bilden. Diese
Polarität erlaubt die Bildung von Lipoidfilmen, welche nach dem Schema der Abb. 33
an hydrophilen Körpern, z. B. Eiweiß, haften. Sie stellen Sperren für nicht fettlösliche Stoffe dar und ermöglichen damit die Abgrenzung des Zytoplasmas nach
außen und nach der Vakuole hin, aber auch die Trennung einzelner Reaktionsorte in seinem Inneren. Die
Lipoide sind deshalb ein wesentlicher Teil der plasmatischen Struktur und gehen mit Eiweißkörpern auch
chemische Verbindungen ein (Lipoproteide).

**Nukleinsäuren.** Wie die Eiweiße sind die *Nukleinsäuren* Kettenmoleküle. Die einzelnen Glieder sind
hier die *Nukleotide*, welche nach dem Schema Phosphorsäure—Pentose—Stickstoffbase aufgebaut sind. Die
Stickstoffbasen sind Pyrimidin- oder Purinderivate,
die Pentosen (Zucker mit fünf C-Atomen) Ribose
oder Thyminose (Desoxyribose). Für das Zytoplasma
sind *Ribonukleinsäuren*, für die Zellkerne *Thymonukleinsäuren* kennzeichnend. Die letzteren sind höher
molekular, ihre Moleküle bestehen aus bis zu 2000

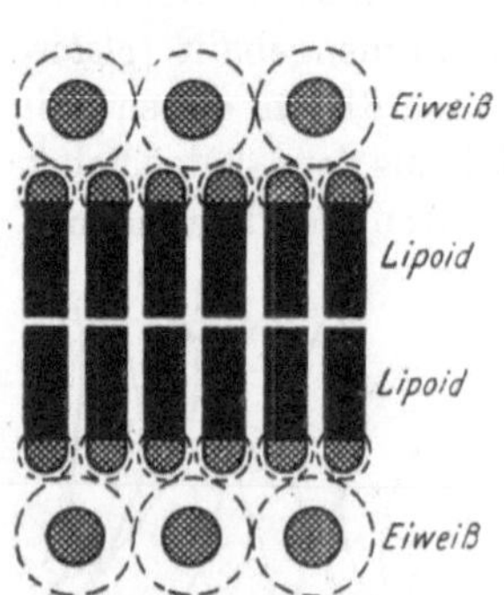


Abb. 33. Lipoidfilm. Hydrophile Pole schraffiert, lipophile
schwarz. Wasserhüllen punktiert
umgrenzt.
(Nach Höber, verändert.)

Nukleotiden. Einen Ausschnitt einer Thymonukleinsäure gibt das folgende Formelbild.

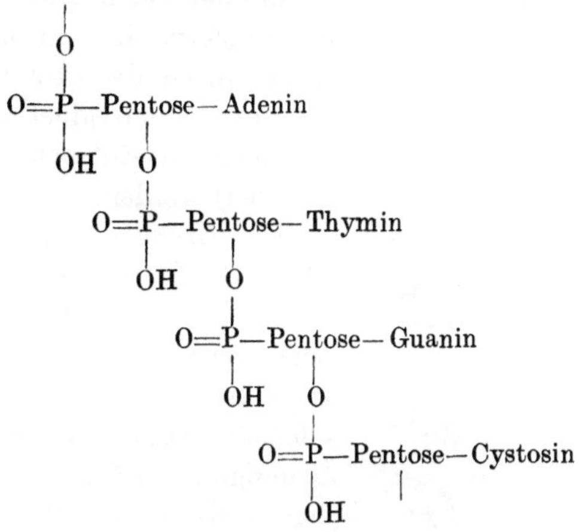
O
O=P—Pentose—Adenin
OH O
O=P—Pentose—Thymin
OH O
O=P—Pentose—Guanin
OH O
O=P—Pentose—Cystosin
OH

Ausschnitt eines Thymonukleinsäuremoleküls.

Im Aufbau der Nukleinsäuren bestehen ähnlich weitreichende Abwandlungsmöglichkeiten wie in dem der Eiweiße. Mit diesen verbinden sie sich zu *Nukleoproteiden*, was durch Reaktion zwischen Phosphorsäure- und basischen Eiweißgruppen (z. B. Arginin) leicht möglich ist. Es ist wahrscheinlich, daß dabei die Ketten der Eiweiß- und Nukleinsäuremoleküle parallel nebeneinander liegen und sich im artspezifischen Anordnungsmuster ihrer Glieder entsprechen. Sie würden dann gegenseitig im Verhältnis eines photographischen Negativs und Positivs oder eines Körpers und seines Abgusses stehen (Matrizentheorie), und es wäre so erklärlich, wie durch Ausrichtung am Formmuster eine formgerechte autokatalytische Vermehrung der artspezifischen Eiweiße und Nukleinsäuren zustande kommt.

Die *Viren* können von diesem Gesichtspunkt aus als isolierte Plasmaelemente betrachtet werden, welche die Baustoffe zu ihrer autokatalytischen Vermehrung dem Protoplasma der Wirtszelle entnehmen. Die kleinsten Viren, wozu die Erreger der pflanzlichen Viruskrankheiten gehören, sind Ribonukleoproteide. Bei anderen, z. B. den Bakteriophagen, liegen Thymonukleoproteide und damit Beziehungen zu Zellkernen vor. Endlich gibt es größere Viren, z. B. die der Kuhpocken und der Papageienkrankheit, an deren Aufbau neben Nukleoproteiden auch Lipoide, Kohlehydrate und Fermente beteiligt sind; sie können als Übergänge zur zellulären Organisation aufgefaßt werden.

**Chondriosomen.** Im Zytoplasma finden sich kleine stäbchen-, hantel- oder wurmförmige Körperchen, welche als *Chondriosomen (Mitochondrien)* bezeichnet werden. An ihrem Aufbau sind Eiweißkörper, Lipoide und Nukleinsäuren beteiligt. Da sie sich durch Teilung vermehren, sind sie wahrscheinlich analog den Plastiden als besondere Differenzierung des Protoplasmas aufzufassen. Ihre Funktion ist noch nicht geklärt; vielleicht sind sie Träger von Fermenten.

**Mikrosomen.** Noch kleinere, als Körnchen oder Tröpfchen erscheinende Gebilde im Zytoplasma werden als *Mikrosomen* unterschieden. Inwieweit sie aktive Zellfunktionen ausüben oder nur Stoffausscheidungen sind, läßt sich noch nicht übersehen.

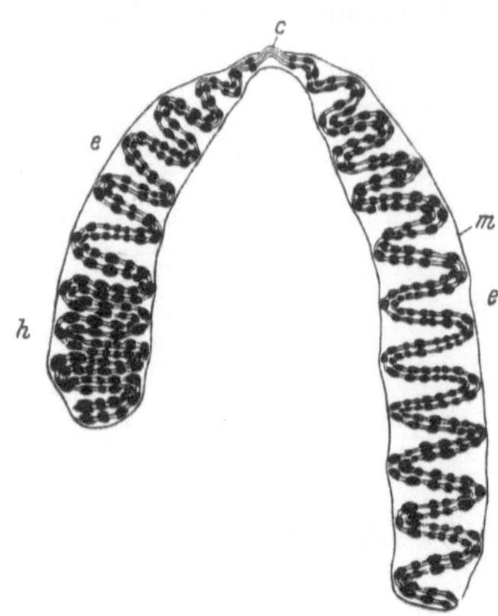



Abb. 34. Schema des spiralisierten Chromosoms; die Spiralisation ist nur einfach mit etwas auseinandergezogenen Windungen und zu weit voneinander entfernten Chromatiden gezeichnet. *e* euchromatische, *h* heterochromatische Chromomere. *c* Ansatzstelle der Spindelfaser (Zentromer). *M* Hülle (Matrix).

# 3. Der Zellkern.

**Chromosomen.** Das wesentliche Element des Zellkerns sind die *Chromosomen*, Differenzierungen des Protoplasmas zur Lokalisierung der individuellen *Erbanlagen (Gene)*, von denen aus Entwicklung und Stoffwechsel gesteuert werden.

Der *Grundbestandteil* des Chromosoms (Abb. 34) ist ein *Chromonema* genannter fadenartiger Körper, der durch einen mehr oder weniger offenen Längsspalt in zwei, zeitweise vier, einander genau gleiche Parallelfäden *(Chromatiden)* getrennt ist. Sein Grundgerüst *(Fibrille)* bilden parallel gelagerte Ketten von Molekülen verschiedener Eiweißarten, hoch- und niedermolekularer. Streckenweise ist die Fibrille unter Einlagerung von Thymonukleinsäure verdickt. Diese scheibenartig aufgereihten, mit fuchsinschwefliger Säure als Reagens auf Thymonukleinsäure purpurviolett färbbaren Abschnitte werden als *Chromomere* bezeichnet. Unter ihnen fallen durch besonders intensive Anfärbung die dicht gepackten, groben *heterochromatischen* gegenüber den lockerer gestellten, feineren *euchromatischen* auf. Die letzteren sind aus hochdifferenzierten Nukleoproteiden aufgebaut und Sitz der *Gene*. Die heterochromatischen Chromomere enthalten keine oder nur wenige Gene, aber große Mengen von Thymonukleinsäuren und basischen Histoneiweißen; sie dienen vermutlich dem Aufbau und der Speicherung dieser Stoffe.

Die *Zahl* der Chromosomen im Zellkern ist eine artspezifische Konstante. Im haploiden Kern ist ein Satz von lauter verschiedenen Chromosomen vorhanden, die sich oft schon durch Größe und Form unterscheiden. Der diploide Kern enthält zwei solcher Sätze; jede Chromosomenart ist deshalb zweifach vorhanden (homologe Chromosomen, Abb. 35).

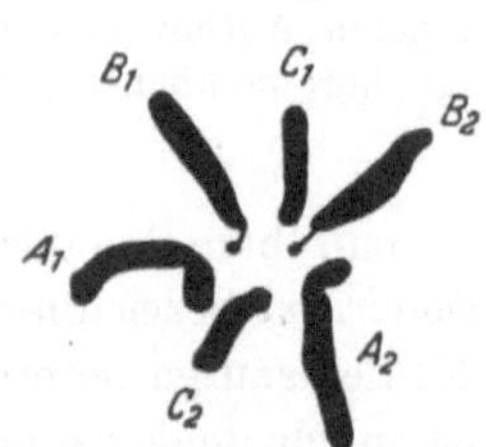



Abb. 35. Diploider Chromosomensatz in der Kernplatte von *Crepis capillaris*, aus zwei haploiden Sätzen $n = 3$ zusammengesetzt. Die homologen Chromosomen sind mit gleichen Buchstaben bezeichnet. 2000/1. (Nach Nawaschin.)

**Ruhekern.** Im *ruhenden Zellkern* (Abb. 36 *I*) sind die *Chromosomen* so stark gequollen und verschlungen, daß die Grenzen zwischen ihnen vollständig verwischt sind. Ihre *Individualität* bleibt aber erhalten und kann bisweilen für die heterochromatischen Teile durch Färbung sichtbar gemacht werden. Es ist dann zu erkennen, daß das Chromonema durch einen Spalt in zwei *Chromatiden* getrennt ist (Abb. 37). Die in Ein- oder Mehrzahl vorhandenen Kernkörperchen *(Nukleolen)* sind bei der Bildung des Ruhekernes an bestimmten Chromosomen, vor allem an abgegliederten Anhängseln *(Satelliten*, Abb. 35 $B_1$, $B_2$) entstanden, manchmal unter Verschmelzung.

**Kernteilung.** Im sich teilenden Zellkern (Abb. 36) erscheinen die Chromosomen in scharf abgegrenzten Individuen. Das ist bedingt durch ihre *Entquellung*. Sie führt, unter entsprechender Verdickung, zu einer starken Verkürzung, die sich im weiteren Verlauf durch *Spiralisation* der Chromonemen außerordentlich verstärkt. Dabei bilden die beiden Chromatiden zwei ineinanderliegende, aber seitlich trennbare Spiralen, die in sich nochmals spiralisiert sein können (Abb. 34). Die Verkürzung der Chromosomen schafft die Möglichkeit, sie so zu ordnen, daß eine gleichmäßige Verteilung auf zwei Tochterkerne erfolgen kann. Der Mechanismus dazu ist die *Kernspindel* (Abb. 36 *III*), deren Fäden die in der Äquatorebene liegenden Körper erfassen und an die Spindelpole ziehen (*IV*). Je nach dem Zeitpunkt der Spiralisation und

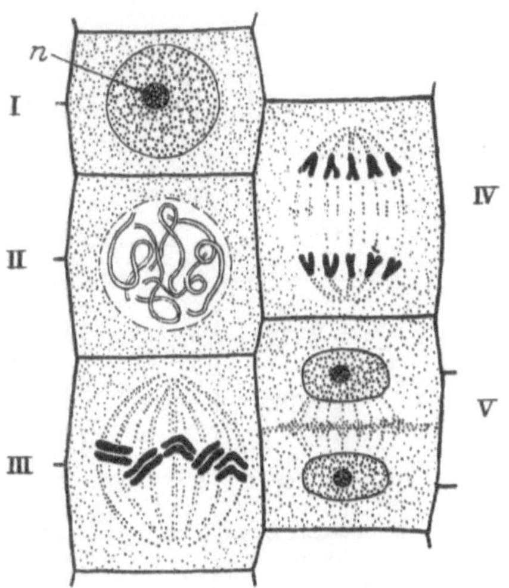

Abb. 36. Kern- und Zellteilungsphasen im Meristem einer Wurzelspitze. I Ruhekern mit Nukleolus *n*. II Prophase. III Metaphase. IV Anaphase. V Teleophase. Etwa 500/1.

der Trennung der Chromatiden werden dabei entweder Chromatiden oder ganze Chromosomen verteilt. Im ersten Fall, der *Mitose*, entstehen Tochterkerne mit gleicher Chromosomenzahl wie der Mutterkern, und es handelt sich um eine reine Kernvermehrung. Im zweiten, der *Meiose*, erhalten die Tochterkerne nur die halbe Chromosomenzahl *(Reduktionsteilung)*, und die Teilung dient zur Überführung der diploiden in die haploide Phase des Generationswechsels. Die wichtigsten Stadien dieser Vorgänge sind in Abb. 37 schematisch dargestellt.

Die *Thymonukleinsäure* des Kernes spielt bei der Chromatidenbildung offenbar dieselbe Rolle wie die Ribonukleinsäure des Zytoplasmas bei der Vermehrung des Zytoplasmaeiweißes (S. 37), nur daß es sich in den Chromosomen um eine besonders präzise Nachbildung der sehr individuellen Proteidstrukturen der Chromomeren handelt, in denen die Spezifität der Erbanlagen begründet anzunehmen ist. Die Anhäufung von Nukleinsäuren in den Chromosomen ist deshalb ebenso verständlich wie ihre nochmalige Zunahme während der Kernteilung.

Mit der Kernteilung ist in der Regel eine *Zellteilung* verbunden, wobei das Zytoplasma durch eine im Äquator der Kernspindel oder von den Seitenwänden aus sich bildende Zwischenwand geteilt wird (Abb. 36 *V*).

**Mitose.** In der *Prophase* werden die Chromosomen als sich entwirrende, in Chromatiden gespaltene Fäden sichtbar, während die Nukleolen verschwinden (Abb. 37 links, $A_1$). Dann erfolgt unter starker Verkürzung die *Spiralisation* ($A_2$). Die Chromosomen rücken in die Äquatorebene der im Zytoplasma entstandenen *Kernspindel* und bilden dort die *Kernplatte (Metaphase*, Abb. 35, 37 *B)*. An den vorbestimmten Ansatzstellen der Chromatiden fassen nun Spindelfäden an, und zwar so, daß die beiden Chromatiden jedes Chromosoms von den sich verkürzenden Fäden nach entgegengesetzten Polen hingezogen werden *(Anaphase, C)*. Dort angekommen, entspiralisieren die zu Chromosomen gewordenen Chromatiden *(Telophase*, Abb. 36 *V)* und bilden unter Verquellung und Nukleolenbildung die beiden Tochterkerne.

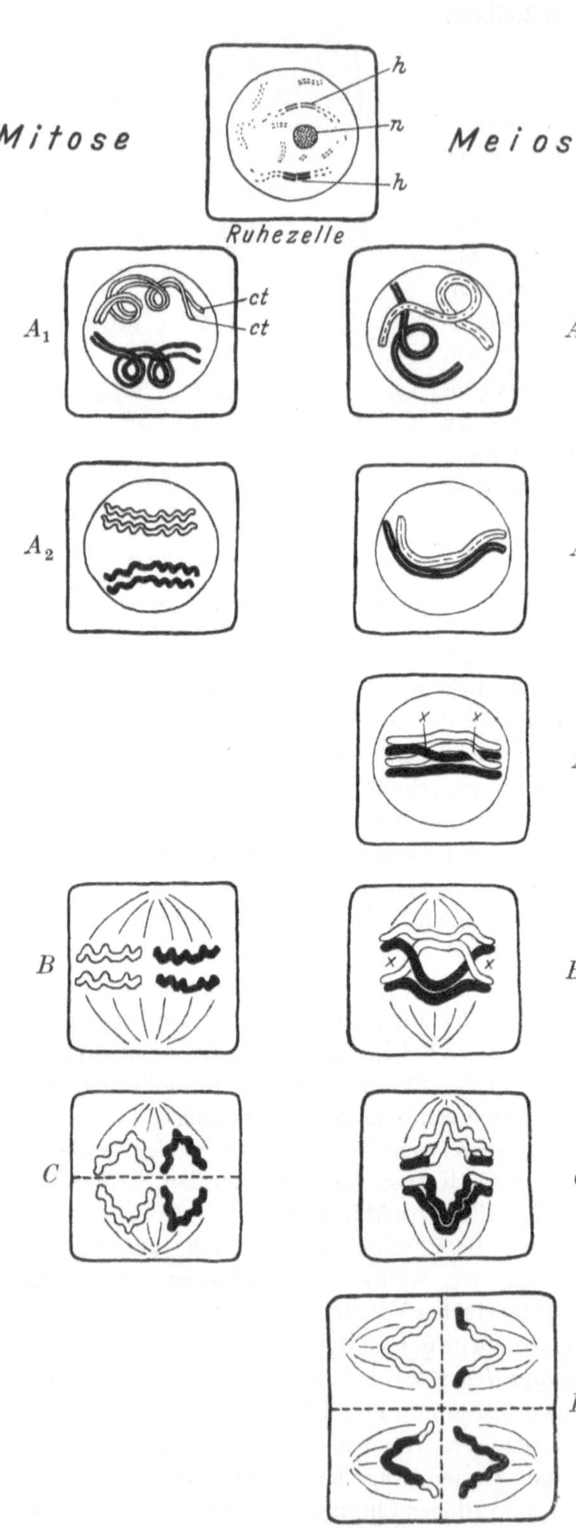



Die Chromosomen zeigen in diesem Stadium schon die neue Spaltung in Chromatiden für die nächste Teilung.

**Meiose.** Die Chromosomen glätten sich in der frühen Prophase mehr als bei der Mitose und spiralisieren nicht (Abb. 37 rechts, $A_1$), sondern ziehen sich in *homologen Paaren* an $(A_2)$ und *konjugieren* der ganzen Länge nach $(A_3)$. Erst jetzt erfolgt die Chromatidentrennung, wobei sich die vier Chromatiden des konjugierten Chromosomenpaares ineinanderschlingen. An den Überkreuzungsstellen *(Chiasmen, $A_3$, bei x)* treten oft Zerbrechungen ein, die meist wieder zusammenwachsen. Dabei können sich die Bruchenden zweier Chromatiden vertauscht vereinigen, so daß Chromatiden aus Teilen von zwei ursprünglich verschiedenen entstehen *(B, bei x)*. Dieser *Austausch von Chromatidenstücken (crossing*

Abb. 37. Schema der mitotischen und meiotischen Kernteilung für ein homologes Chromosomenpaar. Die von Vater und Mutter ererbten Chromosomen sind weiß und schwarz unterschieden. In der Meiose ist zweifacher Chromatiden-Stückaustausch (crossing over) bei x, x angenommen. Die Spiralisation der Chromatiden ist nur angedeutet, die neue Chromatidenspaltung im Verlauf der Teilung nicht eingezeichnet. *A* Prophase. *B* Metaphase. *C* Anaphase. *D* Zweite meiotische Teilung. *n* Nukleolus. *h* Heterochromatische Chromosomenteile im Ruhekern. *ct* Chromatiden.

*over)* ist für die Neukombination der Gene von großer Wichtigkeit. Die weiteren Vorgänge der Meiose (*B, C*) verlaufen entsprechend der Metaphase und Anaphase der Mitose, nur daß statt Chromatiden ganze Chromosomen verteilt werden. Die Telophase aber führt nicht zu zwei neuen Ruhekernen, sondern geht in eine *zweite Teilung* über, in welcher nach Art einer *Mitose* die Chromatiden erfaßt werden (*D*). Das Endergebnis sind vier haploide Zellen *(Tetraden)*.

## 4. Die Plastiden.

**Chloroplasten.** Die Chloroplasten treten meist als Chlorophyllkörner auf (Abb. 31), können aber bei Algen auch die Form von Platten, Bechern, schraubenartig gewundenen Bändern usw. haben. Sie sind aus der Chloroplastenoberfläche parallelen Eiweiß- und Lipoidschichten aufgebaut. Die ersteren werden von globulärem Eiweiß im Solzustand gebildet (Abb. 32), die letzteren bestehen aus Lipoidlamellen, die selbst wieder in der Fläche regelmäßig verteilte, in der Tiefe geldrollenartig übereinander liegende verdickte Scheibchen (Grana) tragen. Allein diese, aus Lipoiden, Eiweiß und wahrscheinlich Nukleinsäure bestehenden Grana enthalten das Chlorophyll, während in den Eiweißschichten der Aufbau von Stärkekörnern aus Zucker vor sich geht. Wie die Zellkerne führen die Chloroplasten innerhalb der Zelle insofern ein Eigenleben, als sie sich nur durch eigene Teilung vermehren, welche als Durchschnürung erfolgt.

In den Bildungsgeweben (Meristemen) sind Proplastiden vorhanden, welche nur ein einziges Granum enthalten; auch sie vermehren sich durch Teilung unter Verdoppelung des Granums. Indem diese Verdoppelungen schließlich ohne Teilung des Proplastiden erfolgen, entsteht die Struktur des fertigen Chloroplasten.

**Chloroplastenfarbstoffe.** Grünes Chlorophyll und gelbe bis rote Karotinoide sind regelmäßige Bestandteile der Chloroplasten.

Im *Chlorophyllmolekül* ist nach beistehendem Formelbild (H-Atome weggelassen) ein saurer Porphinring mit Phytyl- und Methylalkohol verestert. Der *Porphinring* besteht aus vier, in der Formel stark ausgezeichneten, aus je vier Kohlenstoff- und einem Stickstoffatom aufgebauten Pyrrolringen, die durch C-Brücken verbunden sind. In ihm ist ein Mg-Atom durch zwei Hauptvalenz- und zwei Kohäsionsbindungen zwischen den N-Atomen ausgespannt. Diese Struktur ist dieselbe wie beim roten Blutfarbstoff, nur daß dort Fe an die Stelle von Mg tritt. Der *Phytylalkohol* (Phytol) ist aus Isoprengruppen zusammengesetzt. Neben Chlorophyll a kommt in den meisten Pflanzen ein Chlorophyll b vor, das sich von a

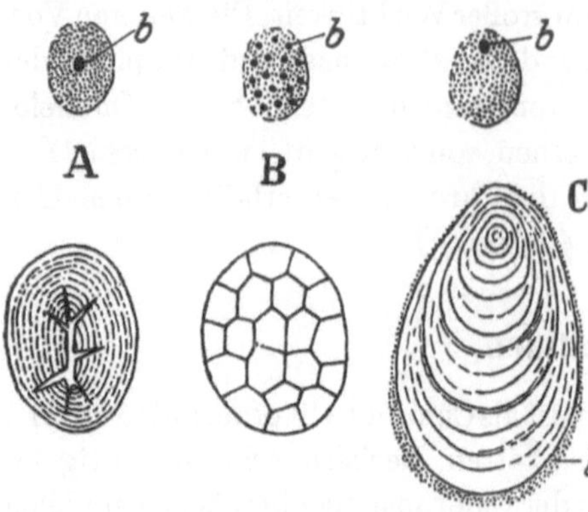

Abb. 38. Bildung von Reservestärke. Obere Reihe: Anlage der Bildungszentren *b* in den Leukoplasten. Untere Reihe: fertig ausgebildete Stärkekörner, bei *C* noch die Reste des gedehnten Leukoplastenplasmas (*l*) zeigend. *A* Zentrisches Stärkekorn der Bohne mit Spaltriß in der Mitte. *B* Zusammengesetztes Stärkekorn des Hafers, von mehreren Bildungszentren *b* ausgehend. *C* Exzentrisches Stärkekorn der Kartoffel. 500/1.

nur durch den Ersatz einer $CH_3$- durch eine CHO-Gruppe unterscheidet. Die *Karotinoide* umfassen eine Reihe von Verbindungen, die als *Karotine* und *Xanthophylle* zusammengefaßt werden. Alle bestehen aus *Isoprengruppen* (davon eine in der Formel bezeichnet). Mit einer $CH_2OH$-Gruppe abgeschlossen, bildet die Hälfte des umstehend dargestellten $\beta$-Karotinmoleküls das Vitamin A.

**Leukoplasten.** In nicht dem Licht ausgesetzten Pflanzenteilen finden sich häufig farblose Plastiden, *Leukoplasten*. Sie haben mit den Chloroplasten, in welche sie sich bei Belichtung meist umwandeln können, die Fähigkeit zur *Bildung von Stärke* gemeinsam, welche dort als Assimilationsprodukt, hier als Reservestoff aus Zucker gebildet wird (Abb. 38). Der Vorgang kann von einem oder mehreren Zentren ausgehen und weitet den Leukoplastenkörper bis zum Schwinden aus (*C*). Die so gebildeten Stärkekörner erfüllen die Speichergewebe von Samen, Knollen, Wurzelstöcken usw. und geben die als Mehl bezeichneten Nährmittel, deren Herkunft an der Form der Körner nachgeprüft werden kann (Abb. 38). Stärke kann leicht nachgewiesen werden durch ihre Blaufärbung mit Jod (Jod-Jodkalium-Lösung). Über ihre chemische Struktur wird auf S. 44 berichtet werden.

**Chromoplasten.** Nur der Färbung von Schauorganen dienen die *Chromoplasten*, die kein Chlorophyll, aber sehr reichlich in Lipoiden gelöste oder in Kristallen ausgeschiedene *Karotinoide* enthalten. Gelbe und orangerote Farben von Blüten und Früchten gehen oft auf sie zurück.

## 5. Die Vakuole.

**Bedeutung.** Die starke Vakuolisierung der Pflanzenzelle hängt mit dem Fehlen von Nährstoffe zuführenden und Abfallstoffe wegführenden Durchströmungseinrichtungen zusammen, wie sie im tierischen Bauplan durch Blutbewegung und Harnausscheidung gegeben sind. Für die festgewachsene Pflanze mit ihrem geringeren Betriebsumsatz genügen offenbar zelluläre Sammelbecken für Nähr- und Abfallprodukte in Form der mit Zellsaft gefüllten Vakuolen.

**Zellsaft.** Im *Zellsaft* sind stets vorhanden *Salze, Zucker, Eiweiße, organische Säuren*, daneben oft Gerbstoffe, Alkaloide, Farbstoffe usw. Er reagiert normalerweise sauer. Die in ihm oft enthaltenen *Anthozyan*-Farbstoffe, welche in saurer Lösung rot, in alkalischer blau sind, zeigen durch Farbumschlag die Änderung der Reaktion an, welche z. B. beim Altern mancher Blüten eintritt.

Bei dem Zusammentreffen zahlreicher Stoffe im Zellsaft erfolgen Umsetzungen, deren Produkte, wie z. B. Alkaloide, nicht immer lebenswichtig zu sein brauchen.

Unter den auftretenden *Ausfällungen* ist die von *Kalziumoxalatkristallen* besonders häufig, oft in Form von bündelweise zusammenliegenden spitzen Nadeln (Raphiden). Sie bedeutet für die Pflanze eine Entgiftung der im Stoffwechsel abfallenden Oxalsäure. Vielleicht stellen die Raphiden auch ein Schutzmittel gegen Tierfraß dar.

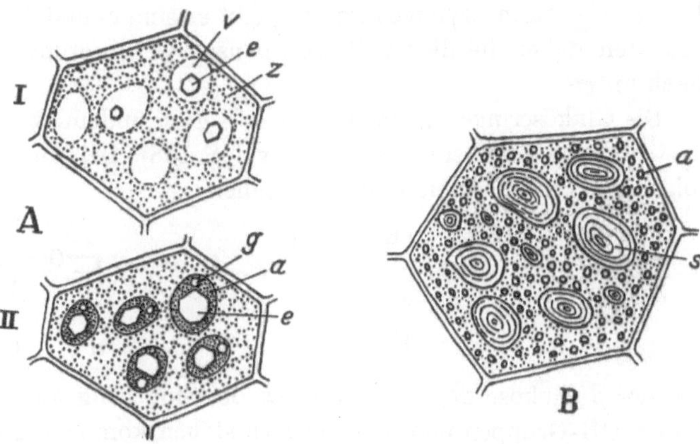

Abb. 39. Reserveeiweiß. *A* Bildung von Aleuronkörnern aus Eiweißvakuolen (Samen von *Ricinus*) I Jüngere Zelle. *z* Zytoplasma, *v* Vakuole mit Eiweißkristall *e*. II Ältere Zelle. *a* Aleuronkorn, bestehend aus fettreicher Grundmasse, Eiweißkristall *e* und Globoid *g* (Kalzium-Magnesium-Salz der Inosithexaphosphorsäure). *B* Zelle aus dem Keimblatt der Erbse. *a* Aleuron, *s* Stärke. 800/1. (Nach Strasburger, verändert.)

**Eiweiß- und Fettvakuolen.** In den *Eiweißvakuolen* erfolgt eine Konzentrierung von Eiweißlösungen bis zur Ausfällung als *Aleuronkörner* oder *Eiweißkristalle* (Abb. 39). Dieses globuläre, leicht wieder auflösbare Eiweiß dient als Reservestoff in Speicherorganen; beim Vermahlen des Getreides kommt es größtenteils in die Kleie. Als *Fettvakuolen* kann man *Öltröpfchen* betrachten, die als Speicher- und Reservesubstanzen in vielen Plasmen vorkommen.

## 6. Die Zellwand.

**Zellulose.** Das Bauelement der pflanzlichen Zellwand ist mit Ausnahme mancher Pilze, bei denen Chitin vorkommt, die *Zellulose*. Sie ist, wie Zucker und Stärke, ein *Kohlehydrat*, d. h. in der Bruttoformel aus $C + H_2O$ zusammengesetzt.

Die Zellulose bildet Makromoleküle, welche sich aus Ketten von Glukosemolekülen aufbauen. Die Glukose tritt dabei in der zyklischen Form auf, die sich von der Aldehydform des üblichen Formelbildes wie folgt ableitet:

oder besser geschrieben.

Aldehydformel.   Halbazetalformel.

Da das $C_{①}$-Atom asymmetrisch ist, gibt es eine $\alpha$- und $\beta$-Glukose; in der Formel bedeuten dabei die dicken Seitenvalenzen Orientierung nach oben, die dünnen nach unten.

Die Glukoseringe verbinden sich zu Ketten, indem zwischen ① und ④ Wasser austritt (eine genauere Darstellung vgl. S. 108). Bei der $\alpha$-Glukose ist dies nach folgendem Schema ohne weiteres möglich:

Bei der $\beta$-Glukose dagegen muß sich der eine Ring um 180° drehen, damit die beiden OH-Gruppen nebeneinander zu stehen kommen. Der erste Fall liegt dem *Stärke-*, der zweite dem *Zellulosemolekül* zugrunde.

$\alpha$-Glukose → Stärke

$\beta$-Glukose → Zellulose

In den *Stärkekörnern* sind zwei Formen der Stärke vorhanden, Amylose mit unverzweigten Ketten aus etwa 250 und Amylopektin mit stark verzweigten Molekülen aus etwa 2000 Gliedern. Die erstere geht in heißem Wasser in Lösung, die letztere, die den größten Teil des Stärkekornes ausmacht, verquillt unter Abkugelung der Moleküle zu Kleister.

Die unverzweigten Kettenmoleküle der *Zellulose* bestehen aus etwa 2000 Glukoseringen und erreichen etwa 1 $\mu$ Länge. Sie können durch Hydrolyse in kürzere, die Jodreaktion gebende Teilstücke abgebaut werden, worauf der Nachweis der Zellulose durch Blaufärbung mit Chlorzinkjod beruht. In der Pflanze vereinigen sich die Einzelmoleküle unter teilweiser Kristallisation zu größeren Komplexen (Mizellen) in Form von *Mikrofibrillen* mit einem konstanten, etwa 2500 Moleküle einschließenden Querschnitt von etwa 0,025 $\mu$ Durchmesser und erheblicher Länge; jedenfalls sieht man in den elektronenmikroskopischen Bildern von Zellwänden selten Fibrillenendigungen. Die Mikrofibrillen zeigen in den Zellwänden bestimmte Anordnungen *(Texturen)*.

**Wandbau.** Bei der Zellteilung werden die beiden Tochterzellen zuerst durch eine sehr dünne *Mittellamelle* geschieden. Diese besteht in der Hauptsache aus *Pektinen*, deren Moleküle kurze Ketten nach dem Schema der Zellulose darstellen, wobei aber die ⑥-Seitenkette eine meist methylierte Carboxylgruppe $COO \cdot CH_3$ ist. Die den beiden Nachbarzellen gemeinsame Mittellamelle läßt sich durch Oxydationsmittel oder Angriff von Fermenten verhältnismäßig leicht auflösen, wobei dann einzelne Zellen bzw. Zellgruppen frei werden; davon macht man bei der Gewinnung der Hanf- und Flachsfasern Gebrauch.

An die Mittellamelle wird noch in der embryonalen Zelle eine *Primärwand* aufgelagert, die in der Hauptsache aus Zellulose-Mikrofibrillen besteht. Diese verlaufen nach allen Richtungen *(Streuungstextur)*, wobei in der Regel allerdings die

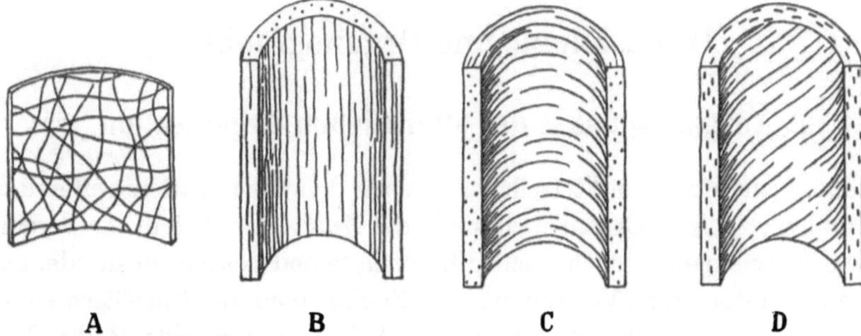

A        B        C        D

Abb. 40. Schema von Zellulose-Texturen. *A* Streuungstextur (Röhrentextur) einer primären Zellwand. *B–D* Paralleltexturen sekundärer Zellwände: *B* Fasertextur. *C* Ringtextur. *D* Schraubentextur.

Richtung quer zur späteren Streckung bevorzugt ist (Röhrentextur, Abb. 40 *A*). Beim Streckungswachstum der Zellen (Abb. 31 *B*) lockert sich die Textur vorübergehend, wahrscheinlich durch Auflösung einzelner Fasern. Die Wand wird dadurch leicht dehnbar. Sie folgt der Vergrößerung durch *Einbau* neuer Mikrofibrillen (Intususzeptionswachstum).

Nach Erreichen der endgültigen Zellgröße wird vom Zytoplasma her an die Primärwand schichtweise eine *Sekundärwand angebaut* (Appositionswachstum). Dabei werden die Mikrofibrillen in der Regel parallel zueinander gelegt *(Paralleltextur)*. Ihre Orientierung ist je nach der Beanspruchung der Zellen verschieden. Fasertexturen parallel der Längsachse der Zelle (Abb. 40 *B*) geben Zugfestigkeit und finden sich z. B. in Bastfasern. Ringtexturen *(C)* verleihen Druckfestigkeit, z. B. in gewissen Tracheiden. Dazwischen stehen die häufigen Schraubentexturen *(D)*, z. B. in Holzfasern und Baumwollhaaren, wobei die Faserrichtungen in aufeinanderfolgenden Wandschichten gekreuzt verlaufen können.

Die *intermizellaren Hohlräume* zwischen den Fibrillen bilden ein zusammenhängendes kapillares System, welches sich in die feinen mizellaren Spalten und Lücken der Fibrillen selbst fortsetzt. Es ist in der normalen Pflanze mit *Wasser* erfüllt und erlaubt so den Durchtritt von Wasser und darin gelösten Stoffen durch die Zellwand.

Änderungen der Membraneigenschaften können durch *Einlagerung von Stoffen* in die inter- und intramizellaren Hohlräume erfolgen. Die Ausfüllung mit Wachsen und wachsartigen Stoffen bewirkt eine weitgehende Undurchlässigkeit für Wasser *(Kutinisierung* und *Verkorkung)*. Durch Umhüllung und Durchdringung der Zellulosemizellen mit Ligninen, Verbindungen aromatischen Charakters, entsteht die als *Verholzung* bekannte Verfestigung, für welche die Rotfärbung mit Phloroglucin-Salzsäure eine Erkennungsreaktion ist.

**Tüpfel.** Bei stärkerer Verdickung der Zellwände werden in den Sekundärwänden benachbarter Zellen Schächte ausgespart *(Tüpfel,* Abb. 41). Durch die Poren der als Schließhaut stehenbleibenden Mittellamelle und Primärwände wird durch feine Zytoplasmastränge *(Plasmodesmen)* die Verbindung der beiderseitigen Protoplasmen aufrechterhalten.

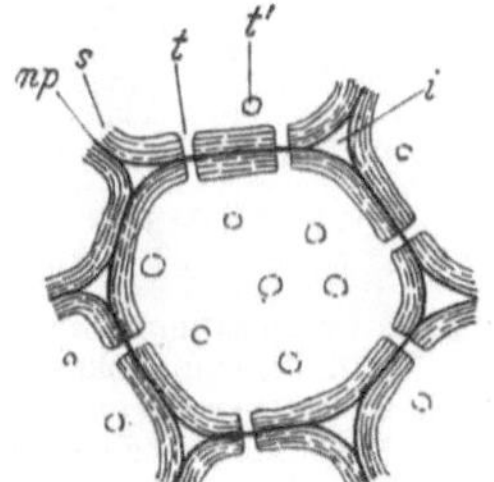

Abb. 41. Getüpfelte Zelle (Mark von *Clematis*). *t* Tüpfel einer Seitenwand im Längsschnitt. *t'* Tüpfel einer unteren Zellwand in Flächenansicht. *i* Interzellularräume. *mp* Mittellamelle und primäre Wand. *s* Sekundäre geschichtete Wand. 300/1. (Nach Schenck, verändert.)

## II. Histologie und Organographie.

### 1. Ausgangspunkte der pflanzlichen Organisation.

**Übergang vom Ein- zum Vielzeller.** Zwischen den Organisationsstufen der einzelligen und vielzelligen Organismen steht die *Zellkolonie*. Die in ihr vereinigten Zellen sind gegeneinander noch nicht differenziert und deshalb imstande, aus der Kolonie auszutreten. Eine Vorstellung, wie Zellkolonien aus Einzellern entstehen und zu Vielzellern weiterleiten, gibt die in Abb. 42 dargestellte Reihe. Die den Grünalgen nahestehende einzellige Geißelalge *Chlamydomonas* bildet bei der Vermehrung innerhalb der Membran der Mutterzelle durch wiederholte Teilungen vier oder acht Tochterzellen, welche durch Platzen der Muttermembran frei werden (*A*). Ebenso entstehen bei der koloniebildenden Gattung *Pandorina* in jeder Zelle acht

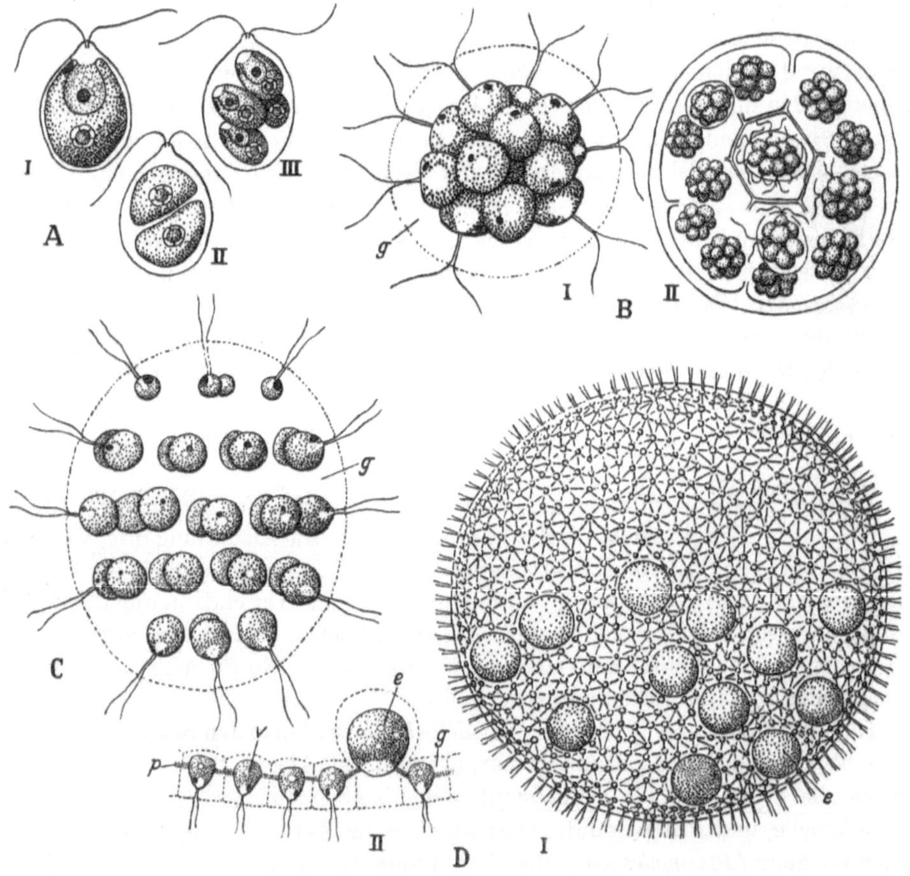

Abb. 42. Organisationsstufen grünalgenähnlicher Geißelalgen. *A* Einzeller *(Chlamydomonas subcaudata)*, bei II und III in Teilung. 1000/1. *B* Zellkolonie *(Pandorina morum)*, bei II in Vermehrung. 300/1. *C* Vielzeller *(Eudorina illinoisensis)* mit beginnender Zelldifferenzierung; Geißeln teilweise nicht gezeichnet; *g* Gallerthülle. 250/1. *D* Vielzeller *(Volvox aureus)*. I weibliche Pflanze mit Eizellen *(e)*. 100/1. II Schnitt durch die Gallerthülle *g. v* vegetative Zellen, *e* Eizelle. 1000/1. (Nach Pascher, Smith, Kofoid. Klein.)

oder 16 Tochterzellen, die aber beim Austritt aus der Muttermembran durch Gallerte miteinander verbunden bleiben (*B*). Jede Zelle einer solchen *Kolonie* kann jedoch den Verband verlassen und wie ein Chlamydomonas einzeln weiterleben. Bei *Eudorina* (*C*) ist die Zahl der Zellen erhöht, und diese sind differenziert in kleinere mit großem Augenfleck, aber verminderter Teilungsgeschwindigkeit und größere mit kleinem Augenfleck, aber hoher Teilungsrate. Die Kolonie erhält damit zwei Pole, einen vorderen Bewegungs- und einen hinteren Fortpflanzungspol, und die einzelnen Zellen sind für sich außerhalb des Verbandes nicht mehr lebensfähig. Die Stufe des *Vielzellers* ist erreicht. Die schon mit bloßem Auge sichtbaren Hohlkugeln der Gattung *Volvox* (*D*) bestehen aus bis über 10000 Zellen, die durch Protoplasmafäden miteinander verbunden sind. Sie sind spezialisiert in zahlreiche kleine, nicht mehr vermehrungsfähige vegetative und wenige große, der Fortpflanzung dienende generative (*D II*). Innerhalb der vegetativen Zellen ist eine weitere Differenzierung eingetreten, indem die des bei der Bewegung vorangehenden Poles große, an den Geißeln liegende Augenflecken, die des rückwärtigen dagegen kleine und nach hinten verlagerte besitzen.

**Pflanzliche und tierische Organisationsrichtung.** Mit der Hohlkugel von *Volvox* ist das *Blastula*stadium der Metazoen erreicht. Von ihm aus entwickelt das *Tierreich* der *Beute nachgehende*, *bewegliche* Gestalten mit Bewegungs- und Sinnesorganen, das Pflanzenreich aber, seinem autotrophen Ernährungsprinzip entsprechend, *Licht sammelnde*, am *Standort fixierte* Vegetationskörper ohne Muskel- und Nervensystem. Die Tendenz des Tierreichs verlangt eine wenig Bewegungswiderstand bietende, also möglichst *kleine Außenfläche* und verlegt die für die Ernährung, Atmung und Ausscheidung notwendigen *Austauschflächen* als Darm, Kiemen, Lungen, Tracheen und Nieren in das *Innere* des Körpers. Die Pflanze dagegen bedarf einer großen *äußeren Oberfläche*, da nur so die Lichtausbeute und die Bodenausnützung gesteigert werden kann; ihre phylogenetische Entwicklung tendiert dahin, diese äußeren Auffang- und Austauschflächen als *Blätter* an einem *Sproß* in lichtgünstiger Lage auszubreiten und als *Wurzeln* für die Aufnahme von Wasser und Nährsalzen zu verzweigen.

Die Lebensmöglichkeit eines Organismus verlangt im Stadium des Wachstums einen Überschuß, im ausgewachsenen Zustand Gleichheit des Stoffgewinns gegenüber dem Stoffverbrauch. Der Stoffgewinn aus aufgenommener Nahrung ist begrenzt durch die Aufnahmeflächen, während der Stoffverbrauch für Wachstum und Energieerzeugung (Atmung) als proportional dem Gewicht bzw. Volumen angenommen werden kann. Die Existenzfähigkeit eines Organismus hat deshalb einen gewissen Mindestbetrag des Quotienten $\frac{\text{Oberfläche}}{\text{Volumen}}$ zur Voraussetzung. Bei der Vergrößerung der Gestalten, zu der Tier- und Pflanzenreich tendieren, ist das Verhalten des Quotienten abhängig von der Körperform. Bei einer *Kugel*, der wir die tierische Form in grober Annäherung vergleichen können, wächst die Oberfläche $O$ mit $r^2$, das Volumen $V$ aber mit $r^3$, d. h. der Quotient $\frac{O}{V}$ wird kleiner und die Stoffwechselbilanz verschlechtert; das Tier begegnet dem durch die Schaffung *innerer* Aufnahmeflächen. Bei der *Verlängerung* eines *Zylinders* dagegen bleibt, wenn der Einfluß der Stirnflächen vernachlässigt wird, der Quotient unverändert, weil sowohl Oberfläche wie Volumen linear mit der Länge zunehmen. Dies ist das Prinzip des Zellfadens als der typischen Organisationsform niederer Pflanzen. Die weitere Vergrößerung des Vegetationskörpers erfolgt dann durch *Verzweigung*, weil ein Faden mit gleichbleibendem Radius aus Festigkeitsgründen nicht beliebig verlängert werden kann. Der Lichtgenuß wird erhöht durch Abplattung des Zylinders quer zur Hauptlichtrichtung, d. h. die Bildung von Blättern. Hier-

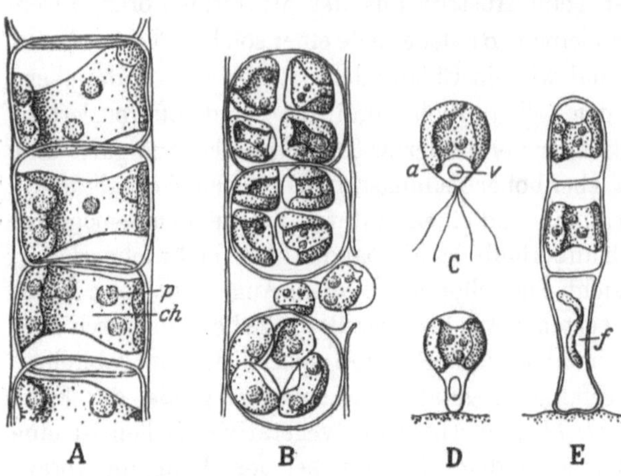

Abb. 43. Primitiver Fadenthallus einer Grünalge *(Ulothrix zonata)*. *A* Faden aus vegetativen Zellen. *B* Schwärmerbildung. *C* Vegetativer Schwärmer, der sich in *D* festsetzt und in *E* zu einem Zellfaden auswächst. *ch* Plattenförmiger Chloroplast (Chromatophor) mit Pyrenoiden *p*. *v* kontraktile Vakuole, *a* Augenfleck, *f* Rhizoidzelle mit degeneriertem Chloroplasten. Plasma nicht gezeichnet. 1000/1. (Nach West, Klebs.)

bei ändert sich $\frac{O}{V}$ mit zunehmender Größe nicht, solange die Dicke des Blattes gleichbleibt. *Die pflanzliche Gestaltentwicklung beruht somit auf dem Prinzip der Verzweigung zylindrischer Achsen und ihrer Verflachung zu Blättern.*

Die Verschlechterung der Stoffwechselbilanz, welche bei einer Vergrößerung ohne gleichzeitige Differenzierung innerer oder äußerer Flächen eintritt, bekundet sich auch in der Verlangsamung der *Teilungsgeschwindigkeit* von Viren und Einzellern: Bakteriophagen teilen sich etwa alle 3, Bakterien etwa alle 30, Kieselalgen aber erst alle 300 Minuten.

## 2. Der Thallus.

Als *Thallus* bezeichnet man alle Vegetationskörper, die nicht die Organisation des Kormus (S. 56) haben. Dahin gehören alle vielzelligen Spaltpflanzen, Algen, Pilze, Flechten und Moose, wenn auch die letzteren schon den Kormus vorbereiten. Entsprechend der negativen Begriffsbestimmung weisen die Thalli eine große Mannigfaltigkeit von Organisationsformen auf, die auf verschiedene phylogenetische Entwicklungsreihen zurückgehen. Man kann sie in einem ersten Überblick in die beiden Stufen des *Faden-* und *Gewebethallus* einteilen.

### a) Der Fadenthallus.

**Zellfaden.** Schon bei den Flagellaten und flagellatenähnlichen Grünalgen *(Chlamydomonas)* kommen unbewegliche Zustände ohne Geißeln und Augenflecke

Abb. 44. Verzweigter Fadenthallus einer Grünalge *(Cadophora)*. *A* Teil des Thallus. 45/1. *B* Gesamtbild 2/3. (Nach Oltmanns.)

vor. Wenn bei deren Teilung die Tochterzellen zusammenbleiben, ist der Weg zur Bildung eines *Zellfadens* offen. Ein Beispiel eines Fadenthallus aus einfachen *unverzweigten* Zellfäden, in welchen die einzelnen Zellen noch für sich umhäutet (Abb. 43 *A*) und vermehrungsfähig sind, ist die Grünalge *Ulothrix*. An jeder Stelle des Fadens können durch gewöhnliche Zellteilung neue Fadenzellen gebildet (interkalarer Vegetationspunkt) oder

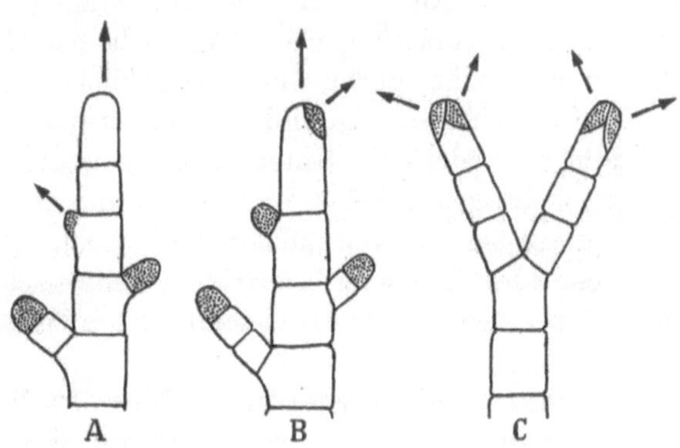


Abb. 45. Verzweigungstypen von Algen mit Scheitelzellenwachstum. *A* Seitliche Verzweigung von Segmentzellen aus. *B* desgleichen von der Scheitelzelle aus. *C* Gabelige Verzweigung.

auch nach Art des Chlamydomonas (Abb. 42 *A*) *Schwärmer* erzeugt werden (Abb. 43 *B*). Diese haben ganz den Bau von Flagellaten (*C*). Sie setzen sich mit dem Vorderende an einer Unterlage fest, werfen die Geißeln ab und treiben nach der Unterlage hin einen Fortsatz (*D*). Durch Teilungen quer zur Längsachse entsteht sodann ein Zellfaden (*E*). Dabei findet eine Differenzierung insofern statt, als die unterste Zelle nur wenig Chlorophyll enthält und der Festhaftung dient (*Rhizoidzelle*).

**Verzweigung.** Das Bild eines *verzweigten Fadenthallus* vermittelt z. B. die Grünalge *Cladophora* (Abb. 44). Sie besitzt nicht nur ein spezialisierteres Befestigungssystem in Form besonderer Zellfäden (*Rhizoiden*), sondern ist auch in den Fadenzellen weiter differenziert, indem das Wachstum nur noch *terminal* von der Spitzenzelle aus erfolgt, welche nach rückwärts dauernd Tochterzellen abgibt (einschneidige *Scheitelzelle*). Auf diese Weise kann sich der Faden verlängern, ohne daß dabei die schon ausgewachsenen Teile mitbewegt werden müssen.

Der Übergang zum Scheitelzellenwachstum schafft die Voraussetzung zu einer gesetzmäßig geregelten *Verzweigung*. Grundsätzlich kann diese *seitlich* oder *gabelig* (*dichotom*) sein. Bei der *seitlichen* Verzweigung sitzen an einer Hauptachse kürzere Seitenachsen. Die Seitenachsen entstehen aus der seitlichen Auswölbung einer bereits abgegliederten Zelle (Segmentzelle, Abb. 45 *A*) oder durch schräge Teilung der Scheitelzelle (*B*). Erfolgt in dieser gleichzeitig

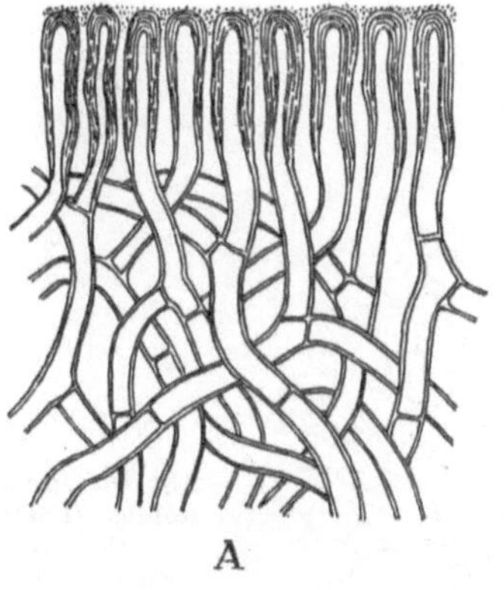

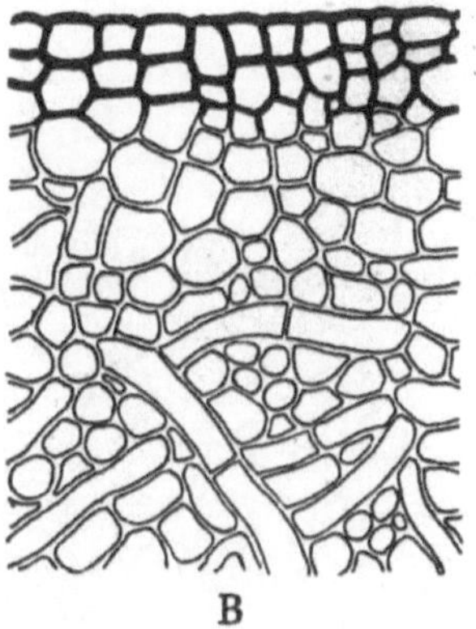

A                                 B

Abb. 46. Flechtgewebe bei Pilzen. *A* Längsschnitt durch die Oberfläche eines Schwammes (*Polyporus lucidus*). *B* Querschnitt durch ein Sklerotium (*Sclerotinia sclerotiorum*). 250/1. (Nach De Bary, verändert.)

oder mit kurzem Abstand eine zweite Schrägteilung auf der gegenüberliegenden Seite, so ist die ursprüngliche Scheitelzelle des Hauptsprosses durch zwei Scheitelzellen ersetzt, aus denen eine *gabelige* (dichotome) Verzweigung hervorgeht (*C*). Der Eindruck einer solchen wird aber auch erweckt, wenn bei seitlicher Verzweigung nach Schema A oder B der Seitenast gerade so schnell wächst wie der Hauptsproß, und umgekehrt geht gabelige Verzweigung in seitliche über, wenn einer der beiden Gabelsprosse den anderen „übergipfelt". Solche Übergänge sind oft an ein und demselben Individuum zu beobachten, wenn auch der Grundtypus der Verzweigung artspezifisch ist und das Gesamtbild des Vegetationskörpers ausschlaggebend bestimmt.

**Verflechtung und Verwachsung.** Größere Thallusbildungen werden durch Verflechtung und Verwachsung von Zellfäden (Hyphen) ermöglicht. So sind die Fruchtkörper der Pilze und die Vegetationskörper der Flechten meist aus lockeren und wenig geordneten *Flechtgeweben* aufgebaut (Abb. 46 *A*). Durch *Verwachsung* dicht gelagerter kurzzelliger Hyphen können *Scheingewebe* entstehen, welche echten, aus einem einzigen Vegetationspunkt hervorgegangenen Geweben (S. 52)

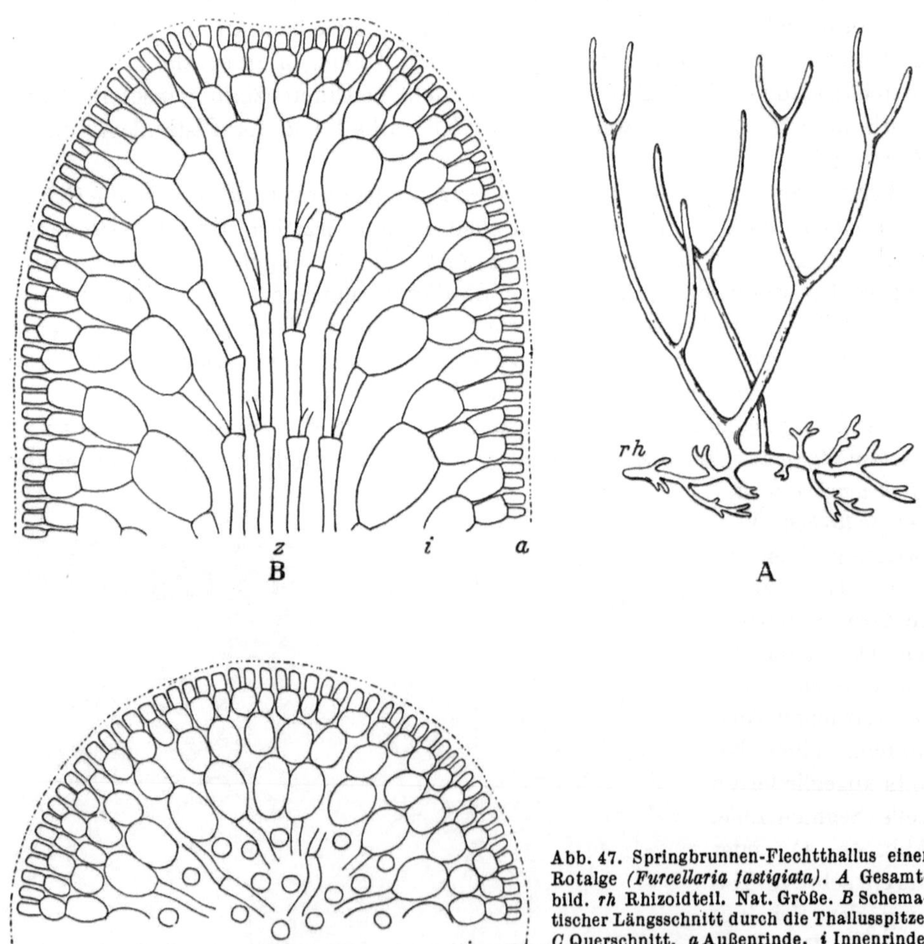

Abb. 47. Springbrunnen-Flechtthallus einer Rotalge *(Furcellaria fastigiata)*. *A* Gesamtbild. *rh* Rhizoidteil. Nat. Größe. *B* Schematischer Längsschnitt durch die Thallusspitze. *C* Querschnitt. *a* Außenrinde. *i* Innenrinde. *z* Zentralkörper aus Hyphen. (Nach Kützing, Oltmanns, verändert.)

sehr ähnlich sehen können (Abb. 46 *B*) und von ihnen manchmal nur entwicklungsgeschichtlich zu unterscheiden sind.

Diese Organisationsstufe findet sich besonders ausgeprägt bei den *Rotalgen.* Im Aufbau ihres Thallus kann man zwei Grundtypen unterscheiden. Beim „*Springbrunnentyp*" (Abb. 47) verzweigen sich die im Zentralteil verlaufenden Zellfäden (Hyphen) dichotom und wenden jeweils den einen Ast nach dem Rand hin, wo er durch weitere Verzweigungen eine Art großzelliges lockeres Grundgewebe (innere Rinde) und ein kleinzelliges dichtes Abschlußgewebe (äußere Rinde) hervorbringt. Noch regelmäßiger ist der Aufbau nach dem „*Zentralfadentyp*" (Abb. 48). Hier geht die Scheingewebebildung von einem zentralen Zellfaden aus, dessen Seitenäste unter dauernder Verzweigung schließlich in der Rinde zusammenwachsen. Wenn die Seitenäste schon von ihrem Ursprung aus verwachsen, können vollständig geschlossene Scheingewebe entstehen wie bei den blattartigen Thallusteilen der in Abb. 49 dargestellten Rotalgen. Von einem zentralen Faden (B, *z*) gehen nacb links und rechts Seitenzweige (*s*) ab. Diese bilden wiederum, aber nur einseitig, Seitenzweige zweiter Ordnung ($s_1$-$s_5$), von denen jeder mit einer Scheitelzelle dergestalt wächst, daß die abgeteilten Zellen von Anfang an mit denen des Nachbarfadens verwachsen. Die ontogenetische Zusammengehörigkeit der Zellen ergibt sich dann u. a. daraus, daß Tüpfelverbindungen nur innerhalb ein und desselben Astes bestehen (Pfeilrichtung in Abb. 49 *B*). Es gibt Rotalgen, welche nach dem Zentralfadenprinzip Lebermoosen oder Farnen sehr ähnliche Vegetationskörper aufbauen, mit deutlicher Gliederung in Stengel und Blätter und regelmäßiger Stellung der Seitenzweige in den Blattachseln (Abb. 49 *C*). Diese Ähnlichkeit ist aber nur eine Konvergenz

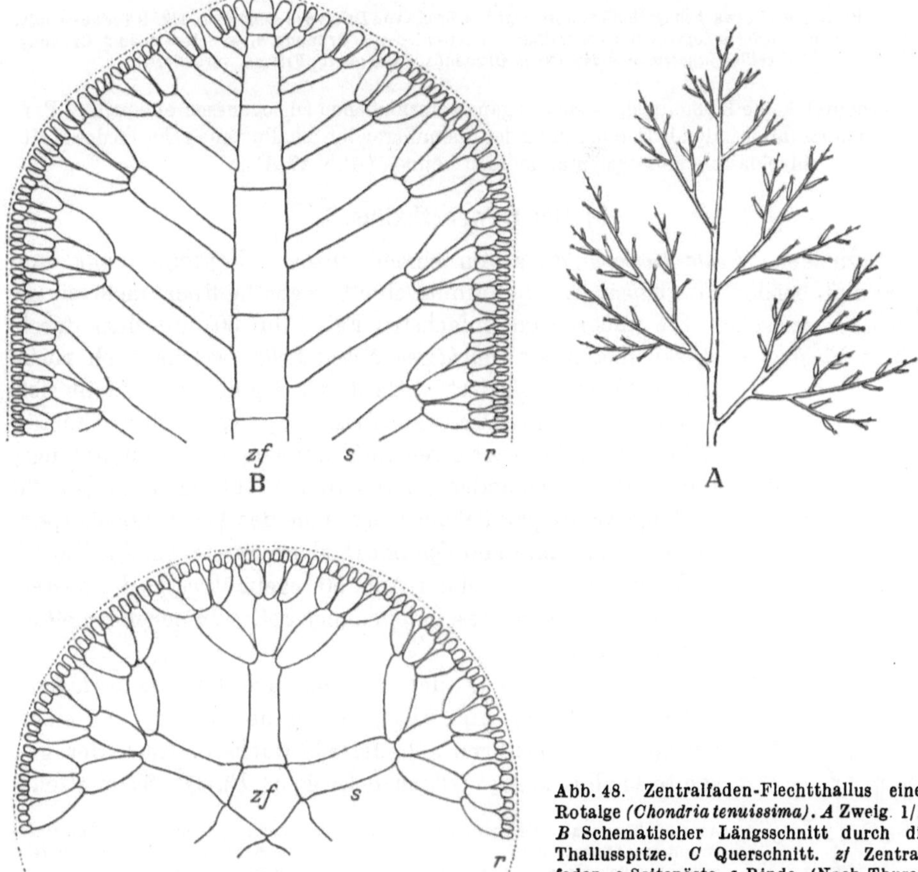



Abb. 48. Zentralfaden-Flechtthallus einer Rotalge *(Chondria tenuissima). A* Zweig. 1/1. *B* Schematischer Längsschnitt durch die Thallusspitze. *C* Querschnitt. *zf* Zentralfaden, *s* Seitenäste, *r* Rinde. (Nach Thuret, Falkenberg, verändert.)

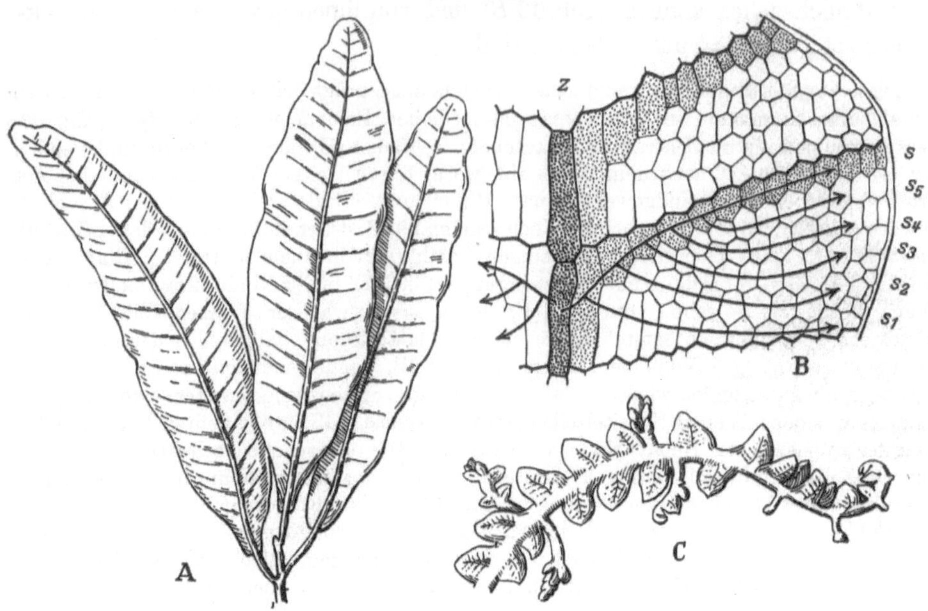

Abb. 49. Blattartige Verwachsungsthalli von Rotalgen. *A* Zweig von *Delesseria sanguinea.* 1/2. *B* Teilausschnitt des Thallus von *Caloglossa Leprieurii. z* Zentralfaden. *s* Seitenfaden 1. Ordnung. $s_1-s_5$ Seitenfäden 2. Ordnung. *C Leveillea jungermannoides.* (Nach Oltmanns, Falkenberg, Fritsch, verändert.)

und bedeutet keine Homologie, da sie aus ganz verschiedenen Ontogenesen entspringt. Parallel zur fortschreitenden Differenzierung der assimilierenden Thallusteile geht die der Haftorgane, die rhizoidähnliche Formen annehmen können (Abb. 47 *A*).

## b) Der Gewebethallus.

**Braunalgen.** *Echte Gewebebildung* von einem *einzigen Vegetationspunkt* aus findet man bei den *Braunalgen.* Als die primitivsten Gewebethalli sind mehrreihige Zellfäden anzusehen. Sie wachsen im einfachsten Fall (Abb. 50) mit einer durch dichtes Plasma ausgezeichneten *einschneidigen Scheitelzelle,* welche nach rückwärts Zellen abgliedert. Jede dieser Segmentzellen teilt sich eine Zeitlang weiter und liefert einen als *Segment* bezeichneten Zellkomplex. Dabei erfolgen die Teilungen, wenigstens anfangs, nur in drei zueinander senkrechten Richtungen, indem die Teilungswände parallel zur Oberfläche des Vegetationskörpers *(periklin),* radial zu ihr *(antiklin)* oder quer stehen. Die Zweigbildung erfolgt im Fall der Abb. 50 regelmäßig aus der oberen Hälfte jedes Segmentes, indem einige Zellen zu neuen Scheitelzellen werden.

Durch *Verflachung* der Seitenzweige können *beblätterte* Formen entstehen (Abb. 51 *A*), wobei die „Blätter" mit einer einzigen einschneidigen Scheitelzelle wachsen. Auch der gesamte Thallus kann verflachen (Abb. 51 *B*). Die Scheitelzelle

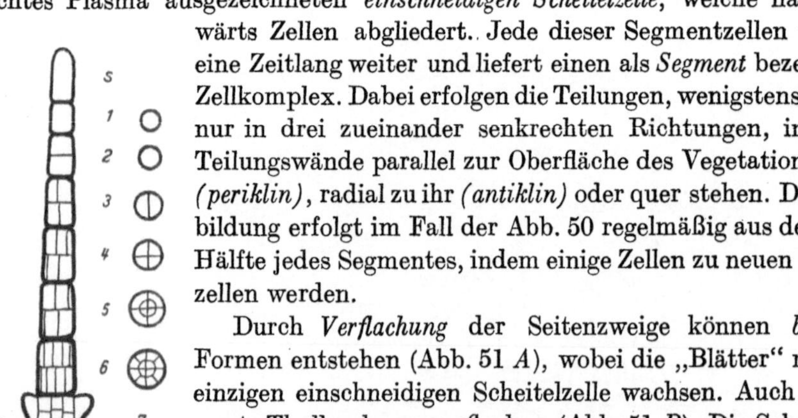

Abb. 50. Terminaler Vegetationspunkt mit einschneidiger Scheitelzelle bei einer Braunalge *(Sphacelaria)* in Längs- (links) und Querschnitt (rechts). *s* Scheitelzelle, 1—8 Segmente, die aus deren Tochterzellen hervorgegangen sind. 70/1. (Nach Oltmanns, verändert.)

nimmt dabei eine uhrglasähnliche Form an und liefert durch Längsteilung dichotome Verzweigungen. Bei noch höherer Differenzierung finden sich mehrschneidige Scheitelzellen, wie z. B. beim Blasentang (*Fucus*, Abb. 17 *B*) eine 5schneidige in Form eines 4seitigen Pyramidenstumpfes, der nach den vier Seiten und nach untenhin Segmente abgliedert (Abb. 52). Damit ist die Möglichkeit einer frühzeitigen,

weitgehenden Differenzierung der Gewebe gegeben, welche im Falle der großen Braunalgen Rinden-, Grund- und zentrale Stranggewebe mit bisweilen siebröhrenartigen Zellen ergibt (Abb. 52, 53). Mit der Differenzierung und Größe der Vegetationskörper erfahren auch die Haftorgane eine weitere Spezialisierung. Das gilt vor allem für die *Haftscheiben*, die durch zahlreiche kleine Rhizoiden einen außerordentlich festen Kontakt mit der Unterlage herstellen. Dieser wird bei großen Formen noch dadurch verstärkt, daß an der Sproßbasis in übereinanderliegenden Wirteln wurzelähnliche, sich dichotom verzweigende Haftsprosse entspringen, die sich mit ihren scheibenartigen Enden ebenfalls festkrallen (Abb. 16, 17).

**Moose.** Bei den *Moosen* ist der Gewebethallus zur einzigen Bauform geworden. Dabei ist die strenge Segmentierung, die von *zwei-* oder *dreischneidigen,* d. h. sich nach zwei oder drei Seiten hin teilenden *Scheitelzellen* ausgeht, kennzeichnend (Abb. 54). Sie bewirkt gegenüber den Algen eine viel größere

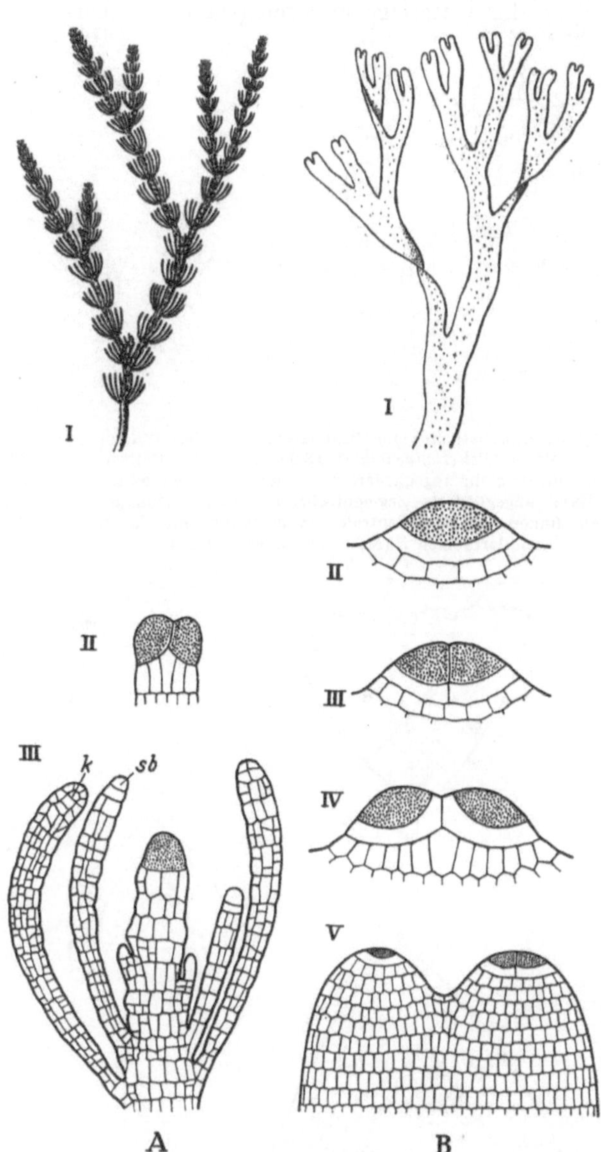

Abb. 51. Gewebethalli aus einschneidigen Scheitelzellen bei Braunalgen. *A Cladostephus verticillatus.* I Habitusbild eines Zweiges. 3/1. II Scheitelzelle (punktiert) in dichotomer Teilung. III Thallusspitze mit seitlicher blättchenartiger Wirtelverzweigung. 2/1. *sb* Scheitelzelle des Seitenzweiges, welche nach Abschluß seines Wachstums aufgeteilt wird *(k).* – *B Dictyota dichotoma.* I Habitusbild eines Zweiges. 1/1. II—IV Dichotome Teilung der Scheitelzelle (punktiert). V Thallusspitze. (Nach Oltmanns. Pringsheim, de Wildemann, verändert.)

Gleichförmigkeit im Aufbau des Vegetationskörpers, der bei zweischneidigen Scheitelzellen im allgemeinen flächig (thallos), bei dreischneidigen stammförmig-beblättert (folios) ist.

Bei den *Lebermoosen* bilden die einfachsten Formen mit *zweischneidigen* Scheitelzellen (Abb. 54 *A*) dichotom verzweigte *Flächenthalli*, welche der Unterlage anliegen (thallose Leber-

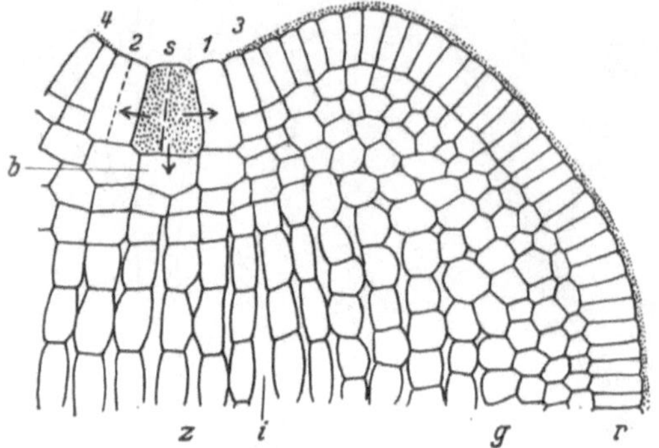

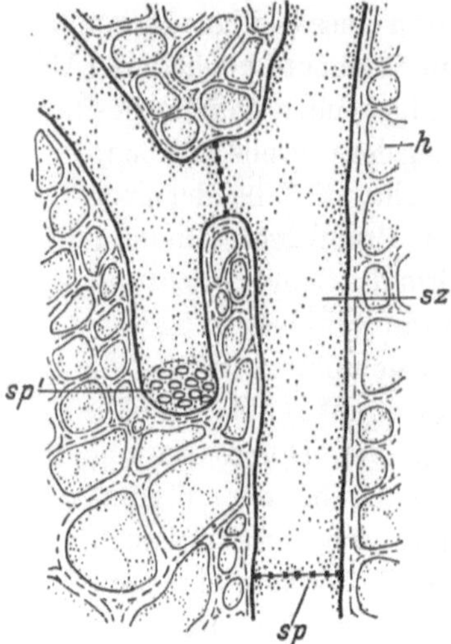

Abb. 52. Gewebethallus einer Braunalge mit mehrschneidiger Scheitelzelle *(Pelvetia fastigiata)*. *s* Scheitelzelle. 1–4 Reihenfolge der von ihr abgegliederten seitlichen Segmentzellen. *b* Basal abgegliederte Segmentzelle. *r* Rinde, *g* Grundgewebe (innere Rinde), *z* zentrales Stranggewebe mit Interzellularräumen *i*. (Nach Smith, verändert.)

Abb. 53. Siebröhrenartiges Stranggewebe bei *Laminaria*. *sz* Siebröhrenzelle, *sp* Siebplatte im Durchschnitt, bei *sp'* in Aufsicht. *h* Hyphenzellen. (Nach Will, verändert.)

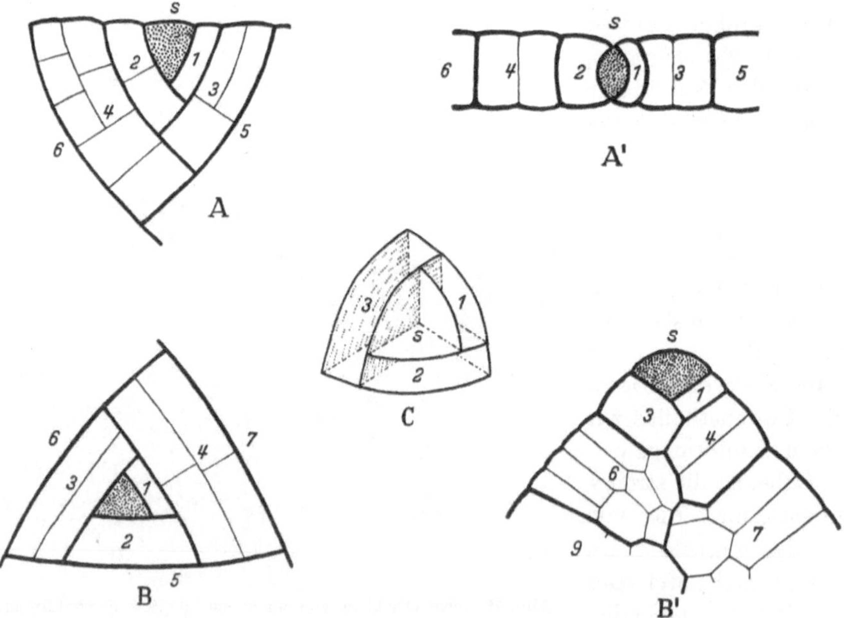

Abb. 54. Mehrschneidige Scheitelzellen in Aufsicht (links) und Quer- bzw. Längsschnitt (rechts). *A, A'* Zweischneidige Scheitelzelle eines einschichtigen thallosen Lebermooses. *B, B'* Dreischneidige Scheitelzelle eines Schachtelhalmes. *C* Modell einer von oben gesehenen dreischneidigen Scheitelzelle. *s* Scheitelzelle (punktiert). 1, 2, 3 usw. Segmente, die aus den Tochterzellen hervorgegangen sind; Numerierung mit dem jüngsten Segment beginnend. Etwa 500/1. (Teilweise nach Kny, Nägeli, Schwendener und Sachs.)

moose, Abb. 26 *A*, 55 *A*). Wenn jedes Segment einen lappenartigen Fortsatz entwickelt, entstehen Formen wie in Abb. 55 *B*. Bei deutlicherem Absatz vom Stamm (*C*) kann man — analog, aber nicht homolog — von *Blättern* sprechen (*C*). Sie stehen, den in *Pendelsymmetrie* abwechselnd nach links und rechts abgeteilten Segmenten entsprechend, wechselständig. Ein wesentlich neuer Entwicklungsschritt ist die *Aufrichtung* des liegenden Thallus (*D*), womit in der Regel der Übergang zur *dreischneidigen* Scheitelzelle (Abb. 54 *B*, *C*) verbunden ist. Diese erzeugt in *Schraubensymmetrie* drei Reihen von zur Längsrichtung des Stengels quergestellten Blättern (foliose Le-

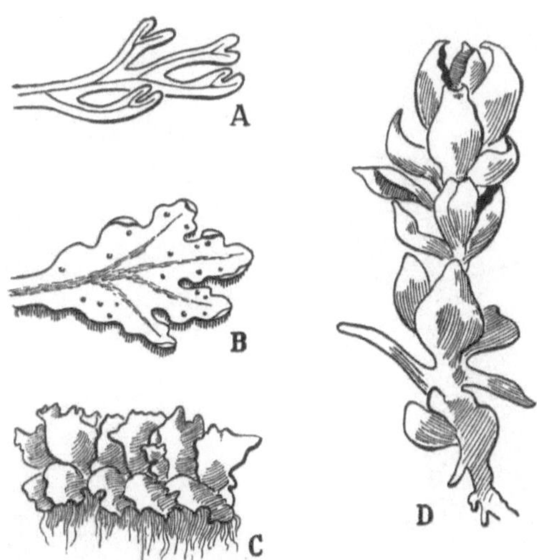

Abb. 55. Thallose und foliose Lebermoose. *A Metzgeria furcata. B Blasia pusilla. C Fossombronia pusilla. D Haplomitrium Hookeri.* Etwa 5/1. (Nach Müller, verändert.) (R.)

bermoose, Abb. 26 *B*, 55 *D*). Damit wird die Möglichkeit geschaffen, im Kampf um das Licht konkurrierende Pflanzenarten zu überwachsen.

Die *Laubmoose* wachsen mit *dreischneidigen* Scheitelzellen. Aus jedem Segment geht neben Rinden- und zentralem Grundgewebe die Anlage eines Blattes und eines Seitensprosses hervor (Abb. 56). Das Blatt wächst zuerst mit einer Scheitelzelle und vergrößert sich später durch interkalares Wachstum.

Da die Segmentbildung in der dreischneidigen Scheitelzelle kreisförmig umläuft, erscheinen die Blätter am Stengel in einer *Schraubenlinie* angeordnet (Abb. 57 *A*), wobei sie drei Längsreihen *(Orthostichen)* bilden; nach einem Umlauf kommt das vierte Blatt wieder über das erste zu stehen. Meistens erfolgt aber die Abgliederung der Segmentzellen nicht genau parallel zur Wand der Scheitelzelle (Abb. 57 *A*), sondern etwas vorlaufend (*B*). Man kann sich vorstellen, daß diese Symmetrieabweichung dadurch bedingt ist, daß auf der Vorderseite für den Zellaufbau mehr Material zur Verfügung steht als auf der durch die vorangegangene Teilung er-

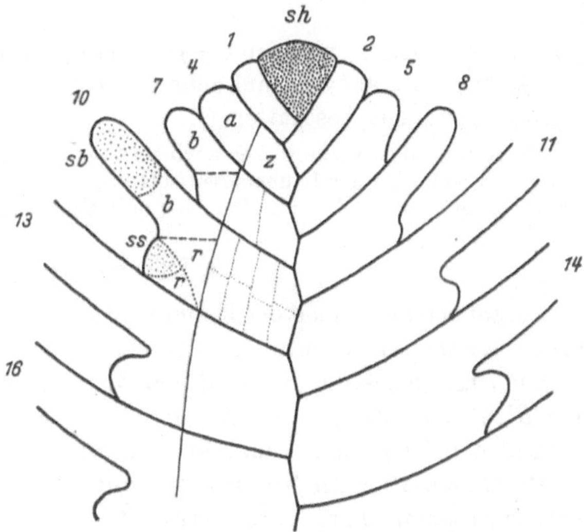

Abb. 56. Vegetationspunkt eines Laubmooses. *sh* Scheitelzelle des Hauptsprosses. 1—16 (stark umrandet) von ihr abgegliederte Segmente (die auf der Rückseite liegenden 3, 6 usw. nicht sichtbar). *z* Ursprungszelle des zentralen Stengelgewebes. *a* Zelle, aus welcher die Blätter (*b*), die Rinde (*r*) und die Seitensprosse hervorgehen. *sb* Scheitelzelle des Blattes. *ss* Scheitelzelle des Seitensprosses.

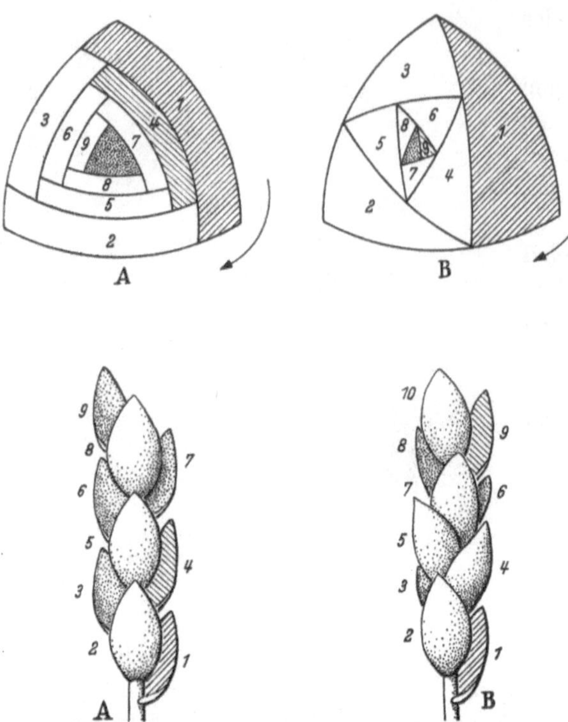

Abb. 57. Blattstellung bei Laubmoosen. *A* Regelmäßige Segmentab-
gliederung führt zu ¹/₃-Blattstellung *(Fontinalis antipyretica)*.
*B* Vorlaufende Segmentbildung ergibt ³/₈-Blattstellung *(Eurhyn-
chium rusciforme)*. Scheitelzelle punktiert, zwei in der Orthostiche
übereinanderstehende Blätter entgegengesetzt schraffiert gezeichnet.

schöpften Rückseite. Die vorlaufende Segmentbildung führt gewissermaßen zu einer Drehung der Scheitelzelle um ihre Längsachse. Bei dem in Abb. 57 *B* angenommenen Ausmaß wird nach drei Umläufen und Bildung von acht Segmenten wieder die Ausgangslage erreicht. In der Orthostiche kommt erst Blatt 9 wieder über Blatt 1 zu stehen. Der Zentriwinkel *(Divergenzwinkel)* zwischen zwei in der Entwicklung aufeinanderfolgenden Blättern beträgt ³/₈ des Vollwinkels gegenüber ¹/₃ im Fall *A*. Man spricht deshalb von ³/₈- bzw. ¹/₃-*Blattstellung*, wobei man den Bruch auch so lesen kann, daß der Zähler die Anzahl der Umläufe, der Nenner die der dabei passierten Blätter angibt. Die ³/₈-Stellung ist bei Laubmoosen sehr häufig; sie bietet gegenüber ¹/₃ eine bessere Lichtausnutzung, da die Blätter statt auf drei auf acht Orthostichen verteilt sind und sich deshalb gegenseitig weniger beschatten.

Als Festhaltungsorgane wirken auch bei den Moosen *Rhizoiden*. Sie sind bei den Lebermoosen einzellig, bei den Laubmoosen einreihig-vielzellig und verzweigt und dienen wahrscheinlich teilweise auch der Aufnahme von Nährstoffen.

## 3. Der Kormus.

Gegenüber der Vielheit der Thallustypen folgt der den Farn- und Samenpflanzen eigene *Kormus* einem sehr einheitlichen Bauplan. Seine Kennzeichen sind die strenge Organgliederung in *Sproß* und *Wurzel*, der erstere wieder aus *Sproßachse* und *Blatt* zusammengesetzt, sowie der Besitz eines aus *Gefäßteil* und *Siebteil* bestehenden *Leitungssystems* und einer *kutinisierten Epidermis* mit *Spaltöffnungen*.

Die Organisation des Kormus steht mit dem *Übergang vom Wasser- zum Landleben* in Zusammenhang. Dieser verlangt eine *Regelung des Wasserhaushaltes*. Alle *Thalluspflanzen* einschließlich der Moose haben eine *labile Wasserbilanz*; sie sättigen sich bei Benetzung ebenso ungehemmt mit Wasser, als sie dieses in trockener Luft wieder abgeben. Demgegenüber *stabilisiert* der *Kormus* den Wasserhaushalt, indem er die Wasseraufnahme durch Ausbildung von Wurzeln unabhängig von Regen und Tau macht und im Blatt die Wasserabgabe durch Kutinisierung der

Epidermis eingeschränkt und durch Spaltöffnungen reguliert. Die Ausbildung des Leitungssystems im Sproß und dessen Festigung durch Verholzung bildet das Zwischenstück. Erst diese Organisation hat in den Bäumen Großformen des Landlebens als Gegenstück zu den thallophytischen Großtangen der Meere ermöglicht.

## a) Die Sproßachse.

### α) Vegetationskegel.

**Aufbau.** Unter den Kormophyten finden sich Scheitelzellen nur noch bei manchen Pteridophyten. Sonst besteht der terminale Vegetationspunkt aus einem *Bildungsgewebe (Meristem)*, in welchem mehrere Zellen dauernd in Teilung sind *(Initialzellen)*. Sie bilden bei manchen Gymnospermen eine einzige Schicht (Abb. 58 *A*); in der Regel aber liegen mehrere Zellgruppen übereinander (*B*). Die aus den abgegliederten Zellen entstehenden Segmente fließen zu Schichten eines *Vegetationskegels* zusammen. Dabei finden in den äußeren Lagen zunächst nur antikline Teilungen statt, welche zur Bildung eines Mantels *(Tunika)* führen, während innen vorwiegend perikline Teilungen einen Zentralkörper *(Korpus)* schaffen, dessen Ausweitung die Tunika durch ihren antiklinen Teilungsmodus folgt.

**Gewebebildung.** Die *Initialzellen* des Vegetationskegels bleiben dauernd *embryonal*, d. h., sie führen große Zellkerne und dichtes Plasma ohne sichtbare Vakuolen (Abb. 36). Die von ihnen abgegliederten Zellen dagegen behalten diesen Zustand nur so lange bei, als sie in Teilung bleiben (*Teilungszone* des Vegetationskegels). Anschließend gehen sie zur Vergrößerung (Abb. 31) und Differenzierung über (*Streckungszone*) und erreichen ihre endgültige Form in den *Dauergeweben*. Dabei wird die äußerste Tunikaschicht (Dermatogen), die in der Regel einschichtig bleibt, zum *Hautgewebe*. Im Korpus differenzieren sich frühzeitig langgestreckte Zellen zu *Leitgewebe* (Abb. 58 *B*). Die restliche Masse von Zellen liefert weniger differenzierte Gewebe, die man als *Grundgewebe* zusammenfaßt. Spezielle Differenzierungen können zu *Festigungs-* und zu *Drüsengeweben* führen.

Die rechtflächige Form der Meristemzellen ergibt sich aus der Zellteilung, stellt aber nicht den Gleichgewichtszustand dar, der sich bei freier Verschiebbarkeit zusammenhängender Zellen ergeben müßte. Als Modell eines solchen Systems kann ein Schaum dienen, in welchem die Oberflächenspannung die Blasenwände auf ein *Minimum der Fläche* zu bringen sucht. Wie man sich an einem Seifenschaum leicht überzeugen kann, ist das dann der Fall, wenn in jeder Zellkante unter gleichen Winkeln höchstens drei, in jeder Ecke höchstens vier Flächen zusammenstoßen. Es entsteht so die Gestaltung einer *Bienenwabe*, im Schnitt erscheinen die Zellen sechseckig. Nach diesem Gleichgewichtszustand tendiert auch das in Streckung befindliche noch plastische Pflanzengewebe. Er tritt in den *Dauergeweben* mehr oder weniger deutlich in Erscheinung, vor allem in den wenig differenzierten Grundgeweben (Abb. 59). Sind dabei die

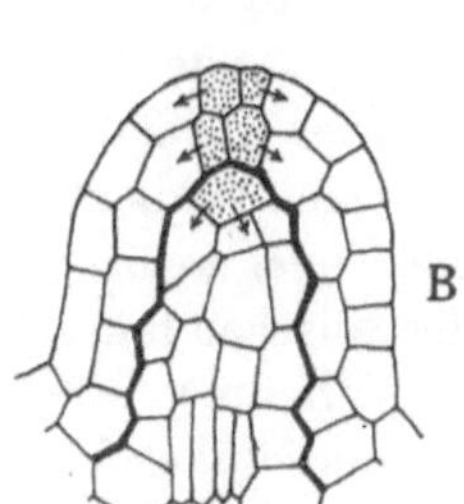


Abb. 58. Vegetationskegel mit Initialzellen (punktiert gezeichnet). *A* Einreihige Initialzellen bei einer Gymnosperme (Fichte). *B* Mehrreihige Initialzellen bei einer Angiosperme *(Ceratophyllum)*. Grenze von Tunika (außen) und Korpus (innen) stark ausgezeichnet. (Nach Korody, Haberlandt.)

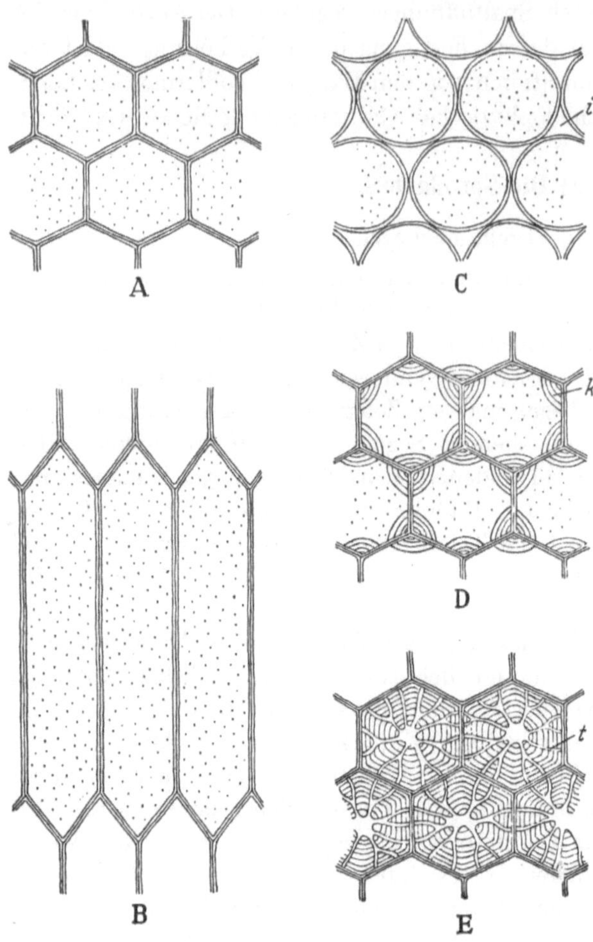

Zellen annähernd isodiametrisch, so spricht man von einem *Parenchym* (*A*), bei starker Längsdehnung von *Prosenchym* (*B*). In kompakten Gewebekörpern trennen sich oft die Zellen an den Kanten voneinander, indem die Mittellamelle reißt oder Teile der Zellwände sich auflösen (*C*). Dadurch entstehen zwischen den Zellen luftgefüllte Hohlräume *(Interzellularen)*, die ein zusammenhängendes, der Gewebedurchlüftung dienendes System bilden, namentlich in Grundgeweben. Umgekehrt kann eine Erhöhung der Festigkeit durch Verstärkung der Kanten *(Kollenchym,D)* oder der gesamten, dabei verholzenden Zellwand *(Sklerenchym, E)* erreicht werden. Im letzten Fall kann die Wandverdickung bis zur fast völligen Ausfüllung des Zellraumes gehen, wobei oft verzweigte Tüpfel (*E*) die Stoffzufuhr aufrechterhalten, bis schließlich das Protoplasma abstirbt.

Abb. 59. Formen des Grundgewebes. *A* Parenchymatisches, *B* prosenchymatisches Grundgewebe aus einschichtigen Moosblättchen. *C* Füllgewebe einer höheren Pflanze mit Interzellularen *i*. *D* Kollenchym. *k* verstärkte Wandecken. *E* Sklerenchym mit Tüpfeln *t*.

## β) Gliederung.

**Blattanlagen.** Die Anlage der Blätter erfolgt schon am Vegetationskegel durch Zellteilungen in der Tunika (Abb. 60 *B*). Zuerst als kleine Höckerchen sichtbar (*A*), werden die Anlagen schnell größer und überwachsen dabei den Vegetationspunkt. In der Achsel jedes Blattes entsteht ein neuer Vegetationspunkt. Er schreitet in der Regel zunächst nur zur Bildung einer *Achselknospe*, welche bis zum Austrieb des Seitenzweiges im nächsten Jahr oder auch länger in Ruhe bleibt. Die bisweilen verdickten Ansatzstellen der Blätter rücken im Verlauf des Wachstums mehr oder weniger weit auseinander. Sie werden als *Knoten* (Nodien) bezeichnet, die zwischen ihnen liegenden Stengelstücke als *Internodien*.

**Verteilung.** Ein Verständnis für die mögliche Verteilung der Blattanlagen am Vegetationskegel vermittelt die Vorstellung, daß jede in Entwicklung begriffene Anlage um sich herum ein Störungsfeld erzeugt, dessen Natur allerdings noch unbekannt ist. Naheliegend wäre etwa die Annahme, daß der Stoffverbrauch vorübergehend größer ist als die Nachlieferung; möglicherweise kann es sich aber auch um Hemmungsstoffe, Gewebespannungen u. a. m. handeln. In einem System solcher Störungsfelder wird die Bildung neuer Blattanlagen dort einsetzen, wo zuerst ein von allen Seiten her genügend wenig gestörter Platz entsteht.

**Zweizeilige Blattstellung.** Eine Blattanlage, die den Vegetationskegel weitgehend umspannt, verhindert durch ihr Störungsfeld die gleichzeitige Bildung einer zweiten Anlage. Erst beim Weiterwachsen des Vegetationspunktes wird für eine solche Platz frei, und zwar auf der entgegengesetzten Flanke (Abb. 61 *b*). Die so entstehende Blattstellung heißt *zweizeilig* (distich). Wenn man, im Aufblick, die Blattansatzstellen (Knoten) um den im Mittelpunkt gedachten Vegetationspunkt herum als konzentrische Kreise zeichnet, erhält man für sie das Diagramm der Abb. 61 *a*. Beim Fortschreiten von Blatt zu Blatt, im Diagramm von außen nach innen (*a*), an der Pflanze von unten nach oben (*c*), ergibt sich die Divergenz 1/2.

Die zweizeilige Blattstellung ist typisch für viele Monokotyle, z. B. Gräser und Liliengewächse. Das Alternieren der in zwei geraden Reihen *(Orthostichen)* übereinanderstehenden Blätter kann man mit dem Ausschlagen eines Pendels nach

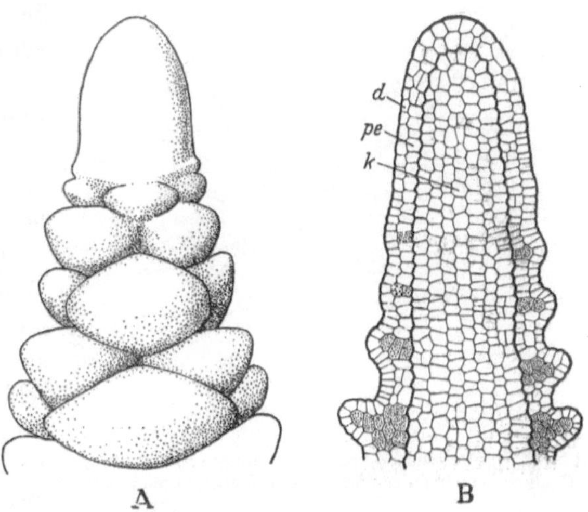

Abb. 60. Vegetationskegel eines Sprosses *(Elodea)* mit Blattanlagen. *A* Ansicht. 120/1. *B* Längsschnitt. Die Blattanlagen entstehen in der zweischichtigen, aus Dermatogen (*d*) und Periblem (*pe*) zusammengesetzten Tunika; der aus dem Periblem hervorgehende Gewebekomplex der Blattanlagen ist punktiert. *k* Korpus (Plerom). (Nach Giesenhagen, Herrig.)

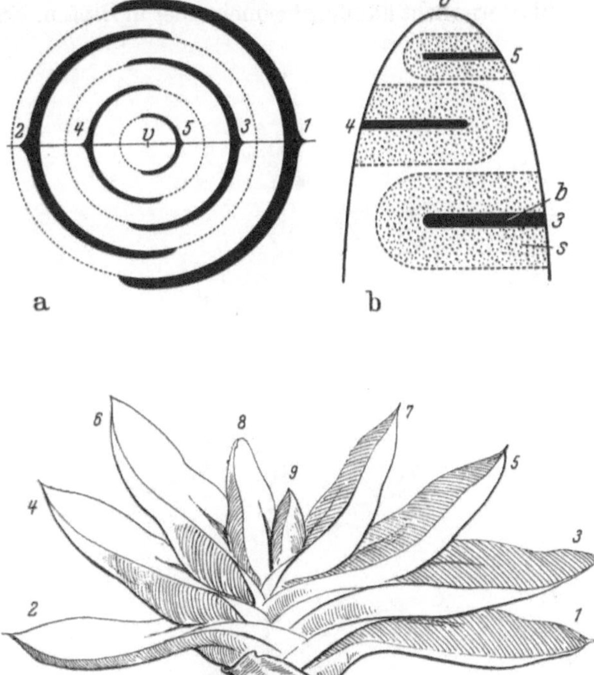

Abb. 61. Zweizeilige Blattstellung. *a* Diagramm, *b* Längsansicht des Vegetationskegels. *b* Blattanlage, *v* Vegetationspunkt, *s* Störungsfeld. *c* Ein Liliengewächs *(Gasteria minima)*. (*C* R.)

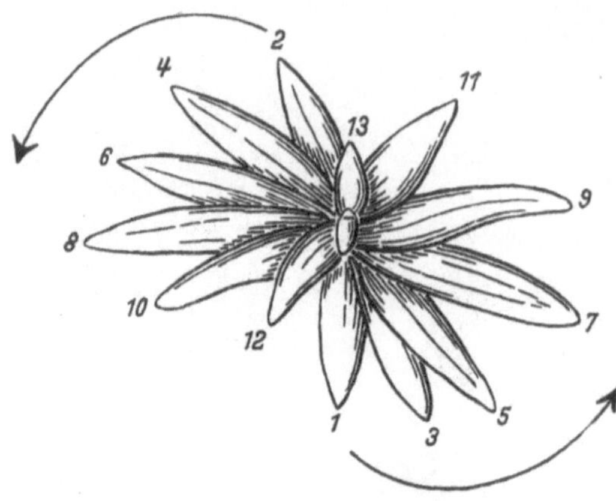

Abb. 62. Spiraltendenz bei zweizeiliger Blattstellung *(Crinum)*, von oben gesehen. (Nach Goebel, verändert.)

links und rechts vergleichen und von einer *Pendelsymmetrie* sprechen. Mit ihr verbindet sich nicht selten eine *Schrauben- (Spiral-) Tendenz*, indem sich die Pendelebene langsam dreht und die Blätter in eine Schraubenlinie stellt (Abb. 62).

**Wirtelige Blattstellung.** Bei den *Dikotylen* sind die Blätter meist gestielt oder sitzen mit schmalen Basen auf. Deshalb sind die Störungsfelder relativ zum Umfang des Vegetationskegels klein, und es können in demselben Knoten gleichzeitig zwei oder mehr Blätter angelegt werden (Abb. 63 C). Die Anlagen halten dabei unter sich gleichen Abstand (Prinzip der Äquidistanz) und stehen in der Regel in Lücke zu denen der benachbarten Knoten (Prinzip der Alternanz, Abb. 63 A, B). Am häufigsten sind *zweizählige Wirtel*; man spricht dann von *gekreuzt-gegenständiger* oder dekussierter Blattstellung (Abb. 63). Sie kommt bei den Dikotylen regelmäßig dem Keimblatt- und ersten Laubblattpaar zu und wird bei manchen Familien, z. B. den Nelkengewächsen und Lippenblütlern (Abb. 3 A), dauernd beibehalten. *Mehrzählige* Wirtelstellung (Abb. 64) ist bei Laubblättern nicht häufig, allgemein aber in Blüten. *Scheinbare* Wirtelstellungen können

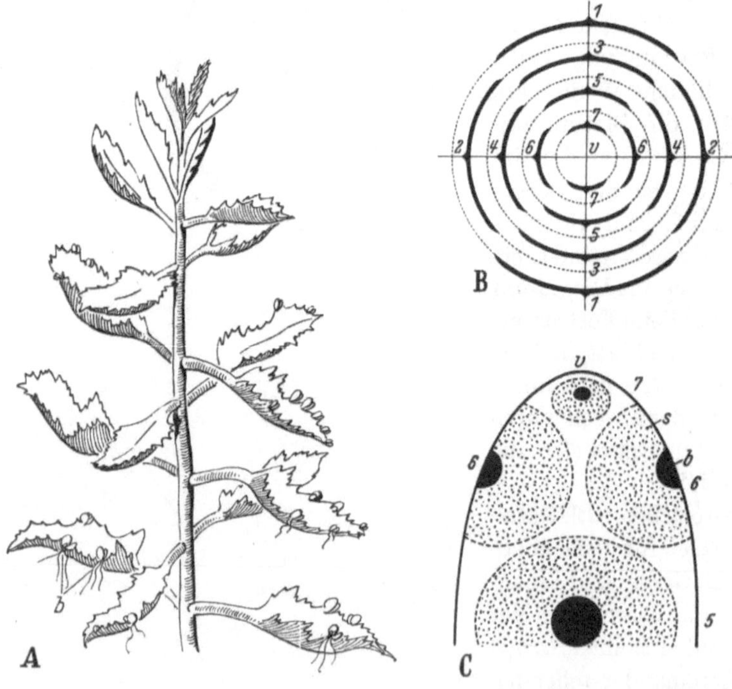

Abb. 63. Gekreuzt-gegenständige (dekussierte) Blattstellung. *A* Bryophyllum calycinum; *b* Brutknospen. *B* Diagramm. *C* Längsansicht des Vegetationskegels mit den Störungsfeldern *s* (punktiert) der Blattanlagen *b*. (*A* R.)

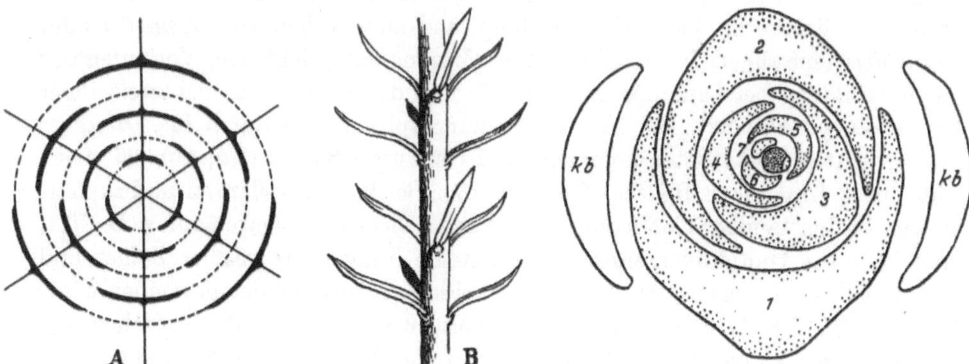

Abb. 64. Dreizählige Wirtelstellung. *A* Diagramm.
*B* Nadelstellung beim Wacholder. (R.)

Abb. 65. Dikotyle Keimpflanze *(Scandix pecten veneris)* mit Übergang zu schraubiger Blattstellung. *kb* Keimblätter. Laubblätter in zeitlicher Folge mit 1, 2, 3 usw. bezeichnet, in der Mitte (dunkel punktiert) der Vegetationspunkt mit der jüngsten Blattanlage. (Nach Haccius, Troll, verändert.)

durch Nichtverlängerung einzelner Internodien, wodurch die Blätter zweier Knoten auf fast gleiche Höhe zu stehen kommen, durch laubblattähnliche Ausbildung von Nebenblättern sowie durch Spaltung von Anlagen zustande kommen.

**Schraubige Blattstellung.** Bei den meisten Dikotylen geht die gekreuzt-gegenständige Stellung der Keimblätter und des ersten Laubblattpaares in der weiteren Entwicklung dadurch verloren, daß sich die zweite Blattanlage des Knotens gegenüber der ersten etwas verspätet, damit in einen eigenen höheren Knoten zu stehen

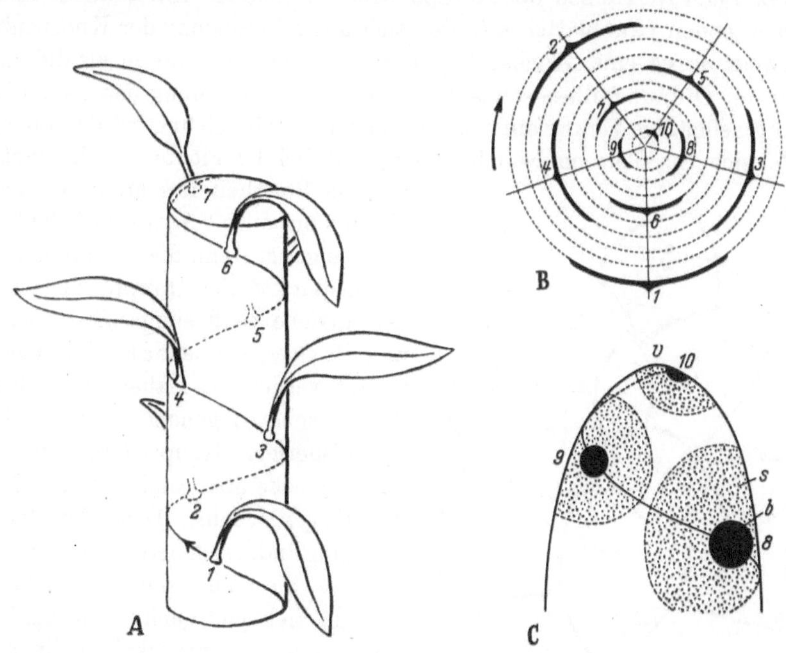

Abb. 66. Schraubige Blattstellung. *A* Schema der 2/5-Stellung. *B* Diagramm derselben mit eingezeichneten Orthostichen. *C* Ansicht des Vegetationspunktes mit Störungsfeldern *s* (punktiert) der Blattanlagen *b* (schwarz), *v* Vegetationspunkt.

kommt, aber den Winkelabstand verkleinert (Abb. 65). Die Blätter verteilen sich so an der Sproßachse in einer Schraubenlinie, und man spricht von *zerstreuter* oder *schraubiger* (spiraliger) Blattstellung. Der Vorgang entspricht dem Vorlaufen der Segmentbildung bei Laubmoosen (Abb. 57) und der Schraubung bei zweizeiliger Blattstellung (Abb. 62). Die Art der Stellungsspirale wird durch die *Divergenz* ausgedrückt. Am häufigsten kommen auf 2 Umläufe 5 Blätter (2/5, Abb. 66 *A—C*) oder auf 3 Umläufe 8 Blätter (3/8, Abb. 67). Bei Rosettenpflanzen und zapfenartigen Blütenständen (Koniferen) treten auch höhere Divergenzen auf, z. B. 8/21. Man kann die Hauptdivergenzen in eine Reihe bringen, in welcher Zähler und Nenner jedes Gliedes aus der Summe der beiden vorhergehenden gewonnen wird: 1/2, 1/3, 2/5, 3/8, 5/13, 8/21 usw. Die Divergenzen pendeln dabei zwischen den Grenzwerten 1/2 und 1/3, der Ausschlag wird aber bald so klein, daß die höheren Divergenzen in der Natur nicht mehr unterscheidbar sind und sich mehr und mehr dem Grenzwinkel 137,5° nähern.

**Knospen.** Zwischen Bau und Wirkungsweise der *terminalen* und der *axillären Vegetationspunkte* (Abb. 70) besteht kein grundsätzlicher Unterschied. Beide können als *Knospen* in einen Ruhezustand übergehen. Bei den terminalen (Endknospen) erfolgt das regelmäßig im Winter, bei den axillären (Achselknospen) in der Regel sogleich nach ihrer Bildung.

Bei der *Knospenbildung* findet im Vegetationspunkt eine nur unbedeutende Streckung der Internodien statt. Eine Anzahl Blattanlagen entwickelt sich zu dicht ineinandergreifenden *Knospenschuppen*, darüber entstehen mehr oder weniger entwickelte *Laubblätter*, die so ineinandergewickelt oder gefaltet sind, daß sie samt dem Vegetationspunkt von den Schuppen vollständig eingehüllt werden (Abb. 68). Beim Austreiben der Knospe strecken sich die Internodien, und die rasch wachsenden Laubblätter entfalten sich unter Sprengung der Knospenhülle.

**Verzweigungssysteme.** Wächst die Hauptachse dauernd stärker als die Seitenzweige erster Ordnung, diese schneller als die zweiter Ordnung usw., so entsteht eine sehr regelmäßige Verzweigung, die als *monopodial* bezeichnet wird (Abb. 69 *A*). Sie findet sich vor allem bei Nadelbäumen, z. B. bei der Fichte, und bedingt eine gewisse Starrheit des architektonischen Kronenaufbaues. *Sympodial* heißt die Verzweigung, wenn die terminalen Vegetationspunkte der Hauptachse und der Seitentriebe nach einiger Zeit absterben und durch austreibende axilläre Knospen ersetzt werden (*B*). Dabei können sich die Ersatztriebe so genau in der Richtung des bisherigen Haupttriebes einstellen, daß ein scheinbar einheitlicher Stamm vorzuliegen scheint. Diese Art der Verzweigung findet sich bei den meisten Laubbäumen. Sie liefert sehr plastische Kronen, die sich bald nach dieser, bald nach jener Richtung entwickeln können. Oft treten monopodiale und sympodiale Verzweigung neben- oder nacheinander auf,

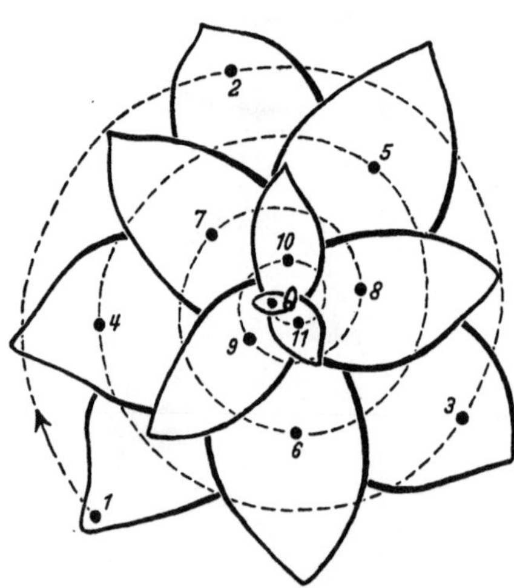

Abb. 67. 3/8-Stellung der Blattrosette des Wegerichs *(Plantago media)*. (Nach Troll, verändert.)

z. B. bei der Kiefer, die in der Jugend monopodial, später sympodial wächst. Eine besondere Form des Sympodiums ist die zumal bei Sträuchern vorkommende *axilläre gabelige* Verzweigung, bei welcher jeweils zwei gegenständige Achselknospen die Fortsetzung der bisherigen Hauptachse übernehmen (*C*). Sie ist nicht zu verwechseln mit der terminalen Gabelverzweigung (Dichotomie), bei welcher sich der Vegetationspunkt selbst teilt,

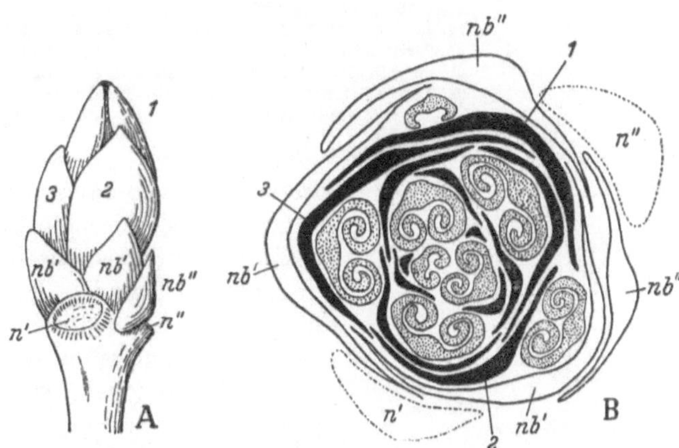

Abb. 68. Gipfelknospe der Pappel. *A* Ansicht. *B* Querschnitt. *n′ n″* Narben der beiden obersten abgefallenen Laubblätter. *nb′ nb″* Stehengebliebene Nebenblätter derselben. 1, 2, 3 Blätter der Knospe, die zu Knospenschuppen umgewandelten Nebenblätter in *B* schwarz gezeichnet, die Anlagen der Blattspreiten punktiert. (Nach Strasburger, Troll, verändert.)

entsprechend der Scheitelzelle bei Algen (Abb. 45 *C* u. 51 *B*). Diese findet sich nur bei Farnpflanzen und hat in der Steinkohlenzeit das merkwürdige, statisch ungünstige Kronenbild der Bärlappbäume geformt (Abb. 29 *A*).

Neben der Art der Verzweigung ist für den *Gesamtaufbau* des Sproßachsensystems entscheidend, ob der jährliche Knospenaustrieb vorwiegend im oberen Teil des Vorjahrtriebes (*akrotone* Förderung) oder immer wieder am Grunde stattfindet (*basitone* Förderung). Ersteres führt zum *Baum*, letzteres zum *Strauch*.

Im einzelnen wird das Sproßsystem durch die verschiedene Wachstumsgeschwindigkeit der Zweige geformt. Man unterscheidet dabei *Langtriebe* mit großer und *Kurztriebe* mit gestauchter, sehr geringer Internodienlänge (Abb. 70).

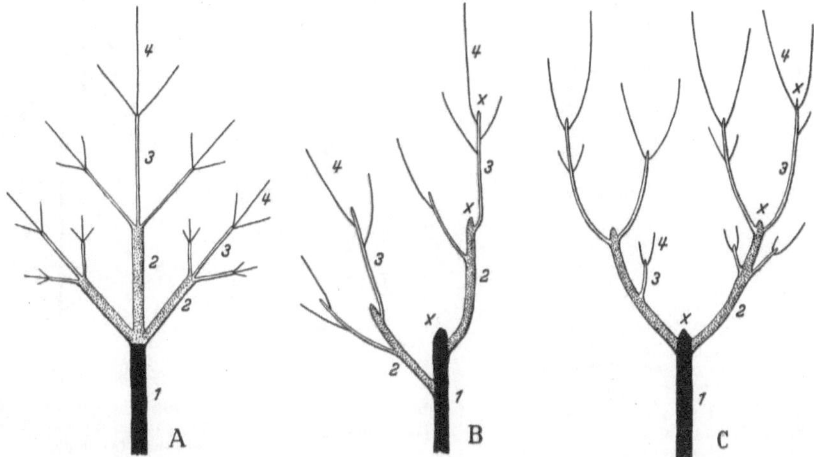

Abb. 69. Verzweigungssysteme. *A* monopodial. *B* sympodial. *C* gabelig. Die in aufeinanderfolgenden Jahren gebildeten Triebe sind durch Ziffern und verschiedene Zeichnung unterschieden. *x* abgestorbene Enden früherer Hauptachsen.

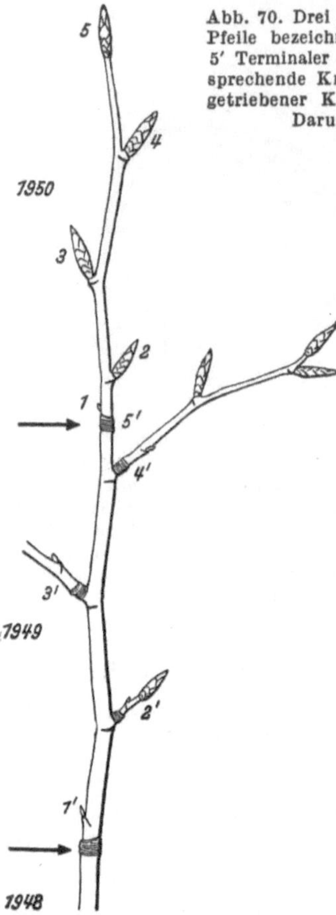

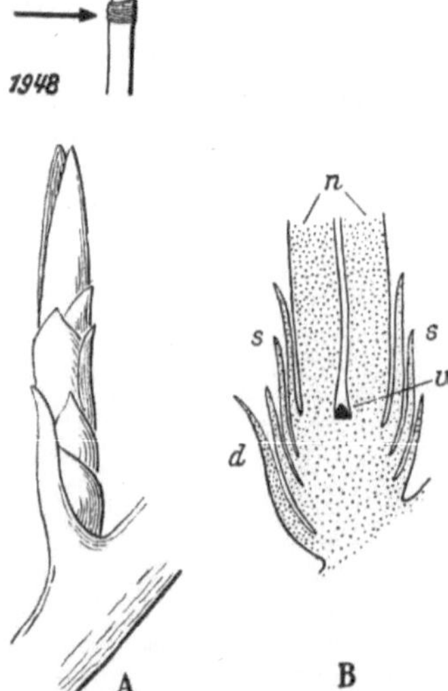



Abb. 70. Drei Jahrestriebe (1948—1950) eines Buchenzweiges. Jahresgrenzen durch Pfeile bezeichnet. 1' ruhende Knospe. 2' Kurztrieb. 3', 4' seitliche Langtriebe. 5' Terminaler Langtrieb (ältere Zweige wachsen meist sympodial). 1—5 entsprechende Knospen des letzten Jahres. Die Narben der Knospenschuppen ausgetriebener Knospen bleiben als geringelte Stellen (Knospenspuren) sichtbar. Darunter die Narben der abgefallenen Laubblätter. (Nach Huber.)

In den letzteren häufen sich die Blätter und Blüten in gedrängten Büscheln. Die Herstellung eines richtigen Verhältnisses zwischen kronenbildenden Lang- und blütentragenden Kurztrieben ist bekanntlich die Hauptaufgabe des Obstbaumschnittes. In manchen Fällen entstehen Blätter nur noch an spezialisierten Kurztrieben, wie z. B. bei den Kiefern, wo jeweils zwei oder mehr Nadeln gebüschelt zu sitzen scheinen (Abb. 71).

**Blütenstände.** Einen besonders klaren Ausdruck finden die Verzweigungstypen bei den *Blütenständen*. Sie sind Sproßsysteme, deren Seitenzweige von der Achsel oft sehr kleiner Hochblätter ausgehen und als Endknospen die Blüten entwickeln.

Die beiden häufigsten Blütenstände sind die *Rispe* und die *Trugdolde* (Abb. 72). Die erstere stellt eine basiton-monopodiale, die letztere eine akroton-sympodiale Verzweigung dar, die man bei den Blütenständen als *razemös* und *zymös* unterscheidet. Als *einfach* bezeichnet man Blütenstände, deren Seitenachsen sich nicht weiter verzweigen. Sie bilden, je nachdem die Blüten gestielt oder sitzend und die Internodien gestreckt oder gestaucht sind, die vier Typen der Abb. 73: *Traube (A)*, *Ähre (B)*, *Dolde (C)*, *Köpfchen (D)*. Die Rispe (Abb. 72 *A*) ist als wiederholt verzweigte Traube ein *zusammengesetzter* Blütenstand.

Die *zymösen* Blütenstände können vom Dichasium abgeleitet werden, das besonders bei Arten mit gekreuzt-

Abb. 71. Nadel-Kurztrieb der Kiefer. *A* Kurztriebknospe in Ansicht. *B* Längsschnitt durch dieselbe. *v* Nicht mehr tätiger Vegetationspunkt. *n* Nadeln. *s* Knospenschuppen. *d* Deckblatt. (Nach Oltmanns, Kirchner und Schröter, verändert.)

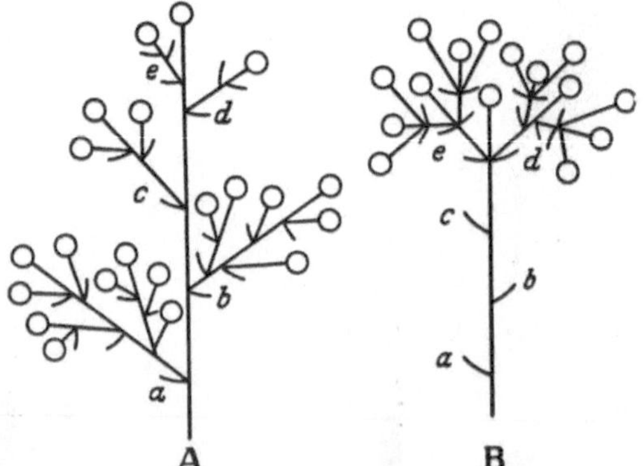

Abb. 72. Verzweigungssysteme von Blütenständen. *A* Monopodium (razemös): Rispe. *B* Sympodium (zymös): Trugdolde. *a—ε* Hochblätter. (Nach Goebel.)

gegenständiger Blattstellung, wie beispielsweise den Nelkengewächsen, häufig ist. Aus ihm (Abb. 74 *A*) ergibt sich einerseits das *Monochasium* (*B*), wenn jeweils nur eine Seitenachse zur Ausbildung kommt [abwechselnd links und rechts der Wickel (*B₁*), stets nach einer Richtung die Schraubel (*B₂*)], und andererseits das *Pleiochasium* mit mehr als zwei Seitenachsen (*C*); Dichasium und Pleiochasium werden als Trugdolden bezeichnet.

### γ) Stengel.

**Aufbau.** In der aus dem Vegetationspunkt hervorgehenden primären Sproßachse, dem *Stengel*, kann man den hauptsächlich der Leitung dienenden *Zentralzylinder* von der umgebenden (primären) *Rinde* unterscheiden (Abb. 83). Im großen ganzen geht der erstere aus dem Korpus, die letztere aus der Tunika des Vegetationskegels hervor.

**Epidermis.** Die äußerste Rindenschicht ist ein meist einschichtiges, *Spaltöffnungen* führendes *Hautgewebe*, das als *Epidermis* bezeichnet wird (Abb. 75). Die Zellen enthalten mit Ausnahme der Spaltöffnungsschließzellen (Abb. 101) kein Chlorophyll. Sie grenzen

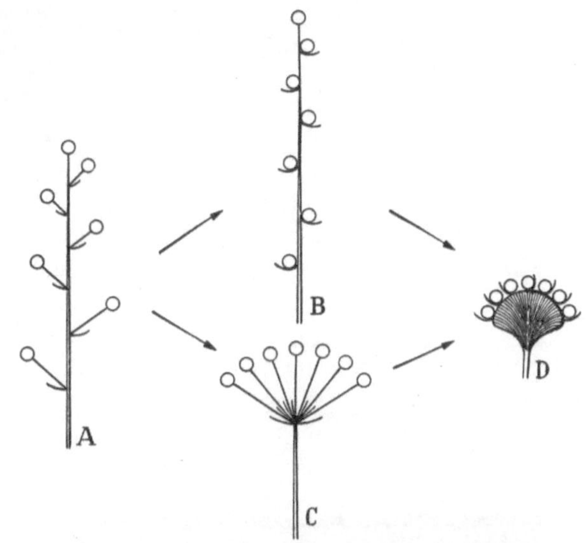

Abb. 73. Typen der einfachen razemösen Blütenstände. *A* Traube. *B* Ähre. *C* Dolde. *D* Köpfchen.

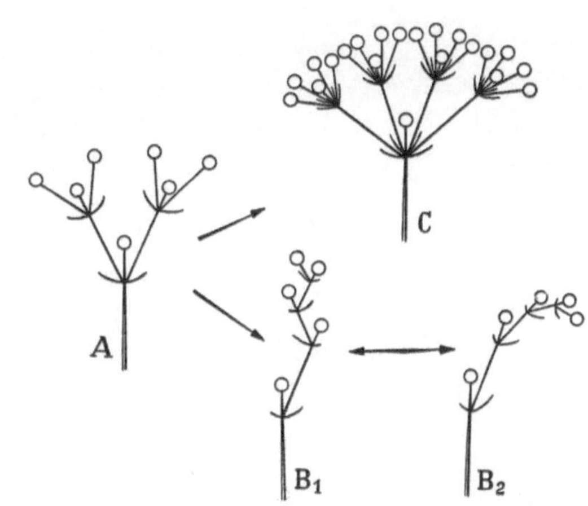

Abb. 74. Typen der zymösen Blütenstände. *A* Dichasium. *B* Monochasium (*B₁* Wickel, *B₂* Schraubel). *C* Pleiochasium.

lückenlos aneinander und sind durch die Verdickung der Außenwände und deren Überdeckung mit einer *Kutikula* ausgezeichnet. Diese ist ein durch die Poren der jungen Zellwand hindurch ausgeschiedenes Häutchen aus wachsartigen Stoffen (Kutin), das weitgehend wasser- und wasserdampfundurchlässig ist. Die Dicke der Kutikula sowie der Zellaußenwand pflegt mit der Trockenheit des Standortes zuzunehmen, wobei auch die Zellulosewand durch Kutineinlagerung wasserundurchlässiger werden kann (Abb. 75 *B, C*).

Sehr häufig sind *Haarbildungen* der Epidermis. Sie entstehen dadurch, daß sich einzelne Epidermiszellen vorwölben und verlängern, wobei sie weitere Teilungen

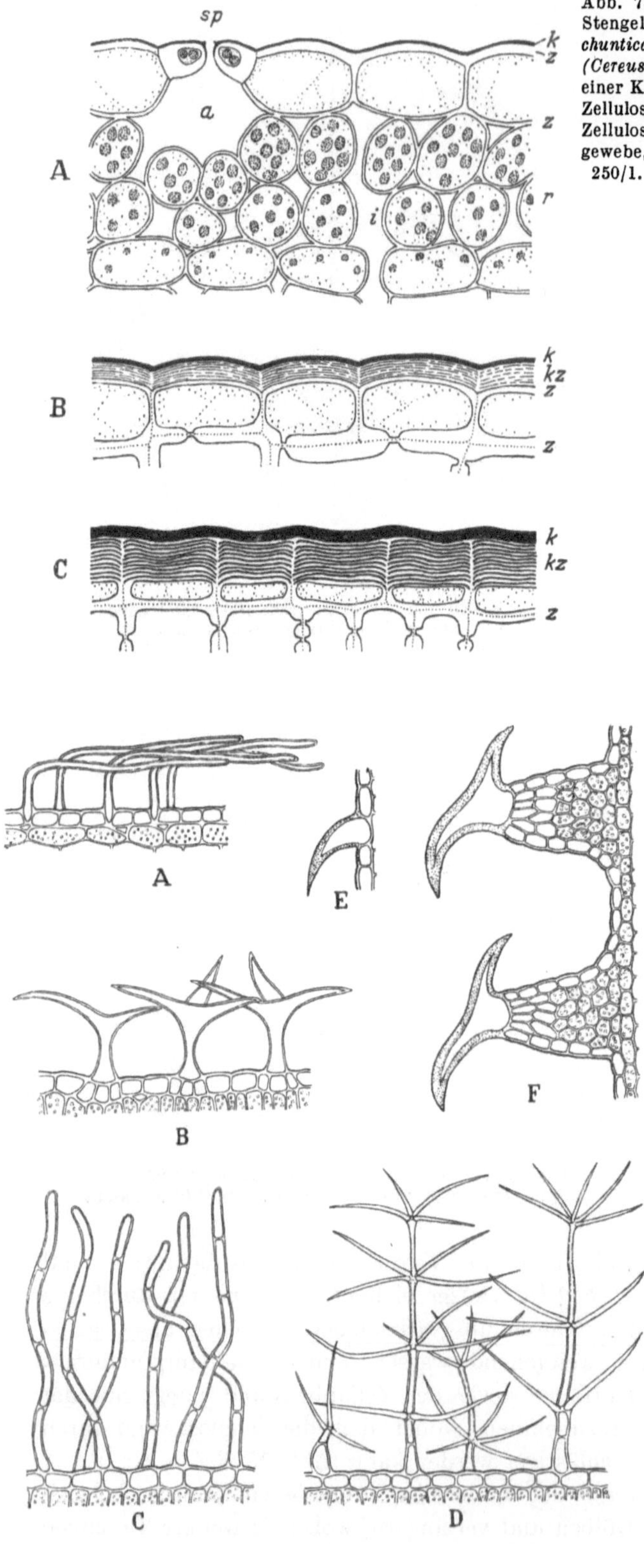



Abb. 75. Stengelepidermen. *A* Krautiger Stengel einer Crucifere *(Anastatica hierochuntica)*. *B* Sukkulenter Sproß einer Kaktee *(Cereus triangularis)*. *C* Sukkulenter Sproß einer Komposite *(Kleinia neriifolia)*. *z* reine Zellulosewand, *k* Kutikula, *kz* kutinisierte Zellulosewand, *sp* Spaltöffnung, *r* Rindengewebe, *a* Atemhöhle, *i* Interzellularen Etwa 250/1. (Nach Volkens, Mohl und Rothert.)

eingehen können. Es entsteht so eine große Mannigfaltigkeit ein- und mehrzelliger Haare der verschiedensten Formen (Abb.76), die oft so spezifisch sind, daß sie zur Erkennung bestimmter Pflanzenarten in Drogenpulvern usw. dienen können. Inwieweit dichte Behaarungen (Abb. 76 *A—D*) eine Bedeutung als Strahlungs- und Verdunstungsschutz haben, ist wenig bekannt; ohne experimentell-ökologische Untersuchung bleiben solche Annahmen unsicher, da durchaus nicht jede Formgestaltung eine für die Pflanze lebenswichtige Bedeutung zu haben braucht. Bei manchen Kletterpflanzen finden sich hakige Haare, die beim Labkraut *(E)* das Zurückgleiten des sich emporschiebenden Stengels verhindern, beim Hopfen *(F)*

Abb. 76. Haarbildungen. *A* Seidenhaare einer Winde *(Convolvulus cneorum)*. *B* Sternhaare von *Aubrietia deltoidea*. *C* Wollhaare des Edelweißes *(Gnaphalium leontopodium)*. *D* Flockenhaare der Wollblume *(Verbascum tapsiforme)*. *E* Kletterhaare der Labkrautklette *(Galium aparine)*. *F* Auf Emergenzen sitzende Kletterhaare des Hopfens *(Humulus lupulus)*. Verkieselung der Zellwand bei *E* und *F* durch Punktierung angedeutet. Etwa 40/1. (Nach Kerner von Marilaun. Haberlandt, verändert.)

den windenden Stengel anklammern. Die häufigen *Drüsenhaare* (Abb. 77) haben sekretorische Funktion. Oft hebt dabei das Sekret, z. B. ein ätherisches Öl, die Kutikula ab und sammelt sich unter ihr an, bis es durch deren Platzen oder Zerreißen frei wird (Abb. 77 *A, B*). Einen besonderen Fall stellen die Brennhaare (*C*) dar, die in ihrem oberen Teil verkieselt oder verkalkt sind. Wenn die Spitze bei Berührung abbricht, so sticht das Haar wie eine Injektionsspritze in die Haut ein und läßt seinen Zellinhalt ausfließen. Dieser enthält zwei, im menschlichen Körper als Gewebshormone vorhandene Stoffe (Histamin und Acetylcholin), welche in der Dosierung des Brennhaares den juckenden Schmerz hervorrufen.

**Rindenparenchym.** Die unter der Epidermis liegenden Rindenschichten bestehen aus parenchymatischem Grundgewebe *(Rindenparenchym)*, das in den äußeren Schichten Chlorophyll führt und als *Assimilationsgewebe* ausgebildet ist (Abb. 75 *A*). Interzellularen, unter den Spaltöffnungen Atemhöhlen bildend, sorgen für die Durchlüftung.

In vielen Fällen sind Teile des Rindengewebes in Form von Kollenchym oder Sklerenchym (Abb. 59 *D, E*) als *Festigungsgewebe* ausgebildet. Diese Partien wirken nach dem statischen Prinzip einer Eisenbetonkonstruktion, indem sie Eisenstäben entsprechen, die in eine Füllmasse, hier das Parenchym, eingebettet sind. Da es sich im Stengel um Biegungsfestigkeit handelt, findet man die Verstärkungen möglichst nach außen gelagert (Abb. 78).

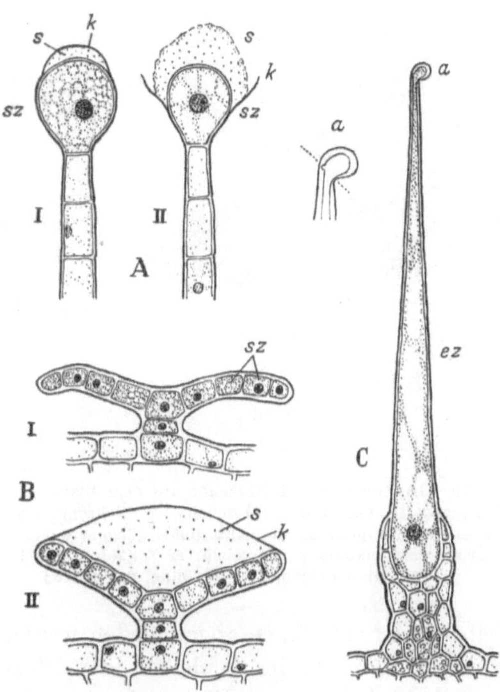

Abb. 77. Drüsenhaare. *A* Drüsenhaar von *Pelargonium*, *B* Drüsenschuppe des Hopfens, jeweils in zwei Entwicklungsstadien. *sz* Sekretzelle, *k* Kutikula derselben, *s* ausgeschiedenes Sekret. *C* Brennhaar der Brennessel. *ez* Sekretionszelle mit unten verkalkter, oben verkieselter Zellwand, *a* verkieselte Spitze, links stärker vergrößert und die Abbruchstellen zeigend. (Nach Haberlandt, Kny, De Bary, verändert.)

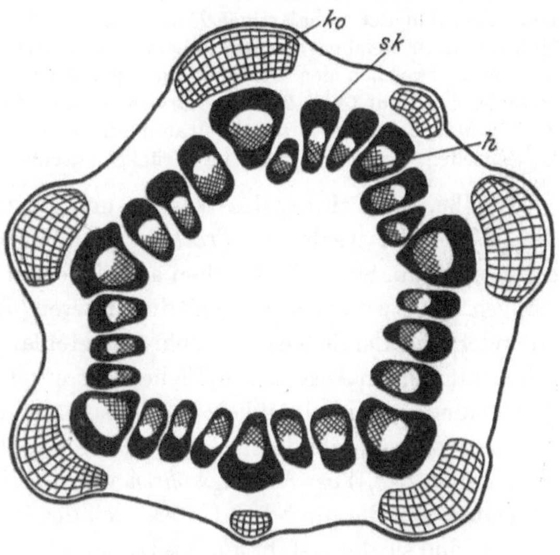

Abb. 78. Festigungssystem im Stengel der Flockenblume *(Centaurea scabiosa)*. *ko* Kollenchym, *sk* Sklerenchymscheide. *h* Holzteil der Leitbündel. 50/1. (Nach Schoenichen.)

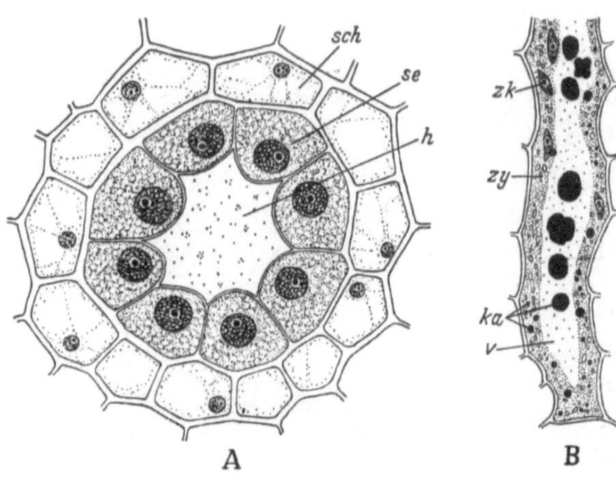



Abb. 79. Drüsengewebe. *A* Harzgang aus dem Blatt der Kiefer. *h* Harzgang, *se* Sekretzellen, *sch* Scheide. *B* Milchröhre des Feigenbaumes. *zy* Zytoplasma, *ka* Kautschuktröpfchen, welche in den Milchsaft der Vakuole *v* übergehen, *zk* Zellkerne. 300/1. (Nach Giesenhagen, Frey-Wyßling, verändert.)

Wie in der Epidermis gibt es auch in der Rinde und im Zentralzylinder Zelldifferenzierungen zur Bildung von außerhalb des normalen Stoffwechsels stehenden Substanzen, welche entweder nur Abfallprodukte, wie Kalziumoxalat, sind *(Exkrete)* oder besondere Funktionen, wie Harze und Verdauungssäfte, ausüben *(Sekrete)*, eine Unterscheidung, die nicht immer klar durchführbar ist, wie beispielsweise bei den Raphiden. Exkrete und Sekrete können in den sie bildenden Zellen *(Drüsenzellen)* verbleiben oder aus ihnen abgeschieden werden, und die Drüsenzellen können, oft kaum differenziert, einzeln bleiben oder sich zu *Drüsengeweben* zusammenschließen, die selbst wieder unter Einbeziehung anderer Gewebe eine organartige Ausgestaltung zu *Drüsen* erfahren können (Abb. 79 *A*, 114 *C*); die stark spezialisierten Drüsenzellen fallen dann durch große Zellkerne, dichtes Zytoplasma und dünne Zellwände auf.

Bei den *Milchröhren* bzw. *Milchgefäßen*, welche vor allem bei Wolfsmilchgewächsen und Kompositen vorkommen, handelt es sich um oft viele Meter lange Einzelzellen oder um Zellverschmelzungen; über die physiologische Bedeutung der in ihnen gebildeten, geronnen als Rohkautschuk wirtschaftlich wichtigen Milchsäfte (Abb. 79 *B*) ist nichts Sicheres bekannt. Über den Bau der kanalartigen *Harzdrüsen* der Nadelhölzer orientiert die Abb. 79 *A*. Der Hohlraum, in welchen das Harz abgeschieden wird, entsteht wie eine Interzellulare durch Auseinanderweichen der Drüsenzellen *(schizogen)*; ähnlich sind die *Ölgänge* bei Doldengewächsen gebaut (Abb. 2). Die *Öldrüsen* in den Zitronen- und Apfelsinenschalen dagegen sind *lysigen*, d. h., der Drüsenhohlraum bildet sich erst nachträglich durch Auflösung der Drüsenzellen, wobei das in diesen zurückgehaltene Sekret (ätherisches Öl) frei wird.

**Gefäße.** Die Leitung des Wassers und der in ihm gelösten Nährsalze besorgen die *Gefäße*, die wieder in *Tracheiden* und *Tracheen* unterschieden werden. Die ersteren (Abb. 80: *1, 1′, 6*) gehen aus einzelnen Strangzellen hervor und erreichen Längen von etwa 1 mm, während die letzteren (*5*) Verschmelzungen mehrerer hintereinanderliegender Zellen sind, mehrere Meter lang sein können und so weit, daß sie oft schon mit bloßem Auge, z.B. in Eichenholz, erkennbar sind. Tracheen kommen, neben Tracheiden, nur im Laubholz vor; Nadelholz enthält ausschließlich Tracheiden.

Die fertig ausgebildeten *Gefäße* haben stets den plasmatischen Inhalt verloren und stellen *tote Wasserleitungsröhren* vor. Da sie unter dem Turgordruck des umgebenden Gewebes und dem Unterdruck des in ihnen befindlichen Wassers (S. 117) stehen, sind sie der Gefahr ausgesetzt, zusammengedrückt zu werden. Sie begegnen ihr durch *Verholzung* und *Verstärkung* der Wände. Die Verstärkungen sind im einfachsten Fall ring- oder spiralförmige Leisten *(Ring-* und *Spiralgefäße*, Abb. 81 *A)*.

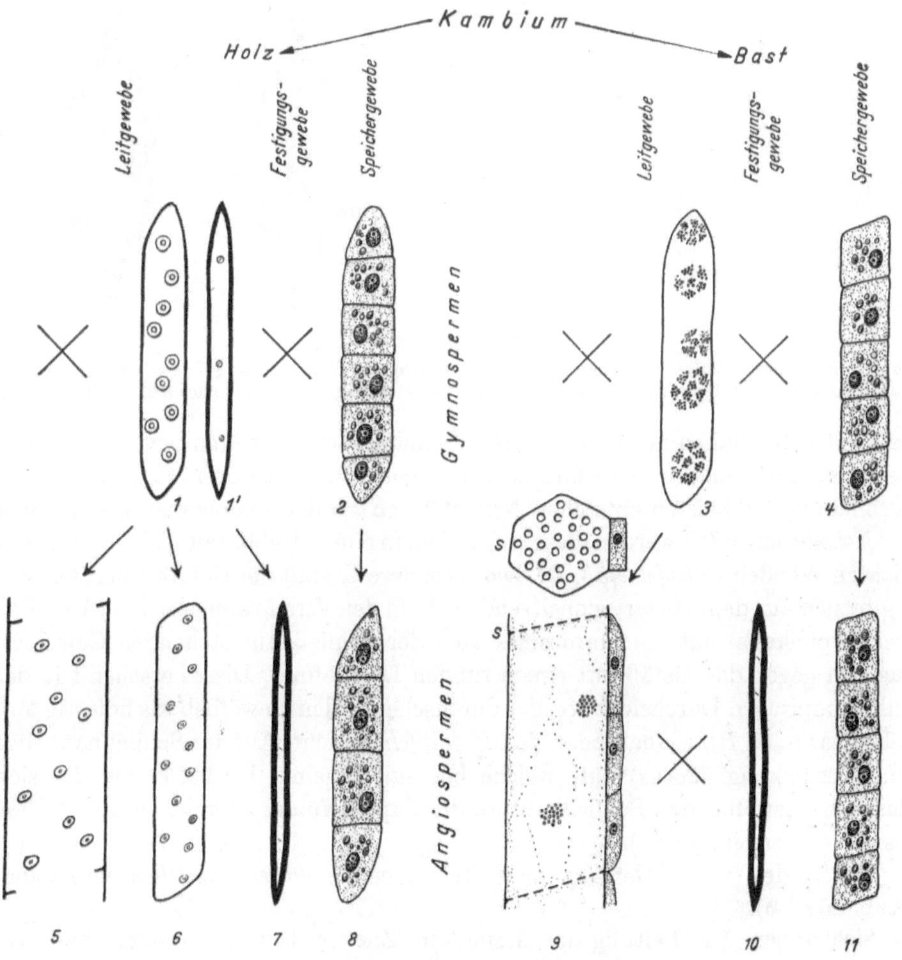

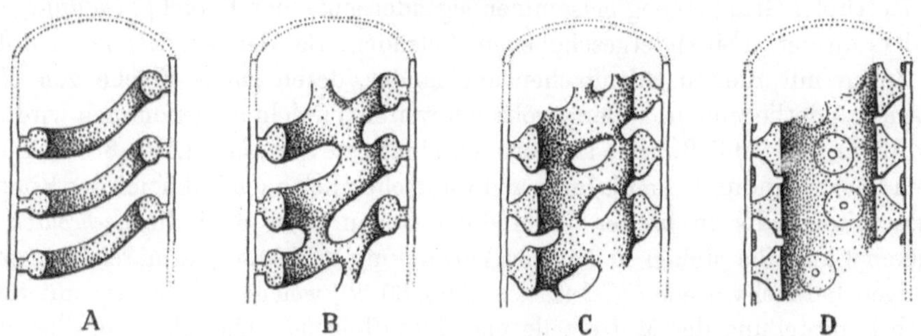



Abb. 80. Schema der Holz- und Bastelemente bei Nadel- (Gymnospermen) und Laubhölzern (Angiospermen). Nadelhölzer: 1, 1' Frühjahrs- und Sommertracheide, 2 Holzparenchymzellen (mit Stärkekörnern), 3 Siebzelle mit Siebfeldern, 4 Bastparenchymzellen. Laubhölzer: 5 Trachee, 6 Tracheide, 7 Holzfaser, 8 Holzparenchymzellen, 9 Siebröhre mit Geleitzellen, oben Siebplatte (s) in Aufsicht. 10 Bastfaser. 11 Bastparenchymzellen. Die bei Nadel- bzw. Laubhölzern nicht vorkommenden Gewebeelemente sind durch ein × bezeichnet.



Abb. 81. Abwandlung der Gefäßverstärkungen. *A* Spiralgefäß. *B, C* Netzgefäße. *D* Tüpfelgefäß.

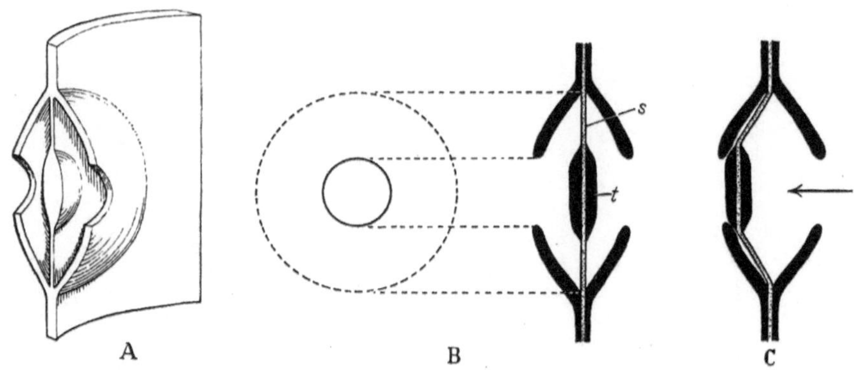


Abb. 82. Hoftüpfel. *A* Aufgeschnittener Hoftüpfel. *B* Aufsicht und Längsschnitt; Primärwand punktiert, verholzte Sekundärwand schwarz gezeichnet. *C* Torusstellung bei einseitigem Überdruck. *s* Schließhaut, *t* Torus. 200/1.

Solche Gefäße haben noch eine gewisse Dehnbarkeit und treten bevorzugt in Geweben auf, die noch in Streckungszonen liegen. Durch Verbreiterung und Querverbindung der Leisten entstehen *Netzgefäße* (*B*). Mit zunehmender Verengerung der Netzmaschen (*C*) werden diese zu Tüpfeln in einem Gefäß mit gleichmäßig verdickten Wänden (*Tüpfelgefäß, D*). Die besondere Gestalt der Gefäßtüpfel (Abb. 82) ergibt sich aus dem stielartig ansitzenden Profil der Verstärkungsleisten (Abb. 81). Der Tüpfelkanal hat die Form eines über der Schließhaut stehenden Gewölbes, das sich gegen das Gefäß mit einem runden Loch öffnet. Dieses erscheint in der mikroskopischen Durchsicht von der durchscheinenden Gewölbebasis hofartig umgeben (Abb. 82 *B*), weshalb man von *Hoftüpfeln* spricht. Auf der Schließhaut sitzt eine Verdickung (Torus) auf, welche bei einseitigem Überdruck von der sich elastisch auswölbenden Schließhaut an die Tüpfelöffnung gepreßt wird und diese als Ventil verschließt (*C*).

Neben den toten Gefäßen sind stets lebende *Parenchymzellen* vorhanden (Abb. 80: *2, 8*).

**Siebbahnen.** Die Leitung der Assimilate (Zucker, Eiweiß) besorgen die *Siebbahnen*. Im Gegensatz zu den Gefäßen sind sie stets lebende, plasmaführende Zellen mit großen Vakuolen. Ihre Lebenskraft ist aber herabgesetzt, da die Zellkerne oft frühzeitig degenerieren. Auch sie sind stets von *Parenchymzellen* begleitet (Abb. 80: *4, 9, 11*).

Bei den *Nadelhölzern* sind die *Siebzellen* noch wenig differenziert. Sie gleichen in der Form Tracheiden, haben aber unverdickte Zellwände und bilden an Stelle der Hoftüpfel Gruppen eng beisammenliegender einfacher Tüpfel *(Siebtüpfel)*, besonders an den ineinandergeschobenen Zellenden. Bei den *Angiospermen* stoßen die Zellen mit breiten Stirnflächen aneinander, deren ganze Fläche von dicht nebeneinanderliegenden, außergewöhnlich weiten Tüpfeln eingenommen wird. Indem diese ihre Schließwände auflösen, entsteht eine *Siebplatte* (Abb. 80: *9*), durch deren Löcher hindurch die Plasmen und wahrscheinlich auch Vakuolen des Röhrenzuges miteinander in breiter Verbindung stehen. Dies sind die *Siebröhren* im engeren Sinn. Sie stehen in engster Verbindung mit sehr plasmareichen, großkernigen Parenchymzellen (*Geleitzellen*, Abb. 80: *9*), welche gleichzeitig mit ihnen durch Längsteilung der Mutterzelle und darauffolgende Quergliederung gebildet werden (Abb. 86 *B*).

**Leitbündel.** Gefäß- und Siebröhrengewebe ist in der kormophytischen Pflanze normalerweise miteinander zu einem *Leitbündel* vereinigt. Man unterscheidet in diesem den *Gefäß-* oder *Holzteil* (Xylem) von dem *Siebteil* (Phloëm). Der aus einem oder mehreren Leitbündeln gebildete Strangkörper wird als *Stele* bezeichnet. Er bildet das Grundelement des Stengelaufbaues.

Im einfachsten und phylogenetisch ursprünglichen Fall (Psilophyten) besteht die Stele aus einem einzigen zentralen Leitbündel *(Protostele,* Abb. 83 *A I, B I)*. In ihm liegen Holz- und Siebteil ineinander *(konzentrisches Leitbündel)*, letzterer meist außen. In der weiteren Entwicklung finden wir bei den karbonischen Bärlappbäumen und auch noch bei heutigen Farnpflanzen die Stele zu einem Hohlzylinder erweitert, der durch parenchymatisches *Mark* ausgefüllt ist *(Siphonostele, A II, B II)*. Bei den Samenpflanzen ist die Siphonostele meist in mehrere Leitbündel gespalten, welche nach innen hin den Gefäßteil, nach außen den Siebteil

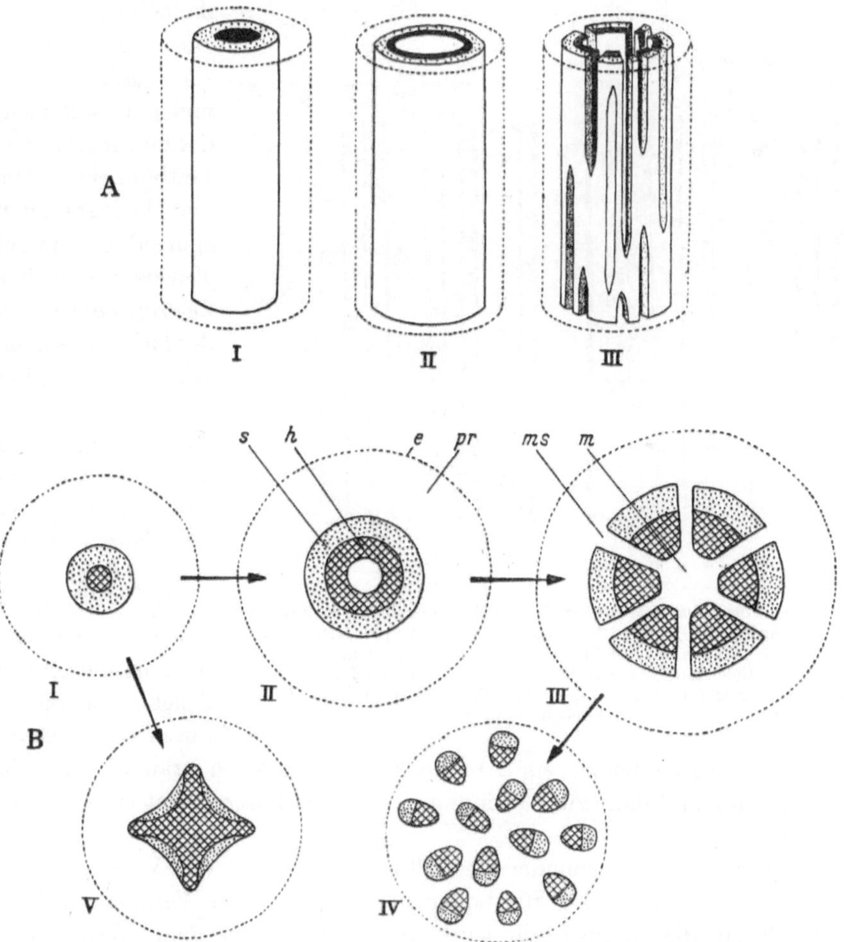



Abb. 83. Leitbündelanordnungen. *A* Modell der Protostele (I), Siphonostele (II) und des Überganges zur Eustele (III) bei Farngewächsen; Siebteil punktiert, Holzteil schwarz, Stengeloberfläche gestrichelt gezeichnet. *B* Stelen im Querschnitt. I Protostele (Psilophyten), II Siphonostele (Farne), III Eustele (Dikotyle), IV Ataktostele (Monokotyle), V Aktinostele (Wurzel). *e* Epidermis, *pr* primäre Rinde, *s* Siebteil (punktiert), *h* Holzteil (schraffiert), *m* Mark, *ms* primäre Markstrahlen. (Nach Zimmermann, Eames und MacDaniels, verändert.)

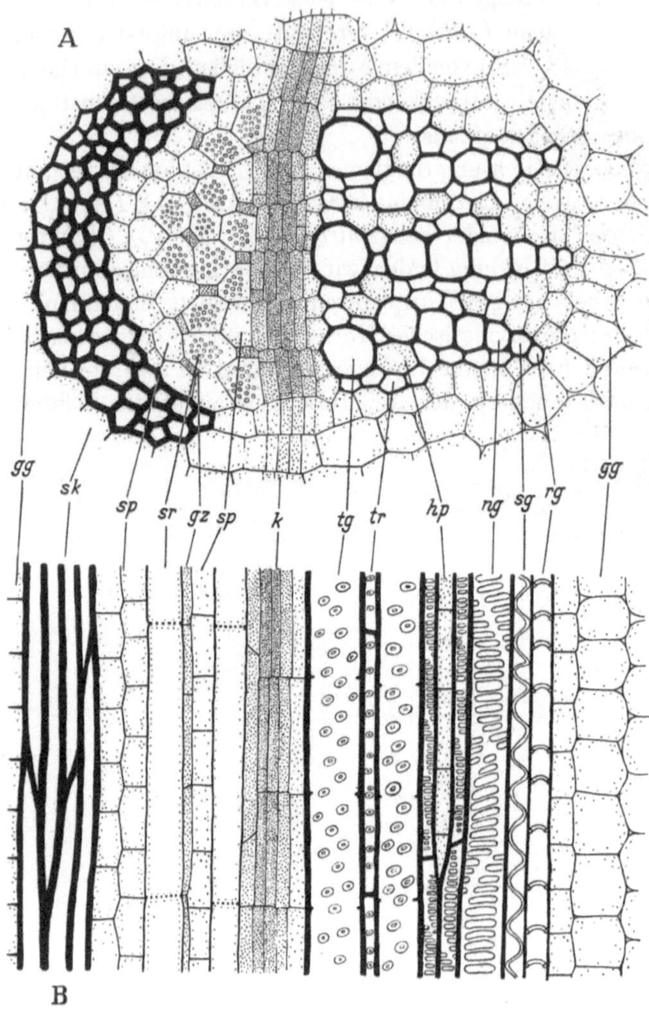



Abb. 84. Schema des kollateralen offenen Leitbündels einer Dikotyle. *A* Querschnitt. *B* Längsschnitt. Zellen mit plasmatischem Inhalt punktiert. *gg* Parenchym des Grundgewebes. *sk* Sklerenchym. *sr* Siebröhren. *sp* Siebparenchym. *gz* Geleitzellen. *k* Kambium. *tg* Tüpfelgefäß. *ng* Netzgefäß. *sg* gedehntes Spiralgefäß. *rg* gedehntes Ringgefäß. *tr* Tracheiden. *hp* Holzparenchym.

enthalten (*kollaterale Leitbündel*, Abb. 84). Sie sind in ihrer Gesamtheit der Proto- bzw. Siphonostele homolog und werden als *Eustele* (Abb. 83 *A III*, *B III*) bezeichnet, wenn sie *ringförmig* angeordnet sind (Gymnospermen und Dikotylen). Das parenchymatische Markgewebe setzt sich dann zwischen den einzelnen Leitbündeln als *Markstrahl* fort, und man unterscheidet den gesamten aus Leitbündeln, Mark und Markstrahlen bestehenden inneren Teil des Stengels als *Zentralzylinder* von der äußeren *primären Rinde*. Bei den Monokotylen verteilen sich die Leitbündel über den ganzen Stengelquerschnitt (*zerstreute Anordnung*, Ataktostele, *B IV*).

Die Leitbündel pflegen, besonders über dem leicht zerdrückbaren Siebteil, durch sklerenchymatisches Gewebe geschützt zu sein (Abb. 78, 84), das bisweilen strangförmigen Charakter annimmt und dann zur Gewinnung wertvoller Fasern dient (Flachs, Hanf, Jute, Sisal).

**Blattspuren.** Die Leitbündel des Stengels werden im Vegetationskegel gleichzeitig mit denen der Blattanlagen angelegt. Die Verbindung beider Systeme durch die *Blattspuren* wird auf sehr verschiedene Weise hergestellt. Bei den Farnen münden die Blattspuren unmittelbar in die stammeigene Siphonostele. Bei den Samenpflanzen aber bleiben sie im Stengel noch ein Stück weit selbständig und vereinigen sich dann in oft sehr komplizierten Mustern.

Bei der *dikotylen* Waldrebe z. B. kommen aus jedem Blattstiel ein größeres und zwei kleinere Leitbündel, die nach dem in Abb. 85 *A* gegebenen Schema im Stengel herablaufen und verschmelzen. Das Querschnittsbild des Stengels zeigt deshalb in den Internodien in *ringförmiger* Anordnung zwei stärkere und vier schwächere Leitbündel, während in den Knoten eine größere Zahl getroffen werden kann. Der Vorteil solcher verwickelter Systeme liegt in der Sicherung der Leitungsverbindung für den Fall, daß einzelne Stränge durch Verletzung ausfallen. Bei den *Monokotylen* geben die parallelnervigen, den Stengel weit umfassenden Blätter sehr zahlreiche Blattspuren ab, von denen die mittleren jedes Blattes die stärksten sind. Sie laufen oft viele Internodien weit selbständig, bis sie in tiefere Blattspurbündel einmünden (Abb. 85 *B*).

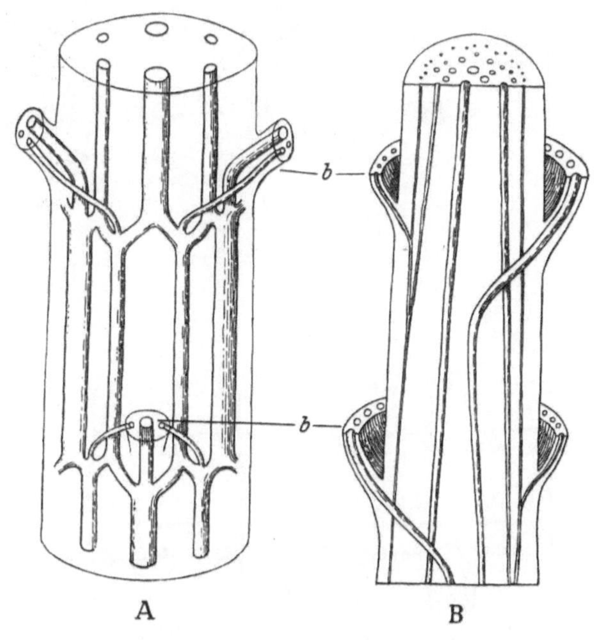



Abb. 85. Blattspuren und Leitbündel. *A* Schema einer Dikotyle mit gegenständigen Blättern *(Clematis vitalba)*. *B* Schema einer Monokotyle (Palme). *b* Blattstiele bzw. Blattscheiden. (Nach De Bary, Rothert, verändert.)

## δ) Sekundäres Dickenwachstum.

**Kambium.** Bei den Nadelhölzern und Dikotylen bleiben bei der Differenzierung der kollateralen Leitbündel zwischen Gefäß- und Siebteil embryonale Zellen als *Leitbündel-Kambium* erhalten (Abb. 84). Solche Leitbündel nennt man *offen*; denn die plattenförmigen Kambiumzellen beginnen oft schon bald nach der Leitbündeldifferenzierung mit Teilungen nach innen und außen hin (Abb. 86) und schieben damit den ursprünglichen Holz- und Siebteil auseinander (Abb. 87). Dabei differenzieren sich die nach innen abgeschiedenen Zellen zu den Elementen des *Holzes*, die nach außen abgetrennten zu solchen des *Bastes* (sekundäre Rinde). Derselbe Vorgang setzt auch in den Markstrahlen zwischen den Leitbündeln ein, wo entweder ebenfalls vom Vegetationspunkt her embryonales, bisher ruhendes Teilungsgewebe stehengeblieben ist oder sich durch Rückdifferenzierung von Parenchymzellen ein Teilungsgewebe neu bildet. Diese Vorgänge werden als *sekundäres Dickenwachstum* bezeichnet (Abb. 87, 88).

**Holz.** In dem nach innen gebildeten Holz werden bei den *Nadelhölzern* (Abb. 80: *1, 2*) nur *Tracheiden* und *Holzparenchymzellen* differenziert, bei den *Laubhölzern* (Abb. 80: *5—8*) außerdem *Tracheen* und *Holzfasern*. Während beim Nadelholz sowohl Leit- wie Festigkeitsfunktion in den Tracheiden vereinigt sind, werden sie im Laubholz auf die viel weiteren, besser leitenden, aber weniger festen Tracheen und die nur noch der Festigung dienenden Holzfasern verteilt. Die letzteren sind tote Zellen mit stark verdickten und verholzten Wänden, deren Schraubentextur

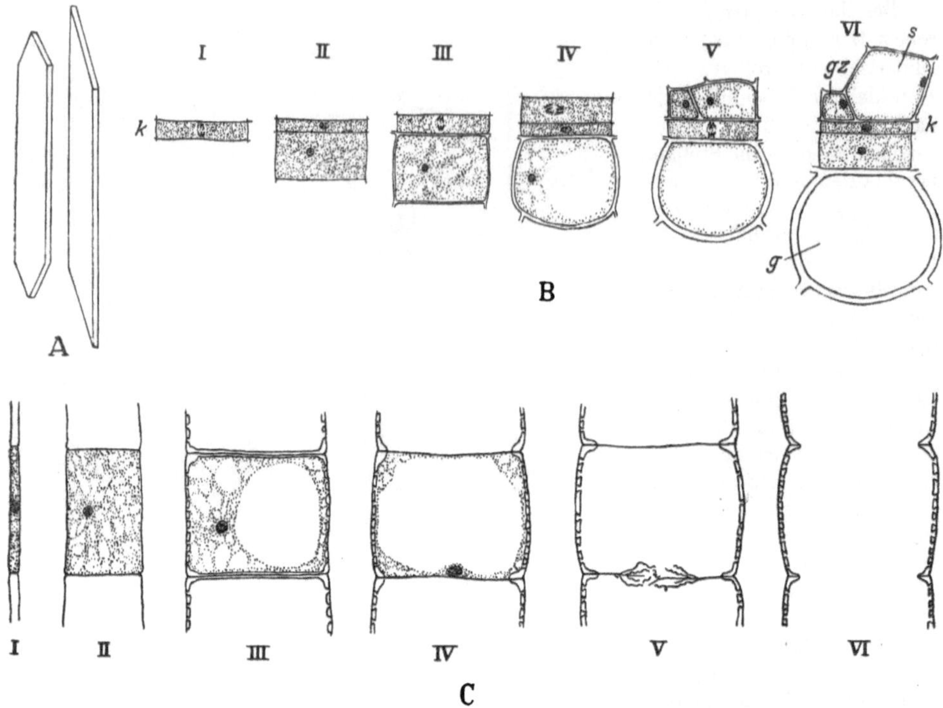

Abb. 86. Tätigkeit des Holzkambiums. *A* Einzelne Kambiumzellen. *B* I–VI Entwicklung von Siebröhren (*s*) mit Geleitzellen (*gz*) und von Gefäßen (*g*) aus einer Kambiumzelle (*k*) im Querschnitt. *C* Entwicklung eines Gefäßes aus einer Kambiumzelle im Längsschnitt; I Kambiumzelle, II Wachstum der Tochterzelle, III Wandverstärkung und Hoftüpfelbildung, IV, V Auflösung des Protoplasmas und der Querwand, VI fertiges Gefäß. (Nach Rothert, Holman und Robbins, James und MacDaniels, verändert.)

(Abb. 40 *D*) an den schräggestellten einfachen Tüpfeln zu erkennen ist (Abb 80 : *7*). Das Holzparenchym (Abb. 80 : *2, 8*), der lebende Teil des Holzes, tritt zwischen den übrigen Elementen, vor allem aber in den Markstrahlen auf. Es dient auch als Speichergewebe für den jährlichen Wintervorrat und die längerfristige Samenjahrreserve der Bäume (S. 186).

In unserem Klima ruht das Kambium wäh-

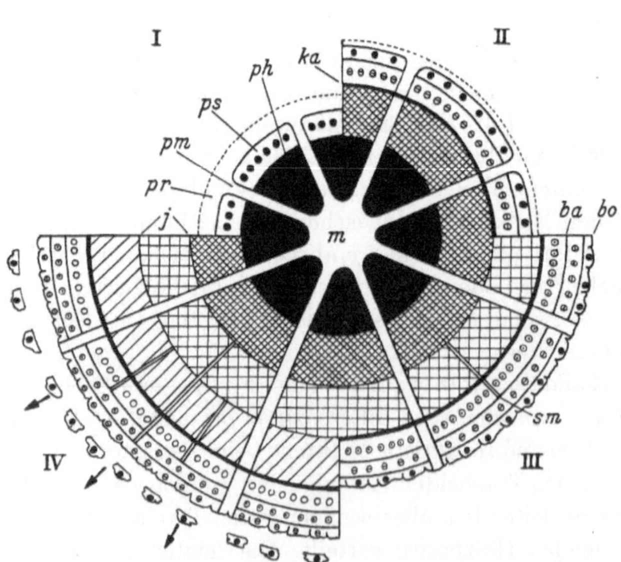

Abb. 87. Sekundäres Dickenwachstum. Sektor I: Querschnitt des primären Stengels im 1. Jahr. Sektoren II, III, IV: Sekundäres Dickenwachstum im 2.–4. Jahr. Holz schwarz und schraffiert, Bast durch Kreise markiert, Kambium als starke Linie gezeichnet. *pr* primäre Rinde. *ps* primärer Siebteil. *ph* primärer Holzteil. *pm* primärer Markstrahl. *m* Mark. *ka* Kambium. *ba* Bast (sekundäre Rinde). *bo* Borke (in IV abgeworfen). *sm* sekundärer Markstrahl. *j* Jahresring im Holzteil.

rend des Winters. Im Frühjahr setzt die Teilungstätig-
keit noch vor dem Laub-
austrieb ein. Dabei werden
zunächst besonders große
Gefäße gebildet, während
gegen Ende des Sommers
allmählich engere entstehen.
Die unvermittelten Grenzen
zwischen dem engporigen
Herbstholz und dem weit-
porigen Frühjahrsholz des
folgenden Jahres bedingen
die auf dem Querschnitt
eines Baumstammes zähl-
baren *Jahresringe* (Abb.
88—90). Die *primären Markstrahlen* werden mit zu-
nehmender Dicke des Stam-
mes durch zwischengeschal-
tete *sekundäre* ergänzt, so
daß der radiale Stoffaus-
tausch gesichert bleibt.

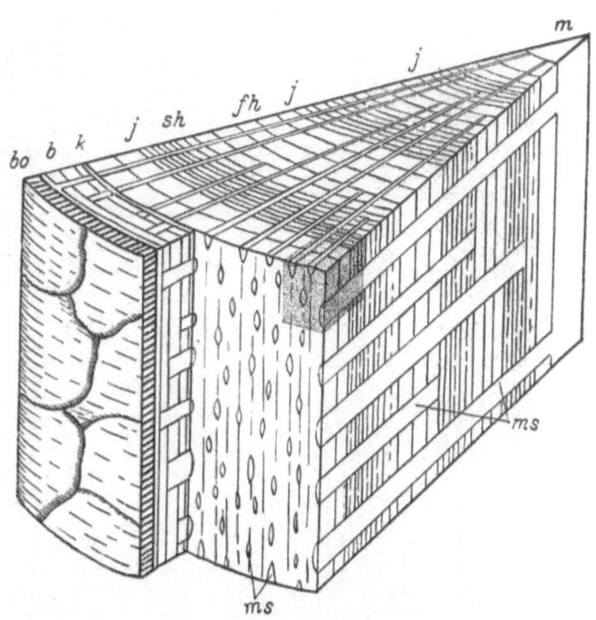



Abb. 88. Aufbau eines Nadelholzstammes im Schema eines Stamm-
sektors. Oben Querschnitt, rechts Radialschnitt, vorn Tangential-
schnitt. *m* Mark. *ms* Markstrahlen. *fh* Frühholz. *sh* Spätholz. *j* Jahresringgrenze. *k* Kambium. *b* Bast (sekundäre Rinde). *bo* Borke.

Die Funktionsfähigkeit der Gefäße ist zeitlich begrenzt. Nach einigen Jahren wachsen
Fortsätze benachbarter Parenchymzellen durch die Tüpfel hindurch in den Innenraum ein
und verstopfen ihn durch Einlagerung von Harzen, Gerbstoffen u. a., wobei sich das Holz
verhärtet und meist dunkler färbt. Es wird dann als *Kernholz* von dem weicheren und technisch minderwertigen *Splintholz* unterschieden. Im einzelnen ist der Aufbau von Holz und
Bast so artspezifisch, daß man die Anatomie des Holzes zur Bestimmung der Art benutzen
kann, was wirtschaftlich, aber auch für die Paläobotanik und Prähistorie wichtig ist. Da der
Holzzuwachs in Abhängigkeit vom Klima von Jahr zu Jahr schwankt, kann man aus dem
Rhythmus der Jahresringbreiten auf das historische Alter eines Holzstückes schließen. Sowohl das terminale Längen- wie das kambiale Dickenwachstum kann sich sehr lange fortsetzen und zu außerordentlichen Dimensionen führen. Die größten Bäume der Erde sind die
kalifornischen Mammutbäume *(Sequoia gigantea)* mit Höhen über 110 m, Stammdurch-
messern bis zu 9 m und einem Alter von über 4000 Jahren.

**Bast (sekundäre Rinde).** Den Elementen des Holzes entsprechen im Bast *Siebbahnen, Bastparenchym* und *Bastfasern* (Abb. 80 rechts). Auch hier sind die Nadelhölzer einfacher organisiert, indem ihnen Bastfasern fehlen und die Siebbahnen
einfacher gebaut und ohne Geleitzellen sind.

Mit dem jährlichen Dickenwachstum wird die Epidermis und die primäre Rinde
mehr und mehr gedehnt und schließlich gesprengt und abgestoßen. Dasselbe
Schicksal erleiden später die jeweils ältesten äußeren Bastteile (Abb. 87 *IV*). Für
einen neuen Abschluß des Stammes sorgen dann aus Epidermis- oder Rinden-
parenchymzellen entstehende Folgemeristeme, die als *Korkkambium* (Phellogen)
bezeichnet werden (Abb. 91). Sie bilden nach außen *Korkgewebe*, das durch den
lückenlosen Zusammenschluß und die starke Verkorkung der regelmäßig übereinanderliegenden, zuletzt abgestorbenen Zellen weitgehend wasserundurchlässig

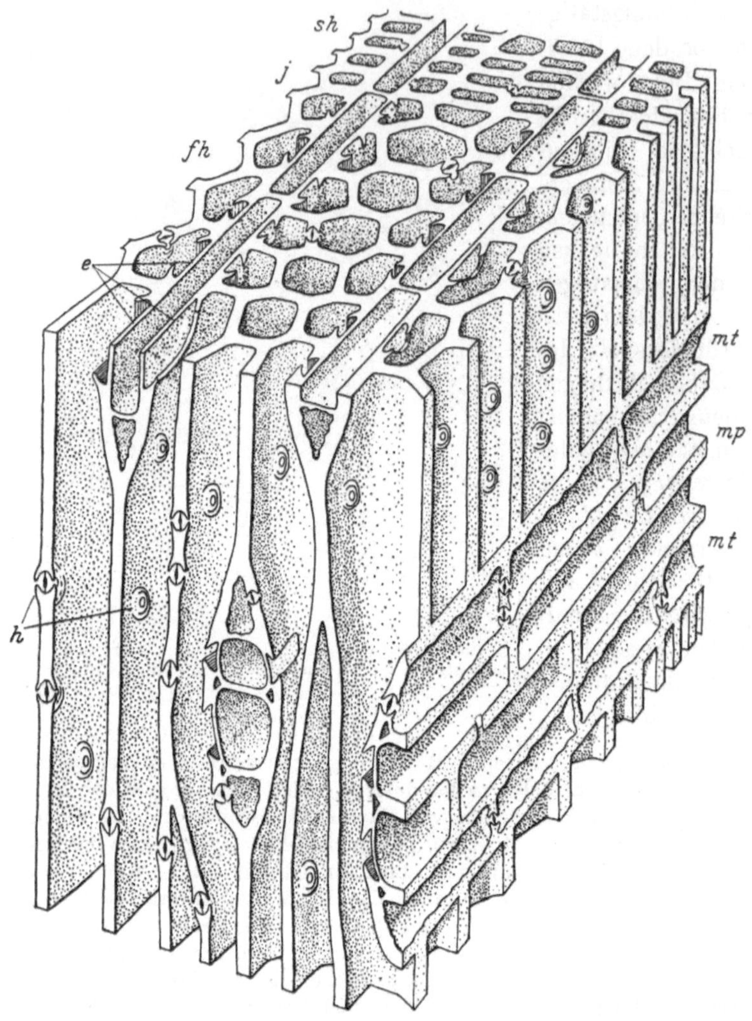



Abb. 89. Holz eines Nadelbaumes (Kiefer). Der Ausschnitt entspricht dem punktierten Teil in Abb. 88. *fh* Frühholztracheiden, *sh* Spätholztracheiden. *j* Jahresringgrenze. *h* Hoftüpfel. *mt* Markstrahltracheiden. *mp* Markstrahlparenchymzellen mit einfachen Tüpfeln. *e* einseitige Hoftüpfel zwischen Holztracheiden und Markstrahlparenchym. Die Harzkanäle sind nicht gezeichnet. 400/1.

ist. Das Korkgewebe bildet entweder eine glatte *Korkhaut* (z. B. Buche und Birke) oder, bei unregelmäßiger Anlage der Korkkambien, *Schuppenborke* (z. B. Eiche und Kiefer). Nach innen kann das Korkkambium in langsameren Teilungen parenchymatisches Gewebe von oft kollenchymatischem oder sklerenchymatischem Charakter liefern (Abb. 91 *B*).

Das so entstandene sekundäre Abschlußgewebe *(Periderm)* besitzt als Ersatz der epidermalen Spaltöffnungen *Korkporen* (Lentizellen), die dadurch entstehen, daß das Korkkambium unterhalb derselben statt Kork ein lockeres Füllgewebe aus bald absterbenden Parenchymzellen bildet (Abb. 91).

**Monokotyle.** Die Leitbündel der *Monokotylen* besitzen kein Kambium, sie sind *geschlossen*. Ein sekundäres Dickenwachstum nach Art der Gymnospermen und Dikotylen ist deshalb nicht möglich.

Damit steht im Zusammenhang, daß nur wenige Formen zu einer bescheidenen Stammbildung kommen. Bei den Palmen bildet der Vegetationspunkt viele Jahre hindurch eine Blattrosette auf einem sich mehr und mehr verbreiternden scheibenförmigen Vegetationskegel. Erst wenn dieser ungefähr den Durchmesser des zukünftigen Stammes erreicht hat, beginnt das Längenwachstum, und der Stamm erhebt sich auf dem Stammgrund wie eine Säule. Bei einigen Liliengewächsen kommen Kambien vor, die nach innen Leitbündel und Parenchym, nach außen hin nur Rindenparenchym bilden.

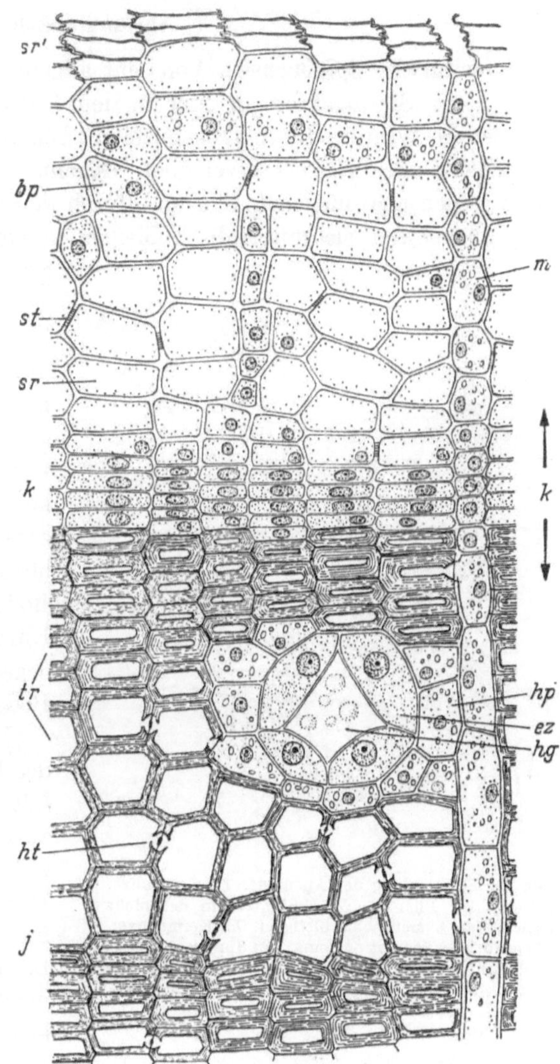

Abb. 90. Querschnitt durch Bast und Holz eines Nadelbaumes (Kiefer). Protoplasma punktiert angedeutet. *k* Kambium. *sr* Siebzellen, *st* Siebtüpfel. *sr'* tote Siebzellen. *bp* Bastparenchym, teilweise mit Stärkekörnern. *m* Markstrahlzellen mit Stärke. *tr* Tracheiden. *ht* Hoftüpfel. *j* Jahresringgrenze. *hp* Holzparenchym mit Stärke. *ez* Sekretzellen. *hg* Harzgang. 350/1.

Abb. 91. Periderm des Apfelbaumes. *A* Anlage des Korkkambiums *kk* in Epidermiszellen (*ep*). *B* Querschnitt durch eine Korkpore. *ep* Epidermis, *kk* Korkkambium, *kr* Kork, *kol* Kollenchym, *f* Füllgewebe der Korkpore. 150/1. (Nach Mägdefrau, verändert.)

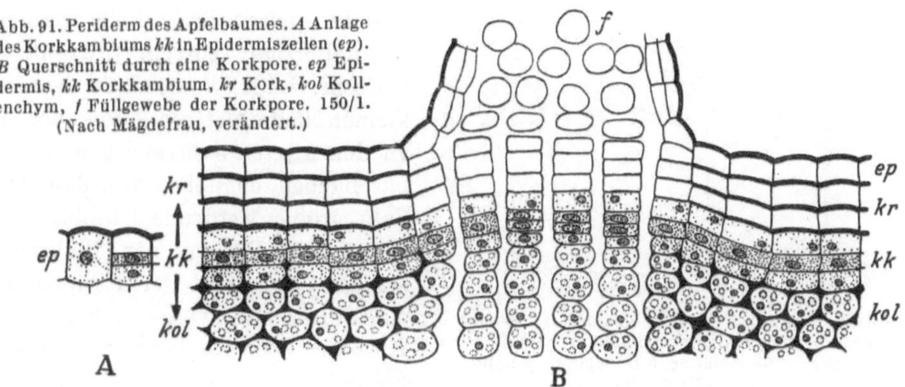

## ε) **Abwandlungen.**

**Unterirdische Sproßachsen.** Von sehr allgemeiner Bedeutung ist die Zurück-
ziehung der Sproßachsen an oder in den Erdboden zum besseren Schutz der
Knospen im Winter oder in Trockenzeiten. Die unterirdische Sproßachse wird als
*Wurzelstock* oder *Rhizom* bezeichnet. Gegenüber einer Wurzel ist das Rhizom
durch seinen anatomischen Bau und durch den Besitz von Blättern charakterisiert, die, soweit sie unterirdisch bleiben, allerdings nur als stark reduzierte,
schuppenförmige Niederblätter aus-
gebildet werden. Im einfachsten
Fall ist die *senkrechte* Sproßachse
durch Unterdrückung des inter-
nodialen Wachstums auf einen kurzen Stummel verkürzt, wodurch die
Blätter in eine *Rosette* zu stehen
kommen. Der sich beim Wachstum
ergebenden Achsenverlängerung nach
oben wirkt eine Verkürzung der im
Boden verankerten rückwärtigen
Rhizomteile und der Wurzeln entgegen, welche den Sproß in den
Boden zurückzieht (Abb. 127).

Häufiger ist die *Horizontallegung*
des Rhizoms, das sich so besser entfalten kann. Sie kommt dadurch
zustande, daß bei der Keimung,
z. B. der Anemone (Abb. 92 *I*), das
Hypokotyl, d. h. der zwischen den
im Samen steckenbleibenden Keimblättern und der Keimwurzel liegende Sproßabschnitt, sich unter
starkem Anschwellen krümmt und
damit den Vegetationskegel horizontal legt. Beim weiteren Wachstum *(II)* geht die Keimwurzel zugrunde, und an ihrer Stelle werden
rhizombürtige Wurzeln (Adventivwurzeln, S. 102) ausgebildet. Neben
kleinen Niederblättern, deren Narben
an den älteren Jahrestrieben sichtbar bleiben, entstehen von Jahr zu
Jahr größer werdende Laubblätter.
Wenn die Pflanze zur Blühreife
erkräftet ist, wird der Haupttrieb
zur Blüte. Das Weiterwachsen des
Rhizoms erfolgt dann von einer
Seitenknospe aus, also sympodial.

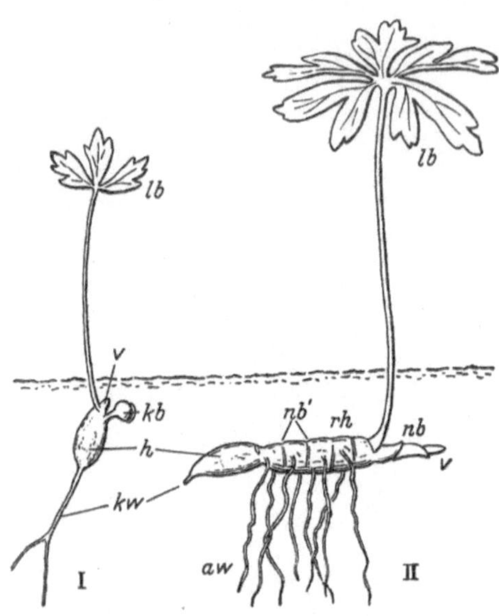

Abb. 92. Entwicklung der Anemone. I Keimpflanze.
II dreijährige Pflanze. *kb* Keimblätter, in der nicht
gezeichneten Samenschale bleibend, *kw* Keimwurzel,
*h* Hypokotyl, *v* Vegetationspunkt des Sprosses, *nb* Niederblätter (*nb'* Narben derselben), *lb* Laubblatt, *rh* Rhizom, *aw* Adventivwurzeln. (Nach Troll, verändert.)

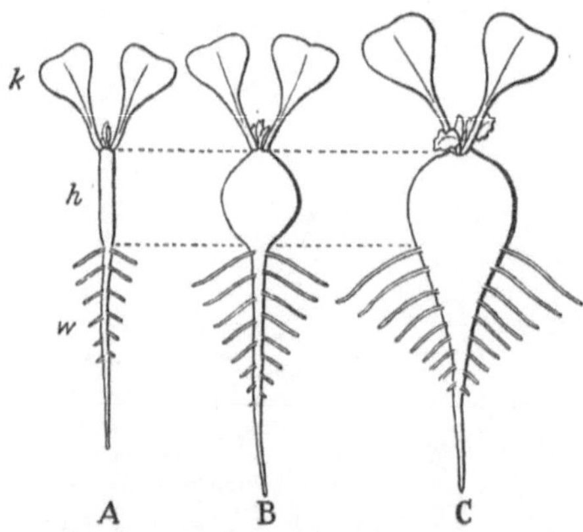

Abb. 93. Sproßknollen- und Rübenbildung. *A* Typische
Keimpflanze. *B* Sproßknolle beim Radieschen. *C* Rübe
beim Rettich. *k* Keimblätter. *h* Hypokotyl. *w* Keimwurzel. (Nach Troll.)

Diese Wachstumsweise ist bei Rhizomen verbreiteter als die monopodiale.

Rhizome sind immer auch *Reservestoffspeicher* und zu diesem Zweck oft stark verdickt, wie etwa bei der Schwertlilie. Eine besonders ausgeprägte

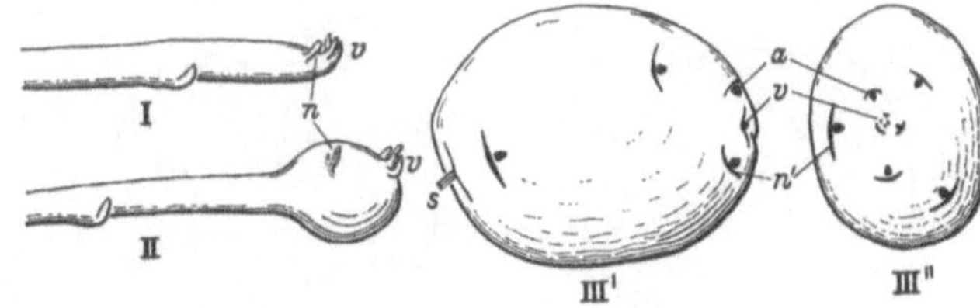

Abb. 94. Knollenbildung bei der Kartoffel. I Ausläufer, II Beginn der Knollenbildung. III Fertige Knolle von der Seite (III′) und von vorn (III″). *v* Terminaler Vegetationspunkt, *n* Niederblätter, *n′* Narben von Niederblättern, *a* Achselknospen („Augen"), *s* Rest des Ausläufers. (Nach Troll.)

Anschwellung nennt man *Knolle*. Sie entsteht beim Radieschen aus dem Hypokotyl und ist damit eine reine *Sproßknolle* (Abb. 93 *A, B*). Beim Rettich beteiligt sich, wie an den Seitenwurzeln im unteren Knollenteil zu erkennen ist, auch die Pfahlwurzel (*C*). Knollenbildungen dieser Art bezeichnet man als *Rüben*. Bei Einbeziehung der untersten gestauchten Internodien des epikotylen Sproßteiles können jährlich axilläre Erneuerungsknospen angelegt werden, ein häufiger Fall bei Stauden. Die Kartoffel ist ein Beispiel für Knollenbildung an horizontalen Ausläufersprossen, die aus den untersten Blattachseln des Sprosses entspringen (Häufeln der jungen Kartoffelpflanzen). An ihrem Ende entstehen die Knollen durch Stauchung und Verdickung der Internodien (Abb. 94 *I, II*). Die in schraubiger Stellung angeordneten Niederblätter sind an der fertigen Kartoffel (*III*) unter Hinterlassung breit ausgezogener Narben abgefallen; ihre Achselknospen (Augen) werden im nächsten Frühjahr austreiben.

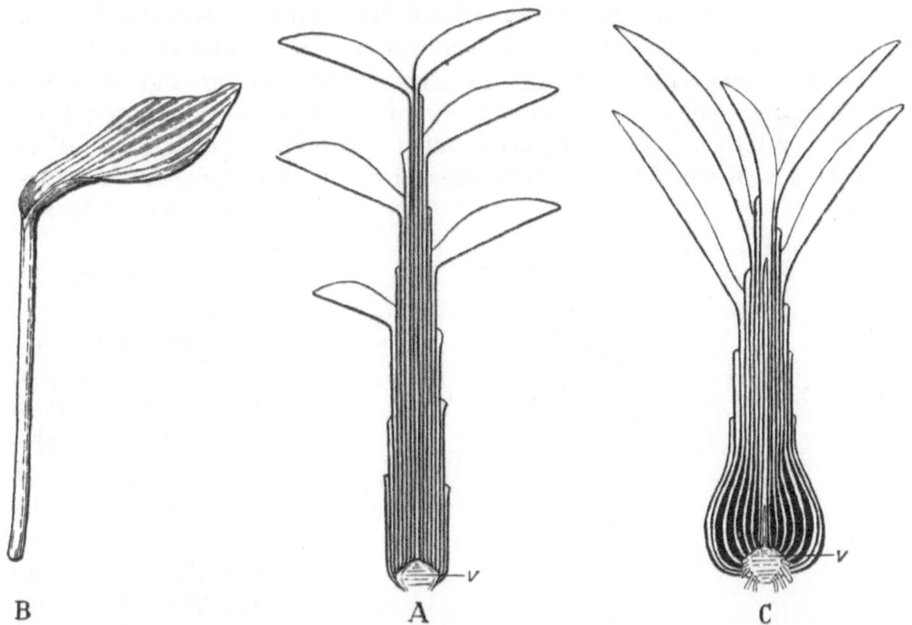

Abb. 95. Zwiebel. *A* Scheinsproß einer Monokotyle *(Veratrum album)* im schematischen Längsschnitt. *B* Einzelblatt mit röhrenförmiger Scheide. *C* Schematischer Längsschnitt eines Zwiebelsprosses (Küchenzwiebel). *v* Vegetationskegel. (Nach Troll.)

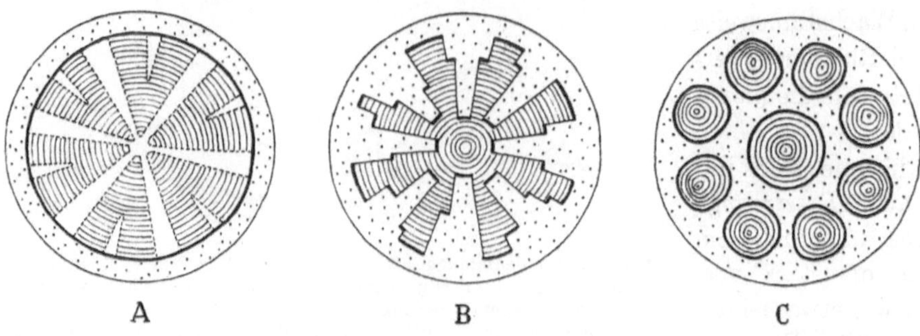

Abb. 96. Holz von Lianenstämmen. *A* Verbreiterte Markstrahlen *(Aristolochia)* *B* Gefurchter Holzkörper *(Bignoniacee)*. *C* Zusammengesetzter Holzkörper *(Sapindacee)*. Holzkörper geringt, Bast punktiert gezeichnet. Markstrahlen (bei *B* und *C* nicht eingezeichnet) weiß. Kambium durch starke Linien markiert. (Nach Schenck, verändert.)

Die *Zwiebel* ist ein gestauchter Sproß, bei dem *Blätter* als *Speicherorgane* dienen. Sie folgt aus einem Bauprinzip, welches bei Monokotylen häufig auch den oberirdischen Sprossen zugrunde liegt. Bei der Banane oder dem in Abb. 95 *A* dargestellten Liliengewächs ist die Sproßachse stark gestaucht, und die dem breiten Vegetationskegel entspringenden Blätter (*B*) sind mit langen, röhrenförmigen Scheiden zu einem Scheinstamm ineinandergeschachtelt. Wenn sich die Basen der Blattscheiden verdicken und nach dem Absterben der Blattspreiten als Reservestoffbehälter (Zwiebelschuppen) auf der flachen Sproßachse (Zwiebelscheibe) stehenbleiben, haben wir eine Zwiebel (*C*), an deren Bildung sich auch Niederblätter beteiligen können. Neue Zwiebeln gehen aus Achselknospen der Zwiebelblätter hervor.

**Ausläufer.** Als Ausläufer bezeichnet man ober- oder unterirdische Seitensprosse, welche mit stark gestreckten Internodien horizontal wachsen. Die Verlängerung der Sproßachse ist mit einer Verkleinerung der Blätter verbunden. Mit der Bildung kürzerer, dickerer Internodien, größerer Blätter und reichlicher Adventivwurzeln entsteht am Ausläufer eine neue selbständige Tochterpflanze. Diese Art vegetativer Vermehrung, am bekanntesten bei der Erdbeere und bei der Kartoffel mit Knollenbildung verbunden, ist ein wichtiges Ausbreitungsmittel vieler Pflanzenarten.

**Klettersprosse.** Bei den Kletterpflanzen *(Lianen)* wird vom Sproß an Stelle der normalen Biegungsfestigkeit *Biegsamkeit* und *Zugfestigkeit* verlangt. Dementsprechend bleiben die bis über 100 m langen Stämme relativ dünn, meist unter 30 cm Durchmesser, und ihr Holzkörper enthält neben sehr weiten Gefäßen viel weiches

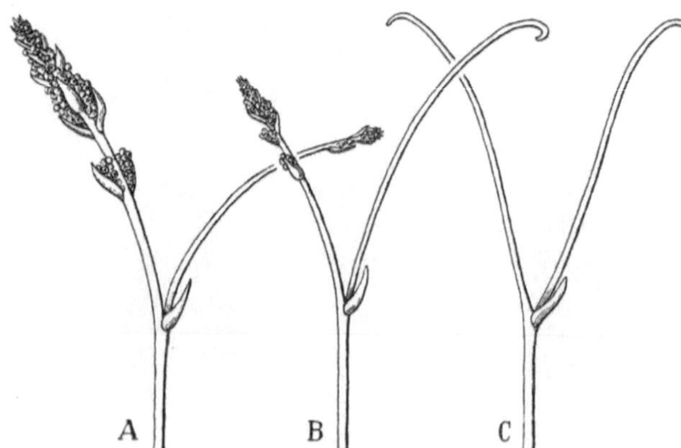

Abb 97. Sproßranke (Weinstock). Übergang von Blütenständen (*A*) in Sproßranken, (*B*, *C*) beim Weinstock. (Nach Troll, verändert.)

Parenchymgewebe. In ausgesprochenen Kletterpflanzenfamilien treten Abwandlungen des sekundären Dickenwachstums auf, welche eine Auflockerung des Holzkörpers bewirken, indem das Kambium die Markstrahlen verbreitert (Abb. 96 *A*), stellenweise statt Holz weiche Bast- und Parenchymgewebe bildet (gefurchte Holzkörper, *B*) oder durch Abschnürung vorgeschobener Zungen den Holzkörper in mehrere Stränge aufteilt (Kabelstruktur, *C*).

Am Klettern selbst kann der Sproß als Windesproß oder Sproßranke beteiligt sein. Das *Winden* (Abb. 177) erfolgt durch Langtriebe, bei denen das Wachstum der Internodien dem der Blätter vorauseilt. Die so entstehenden langen Triebspitzen beschreiben kreisförmige Bewegungen und schlingen sich dabei um die Stütze herum, wobei Rechts- oder Linkswinden (der häufigere Fall) arteigentümlich sind. *Ranken* (Abb. 97) können morphologisch Sprosse, Blätter oder Wurzeln sein; ihnen eigentümlich ist die *Berührungsreizbarkeit* (S. 147), welche eine Krümmung um den berührten Gegenstand herum verursacht und damit die Ranke verankert. *Sproßranken* finden sich z. B. beim Weinstock; ihre Entstehung aus sympodialen Blütenstandsachsen ergibt sich aus der Abb. 97.

**Sproßdornen.** Als Dornen werden im allgemeinen Sprachgebrauch morphologisch sehr verschiedene Dinge bezeichnet. Im botanischen Sinne ist der Begriff auf umgewandelte Sprosse, Blätter oder Wurzeln beschränkt; bloße Auswüchse der Rinde, wie bei der Rose, sind als *Stacheln* zu bezeichnen. *Sproßdornen* entstehen durch frühzeitige Verholzung von sich zuspitzenden, die Blattanlagen nicht ausbildenden Zweigenden oder Kurztrieben. Die Bedeutung der Dornen als Schutzmittel gegen Tierfraß ist nur eine beschränkte, da beispielsweise Ziegen und Kamele sich wenig um sie kümmern.

**Assimilationssprosse.** Der junge Sproß besitzt zwar in dem Chloroplasten führenden Rindenparenchym die Fähigkeit zur Assimilation, überläßt diese Funktion aber normalerweise den Blättern. Es gibt aber Arten, bei denen die grün bleibenden Sprosse die gesamte Assimilation übernehmen, nachdem die im Frühjahr gebildeten Blätter bald wieder abgefallen sind. Dieser Typ von *Rutensprossen*, bei uns durch den Besenginster vertreten, ist namentlich in Wüsten häufig und dort oft mit starker Verdornung verbunden (Abb. 98 *A*). Er erscheint dann als Reduktion der transpirierenden Oberfläche ökologisch verständlich. Da er aber durchaus nicht auf Trockengebiete beschränkt ist, muß er seinen wirklichen Ursprung in spezifischen Entwicklungstendenzen haben, die an bestimmten Standorten ökologische Vorteile bieten und dort durch den Kampf ums Dasein besonders begünstigt und selektioniert werden.

Schon bei der Pflanze der Abb. 98 *A*, bei der die gekreuzten Dornen Kurztriebe in der Achsel rudimentärer, gekreuzt-gegenständiger Blätter darstellen, erkennt man die weitere Tendenz, die Assimilationssprosse *flächenartig* zu gestalten. In *B* führt sie zur Bildung bandähnlicher Langsprosse, in *C* zu Kurzsprossen, die man für Blätter halten würde, wenn nicht die Stellung in der Achsel reduzierter Blätter und die den Rändern aufsitzenden Blüten die Sproßnatur bewiesen. Damit ist der merkwürdige Fall eingetreten, daß nach der Rückbildung der echten Blätter die Assimilationssprosse selbst wieder zu flächigen und blattartigen Formen zurückstreben. Blattlose, zu Assimilationsorganen umgewandelte *Langsprosse* nennt man *Kladodien*, Kurzsprosse *Phyllokladien*.

**Sukkulente.** Wenn die Hauptsproßachse gleichzeitig mit der Funktion der Assimilation auch die der *Wasserspeicherung* übernimmt, entstehen *stammsukkulente* Formen oft seltsamer Art (Abb. 8), die sich aber vom Normaltyp des Kormus ableiten lassen. So zeigt das Schema der Abb. 99 links eine Kakteenform, bei der noch ein normaler Sproß mit Laubblättern vorhanden ist; die axillären Seiten-

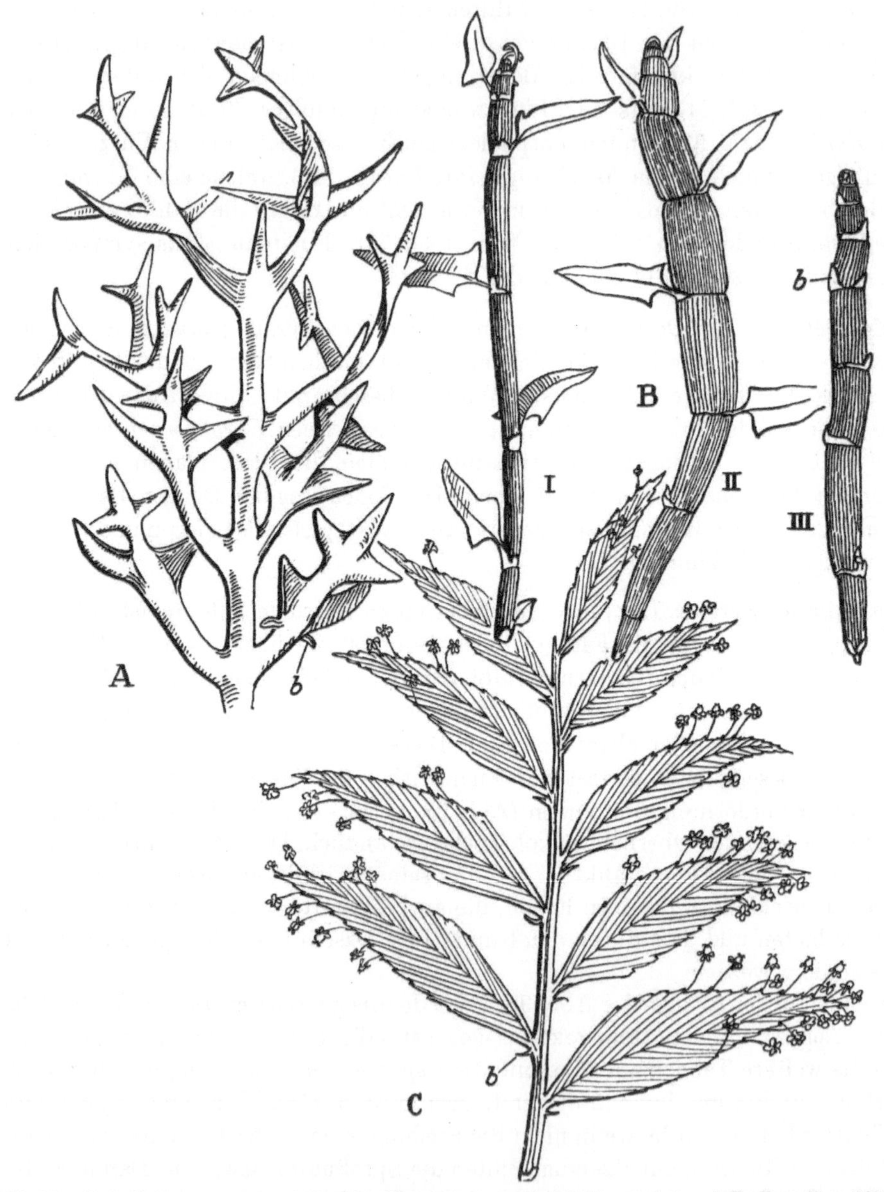

Abb. 98. **Assimilationssprosse.** *A* Dornige Kurzsprosse von *Colletia cruciata.* *b* Rudimentäre Blätter. *B* Bandförmige Langsprosse (Kladodien) von *Mühlenbeckia platyclados.* I Beblätterter Rückschlagsproß mit zylindrischer Sproßachse, II beblätterter Kladodiensproß, III normaler Kladodiensproß mit rudimentären Blättern. — *C* Blattförmige Kurzsprosse (Phyllokladien) von *Phyllanthus speciosus* mit Blüten. *b* Rudimentäre Blätter. (Nach Goebel, Kerner von Marilaun.) (R.)

triebe sind aber stark gestaucht und zu einem Haarpolster verflacht, in welchem die Blätter in Dorne umgebildet sind. Läßt man die Laubblätter verkümmern und das primäre Rindengewebe zu einem Wasserspeichergewebe anschwellen, so ergibt sich das Schema rechts, das dem Bild der Keimpflanzen vieler Kakteen entspricht. In der weiteren Entwicklung fallen die Keimblätter ab, und die endgültige Oberflächengestaltung der Kaktee ergibt sich aus der Formung der Blattansatzstellen, die verflachen, zu Warzen (Mamillen) auswachsen oder zu Rippen verschmelzen können.

## b) Das Blatt.

### α) Anatomischer Bau.

**Epidermis.** Das Blatt ist beiderseits von einer einschichtigen, chlorophyllfreien, kutikularisierten *Epidermis* umhüllt, welche der des Stengels entspricht (S. 75). Einer Besprechung bedürfen nur noch die *Spaltöffnungen*, die beim Blatt, dem speziellen Organ der Assimilation und Transpiration, als regelbare Durchlaßpforten für Wasserdampf, Sauerstoff und Kohlendioxyd eine besondere Rolle spielen und in großer Zahl, überwiegend oder ausschließlich auf der Unterseite, in das Pflaster der Epidermiszellen eingelassen sind (Abb. 100). Sie differenzieren sich im jungen Epi-

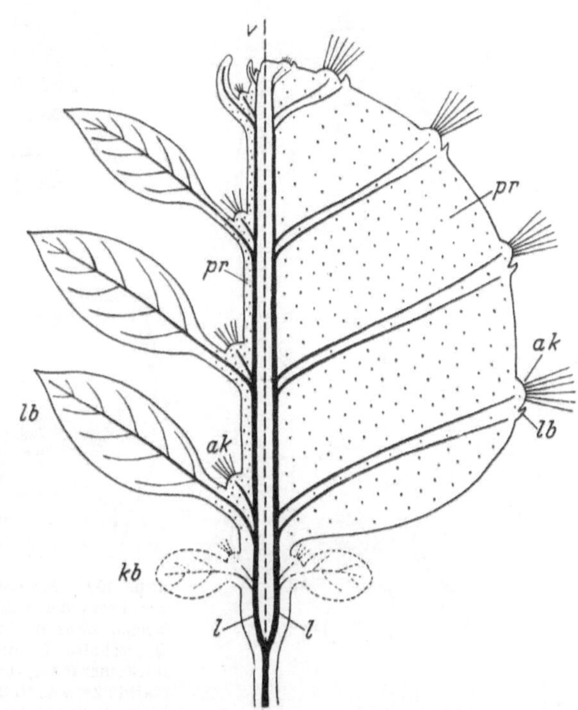


Abb. 99. Ableitung der Stammsukkulenz bei Kakteen. In der linken Hälfte der Zeichnung ist eine beblätterte Kaktee *(Peireskia)* mit normaler Sproßachse, in der rechten eine stammsukkulente Kaktee dargestellt. *pr* Primäre Rinde (punktiert), bei der stammsukkulenten Form als Wassergewebe ausgebildet. *l* Leitbündel (schwarz). *kb* Keimblätter, *lb* Laubblätter bzw. deren Rudimente, *ak* Achselknospen mit in Dorne umgewandelten Blättern, *v* Vegetationspunkt. (Nach Troll, verändert.)

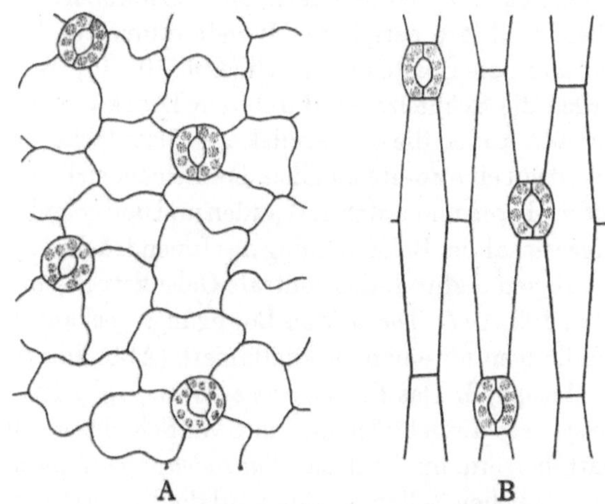


Abb. 100. Flächenansicht von Epidermen mit Spaltöffnungen. *A* Dikotyles, *B* monokotyles Blatt. Vom Zellinhalt sind nur die Chloroplasten gezeichnet. 100/1.

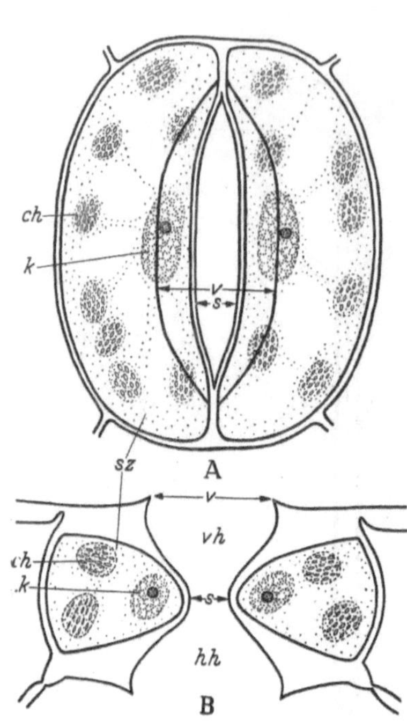

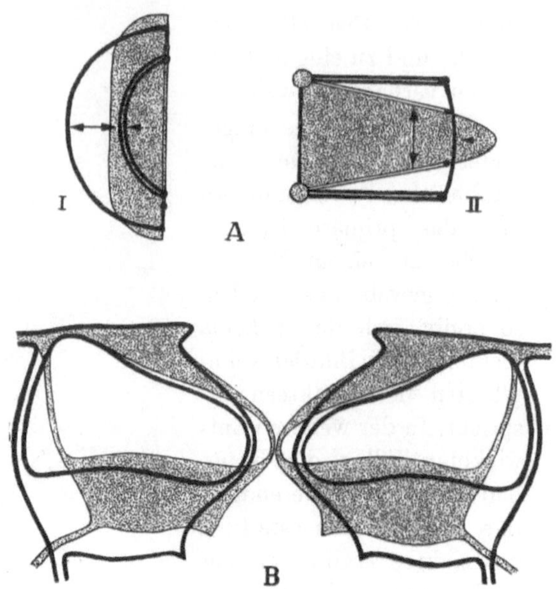



Abb. 102. Mechanismus der Spaltöffnungsbewegung. *A* Schema der Schließzellenbewegungen: I Krümmungsmechanismus in Aufsicht. II Blasebalgmechanismus im Querschnitt. Schließzellenstellung bei geöffnetem Spalt stark umrandet, bei geschlossenem dunkel getönt. Verstärkte Zellwandteile doppelt gezeichnet. Die Doppelpfeile geben die Druckrichtung in der Zelle an, die einfachen die Bewegung der Spaltwand. *B* Querschnitt einer Spaltöffnung *(Helleborus)* mit Kombination beider Mechanismen; geschlossenes Stadium getönt, geöffnetes stark umrandet. (*B* nach Schwendener.)

Abb. 101. Spaltöffnung in Aufsicht (*A*) und Querschnitt (*B*). *sz* Schließzelle mit Zellkern *k* und Chloroplasten *ch*. *s* Spalt. *vh* Vorhof. *hh* Hinterhof. *v* Eingangsspalt des Vorhofs.

dermisgewebe durch mehrfache Teilungen. Im fertigen Zustand (Abb. 101) besteht die Spaltöffnung aus *zwei Schließzellen*, welche zwischen sich einen *Spalt* lassen. Seine Öffnungsweite wird durch den Innendruck (Turgor) der beiden Schließzellen reguliert. Diese krümmen sich bei Erhöhung des Turgors nach außen, weil ihre peripheren Wände dünner und darum nachgiebiger sind als die zentralen: die Spalte öffnet sich (Abb. 102 *AI*). Beim Absinken des Turgors dagegen werden die Schließzellen durch den Druck des umliegenden Gewebes zusammengepreßt. Außer dieser parallel zur Blattfläche verlaufenden Bewegung ist senkrecht dazu eine zweite möglich, bei welcher sich die Schließzellen mit den brettartig steifen oberen und unteren Wänden und den gelenkartig dünnen zentralen wie Blasebälge verhalten. Bei Erhöhung des Innendruckes weichen die „Bretter" auseinander und ziehen dadurch das zentrale Gelenkstück zurück, wobei sich die Spalte öffnet (Abb. 102 *A II*). Die beiden Bewegungsmechanismen kommen in zahlreichen Abwandlungen miteinander kombiniert (Abb. 102 *B*) oder auch einzeln vor.

**Mesophyll.** Das *Grundgewebe (Mesophyll)* ist im typischen Fall als *Assimilationsgewebe* ausgebildet und in zwei Schichten differenziert (Abb. 103). Nach der Blattoberseite hin liegt das *Palisadenparenchym* mit langgestreckten, sehr chloroplastenreichen Zellen. In ihm wird die Hauptmenge des einfallenden Lichtes absorbiert und zur Photosynthese ausgenützt. Darunter befindet sich das chloroplastenärmere *Schwammparenchym*, dessen unregelmäßig gestaltete Zellen zwischen sich große Interzellularräume freilassen, zumal über den Spaltöffnungen (Atemhöhlen). Das so entstehende Kanalsystem dient dem Gasaustausch bei der Photosynthese.

**Blattnerven.** Die sie aufbauenden *Leitbündel* haben den normalen kollateralen Bau, wobei in Fortsetzung der Anordnung in Stamm und Blattspur der Gefäßteil nach oben, der Siebteil nach unten liegt. Die weitere Funktion als Festigungselement des Blattes wird oft durch Sklerenchym unterstützt. Nach den Enden der Blattnerven hin bleiben schließlich nur wenige enge Tracheiden für die Wasserleitung und sie umgebende langgestreckte Parenchymzellen (Parenchymscheiden) als Ersatz für die nicht so weit reichenden Siebbahnen übrig.

### β) Gestaltung.

**Entwicklung.** Die Anlage eines Blattes am Vegetationspunkt geht von periklinen Zellteilungen der Tunika aus (Abb. 60 *B*). Das zunächst entstehende Höckerchen (Primordialblatt, Abb. 104 *I*) gliedert sich in zwei Abschnitte, das Unter- und das Oberblatt (*II*). Das *Unterblatt* eilt im Wachstum zunächst voraus (*II, III*) und liefert schließlich den *Blattgrund*, der oft *Nebenblätter*

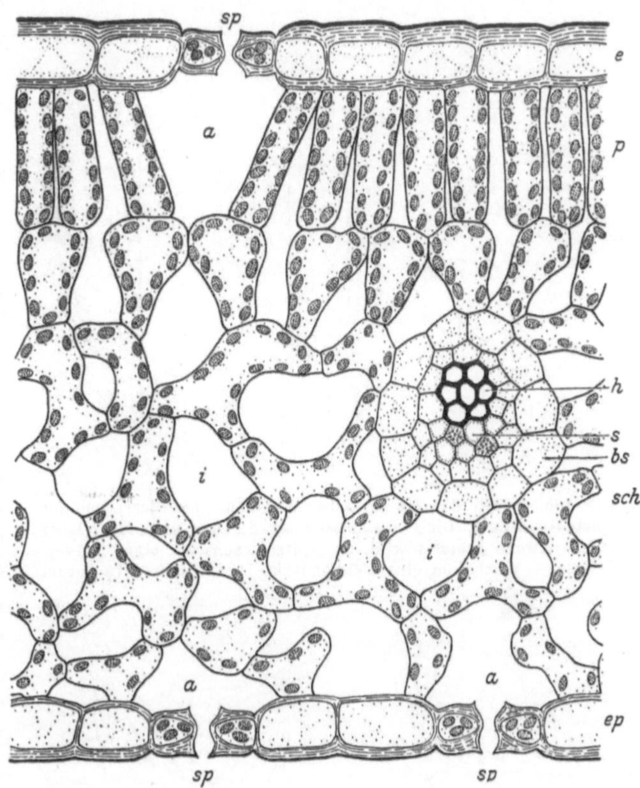

Abb. 103. Querschnitt durch ein Laubblatt. *e* Epidermis, *sp* Spaltöffnung mit darunter liegender Atemhöhle *a*, *p* Palisadenparenchym, *sch* Schwammparenchym, *i* Interzellularräume, *bs* Parenchymscheide des Leitbündels, *h* Holzteil, *s* Siebteil. (Nach Sachs, verändert.)

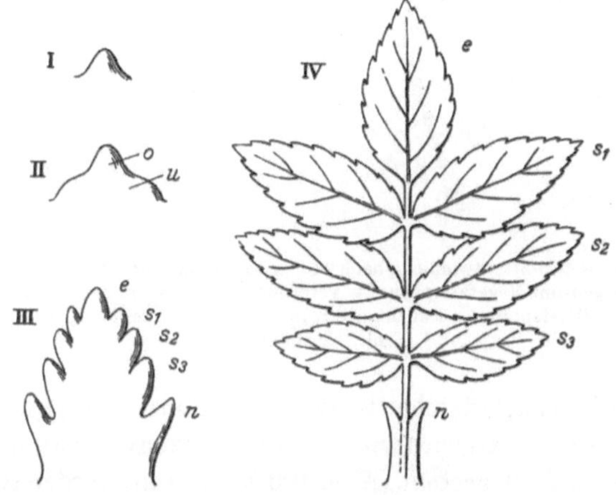

Abb. 104. Entwicklung eines Rosenblattes. I—III Anlage am Vegetationspunkt (stark vergrößert). IV Ausgebildetes Blatt. *o* Oberblatt. *u* Unterblatt. *e* Endfieder. *s₁–s₃* Seitenfiedern. *n* Nebenblätter. (Nach Troll, verändert.)

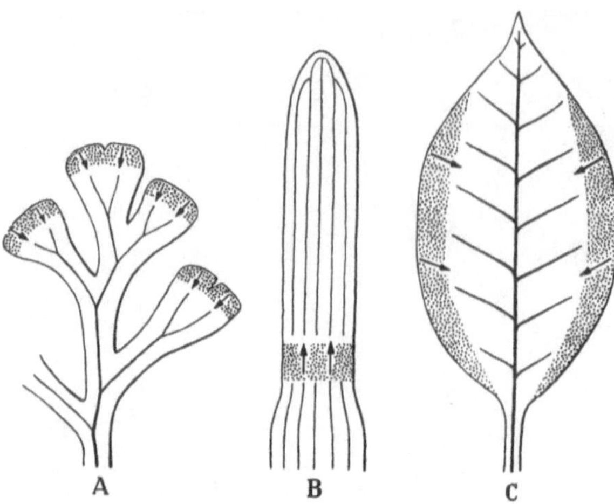

Abb. 105. Typen der Hauptwachstumszonen (punktiert) bei der Blattentwicklung. Die Pfeile bezeichnen die Richtung, in welcher neues Gewebe gebildet wird. *A* Spitzenwachstum eines Farnes. *B* Basales Wachstum einer Monokotyle. *C* Seitliches Wachstum einer Dikotyle.

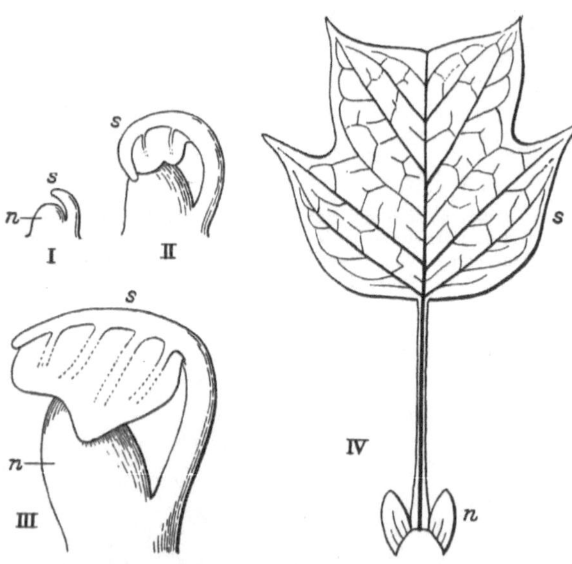

Abb. 106. Blattentwicklung beim Tulpenbaum *(Liriodendron)*. I—III Anlagen am Vegetationspunkt, vergrößert, IV ausgebildetes Blatt. 1/2. *s* Blattspreite. *n* Nebenblätter, in IV zur Seite geklappt. (Nach Troll, verändert.)

(Stipeln) trägt (*IV*) oder, wie bei den Gräsern, als *Blattscheide* entwickelt ist. Später holt das *Oberblatt* schnell auf und formt sich zur *Blattspreite* und ihrem *Blattstiel* (*III, IV*).

Das *Wachstum* des Oberblattes erfolgt zuerst immer mit einem Vegetationspunkt an der Spitze. Dieser bleibt bei den *Farnen* und *Gymnospermen* auch im weiteren, die Blattform gestaltenden Wachstum maßgebend *(Spitzenwachstum)* und ermöglicht nach Art eines Sproßsystems eine oft reiche Gliederung des Blattes (Abb. 105 *A*). Die sich aus dem Bildungsgewebe differenzierende Nervatur baut sich nach demselben Prinzip auf, wobei die gabelige Verzweigung ursprünglicher als die seitliche ist. Im Blatt der *Monokotylen* (*B*) dagegen erlischt das Spitzenwachstum frühzeitig, und an seine Stelle tritt *basales* Wachstum mit einem interkalaren Teilungsgewebe zwischen Ober- und Unterblatt. Die Spitze des Blattes ist demgemäß der zuerst fertig ausgebildete Teil, der dann basalwärts verlängert wird. Wenn nicht seitliches Wachstum hinzutritt, was bei manchen Monokotylen

der Fall ist, entstehen bandförmige Blätter mit parallelnerviger Aderung. Beim *dikotylen* Blatt (*C*) wird zuerst durch Spitzenwachstum die Mittelrippe mit anliegenden Teilen fertiggestellt (Abb. 106 *I*). Daran werden durch *seitliche* Wachstumszonen (Abb. 105 *C*) die Seitenteile der Blattspreite angebaut (Abb. 106 *II—IV*), wobei durch verschiedene Wachstumsverteilung die verschiedensten Blattformen gebildet werden können. Die Nervatur geht von der zuerst ausgebildeten Mittelrippe

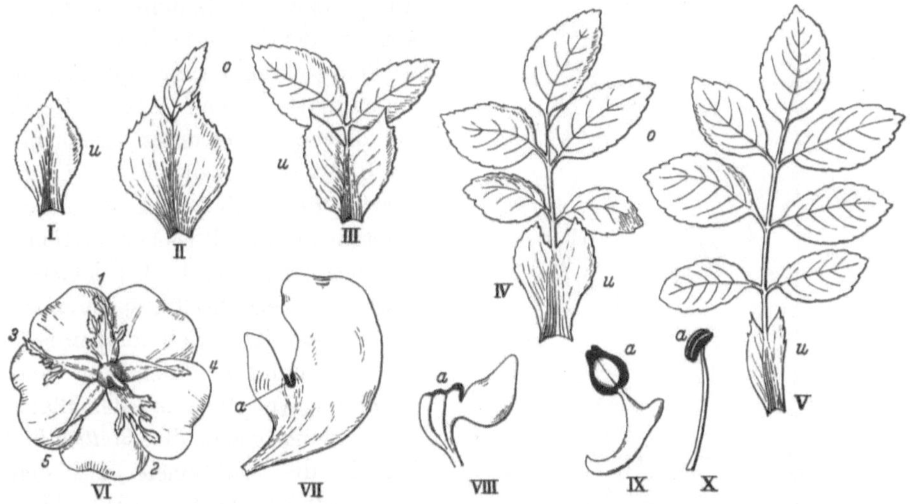

Abb. 107. Blattmetamorphose von der Basis zur Spitze eines Rosenzweiges. I Niederblatt (Knospenschuppe). II–IV Übergänge zum Laubblatt. V Laubblatt. VI Blüte von unten; 1–5 Kelchblätter in 2/5-Divergenz mit fortschreitender Reduktion des Oberblattes. VII–IX Übergänge von Kronen- zu Staubblättern. X Staubblatt. *u* Unter- bzw. Nebenblatt. *o* Oberblatt. *a* Staubbeutel bzw. unvollkommene Anlage desselben.

aus und setzt an sie die seitlichen fiederförmigen Verzweigungen an. Für den Blattstiel und den Blattgrund bestehen besondere interkalare Wachstumszonen.

**Metamorphose.** Im Lauf der Entfaltung einer Pflanze erfährt die Gestalt des Blattes weitgehende Wandlungen, die man seit GOETHE als *Metamorphose* bezeichnet. Sie lassen sich zu einem großen Teil auf die verschiedene Betonung von Unterblatt und Oberblatt zurückführen. Wenn z. B. beim Rosenblatt (Abb. 104) die Formentwicklung vorzeitig zum Abschluß kommt, wird die Ausbildung der gefiederten Spreite unvollständig oder unterbleibt ganz, und statt dessen bildet das Unterblatt eine Schuppe oder wächst zu einem ungeteilten Nieder-, Hoch- oder Blütenblatt aus. In Abb. 107 ist diese Metamorphose für einen Rosenzweig zusammengestellt, von der Knospenschuppe über das Nieder-, Laub- und Hochblatt zum Kelch-, Blüten- und Staubblatt, von wo es bei anderen Objekten Übergänge zum Fruchtblatt gibt (Abb. 108).

### γ) Abwandlungen.

**Reduktion der Blattspreite.** *Verdornung* von Blättern oder Teilen derselben beruht auf verstärkter Sklerenchymbildung und Verholzung unter Reduktion der Blattspreiten. Blattdornen können Sproßdornen gestaltlich durchaus gleichen, sind aber an ihrer Stellung zur Achsel-

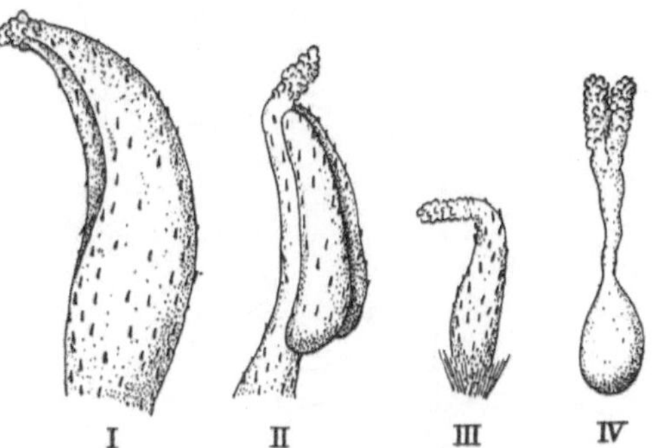

Abb. 108. Metamorphose der Blütenteile bei *Calycanthus*. I Inneres Blütenblatt. II Staubblatt. III Funktionsloses inneres Staubblatt (Staminodium). IV Fruchtblatt. Das Gewebe an der Spitze bildet bei I–III ein Nährgewebe für die die Bestäubung vermittelnden Käfer, bei IV die Narbe. (Nach Grant, verändert.)

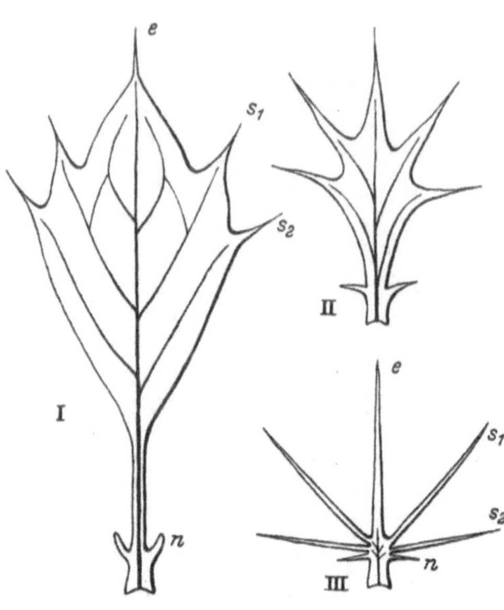

Abb. 109. Blattdornen der Berberitze *(Berberis Wilsonae)*. Übergangsformen vom normalen Laubblatt (I) zu Blattdornen (III). *e, s₁, s₂* Spitzen der Blattspreite. *n* Nebenblätter des Blattgrundes. (Nach Troll, verändert.)

knospe bzw. zum Seitenzweig zu erkennen. Bei der Berberitze z. B. entwickeln sich an der Keimpflanze die ersten Blattanlagen zu Laubblättern, die folgenden aber unter Verholzung der Blattzipfelrippen schrittweise zu Blattdornen (Abb. 109). Der dadurch entstehende Ausfall des Assimilationsgewebes wird durch das sofortige Austreiben der Achselknospe zu einem beblätterten Kurztrieb kompensiert.

Auf ähnliche Förderungs- und Hemmungsvorgänge bei der Blattentwicklung gehen die *Blattranken* zurück, die funktionell ganz den Sproßranken gleichen (Abb. 110). Das Vorauseilen der Mittelrippenpartie (Vorläuferspitze) beim Wachstum des dikotylen Blattes (Abb. 106 *I, II*) begünstigt diese Abwandlung, die schließlich, z. B. beim Kürbis, zu Ranken von sproßähnlicher Form führt (Abb. 110 *A IV*). Im Zuge solcher Abwandlungen gibt es auch Fälle, in denen weit ausgezogene Blattspitzen die Funktion von *Ausläufern* übernehmen.

Eine interessante Analogie zu den Phyllokladien (Abb. 98 *C*) bilden die *Phyllodien* (Abb. 111). Sie entstehen durch blattartige Verbreiterung des Blatt-

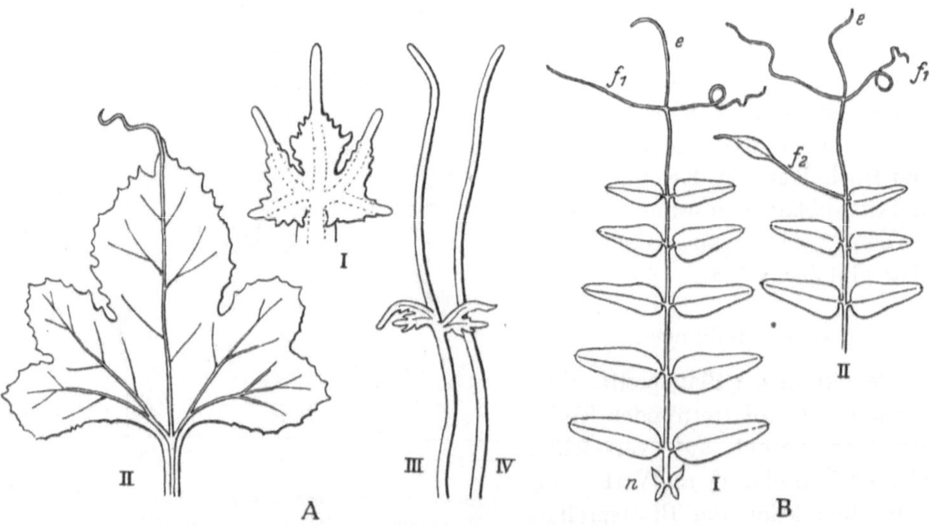

Abb. 110. Blattranken. *A* Kürbis. I Junge Laubblattanlage. II, III Übergangsformen zu Ranken, IV Ranke. *B* Wicke *(Vicia sepium)*. I Normales Blatt mit in Ranken umgewandeltem Endblättchen *(e)* und oberstem Fiederpaar *(f₁)*; *n* Nebenblätter des Blattgrundes. II Rankenbildung eines weiteren Fiederblättchens *f₂*. (Nach Troll, verändert.)

stieles bei gleichzeitiger vollständiger Rückbildung der Blattspreite. Als morphologische Blattstiele tragen sie natürlich niemals Blüten.

**Umwandlungen der Blattspreite.** Bei vielen Pflanzenarten treten unter dem Einfluß innerer oder äußerer Bedingungen Laubblätter verschiedener Form auf *(Heterophyllie)*, besonders auffallend z. B. bei der Stechpalme oder beim Efeu. Die Heterophyllie, welche hier offenbar ohne funktionelle Bedeutung ist, wird in anderen Fällen als Anpassung an besondere Lebensbedingungen benutzt. So dienen bei den *epiphytischen* Geweihfarnen *Nischenblätter* als Sammelbehälter von Humus (Abb. 233 b). Bei *Wasserpflanzen* unterscheiden sich sehr allgemein *Schwimmblätter* und untergetauchte *Wasserblätter* durch sehr verschiedene Formen (Abb. 112). Die letzteren entwickeln durch ihre fadenförmige Aufteilung eine große Oberfläche und übernehmen damit in manchen Fällen vollständig die Aufgabe der nicht mehr zur Ausbildung gelangenden Wurzeln.

In einer ganz anderen Weise üben die Blätter der epiphytisch wachsenden Monokotylen-Familie der Bromeliaceen Wurzelfunktionen aus. Sie besitzen *Schuppenhaare*, welche Wasser und darin gelöste Salze aufnehmen. Das erfolgt entweder am Grunde von rosettig zu wassersammelnden *Zisternen* zusammenschließenden Blättern (Abb. 113 a) oder auf der ganzen Oberfläche sproßartig reduzierter (b); die Wurzeln üben nur noch Haftfunktionen aus oder sterben frühzeitg ab.

Die weitgehendsten Umwandlungen erfährt das Blatt bei den *fleischfressenden Pflanzen* (Insekti-

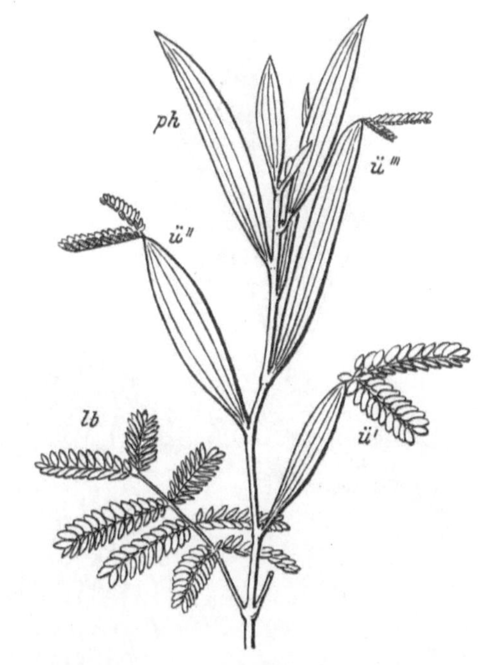



Abb. 111. Phyllodien bei *Acacia heterophylla*. *lb* Laubblatt. *ph* Phyllodien. *ü'–ü'''* Übergangsblätter. (Nach Reinke.)

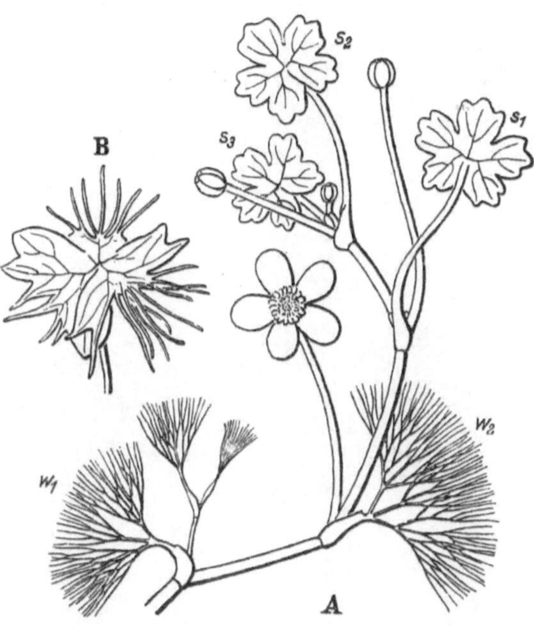



Abb. 112. Wasserhahnenfuß *(Ranunculus aquatilis)*. *A* Pflanze mit Unterwasser- (w) und Schwimmblättern (s). *B* Übergangsblatt. (Nach Troll.)

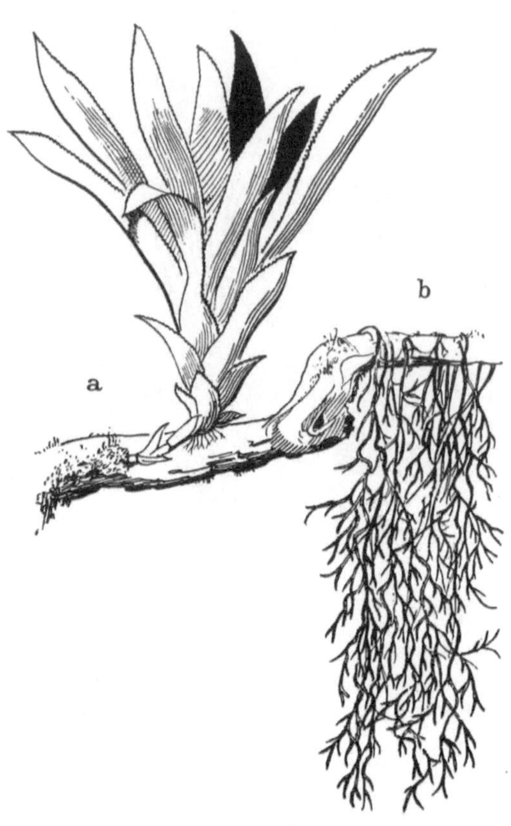

Abb. 113. Epiphytische Bromeliaceen. *a* Zisternenpflanze *(Nidularium citrinum)*. *b* Wurzelloses „spanisches Moos" *(Tillandsia usneoides)*. (Nach Harms, Wittmack, verändert.) (R.)

vore), indem es für den Fang kleiner Tiere, hauptsächlich Insekten und Wasserkrebschen, ausgebildet wird. Beim *Sonnentau (Drosera)* unserer Hochmoore ist das im übrigen normale Laubblatt mit zahlreichen Stieldrüsen (Abb. 114) besetzt, welche mit ihrem klebrigen Sekret als Fang- und Verdauungsorgane wirken.

Bei den tropischen *Kannenpflanzen (Nepenthes,* Abb. 115) entspricht die Kanne der Blattspreite; Ameisen und andere Kleintiere werden durch Nektardrüsen auf den glatten Rand gelockt, wo sie ausrutschen und in die Kanne hineinstürzen, in deren fermenthaltigem Drüsensekret sie ertrinken und verdaut werden. Der Blattstiel ist berührungsempfindlich und wirkt als Ranke. Der Blattgrund ist in seinem unteren Teil scheidig, im oberen als breite Assimilationsfläche (Phyllodium) ausgebildet.

Unsere heimischen *Wasserschlauch- (Utricularia-)* Arten sind Wasserpflanzen, die sich nur mit den Blüten in die Luft erheben

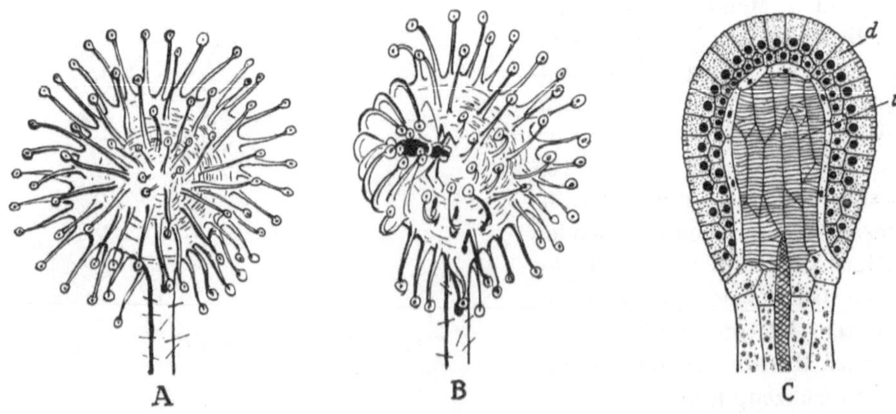



Abb. 114. Drüsenblatt des Sonnentaues *(Drosera rotundifolia)*. *A, B* Blätter mit ausgestreckten und über einem gefangenen Insekt zusammengeschlagenen Tentakeln. *C* Einzelne Tentakel (ohne den umhüllenden Sekrettropfen). *d* Drüsengewebe. *t* Tracheiden. (Nach Kerner von Marilaun, Fenner, verändert.) *(A, B:* R.)

(Abb. 116 *A*). Die etwa stecknadelkopfgroßen Fangblasen (*B*) entwickeln sich aus Anlagen von Seitenzipfeln des Blattes (*C*). Die Blase (*D*) ist durch eine bewegliche Klappe (*k*), die mit geringer Reibung auf einem Querwulst (*w*) als Widerlager aufliegt, geschlossen. In ihr herrscht Unterdruck, weil die Wandzellen auf der Innen-

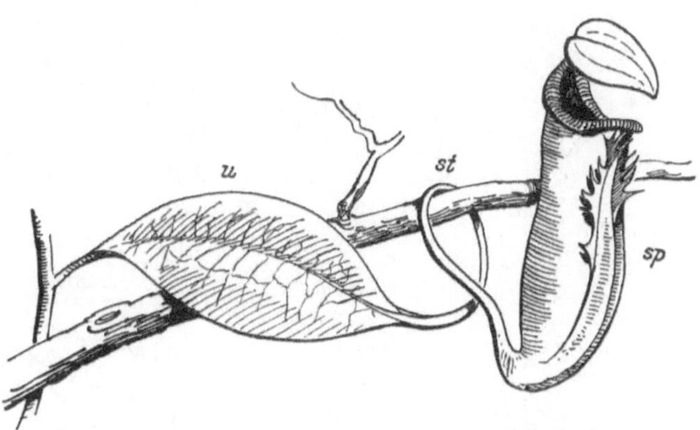

Abb. 115. Blattkanne von *Nepenthes fusca*. *u* Unterblatt (Blattgrund). *st* Blattstiel, um einen Stützzweig rankend. *sp* zur Kanne mit Deckel umgewandelte Blattspreite. (Nach Danser, verändert.) (R.)

seite Wasser aufnehmen und es nach außen ausscheiden. Die Klappe steht deshalb unter Spannung und wird bei Erschütterung, etwa durch Anstoßen eines kleinen Wasserkrebschens an ihren antennenähnlichen Fortsatz, leicht eingedrückt. Dabei entsteht ein Wasserstrudel, der das Krebschen in die Blase hineinreißt, wo es nach dem Zurückschnellen der Klappe gefangen ist und durch die Drüsensekrete der Blasenwand verdaut wird.

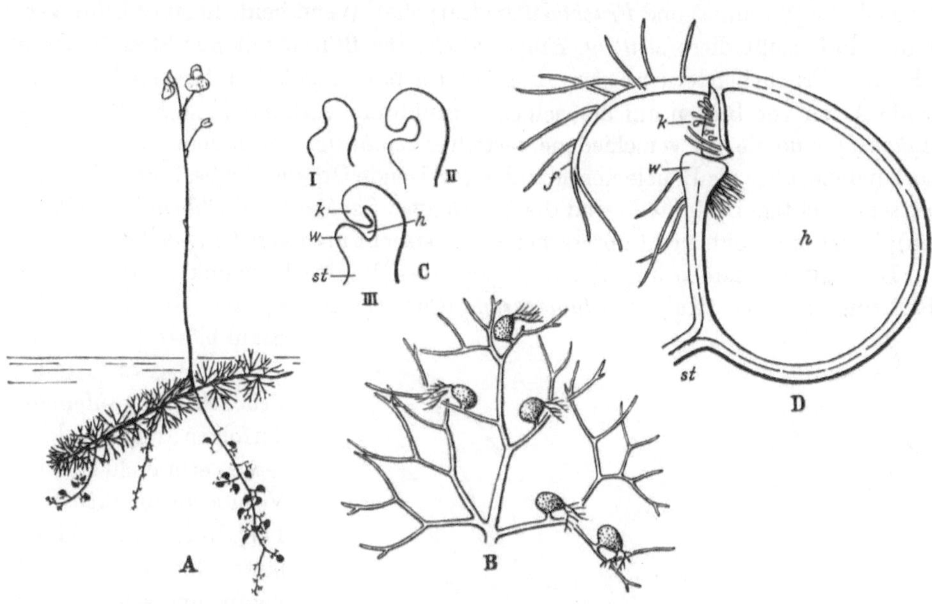

Abb. 116. Wasserschlauch *(Utricularia)*. *A* Gesamtpflanze *(U. intermedia)*. Die Sprosse sind bei dieser Art in Blattspreiten und Blasen tragende differenziert. *B* Teil eines Blattes von Utricularia Bremii mit Fangblasen. 3/1. *C* Anlage und Entwicklung einer Fangblase. *D* Fangblase im Durchschnitt 28/1. *st* Stiel, *h* Blasenhohlraum, *k* bewegliche Klappe mit Fortsatz *f*, *w* Widerlager für die Klappe. Blattnerv gestrichelt gezeichnet. (Nach Hegi, Glück, Meierhofer, Troll.)

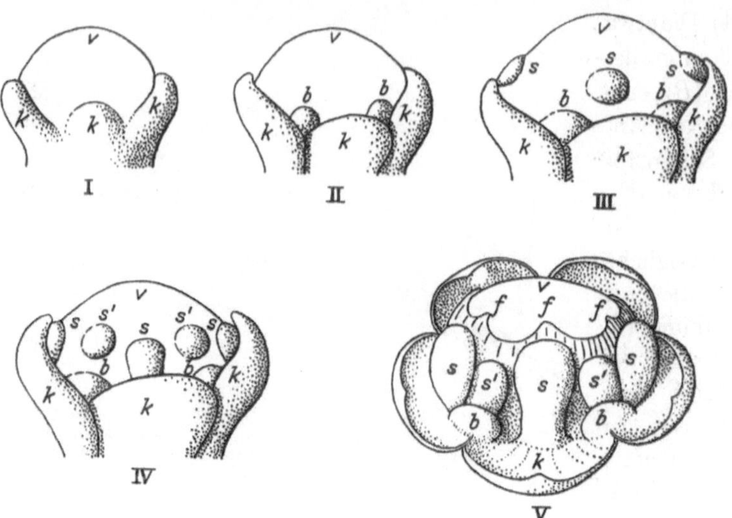



Abb. 117. Anlage und Entwicklung einer Blüte (Sauerklee). I Anlage der Kelchblätter *k. v* Vegetationspunkt. II Anlage der Blütenblätter *b.* III Anlage des äußeren Staubblattkreises *s.* IV Anlage des inneren Staubblattkreises *s'.* V Bildung der Fruchtblätter *f.* Die Kelchblätter sind zurückgeschlagen gezeichnet. Vergrößert. (Nach Payer, verändert.)

### δ) Blüte und Frucht.

**Blütenanlage.** Die Blüten der Samenpflanzen sind Sporophyllständen von Farnpflanzen (Abb. 28) homolog. Mikro- und Makrosporophyllen entsprechen *Staubblätter* (Stamina) und *Fruchtblätter* (Karpelle). Wenn beide in einer Blüte vereinigt sind, heißt diese *zwittrig. Eingeschlechtliche* Blüten mit nur Staubblättern oder nur Fruchtblättern werden als *männlich* bzw. *weiblich* unterschieden. Sind beide Arten von Blüten auf demselben Individuum vorhanden, so heißt die Art *einhäusig,* sind sie auf verschiedene verteilt, *zweihäusig.* Zusätzliche, nicht immer vorhandene, aber als Bauelemente und wegweisende Organe für bestäubende Tiere oft sehr wichtige Blütenteile sind die *Kelchblätter* (Sepalen) und *Blütenblätter* (Petalen); lassen sich beide nicht unterscheiden, so spricht man von *Perigonblättern.*

Die Blüte entsteht aus Blattanlagen eines Vegetationspunktes, die in der Reihenfolge *Kelch* (Kalyx), *Blumenkrone* (Corolla), *Andrözeum* (Gesamtheit der Staubblätter) und *Gynäzeum* (Gesamtheit der Fruchtblätter) aufeinanderfolgen; mit dem letzteren verbraucht sich der Vegetationspunkt (Abb. 117). In der Entwicklung läuft der Kelch weit voraus und schließt sich über dem Vegetationskegel, an dem die Staubblätter einen Vorsprung vor den Blütenblättern

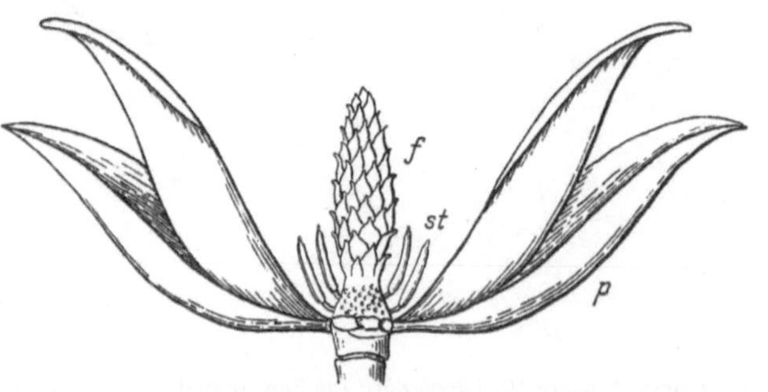



Abb. 118. Schraubige Anordnung der Blütenteile bei der Magnolie. *p* Perigonblätter und Narben derselben. *st* Staubblätter, meist nur die Ansatzstellen gezeichnet. *f* Fruchtblätter. (Nach Zimmermann.)

haben. Schraubige Stellung der einzelnen Teile kommt nur in wenigen, ursprünglichen Familien vor (Abb. 118). Fast stets sind durch Stauchung von Internodien *Wirtel* vorhanden, die nach der Zahl der Glieder als drei-, vier-, fünf- und vielzählig bezeichnet werden und den Orthostichen einer 1/3-, gekreuzt-gegenständigen-, 2/5- und höher divergenten Blattstellung entsprechen (Abb. 107 *VI*).

Das Andrözeum bildet typischerweise zwei Wirtel, die übrigen Blütenteile je einen, wobei die einzelnen Glieder äquidistant und alternierend stehen (S. 60). Die Blüte ist dann mehrseitig gleich mit strahligen Symmetrieebenen *(aktinomorph)*(Abb. 2); besteht nur spiegelbildliche Gleichheit

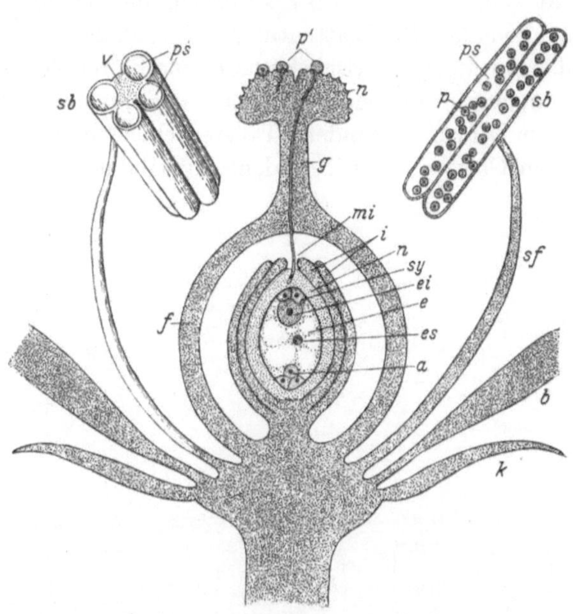

Abb. 119. Schematischer Längsschnitt einer Angiospermenblüte. *k* Kelch. *b* Blumenkrone (abgeschnitten). *sf* Staubfaden. *sb* Staubbeutel (Anthere). *ps* Staubbeutelfach (Pollensack). *v* Verbindungsstück (Konnektiv). *p* Blütenstaub (Pollen), bei *p'* mit Pollenschlauch keimend. *f* Fruchtknotenwand, *g* Griffel. *n* Narbe. Im Fruchtknoten eine Samenanlage, bestehend aus: *i* Integumente. *mi* Mikropyle. *n* Nucellus. *e* Embryosack mit Eizelle *ei*, Synergiden *sy*, Antipoden *a* und Embryosackkern *es*.

mit einer Symmetrieebene, so spricht man von einer *zygomorphen* Blüte (Abb. 3).

**Staubblatt und männlicher Gametophyt.** Das *Staubblatt* einer Angiosperme baut sich aus *Staubfaden* (Filament) und *Staubbeutel* (Anthere) auf (Abb. 119). Letzterer enthält vier Staubbeutelfächer *(Pollensäcke)*, in welchen der *Blütenstaub (Pollen)* gebildet wird. Der Staubfaden samt dem Verbindungsteil der Pollensäcke (Kon-

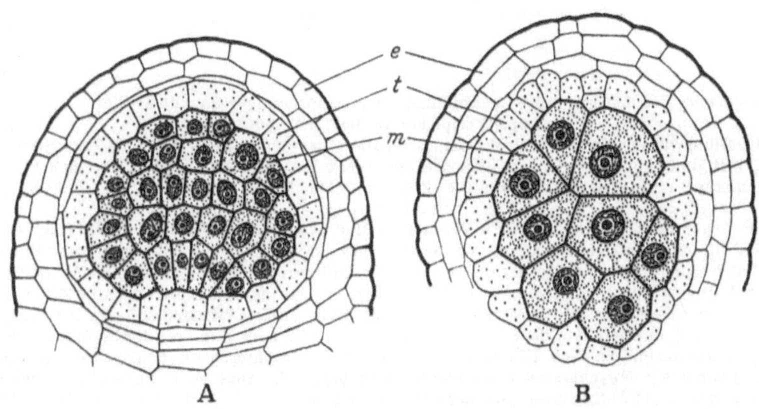

Abb. 120. Homologie zwischen Sporangium und Pollensack. *A* Schnitt durch das Mikrosporangium eines Bärlappes (*Selaginella*, vgl. Abb. 28 *B*). *B* Schnitt durch den Pollensack einer Angiosperme (*Funkia*). *e* Epidermis, *t* Tapetenschicht, *m* Sporen- bzw. Blütenstaubmutterzellen. Etwa 400/1. (Nach Sachs.)

nektiv) entspricht einem Sporophyll, die vier Pollensäcke sind vier Mikrosporangien homolog. Die Blattnatur des Staubfadens ergibt sich aus oft vorkommenden Übergangsformen zwischen Staub- und Blütenblättern (Abb. 107, 108), die Übereinstimmung im Bau eines Mikrosporangiums und Pollensacks erhellt aus Abb. 120. Die in beiden vorhandene Tapetenschicht dient der Ernährung der sich im zentralen Gewebe unter Tetradenteilung bildenden Mikrosporen bzw. Pollenkörner.

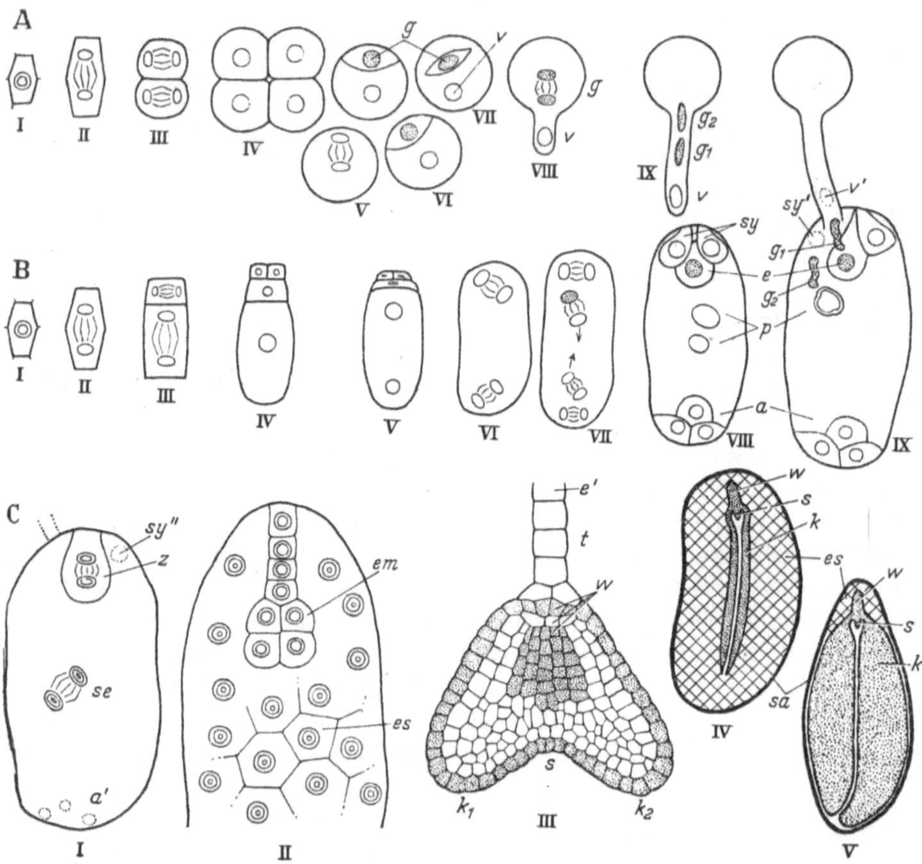

Abb. 121. Schema der Befruchtung und Samenbildung einer Angiosperme. Haploide Zellkerne einfach, diploide doppelt, triploide dreifach umrandet.
A Bildung des Blütenstaubes (männliches Prothallium): I Mikrosporenmutterzelle. II Reduktionsteilung derselben. III, IV Bildung von Mikrosporen (Blütenstaubkörner). V—VII Bildung des männlichen Prothalliums im Blütenstaubkorn, $v$ vegetativer, $g$ generativer Zellkern. VIII, IX keimendes Blütenstaubkorn, $g_1$ und $g_2$ Spermakerne.
B Bildung des Embryosackes (weibliches Prothallium). I Makrosporenmutterzelle. II Reduktionsteilung derselben. III—IV Bildung von 4 Makrosporen, von denen 3 zugrunde gehen. V—VII Bildung des weiblichen Prothalliums (Embryosack) in der Makrospore. VIII Fertiger Embryosack. $e$ Eizelle (punktiert), $sy$ Synergiden $p$ Polkerne, $a$ Antipoden. IX Befruchtung. Der Pollenschlauch hat eine Synergide ($sy'$) zerstört. $v'$ zugrunde gehender vegetativer Kern. Die beiden Polkerne $p$ sind zum primären Embryosackkern verschmolzen. Generative Kerne $g_1$ und $g_2$ (punktiert) auf dem Marsch zur Eizelle ($e$) und zum primären Embryosackkern ($p + p$).
C Bildung des Embryos und Samens. I Erste Teilung der von $g_1$ befruchteten Eizelle (Zygote) $z$ und des durch Verschmelzung von $p + p + g_2$ entstandenen sekundären Embryosackkernes $se$. II Entwicklung des Embryos $em$ und Endosperms $es$. III Junger Embryo einer Dikotyle *(Capsella)*. $e'$ Stelle der früheren Eizelle, $t$ Embryoträger, $w$ Wurzelanlage, $k_1$ $k_2$ Keimblätter, $s$ Sproßscheitel (späterer Vegetationspunkt). Epidermis und Korpus punktiert gezeichnet. IV, V Längsschnitt durch Samen mit Endosperm (IV, *Ricinus*) und mit Speicher-Keimblättern (V, Mandel). Embryo punktiert, Endosperm schraffiert. $sa$ Samenschale. $es$ Endosperm. $w$ Keimwürzelchen, $s$ Sproßscheitel, $k$ Keimblätter. (C III nach Hanstein, C IV und V nach Troll.)

Aus dem Pollenkorn müßte nach dem Schema des Farngenerationswechsels ein *Prothallium* hervorgehen. Dieses ist aber bei den Angispermen reduziert auf nur zwei Zellen, die sich innerhalb des Pollenkornes bilden (Abb. 121 *A*). Die größere von ihnen kann als Rest des vegetativen Prothalliums aufgefaßt werden (vegetative Zelle), die kleinere als Rest eines Antheridiums (generative Zelle).

**Fruchtblatt und weiblicher Gametophyt.** Die *Fruchtblätter (Karpelle)* sind bei den Gymnospermen Schuppen, denen die *Samenanlagen* frei aufsitzen (Abb. 30 *B*). Sie sind Makrosporophyllen, die Samenanlagen (abgesehen vom Integument) Makrosporangien homolog. Bei den Angiospermen (Abb. 119) umwachsen die Fruchtblätter einzeln oder zu mehreren die Samenanlagen und bilden den *Fruchtknoten*, der oben in *Griffel* und *Narbe* ausläuft.

In der *Samenanlage* (Abb. 119) ist das Makrosporangium von ein oder zwei, an der Spitze eine kleine Öffnung *(Mikropyle)* freilassenden Auswüchsen des Fruchtblattes *(Integumente)* umhüllt und stellt einen nicht weiter differenzierten Gewebekomplex dar *(Nuzellus)*. In ihm entstehen durch eine Tetradenteilung vier haploide, Makrosporen homologe Zellen, von denen sich eine einzige weiterentwickelt. Bei den *Gymnospermen* bildet sich dabei ein vielzelliges *Prothalliumgewebe* mit einigen *Archegonien*. Bei den *Angiospermen* ist das Prothallium reduziert auf den *Embryosack*. Zu dessen Bildung hat sich im typischen Fall der Kern der Makrosporenzelle durch dreimalige Teilung in acht Kerne geteilt. Sechs von ihnen haben sich mit Zellwänden umgeben und bilden zwei Zellgruppen (Abb. 121 *B*). Die eine befindet sich an dem der Mikropyle zugewendeten Ende des Embryosacks und enthält die *Eizelle* und zwei vor ihr liegende Zellen (Synergiden), die vielleicht dem Halsteil eines Archegoniums homolog zu setzen sind. Die entsprechende zweite Gruppe am anderen Ende (Antipoden) ist funktionslos geworden; sie wird als Rest eines zweiten Archegoniums oder vegetativer Teile des Prothalliums gedeutet. Die restlichen zwei Kerne (Polkerne) treffen sich in der Mitte des Embryosackraumes und verschmelzen sogleich oder später zu einem diploiden Kern *(sekundärer Embryosackkern)*. In diesem Zustand ist die Eizelle befruchtungsreif geworden.

**Befruchtung.** Bei der *Bestäubung* werden die durch Wind oder Insekten übertragenen Pollenkörner zwischen den Papillen der Narbe festgehalten und keimen dort unter Bildung eines *Pollenschlauches* (Abb. 119). Dieser durchwächst, mit dem vegetativen Kern in der Spitze (Abb. 121), den Griffel und die Mikropyle und durchstößt die Wand des Embryosackes. Kurz vorher hat sich seine generative Zelle in zwei oft langgestreckte *Spermakerne*, welche Spermatozoiden entsprechen, geteilt. Beide dringen in den Embryosack ein; der eine verschmilzt mit der *Eizelle* zum diploiden Zygotenkern, der andere mit dem sekundären Embryosackkern zum triploiden Endospermkern. Alle übrigen Kerne des Embryosackes gehen in der Regel zugrunde, ebenso der vegetative Kern des Pollenschlauches. Bei den Gymnospermen verläuft die Befruchtung nach dem normalen Schema der Farnpflanzen, indem die Spermakerne nur mit Eizellkernen verschmelzen.

**Samen.** Nach der Befruchtung beginnt die Entwicklung der *Samenanlagen* zum *Samen*. Indem die befruchtete Eizelle (Zygote) in Teilung tritt, entsteht zunächst ein in den Embryosack, bei den Gymnospermen in das Prothallium, hineinwachsender Zellfaden, dessen Spitze sich zum *Embryo* ausweitet, während der Stiel als Embryoträger (Suspensor, Abb. 121 *C*) den Embryo in das *Nährgewebe* hineinschiebt. Dieses wird bei den Gymnospermen vom Prothallium gebildet. Bei den

Angiospermen entwickelt es sich erst nach der Verschmelzung des zweiten Sperma-
kernes mit dem sekundären Embryosackkern. Diese sog. „doppelte Befruchtung"
regt den nunmehr triploid gewordenen Kern zu sehr schnell aufeinanderfolgenden
Teilungen an, wobei sich gleichzeitig der Embryosack unter Neubildung von
Plasma vergrößert. Die zahlreichen Tochterkerne liegen oft zuerst frei im Protoplasma; später erfolgt durch Wandbildung die Aufteilung des Embryosackes
in ein vielzelliges Nährgewebe, das als *Endosperm* bezeichnet wird. Es ist triploid
und nicht homolog dem haploiden Prothallium-Nährgewebe der Gymnospermen.
Die Annahme ist begründet, daß seine Polyploidie (S. 164) eine physiologische
Leistungssteigerung des Angiospermen-Endosperms bedeutet.

Der *Embryo* differenziert sich in ein oder zwei (bei den Gymnospermen mehrere)
Keimblätter *(Kotyledonen)* und den zukünftigen *Sproß-Vegetationspunkt* (Plu-
mula). Die *Keimwurzel* (Radikula) entsteht später am Ansatz zum Embryoträger
(Abb. 121 *C III*).

Im fertigen *Samen (C IV, V)* haben sich die Integumente zur *Samenschale* umgebildet. Das Endosperm ist entweder als Nährgewerbe weiterentwickelt (*IV*) oder
vom Embryo zur Bildung von Speichergeweben in den Keimblättern aufgebraucht
worden (*V*). Vom Nuzellus sind meist nur noch unbedeutende Reste vorhanden.

**Frucht.** Bei den *Gymnospermen* bilden die *Fruchtblätter* meist holzige Zapfen,
in denen die *Samen frei* liegen. Bei den *Angiospermen* dagegen entstehen den
Samen einschließende *Früchte*, welche außerordentlich mannigfaltig gestaltet
sind und für die Samen sehr verschiedene Wege der Ausstreuung und Ausbreitung durch Wind, Wasser oder Tiere eröffnen.

Man kann zwei Bautypen von Früchten unterscheiden, Streufrüchte und
Schließfrüchte. Bei den *Streufrüchten* öffnet sich die bei der Reife meist trockenhäutige Fruchtwand und gibt die Samen frei. Dahin gehören Balgfrüchte (Abb. 122 *A*),

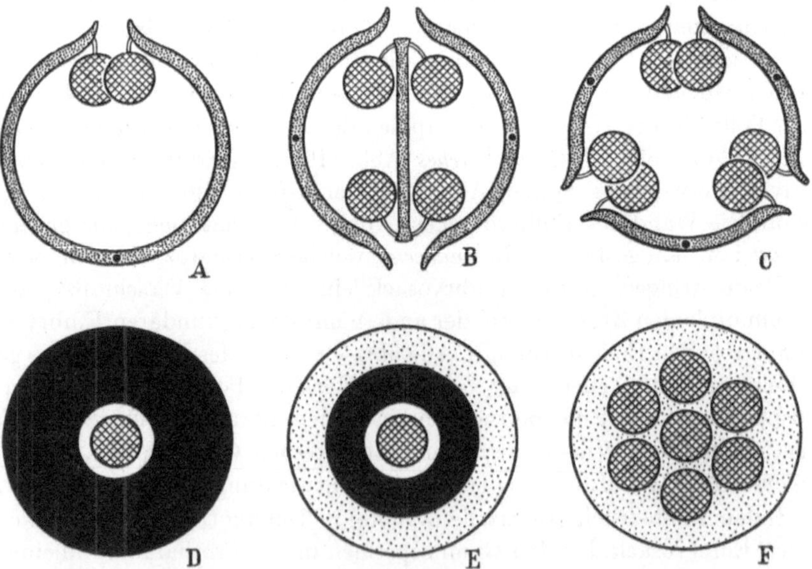

Abb. 122. Schematische Querschnitte von Fruchtformen. *A–C* Streufrüchte: *A* Balg, *B* Schote, *C* Kapsel.
*D–F* Schließfrüchte: *D* Nuß, *E* Steinfrucht, *F* Beere. Samen schraffiert, sklerenchymatische Teile der Fruchtwand schwarz, trockenhäutige eng, fleischige weit punktiert gezeichnet.

Hülsen, Schoten (*B*) und *Kapseln* (*C*), welche sich auf verschiedene Weise öffnen. Die *Schließfrüchte* kann man nach der Beschaffenheit der Fruchtwand in Nüsse, Beeren und Steinfrüchte einteilen. Bei den *Nüssen* (*D*) ist die gesamte Fruchtwand trocken und meist sklerenchymatisch. Neben bekannten Beispielen wie Haselnuß und Eichel zählen hierhin u. a. die Früchte der Köpfchenblütler (Abb. 285 *D*) und der Gräser (Abb. 124), bei denen die Fruchtwand meist mit der Samenschale verwachsen ist Die *Beeren* (Abb. 122 *F*) haben abgesehen von der äußeren Haut eine durchweg fleischige Fruchtwand, in welcher die Samen eingebettet liegen, wie etwa bei der Stachelbeere. Bei den *Steinfrüchten* (*E*) enddch ist nur der mittlere Teil der Fruchtwand fleischig, lier innere aber als harte Steinschale ausgebildet, in welcher erst der Samen liegt; Beispiele sind Kirschen und Pflaumen, auch die Walnuß mit ihrer äußeren grünen Fleischhülle und der inneren Steinschale, welche den Embryo mit seinen großen, als Nährstoffbehälter dienenden, gefurchten Keimblättern enthält. Neben diesen einfachen Früchten gibt es *Sammelfrüchte*. So ist die Himbeere (Abb. 5 *B*) zusammengesetzt aus kleinen Steinfrüchten auf einer kegelförmig verlängerten Blütenachse. Bei der Erdbeere (*C*) bildet diese das eßbare Fleisch, dem die Früchtchen selbst als kleine Nüßchen aufsitzen. Ebenfalls ein Achsengebilde ist das Fleisch der Kernfrüchte (Äpfel, Birnen), bei welchen die eigentliche Fruchtwand das Kerngehäuse ist (*F*). Man spricht in solchen Fällen auch von *Scheinfrüchten*.

**Keimung.** Bei der *Keimung* des Samens tritt zuerst die Keimwurzel aus. Für den weiteren Verlauf ist das

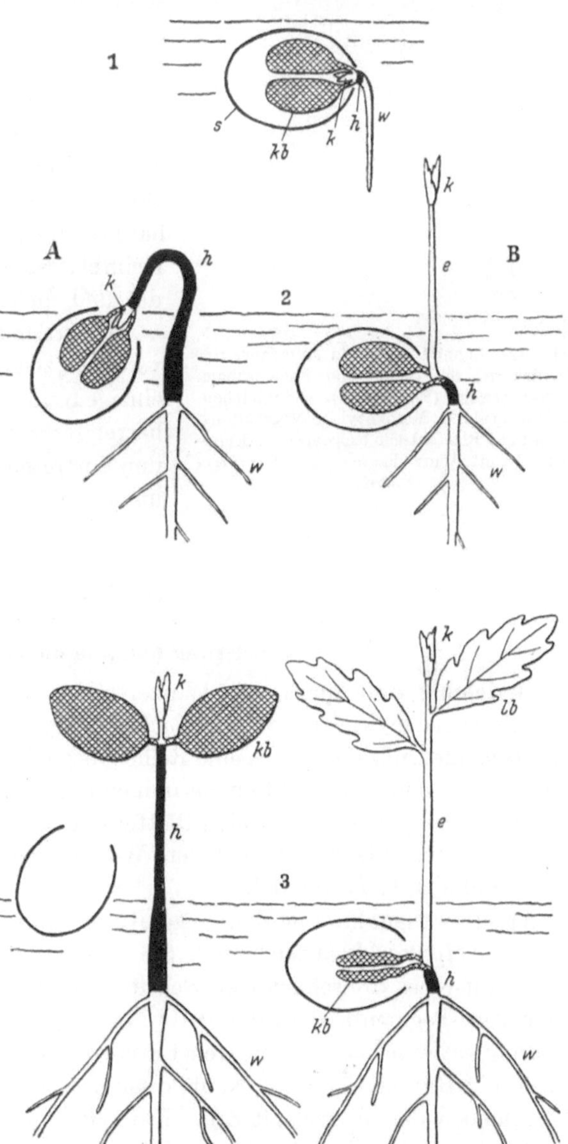

Abb. 123. Schema der epigäischen (*A*) und hypogäischen (*B*) Keimung in jeweils drei Stadien (1–3). *kb* Keimblätter (schraffiert). *k* Sproßknospe. *lb* Laubblätter (weiß). *h* Hypokotyl (schwarz). *e* Epikotyl (weiß). *w* Keimwurzel (weiß). *s* Samenschale.

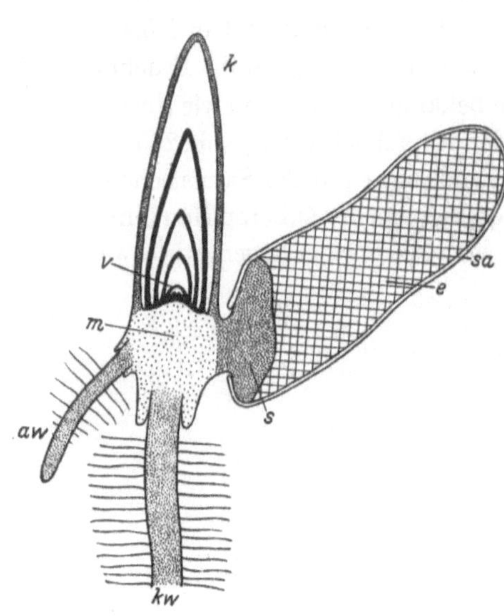

Abb. 124. Schnitt durch ein keimendes Getreidekorn. *sa* Frucht- und Samenschale. *e* Nährgewebe (Endosperm). *s* Schildchen. *k* Koleoptile. *m* Mesokotyl. *v* Vegetationspunkt mit Blattanlagen (schwarz). *kw* Keimwurzel mit Wurzelhaaren. *aw* Adventivwurzel.

Verhalten des zwischen Keimblättern und Wurzel gelegenen Sproßabschnittes (Hypokotyl) entscheidend. Krümmt sich dieses unter starker Streckung senkrecht auf, so wird der Samen hochgehoben, und die Keimblätter entfalten sich unter Abwurf der Samenschale (*epigäische Keimung*, z.B. Buche, Abb. 123 *A*). Ist das Hypokotylwachstum schwach, so bleibt der Samen im Boden, und die Keimblätter verharren unentfaltet in ihm; dafür wächst sofort die zwischen den Keimblättern sitzende Sproßknospe nach oben aus und erhebt das erste Laubblattpaar (*hypogäische* Keimung, z. B. Eiche, Abb. 123 *B*). Die letztere Art der Keimung findet sich hauptsächlich bei Pflanzen, bei denen die Keimblätter zu Nährstoffbehältern umgebildet und nicht mehr assimilationsfähig sind.

Einen Sonderfall, der beide Keimungsarten vereinigt, zeigen die Grassamen (Abb. 124). Das einzige Keimblatt ist hier in ein im Samen verharrendes Saugorgan (Schildchen) und eine aus ihm austretende, den Sproßvegetationspunkt umfassende Scheide *(Koleoptile)* differenziert.

## c) Die Wurzel.

### α) Gliederung und anatomischer Bau.

**Beziehung zum Sproß.** Die Wurzel bildet in der kormophytischen Gesamtorganisation den *Gegenpol der Sproßachse*. Sie ist wie diese stelär gebaut (Abb. 83), unterscheidet sich aber durch eine Reihe morphologischer Eigentümlichkeiten, die mit ihrer besonderen Funktion zusammenhängen: Die Wurzelspitze ist durch eine Wurzelhaube geschützt, es fehlen Blätter und damit eine axilläre Verzweigung, die Seitenwurzeln entspringen aus dem Wurzelinneren, und die Stele besteht aus einem radialen Gefäßbündel.

**Vegetationspunkt.** Für den Vegetationspunkt ist in erster Linie die *Wurzelhaube (Kalyptra)* kennzeichnend. Sie entsteht bei den *Farnen*, deren Wurzeln meist mit einer dreischneidigen Scheitelzelle wachsen, dadurch, daß diese auch nach vorn Segmente abgliedert (Abb. 125 *A*). Bei den *Samenpflanzen* erfolgt die Bildung entweder von besonderen Initialen oder von denen des Dermatogens aus (Abb. 125 *B*). Die dauernde Neubildung von Zellen ersetzt den Verschleiß beim Vorschieben der Wurzelspitze im Erdboden, wobei die Verschleimung der absterbenden Zellen als Schmiermittel dient.

Abgesehen von der Wurzelhaube gehen von der Scheitelzelle bzw. den Initialen, welche von einer scheitelzellenähnlichen Zentralzelle erzeugt werden, drei Schichten von Bildungsgeweben aus (Abb. 125). Die äußerste (Dermatogen) bleibt einschichtig und wird zur *Wurzelepidermis* mit *Wurzelhaaren*. Die mittlere (Periblem) spaltet sich in mehrere Schichten und bildet die *primäre Rinde*, deren innerste Zellage sich durch teilweise Verkorkung der Zellwände meist als *Endodermis* deutlich heraushebt. Das innerste Bildungsgewebe endlich (Plerom) liefert den *Zentralzylinder*, dessen äußerste Schicht als *Perizykel* bezeichnet wird.

**Anatomischer Bau.** Das *Leitbündelsystem* der Wurzel leitet sich wie das des Sprosses von der Protostele ab (Abb. 83 *BI*). Die Entwicklung tendiert aber nicht auf einen nach außen gelagerten Leitbündelring, sondern auf ein vergrößertes zentrales Bündel. Dabei erweitert sich der Holzteil in zwei oder mehr Strahlen, in deren Winkeln der Siebteil in getrennten Inseln liegt (Abb. 83 *BV*, Aktinostele). Ein solches Leitbündel heißt *radial* (Abb. 126). Beim Übergang der Wurzel in den Stengel löst es sich in verschiedener Weise in kollaterale Leitbündel auf. Die Lagerung der festen Gefäßelemente im Zentrum bedingt Biegsamkeit und Zug-

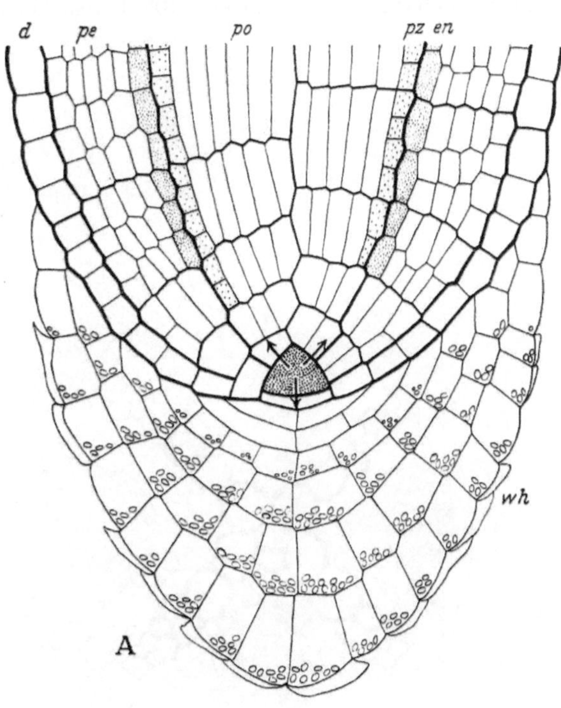


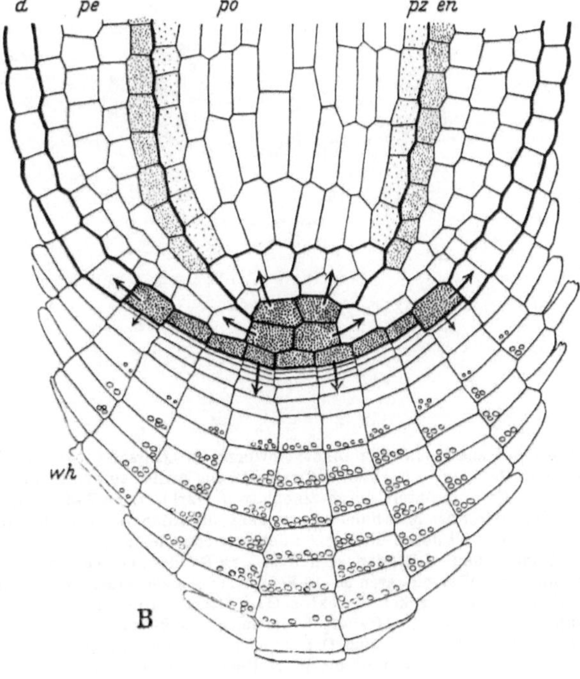


Abb. 125. Vegetationspunkte von Wurzeln im Längsschnitt. *A* Wurzelspitze eines Farnes. *B* Wurzelspitze einer Dikotylen. Scheitel- und Initialzellen dunkel punktiert, die Pfeile geben die Richtung der Abgliederung der Tochterzellen an. Die aus letzteren hervorgehenden Segmente sind in *A* halbstark umrandet, in *B* ist der jüngste, einem Segment homologe Gewebekomplex des Pleroms so gekennzeichnet. Stark umrandet sind Dermatogen *d*, Periblem *pe* und Plerom *po*, Endodermis *en* und Perizykel *pz* durch Punktierung hervorgehoben. Etwa 150/1. (*A* nach Strasburger, verändert.)

festigkeit, Eigenschaften, die der Wurzel als einem sich durch den Erdboden windenden Haltetau angemessen sind.

Die *Epidermis* der Wurzel dient der Wasser- und Nährstoffaufnahme. Die Verdickung der Zellaußenwände unterbleibt ebenso wie die Ausbildung einer Kutikula, und statt der Spaltöffnungen werden in ähnlichen Mustern (Abb. 212 *A*, zu vergleichen mit Abb. 100) *Wurzelhaare* ausgebildet. Sie entstehen als Ausstülpungen von Epidermiszellen (Abb. 212 *B, C*), wobei sich Zellkern und Hauptmenge des Zytoplasmas in das Haar verlagern.

An älteren Wurzelteilen gehen die Wurzelhaare samt der Epidermis zugrunde, und meist aus dem Perizykel hervorgehende Korkkambien bilden ein neues Abschlußgewebe *(Periderm)*. Die aufnehmende Funktion der Wurzel ist dann auf die Lentizellen beschränkt, und die älteren Teile dienen nur noch der Leitung und Befestigung.

Das Rindenparenchym vieler Wurzeln hat die Fähigkeit, sich unter Querfältelung und Verdickung zu verkürzen. Das kann u. a. dadurch geschehen, daß sich beim Absterben der stärker gewachsenen Außenrinde die inneren Gewebepartien entpan-

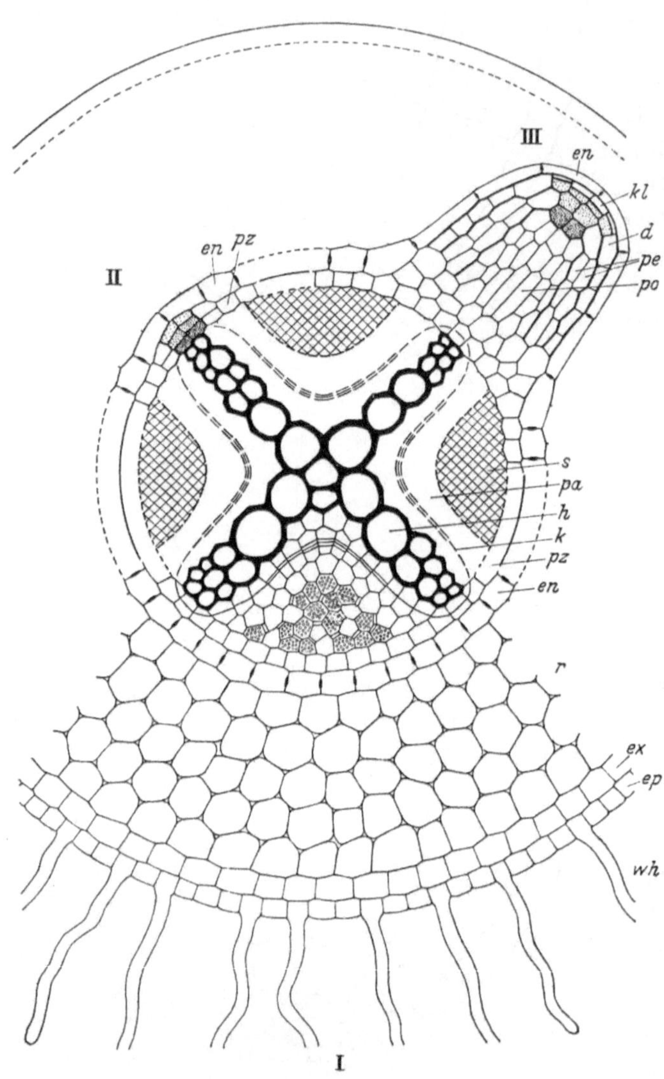

Abb. 126. Bauschema einer Dikotylenwurzel im Querschnitt. Sektor I: *h* Holzteil mit Gefäßen. *s* Siebteil (schraffiert), im allein ausgezeichneten unteren Siebteil die Siebröhren durch Siebplatten markiert. *pa* Zwischenparenchym, aus dem später das Kambium *k* hervorgeht; die anfängliche Intensität der Kambiumtätigkeit ist durch unterschiedliche Strichzahlen angedeutet. *pz* Perizykel. *en* Endodermis. *r* Rindenparenchym. *ex* Exodermis. *ep* Epidermis (Rhizodermis) mit Wurzelhaaren *wh*. — Sektor II: Anlage einer Seitenwurzel durch Teilungen im Perizykel. — Sektor III: Ältere Seitenwurzelanlage: Aus den punktierten Zellen in II sind die Initialen des Ploroms *po*, des Periblems *pe* und des Kalyptrogens *kl* und Dermatogens *d* hervorgegangen. Die Endodermis *en* bildet die Wurzeltasche. Etwa 150/1.

nen, oder es kann Kohäsionszug (S. 152) abgestorbener Zellen im Spiele sein. Solche Wurzeln wirken, da sie durch die Spitzenteile unten verankert sind, als *Zugwurzeln* für Rhizome, Zwiebeln usw., die sie auf die richtige Bodentiefe einstellen und bei dem nach oben gerichteten Verlängerungswachstum wieder zurückziehen (Abb. 127).

*Sekundäres Dickenwachstum* der Wurzeln findet bei Dikotylen und Gymnospermen statt, indem zwischen Gefäß- und Siebteil ein Kambiumring entsteht, der zunächst wellenförmig verläuft, sich aber allmählich glättet und dann wie das Holzkambium des Stammes arbeitet (Abb. 126).

**Verzweigung.** Die Anlage der *Seitenwurzeln* erfolgt vom Perizykel aus (Abb. 126 *II*), also im Inneren der Wurzel *(endogen)*, im Gegensatz zur *exogenen* Entstehung der Blätter und Zweige. Der junge Vegetationspunkt (Abb. 126 *III*) durchbricht die Rinde, wobei sich die Endodermis zunächst oft als Wurzeltasche vorwölbt. Die Seitenwurzelanlagen sind an die Holzstrahlen des zentralen Leitbündels gebunden und stehen deshalb in den Orthostichen der Blätter ähnlichen Längszeilen. In der Regel liegt je eine vor jedem Holzstrahl.

Bei Dikotylen sind die Wurzeln sehr häufig zur Bildung von Seiten*sprossen* befähigt, die meist ebenfalls vom Perizykel ausgehen. Die Wurzeln übernehmen damit die Rolle von Ausläufern. Es sind auch Fälle bekannt, in denen der terminale Vegetationspunkt einer Wurzel sich in den eines Sprosses umwandelt.

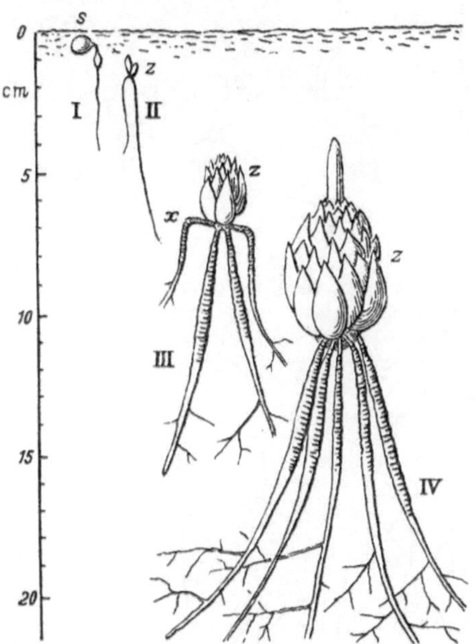


Abb. 127. Zugwurzeln der Türkenbundlilie *(Lilium martagon)*. I Samenkeimung. II–IV Die Zwiebel wird von Jahr zu Jahr tiefer in die Erde gezogen. In II ist die Bewegung an der Abknickung (*x*) der vorjährigen Wurzeln zu erkennen. *s* Samen, *z* Zwiebel. (Nach Rimbach.)

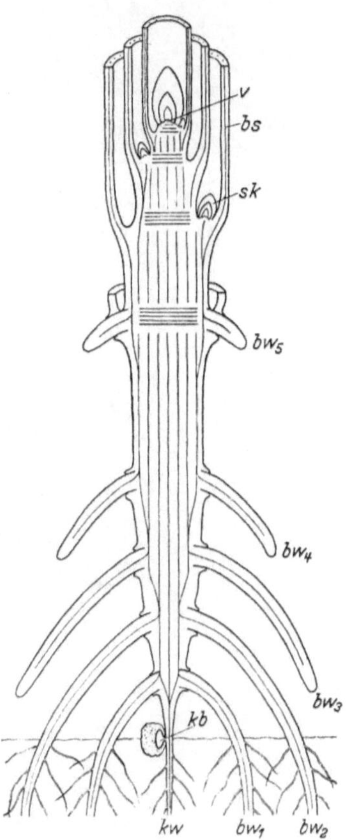


Abb. 128. Beiwurzelsystem einer Maispflanze, schematischer Längsschnitt. *v* Vegetationspunkt des Sprosses. *bs* Blattscheiden der Laubblätter mit Seitenknospen *sk. kw* Keimwurzel, *bw₁-bw₅* sproßbürtige Beiwurzeln, *kb* Keimblatt im Endosperm des Samens. Interkalare Wachstumszonen über den Blattknoten durch horizontale, Leitbündel durch vertikale Striche angedeutet. (Nach Sachs, verändert.)

**Adventivwurzeln.** Von sehr allgemeiner Bedeutung ist der umgekehrte Vorgang, daß Wurzeln aus einem Sproß entspringen *(Adventiv- oder Beiwurzeln)*. Diese sproßbürtigen Wurzeln entstehen wie die Seitenwurzeln endogen, meist aus dem Perizykel über den primären Leitbündeln, in älteren Sprossen oder an Wundstellen aber auch aus anderen Geweben. Sie unterstützen sehr oft die Tätigkeit des primären Wurzelsystems oder treten ganz an dessen Stelle, wie bei Rhizomen (Abb. 92) und Ausläufern.

Bei den Monokotylen stellt die Keimwurzel sehr bald ihr Wachstum ein und geht zugrunde. An ihrer Stelle bilden sich über den Knoten der unteren frühzeitig absterbenden Blätter Beiwurzeln, die bogenförmig in den Boden spreizen (Abb. 128). Dieser Vorgang steht

Abb. 129 Stelzwurzeln eines Mangrovebaumes *(Rhizophora mucronata)* mit abgestorbener Sproßbasis. Am Baum die Keimpflanzen *k*, im Hintergrund junge Pflanzen. (R.)

damit in Zusammenhang, daß der Stengel der Monokotylen fast kein Erstarkungswachstum zeigt. Er bleibt deshalb in seinen ältesten Keimpflanzenteilen sehr dünn und kann weder die zunehmende Zahl der zerstreuten Leitbündel aufnehmen (Abb. 85 B) noch sich ausreichend stützen.

Bei den Farnpflanzen ist keine die Sproßachse verlängernde Keimwurzel (Allorhizie) vorhanden, die Bewurzelung erfolgt von Anfang an seitlich (Homorhizie).

### β) Abwandlungen.

**Speicherwurzeln.** Als Speicherorgane finden sich bei manchen Arten Wurzelverdickungen von oft beträchtlicher Größe (*Wurzelknollen*, Abb. 255). Indem sie mit Sproßvegetationspunkten eine enge Verbindung eingehen, können sie als Überwinterungsorgane wichtig werden. So wird die *Rübe* von einer Pfahlwurzel und dem Sproßhypokotyl gebildet (Abb. 93 C). In anderen Fällen, wie bei den *Orchis*arten oder dem Scharbockskraut, entsteht an einer Achselknospe eine sproßbürtige, sich sofort knollig verdickende Beiwurzel. Solche Knöllchen dienen in manchen Fällen auch als Vermehrungsorgane (Scharbockskraut).

**Luftwurzeln.** Sproßbürtige Wurzeln entspringen in immerfeuchten Klimaten oft auch oberirdischen Sproßteilen *(Luftwurzeln)* und erfüllen dann vielfach Funktionen von Sprossen. *Stelzwurzeln* sind besonders bei Bäumen der tropischen Strandsümpfe (Mangroven) sehr auffallend (Abb. 129); wenn der untere Teil des Stammes schließlich zugrunde geht, wird die Baumkrone von ihnen allein getragen. Bei den Mangrovebäumen

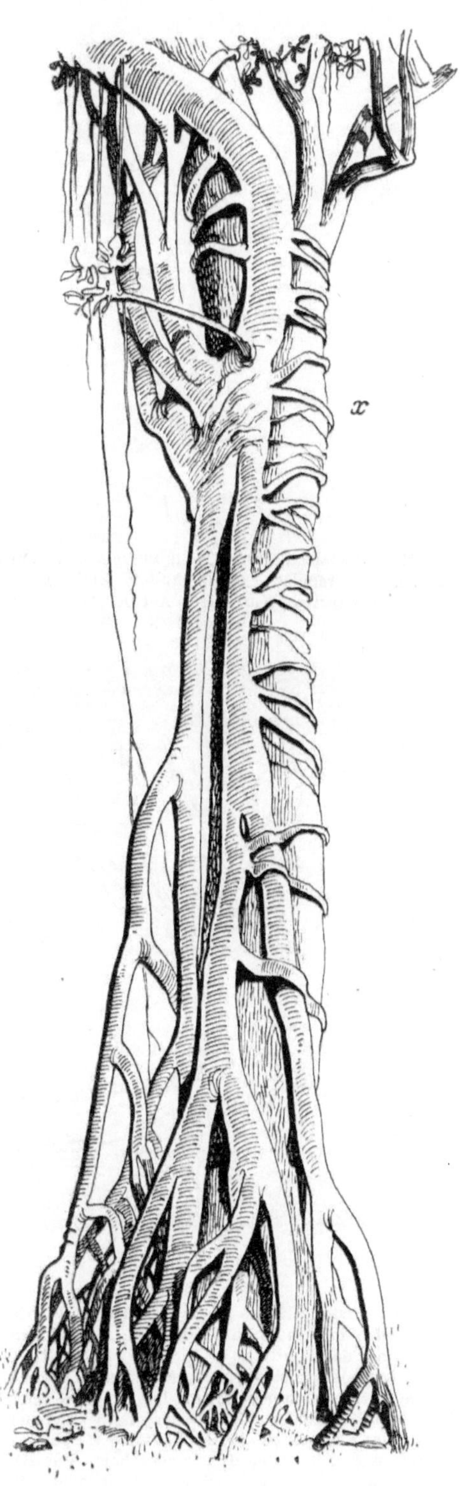


Abb. 130. Ernährungs-, Stütz- und Haftwurzeln eines baumwürgenden Feigenbaumes *(Ficus)*. Der Feigensame ist bei *x* auf dem Wirtsbaum (rechts) gekeimt. (R.)

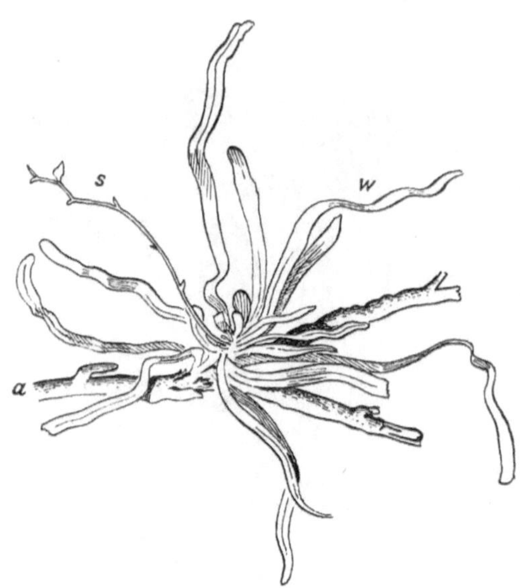

Abb. 131. Blattartige Assimilationswurzeln einer auf einem Ast wachsenden Orchidee *(Taeniophyllum Zollingeri)*. *s* Blütensproß. *w* blattartige Wurzeln, *a* Ast des Wirtsbaumes. (Nach Goebel.) (R.)

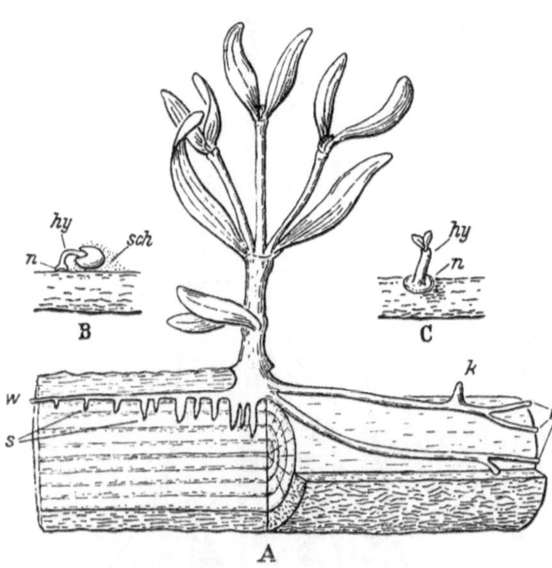

Abb. 132. Mistel *(Viscum album)*. *A* Junge Pflanze auf einem Ast, welcher links halb aufgeschnitten, rechts oben mit abgelöster Rinde dargestellt ist. *w* Wurzeln zwischen Rinde und Holzkörper mit vom Holzkörper umwachsenem Senkern *s. k* Wurzelknospe, welche einen neuen Sproß liefert. — *B* Keimender Samen, durch den Schleim der Mistelbeere *(sch)* aufgeklebt. *n* Haftscheibe der Keimwurzel. *hy* Hypokotyl. — *C* Späteres Keimungsstadium nach Abstreifen der Samenschale. Das Hypokotyl *hy* hat sich aufgerichtet. (Nach Goebel, Schacht, verändert.)

dienen die Stelzwurzeln auch als *Atemwurzeln*, indem sie durch zahlreiche große Lentizellen den im sauerstoffarmen Schlamm steckenden Wurzelteilen Luft zuführen. In anderen Fällen wird diese Funktion durch senkrecht aus dem Schlamm herauswachsende Seitenwurzeln oder Wurzelknie ausgeübt.

Bei den baumwürgenden *Ficus*-Arten (Abb. 130) keimt der durch Vögel verschleppte Samen in der Krone oder am Stamm eines Wirtsbaumes und treibt von hier aus gleichzeitig Sprosse nach oben und Luftwurzeln nach unten. Die letzteren wachsen teils horizontal und umschlingen als *Haftwurzeln* den Wirtsstamm, teils gehen sie vertikal bis zum Erdboden als *Nährwurzeln*. Dieses Wurzelsystem verwächst schließlich so zu einem Hohlzylinder, daß der eingeschlossene Wirtsbaum erwürgt wird und der *Ficus* frei auf seiner Wurzelsäule steht.

Bei Epiphyten und Kletterpflanzen sind *Luftwurzeln* als Haft- und Nährwurzeln sehr allgemein, auch *Wurzelranken* und *Wurzeldorne* kommen vor. Kurze, in den Unebenheiten der Rinde sich verklemmende Haftwurzeln ermöglichen das *Wurzelklettern* wie beim Efeu.

In den Luftwurzeln epiphytischer Orchideen ist die Epidermis in ein meist mehrschichtiges Gewebe aus toten, inhaltsleeren Zellen mit versteiften und durchlöcherten Wänden (Velamen) umgebildet, welches ähnlich dem Torfmoos

(Abb. 237) bei Benetzung das *Wasser einsaugt* und *speichert*. Diese Wurzeln enthalten im Rindenparenchym Chlorophyll und dienen damit auch der *Assimilation*. Die Übernahme dieser Funktion kann zum vollständigen Ersatz der nicht mehr ausgebildeten Blätter durch *blattartig verflachte* Wurzeln führen (Abb. 131).

**Saugwurzeln.** Die Wurzeln parasitischer Pflanzen sind zu *Saugorganen* (Haustorien) umgestaltet, wobei sich ihre Leitbahnen an die der Wirtspflanze anlegen. Bei der Mistel z. B. dringt die Hauptwurzel durch den Bast des Wirtsastes hindurch bis auf den Holzkörper vor und sendet diesem entlang sog. Rindenwurzeln aus, die durch Senker mit den Gefäßen des Baumes in Verbindung treten (Abb. 132).

# C. Physiologie.

Wo immer die physiologische Analyse an die Lebensvorgänge herantritt, findet sie weder besondere Lebensstoffe noch besondere Lebenskräfte, wohl aber die ebenso wunderbare wie komplizierte *Harmonie eines Zusammenspiels physikochemischer Prozesse.* Diese macht, innerhalb der Grenzen naturwissenschaftlicher Erkenntnis, die Besonderheit des Lebenden gegenüber dem Leblosen aus.

Gegenstände der Pflanzenphysiologie sind Formgestaltung *(Entwicklungsphysiologie)*, Stoffumsatz *(Stoffwechselphysiologie)* und Bewegung *(Bewegungsphysiologie)*. In jedem Fall ist der elementare Träger der Vorgänge die Zelle. Es ist deshalb zweckmäßig, einige allgemeine *zellphysiologische Grundlagen* voranzustellen.

## I. Zellphysiologische Grundlagen.

### 1. Reaktionsmechanismen.

**Fermente.** Das Mittel, mit welchem die Pflanze eine fast unübersehbare Vielheit von chemischen Reaktionen bei normalen Temperaturen und Drucken beherrscht, ist die *Katalyse.*

Unter einem *Katalysator* versteht man einen Stoff, der schon in geringen Mengen eine chemische Reaktion beschleunigt oder auslöst, ohne selbst dabei verbraucht zu werden. Die von der Pflanze gebildeten Katalysatoren sind hochkomplizierte organische Substanzen, die als *Fermente (Enzyme)* bezeichnet werden. Gegenüber den in der Chemie meist benutzten anorganischen Katalysatoren wie Platin, Nickel usw. besitzen sie eine außerordentlich gesteigerte, aber auf ganz bestimmte Reaktionen beschränkte Wirksamkeit. Es kann so in jeder Zelle nebeneinander eine große, hundert sicher überschreitende Zahl von Fermenten tätig sein, die mit erstaunlichen Geschwindigkeiten arbeiten, indem z. B. ein einziges Molekül des Fermentes Saccharase in der Sekunde 2000 Rohrzuckermoleküle in Glukose und Fruktose spaltet.

Die meisten, vielleicht sogar alle *Fermente* lassen sich in eine niedermolekulare *Wirkgruppe (Coferment)* und einen hochmolekularen Eiweißkörper als *Träger (Apoferment)* trennen. Die Wirkgruppen sind verhältnismäßig einfache Verbindungen, die z. T. in freiem Zustand als Vitamine bekannt sind. Katalytisch wirksam ist im allgemeinen nur das vollständige Ferment *(Holoferment)*. Man kann sich dabei die Wirkgruppe als das „Werkzeug" vorstellen, das über chemische Zwischenverbindungen arbeitet, und den Träger als die „Werkbank", welche mit ihren strukturell festgelegten Valenz- und Adsorptionskräften die zur Reaktion bestimmten Substanzen festhält.

Die einzelnen Fermente werden nach der Substanz (Substrat), auf die sie wirken, unter Anhängung der Silbe -ase benannt, z. B. das Saccharose spaltende Ferment als Saccharase. Ihrer Wirksamkeit nach kann man, von der abbauenden Seite her betrachtet, zwei Fermentgruppen unterscheiden: *Hydrolasen* und *Desmolasen*. Die ersteren katalysieren den hydrolytischen Abbau von Stoffen unter Wasserabspaltung, die letzteren chemisch tiefergreifende Reaktionen wie Reduktionen, Oxydationen und Spaltungen von C—C-Bindungen.

Als Katalysator hat ein Ferment nur Einfluß auf die *Geschwindigkeit* der Reaktion, aber nicht auf ihre Richtung und das sich einstellende *Reaktionsgleichgewicht*. Diese werden durch die Bedingungen des *Mediums* bestimmt, in welchem die Reaktion verläuft; dabei kommt der Wasserstoffionenkonzentration und dem Redoxpotential besondere Bedeutung zu.

**Wasserstoffionenkonzentration.** Reines Wasser ist dissoziiert nach der Gleichung

$$H_2O \rightleftharpoons H^+ + OH^-.$$

Im Gleichgewicht ist die *Wasserstoffionenkonzentration*

$$[H^+] = 10^{-7} \, g/Liter.$$

Man drückt sie meist durch ihren *negativen Logarithmus* aus und nennt dessen Wert $p_H$. Für reines gasfreies *Wasser* ist also $p_H = 7$. *Säuren haben $p_H$-Werte darunter, Basen darüber.* Man kann das $p_H$ einer Flüssigkeit u. a. mit Farbstoffen bestimmen, die bei bestimmten $p_H$-Werten einen Farbumschlag zeigen.

Die Wasserstoffionenkonzentration ist ein grundlegender Faktor für die Lage von Reaktionsgleichgewichten. So ist beispielsweise das reversible System der Stärke-Zucker-Umwandlung

$$\text{n Glukosephosphat} \rightleftharpoons \text{Stärke} + \text{n Phosphorsäure}$$

stark $p_H$-abhängig. Bei Erniedrigung des $p_H$-Wertes, also Ansäuerung, verschiebt es sich nach der Seite der Stärke und umgekehrt. Eine solche Gleichgewichtsverlagerung erfolgt z. B. bei den Spaltöffnungsbewegungen in den Schließzellen, wobei die $p_H$-Änderung nur Teilerscheinung einer Wandlung der gesamten kolloidalen Struktur des Plasmas ist; sie kommt in Abb. 133 in der verschiedenen Beschaffenheit des Zellkernes, einmal amöboid mit Vakuole, zum anderen spindelförmig mit Nukleolus, zum Ausdruck.

**Redoxpotential.** Neben der Dissoziation in Ionen ist im Wasser eine wenn auch äußerst minimale Aufspaltung in reduzierend wirkenden Wasserstoff und oxydierend wirkenden Sauerstoff vorhanden.

$$2\,H_2O \rightleftharpoons 2\,H_2 + O_2.$$

Da das Reduktionspotential des Wasserstoffs nach dieser Gleichung mit dem Oxydationspotential des Sauerstoffs in Beziehung steht, benützt man es als Ausdruck des Reduktions-Oxydations-Potentials *(Redoxpotentials)* einer Lösung. Es läßt sich als *elektrisches Potential* oder als *Gasdruck* des Wasserstoffs ausdrücken. Der letztere beträgt für Wasser $10^{-20,5}$ Atm. Der *negative Logarithmus*, für Wasser also 20,5, wird, in Analogie zu $p_H$ als $r_H$ bezeichnet.

In einem Reaktionssystem

$$XH \rightleftarrows X + H,$$

worin XH die reduzierte (hydrierte), X die oxydierte (dehydrierte) Form einer Substanz be-

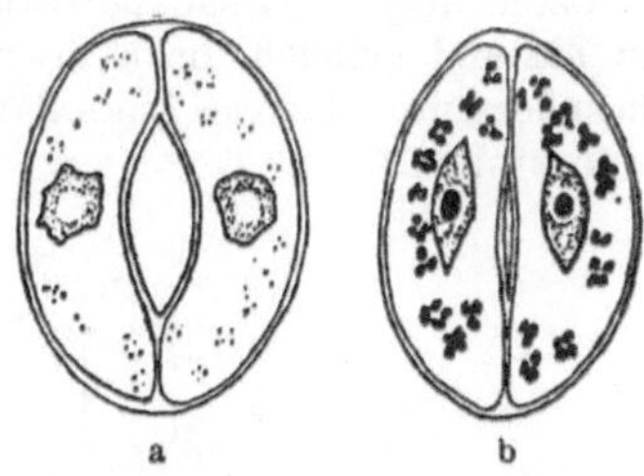

Abb. 133. Stärke-Zucker-Gleichgewicht in Schließzellen *(Dahlia)*. *a* geöffnete, *b* geschlossene Spalte. Eingezeichnet Zellkerne und Stärkekörner, $p_H$ in *a* größer als in *b*. (Nach Weber.)

zeichnet, herrscht bei hohem Redoxpotential XH, bei niederem X vor. Sind die beiden Formen verschieden gefärbt, so kann man den Farbumschlag zur Bestimmung des $r_H$-Wertes einer Lösung benutzen.

Kommt mit dem reversiblen Redoxsystem

$$XH \longrightarrow X + H \quad \text{mit höherem}$$

$$ein\ zweites\ YH \longrightarrow Y + H \quad \text{mit niedrigerem Redoxpotential}$$

in Berührung, so verschieben sich bei dem entstehenden mittleren Redoxpotential die Gleichgewichte in den durch die langen Pfeile bezeichneten Richtungen. Die Substanz XH gibt Wasserstoff ab (ist ein *Donator* von Wasserstoff), den die Substanz Y aufnimmt *(Akzeptor)*. Gleichzeitig wird X als Akzeptor für Wasserstoff eines Systems höheren Redoxpotentials verfügbar und YH als Donator für ein System mit niedrigerem. Der Wasserstoff kann so schrittweise weitergegeben werden, z. B. bei der Atmung von Zucker als erstem Geber zu Sauerstoff als letztem Empfänger. Dieses Prinzip des Übergangs einer chemischen Gruppe von einer Verbindung höheren auf eine solche niedrigeren Gruppenpotentials *(Gruppenübertragung)* wird vom Organismus sehr vielfach zur schonenden Durchführung von Stoff- und Energieumsetzungen benutzt.

Bei den *wasserstoffübertragenden Atmungsfermenten* (Dehydrasen) erfolgt die Hydrierung bzw. Dehydrierung an Stickstoff. Die Co-Dehydrase, ein System höheren Redoxpotentials, hat als Wirkgruppe ein Nukleotid mit einem Pyridinring (Nikotinsäureamid), welche nach folgendem Schema arbeitet:

Bei niedrigerem Redoxpotential arbeitet das gelbe Atmungsferment, das im dehydrierten Zustand gelblich, im hydrierten farblos ist. Es enthält als Wirkgruppe Laktoflavinphosphorsäure (als freies Laktoflavin das Vitamin $B_2$ bildend) mit der Alloxazin-Gruppe als Redoxsystem.

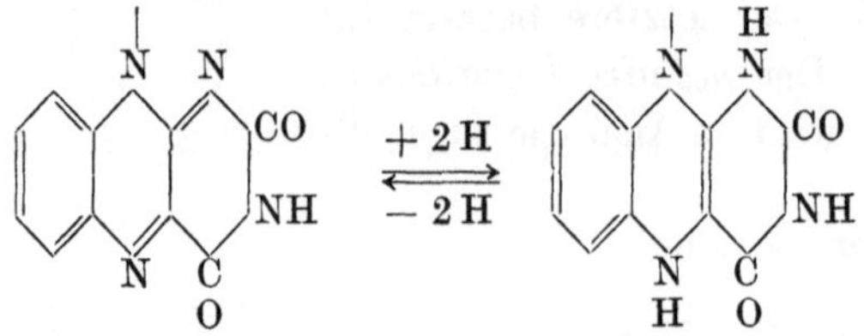

**Energieübertragung.** *Die Gruppenübertragung der* mit ihrer nichtdissoziierten OH-Gruppe veresterten *Phosphorsäure* ($HO \cdot PO_3H_2$) dient weitgehend zur *Energiezufuhr* für endotherme Reaktionen. So erfolgt der *Aufbau von Stärke* aus Hexose durch das Ferment *Phosphorylase* nach dem Schema:

$$\text{n Glukosephosphat} \rightleftarrows \text{Stärke} + \text{n Phosphorsäure.}$$

Dabei wird die zur Verkettung der Glukosemoleküle (S. 44) notwendige Energie durch den Übergang der Phosphorsäure aus dem höheren Gruppenpotential des Glukoseesters in das niedrigere der anorganischen Phosphorsäure gewonnen, und umgekehrt wird die beim Stärkeabbau frei werdende Energie durch Veresterung der Glukose gespeichert. Die Reaktion ist deshalb reversibel und kann auch im Reagenzglas zur Stärkesynthese führen, was mit dem nur stärkeabbauenden Fermentsystem der Diastase nicht möglich ist.

Eine besonders wichtige Rolle als Energiespeicher und Zubringer spielt die *Adenosinphosphorsäure*, ein aus Stickstoffbase und Pentose bestehender Nukleinsäurebaustein, namentlich beim Übergang aus dem sehr energiereichen Adenosintriphosphat in das ärmere Adenosindiphosphat. Vermutlich sind auch die Nukleoproteide und Phosphatide in ihrer Eigenschaft als regelmäßige Plasmabestandteile Zuträger von Energie, welche u. a. für die Erhaltung der thermodynamisch unstabilen Plasmastrukturen dauernd benötigt wird.

## 2. Plasmatische Zustandsgrößen.

**Dissoziation.** Das Eiweißmolekül erhält durch die Dissoziation saurer und basischer Gruppen negative und positive Ladungsstellen *(Zwitterion)*. Neben Karboxyl- und Amino- spielen Phosphorsäure-, Sulfhydryl-, Hydroxyl-, Guanidin- und andere Gruppen der Aminosäuren und prosthetischer Anhänge eine Rolle.

Die Dissoziation der Karboxyl- und Aminogruppe läßt sich folgendermaßen formulieren:

$$R \genfrac{}{}{0pt}{}{-COOH}{-CNH_2 + H_2O} \rightleftarrows R \genfrac{}{}{0pt}{}{-COO^- + H^+}{-NH_3^+ + OH^-}$$

Der Dissoziationsgrad ist von der Wasserstoffionenkonzentration der umgebenden Flüssigkeit abhängig. Als Säure aufgefaßt kann man das Eiweißmolekül $HE_s$ schreiben. Aus dem Dissoziationsgleichgewicht

$$HE_s \rightleftarrows H^+ + E_s^-$$

ergibt sich nach dem Massenwirkungsgesetz die Dissoziationskonstante

$$k_s = \frac{[\mathrm{H^+}] \cdot [\mathrm{E_s^-}]}{[\mathrm{HE_s}]}.$$

Wird das Medium saurer, also $[\mathrm{H^+}]$ größer, so muß $[\mathrm{E_s^-}]$ kleiner werden, d. h. die Zahl negativer Ladungsstellen des Eiweißmoleküls geht zurück. Umgekehrt wird zunehmende Alkalinität des Mediums die Dissoziation des Eiweißes als Base und damit die Zahl der positiven Ladungsstellen zurückdrängen.

$$\mathrm{E_b OH} \rightleftarrows \mathrm{E_b^+} + \mathrm{OH^-}$$

$$k_b = \frac{[\mathrm{E_b^+}] \cdot [\mathrm{OH^-}]}{[\mathrm{E_b OH}]}.$$

Bei einer gewissen Wasserstoffionenkonzentration ist die Zahl der negativen und positiven Ladungen gleich, sie heben sich in ihrer Wirkung für das Gesamtmolekül auf, und dieses reagiert elektrisch neutral *(isoelektrischer Punkt)*. Unterhalb des in $p_\mathrm{H}$ ausgedrückten isoelektrischen Punktes, also bei höherer Wasserstoffionenkonzentration, besitzt das Gesamtmolekül einen *positiven Ladungsüberschuß*, oberhalb einen *negativen* (amphoterer Elektrolyt oder kurz *Ampholyt*). Die isoelektrischen Punkte der Aminosäuren liegen je nach ihrem Gehalt an sauren und basischen Gruppen zwischen etwa 3 und 11. Die Gerüsteiweiße des Plasmas bestehen vorwiegend aus sauren Aminosäuren und haben ihren isoelektrischen Punkt bei etwa 3–5, d. i. unter dem gewöhnlichen $p_\mathrm{H}$ der Plasmazwischenflüssigkeit. *Das Plasmagerüst ist deshalb normalerweise negativ aufgeladen.* Dies kann sich aber durch Verschiebung des $p_\mathrm{H}$ der Zwischenflüssigkeit ändern, z. B. wenn im Wechsel von Atmungs- und Assimilationsüberschuß verschiedene $CO_2$-Spannungen auftreten.

Die Überschußladung der Plasmafibrillen bewirkt ihre gegenseitige Abstoßung und damit die Spannung und Ausweitung ihres Netzwerkes. Da diese wiederum die Porenweite, die Freilegung oder Abdeckung chemischer Reaktionsstellen usw. bedingt, ist die elektrische Aufladung des Zelleiweißes, sowohl im Plasmagerüst wie in den Fermentträgern, ein grundsätzlicher Faktor im Zellgeschehen.

**Vernetzung.** *Haftpunkte* zwischen Eiweißmolekülen (Abb. 32 *B*) können an *Hauptketten* dadurch zustande kommen, daß das Wasserstoffatom einer Aminogruppe durch die negative Dipolladung einer Karboxylgruppe eine gewisse Anziehung erfährt und so nach beistehendem Schema eine kohäsive Bindung der beiden heteropolaren Gruppen vermittelt (Wasserstoffbrücke).

Zwischen *Seitenketten* bzw. *prosthetischen Gruppen* bestehen z. B. folgende Möglichkeiten:

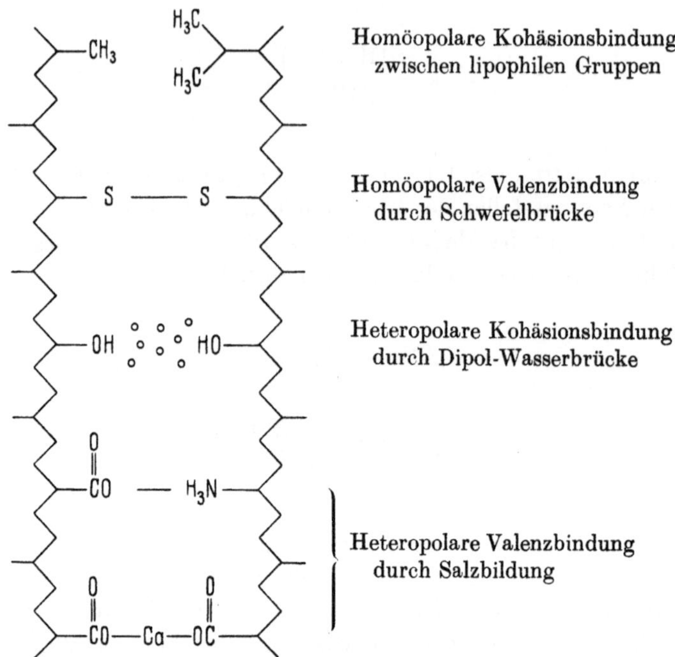



Die lipoide Kohäsion löst sich sehr leicht bei Temperaturerhöhung, die Schwefelbrücke ist stark vom Redoxpotential, die Wasserbrücke vom chemischen Potential des Wassers, die Salzbildung von der Wasserstoffionenkonzentration abhängig. Der Vernetzungsgrad wechselt daher innerhalb der durch die spezifische Eiweißkonstitution festgelegten Grenzen mit den jeweiligen äußeren und inneren Bedingungen.

**Quellung.** Ionen und Moleküle hydrophiler Stoffe binden mit elektrischen und adhäsiven Kräften Wassermoleküle und umgeben sich so mit einer Wasserhülle *(Hydratation)*. Werden sie dabei völlig voneinander getrennt, so geht der Stoff in *Lösung*. Bei vernetzten Makromolekülen, wie Eiweiß oder Gelatine, erfolgt nur die Auflockerung des Netzes unter Einlagerung von Wasser, d. h. *Quellung*.

Das in einem Quellkörper enthaltene Wasser ist durch kapillare und Hydrationskräfte verschieden fest gebunden. Der intermizellare *kapillare Raum* eines Quellkörpers wird durch

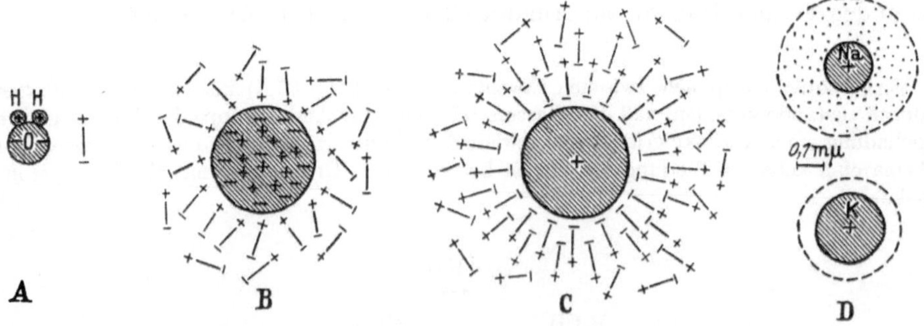



Abb. 134. Hydratation. *A* Wassermoleküle als Dipol. *B* Hydrathülle um ein isoelektrisches Kolloidteilchen mit ungleicher Ladungsverteilung. *C* Kolloidteilchen mit Überschußladung. *D* Na- und Kaliumion mit Wasserhülle. (Nach Pallmann, Frey-Wyßling.)

eine das Netzwerk spannende Überschußladung ausgeweitet. Bei einem Ampholyten wie Eiweiß hat deshalb die Quellung im isoelektrischen Punkt ein Minimum. Die *Hydratation* der Quellkörpermizellen ist ebenfalls stark von ihrer Ladung abhängig. Die Moleküle des Wassers sind infolge der Anordnung und Ladung ihrer Atome elektrische *Dipole* (Abb. 134 *A*). Sie werden deshalb von elektrisch geladenen oder ebenfalls als Dipol wirkenden (z. B. Hydroxyl-)Gruppen angezogen und bilden um sie eine Wasserhülle (Abb. 134 *B, C*). Bei *Ionen* wächst die Hydratation mit der Ladungsdichte, d. h. mit abnehmendem Ionendurchmesser (Abb. 134 *D*) und zunehmender Wertigkeit; sie ist beispielsweise bei $K^+$ etwa 5mal, bei $Ca^{++}$ 22mal so groß wie bei $H^+$. In einem Quellkörper erhöhen Ionen einerseits durch ihre Hydratation die Quellung und vermindern sie andererseits durch die Herabsetzung des elektrischen Potentials der entgegengesetzt geladenen Stellen der Quellsubstanz. Der letztere Effekt wächst mit der Zunahme der Wertigkeit und dem Grad der Annäherung, welcher durch die Dicke der Hydratationshüllen bestimmt ist. Er bewirkt Entquellung und kann die Quellungsförderung überwiegen. Das gilt namentlich für die zweiwertigen Ionen $Ca^{++}$ und $SO_4^{--}$, während die einwertigen $K^+$ und $Cl^-$ quellend wirken *(Ionenantagonismus)*. Auch die chemische Bildung wenig dissoziierter Salze kann beteiligt sein. Der verhärtende Einfluß des $C^{++}$ auf die Plasmastruktur ergibt sich u. a. aus der schlechten Ablösung und unregelmäßigen Kontraktion des Plasmas bei Plasmolyse in Ca-Lösungen, im Gegensatz zum Verlauf in $K^+$-Salzen (Abb. 138).

**Chemisches Potential des Wassers.** In einer Lösung und in einem Quellkörper sind die Moleküle des Wassers durch die Wechselwirkung mit den Molekülen des gelösten bzw. gequollenen Stoffes in ihrer freien Beweglichkeit gehemmt. Diese Festlegung kommt, solange nicht die Lösung unendlich verdünnt oder der Quellkörper vollständig mit Wasser gesättigt ist, u. a. in der *Erniedrigung des Dampfdruckes* und des *Diffusionsdruckes* zum Ausdruck. Um Wasser aus dem Quellkörper auszupressen, muß ein Druck aufgewendet werden, und umgekehrt übt der Quellkörper einen Druck aus, wenn er durch Raumbeschränkung an der Aufnahme von Wasser gehindert wird *(Quellungsdruck)*. Vom Zustand der Wassersättigung ausgehend, kann das Plasma zunächst einen großen Teil des Quellungswassers abgeben, ohne daß der Quellungsdruck wesentlich ansteigt und der relative Dampfdruck wesentlich abfällt (Abb. 135). Von etwa 65 Atm. Quellungsdruck bzw. 95% relativem Dampfdruck ab bewirkt dann aber jede kleinste weitere Wasserabgabe einen sehr großen Anstieg des Quellungsdruckes bzw. Abnahme des Dampfdruckes.

Die Unfreiheit der Wassermoleküle in Lösungen und Quellkörpern bedeutet eine Entwertung des Wassers als chemisches Reaktionsmedium, d. h. eine Herabsetzung seines *chemischen Potentials*. Dieses bedeutet für den Reaktionsablauf in der Zelle etwa dasselbe wie das elektrische Potential für die Vorgänge im galvanischen Element. Der Quellungszustand des Plasmas wird damit zu einer fundamentalen Bedingung des Lebens. Die Abb. 135 erläutert das am Beispiel des Wachstums eines Schimmelpilzes bei verschiedenen chemischen Potentialen, die durch Kultur

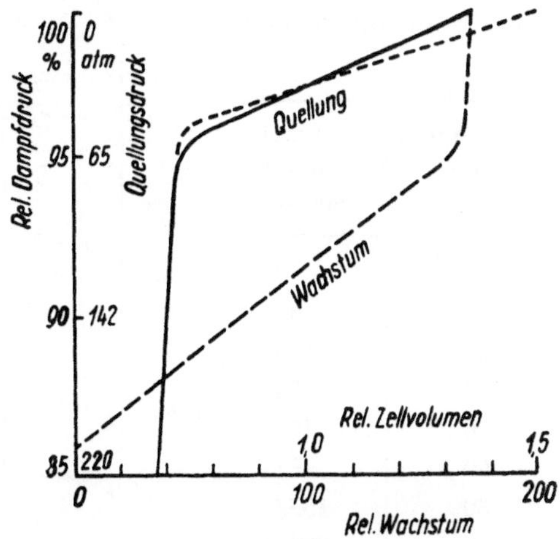


Abb. 135. Protoplasmaquellung (Algensporen) und Wachstum *(Aspergillus)* in Abhängigkeit vom Wasserpotential. (Nach Walter, verändert.)

in Luft verschiedenen relativen Dampfdruckes hergestellt wurden. Es zeigt sich, daß der kritische Punkt der plötzlichen Potentialerniedrigung bei 95% auch der einer plötzlich einsetzenden starken Wachstumshemmung ist.

**Semipermeable Membranen.** Das Plasma ist nach außen wie gegen die Vakuole hin durch *Grenzschichten* abgeschirmt, die für Wassermoleküle relativ leicht, für andere Moleküle und Ionen aber mehr oder weniger schwer durchlässig sind und deshalb als halbdurchlässig *(semipermeabel)* bezeichnet werden. Solche engporige, als *Ultrafilter* wirkende Schichten entstehen durch eine dichte fibrilläre Struktur des Plasmas mit Einlagerung von Lipoiden.

**Osmotischer Druck.** Der gegenüber reinem Wasser erniedrigte Diffusionsdruck einer Lösung führt zu einem *Diffusionspotential,* wenn die Lösung durch eine *semipermeable Membran* gegen Wasser (oder eine Lösung anderer Konzentration) abgegrenzt und an der Vermischung gehindert ist (Abb. 136). Das Diffusionspotential verursacht dann eine Wasserbewegung von der Seite des reinen Wassers (oder der Lösung geringerer Konzentration) nach derjenigen der Lösung *(Osmose).* Der Wassereinstrom bewirkt in der Lösung einen Ausdehnungsdruck, der als *osmotischer Druck* bezeichnet wird. Dieser ist, in Analogie zum Gasdruck, innerhalb gewisser Grenzen der Zahl der frei beweglichen gelösten Teilchen proportional und wächst daher mit der Konzentration der Lösung.

Der osmotische Druck der Lösung entspricht dem Quellungsdruck des Quellkörpers, tritt aber, da die gelösten Teilchen nicht zusammenhängen, nur in Erscheinung, wenn die Lösung durch eine *semipermeable Membran* gegenüber dem freien Wasser begrenzt ist. Er bewirkt in Abb. 136 *a* den Übertritt von Wasser in die Lösung und damit deren Niveauerhöhung, welche als *hydrostatischer Druck* gegenwirkt. Der *Gleichgewichtszustand* ist erreicht, wenn der *osmotische Druck gleich dem hydrostatischen* ist (Abb. 136 *a*). Dann sind die *Dampfdrucke* der Wasser- und Lösungsseite im Niveau ($l-l$) einander gleich, weil der barometrische Druckabfall entlang der Niveaudifferenz $l-w$ gleich der Dampfdruckerniedrigung über der Lösung ist. Dem in Atmosphären angebbaren *osmotischen Druck* an der semipermeablen Membran entspricht also ein in Prozenten des Dampfdrucks reinen Wassers ausgedrückter *relativer Dampfdruck.* Die Beziehung beider Größen gibt beistehende Tabelle.

| Rel. Dampf-druck % | Osmot. Druck bei 20° Atm. |
|---|---|
| 100 | 0 |
| 95 | 68 |
| 90 | 140 |
| 80 | 298 |
| 70 | 476 |
| 50 | 922 |
| 30 | 1555 |
| 10 | 2890 |

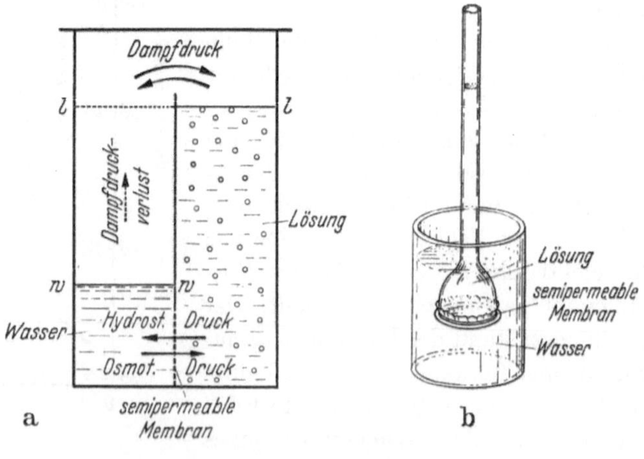

Abb. 136. Osmotisches und Dampfdruckgleichgewicht. *a* Beziehungen der Grundgrößen. *b* Osmometer.

**Saugkraft.** Die *Zellwand* ist mit verhältnismäßig weiten Poren sowohl für Wasser wie gelöste Stoffe im allgemeinen *leicht durchlässig*. Dagegen bildet das *Plasma* mit seinen Grenzschichten eine *semipermeable Membran* zwischen dem eine Lösung mit *osmotischem Druck* darstellenden *Zellsaft* der Vakuole und der Flüssigkeit außerhalb der Zelle, die wir zunächst als reines Wasser annehmen. Solange die Zellwand entspannt ist (Abb. 137 *I*), wirkt der gesamte osmotische Druck als *Saugkraft* (der Name ist physikalisch insofern unkorrekt, als es sich um einen Druck handelt). Mit dem Einströmen von Wasser erhöht sich Wassergehalt und Volumen des Zellinhaltes, der osmo-

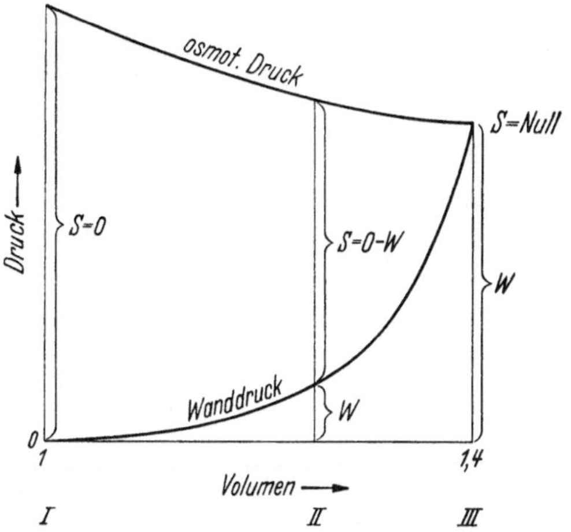



Abb. 137. Osmotischer Zustand und Wassergehalt (Volumen) der Zelle. *O* Osmotischer Druck des Zellsaftes. *W* Wanddruck. *S* Saugkraft der Zelle. I Zellwand entspannt, Zelle saugt Wasser ein. II Zelle in Dehnung. III Zelle im Gleichgewicht. (Nach Höfler, Burström, verändert.)

tische Druck nimmt durch Verdünnung etwas ab. Die Vergrößerung des Volumens dehnt und spannt die Zellwand, die nun entgegen dem osmotischen Druck einen elastischen *Wanddruck (Turgor)* ausübt und damit die Saugkraft herabsetzt (*II*). Es gilt die Gleichung

$$\text{Saugkraft} = \text{osmotischer Druck} - \text{Wanddruck (Turgor).}$$

Die Wasseraufnahme erreicht ihr Ende, wenn der Wanddruck gleich dem osmotischen Druck geworden ist. Dann ist die Saugkraft null (*III*).

In der entspannten (turgorlosen) Zelle ist der *Dampfdruck* des Zellsaftes erniedrigt und damit das *Wasserpotential* verschlechtert. Im turgeszenten Endzustand (*III*) dagegen besteht keine Dampfdruckerniedrigung mehr, weil die durch den Wanddruck verursachte Verdichtung der Wassermoleküle ihre Unfreiheit ausgleicht, das Wasserpotential ist optimal.

Dem osmotischen Druck des Zellsaftes ist im Gleichgewichtszustand der Zelle der *Quellungsdruck des Plasmas* gleich.

**Plasmolyse.** Die osmotischen Vorgänge spielen sich auch zwischen zwei Lösungen verschiedener Konzentration ab, wobei die Differenz der beiden osmotischen Drucke wirksam ist. Man bezeichnet Lösungen mit gleichem osmotischem Druck als *isotonisch*, bei ungleichem Druck die mit dem höheren als *hypertonisch*, die mit dem niedrigeren als *hypotonisch*.

Eine gegenüber dem Zellsaft hypertonische Lösung entzieht der Zelle Wasser. Dabei entspannt sich zunächst die Zellwand. Dann zieht sich das Plasma zusammen, mit kleinen Abhebungen von der Zellwand beginnend (Abb. 138 *A*) bis zur vollständigen Loslösung und Abkugelung (*B, C*). Dieser Vorgang heißt *Plasmolyse*. Durch Einbringen der Zelle in Wasser oder eine hypotonische Lösung wird er rückgängig gemacht *(Deplasmolyse)*. Plasmo- und Deplasmolysierbarkeit sind gute Kriterien für den *lebenden* Zustand des Plasmas; mit dem beim Absterben eintretenden Zerfall seiner Struktur erlischt auch die Semipermeabilität.

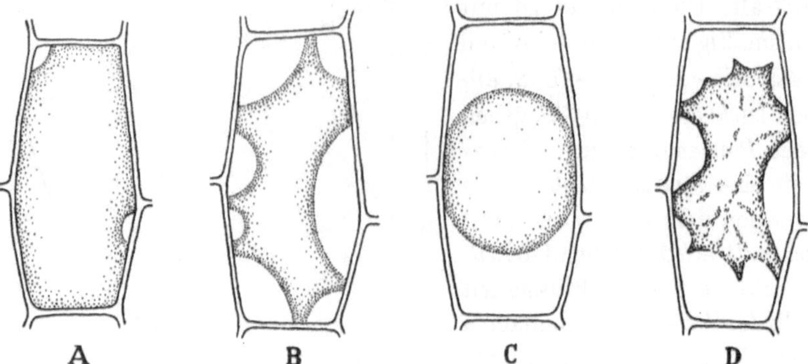

Abb. 138. Plasmolyseformen. *A* Grenzplasmolyse. *B* Konkavplasmolyse. *C* Konvexplasmolyse. *D* Krampf-plasmolyse.

In Reihenversuchen mit Lösungen abgestufter Konzentration, z. B. von Zucker, findet man die dem Zellsaft isotonische Lösung als diejenige, welche eben die erste kleine Abhebung des Plasmas verursacht *(Grenzplasmolyse).* Der so bestimmte *osmotische Druck* (oder osmotische Wert) der Zellen liegt meist zwischen etwa 5 und 15 Atm. Um die *Saugkraft* einer Zelle zu messen, bestimmt man zunächst ihr Volumen (bzw. ihren mikroskopischen Querschnitt) in Paraffinöl und überführt sie dann in abgestufte Zuckerlösungen. Der osmotische Wert derjenigen, bei der sich das Volumen weder vergrößert noch verkleinert, gibt die Saugkraft an.

**Permeabilität.** Da die plasmatischen Grenzschichten einzelne größere Poren enthalten, sind sie auch für Moleküle und Ionen gelöster Stoffe mehr oder weniger durchlässig *(permeabel).* Deshalb geht die Plasmolyse durch das langsame Eindringen der plasmolysierenden Substanz in den Zellsaft und die dadurch bedingte Erhöhung seines osmotischen Druckes allmählich wieder zurück. Die *Plasmapermeabilität* für einen Stoff ist keine Konstante, sondern mit der Plasmastruktur art- und gewebespezifisch verschieden, ja auch für ein und dieselbe Zelle zeitlich wechselnd und von den inneren und äußeren Bedingungen abhängig. *Die Grenzschichten werden damit zu wichtigen Regulatoren der Stoffaufnahme und -abgabe.*

Bei der als Ultrafiltration erfolgenden *Porenpermeabilität* sind neben dem Molekülvolumen auch die den Durchgang hemmenden Adhäsionskräfte zwischen Molekül und Porenwand zu beachten. Sie sind für hydrophobe (lipophile) Substanzen geringer als für hydrophile. Die ersteren permeieren deshalb bei gleicher Molekülgröße schneller, zumal da für sie noch eine *Lipoidpermeabilität* hinzukommt, bei welcher der Durchtritt unter Lösung in den am Aufbau der Grenzschichten stark beteiligten Plasmalipoiden erfolgt. Manche lipoidlöslichen Stoffe, wie z. B. Alkohol, permeieren sogar schneller als Wasser und bewirken statt Plasmolyse Ausweitung des Plasmas bis zum Platzen der Zelle. Bei Ionen treten elektrische Kräfte auf, zumal bei Anionen gegenüber der normalen negativen Plasmaaufladung; ihre Überwindung ist nur durch Energieaufwand (Atmung) möglich.

## II. Stoffwechselphysiologie.

### 1. Der Wasserhaushalt.

#### a) Der hydrolabile Wasserhaushalt.

Der *hydrolabile* (poikilohydre) Wasserhaushalt ist kennzeichnend für die *Thalluspflanzen.* Sie nehmen Wasser ebenso leicht auf wie sie es wieder abgeben und folgen deshalb in ihrem Wasserpotential dem Dampfdruck des Außenmediums.

Diese Organisation ist dem Dasein im *Wasser* als der ursprünglichen Lebensweise durchaus angemessen, da hier die Gleichmäßigkeit des Mediums ein dauernd günstiges Wasserpotential gewährleistet. Es liegt auch im Meerwasser noch im optimalen Bereich (Abb. 135), da bei 4% Salzgehalt ein osmotischer Druck von etwa 34 Atm. bzw. eine Dampfdruckerniedrigung auf 97,5% gegeben sind.

Anders werden die Verhältnisse, wenn Thalluspflanzen zum Leben in der *Luft* übergehen, wo der relative Dampfdruck stark schwankt und meist erheblich unter 95% liegt. Bei so niederen Wasserpotentialen ist kein aufbauender Stoffwechsel mehr

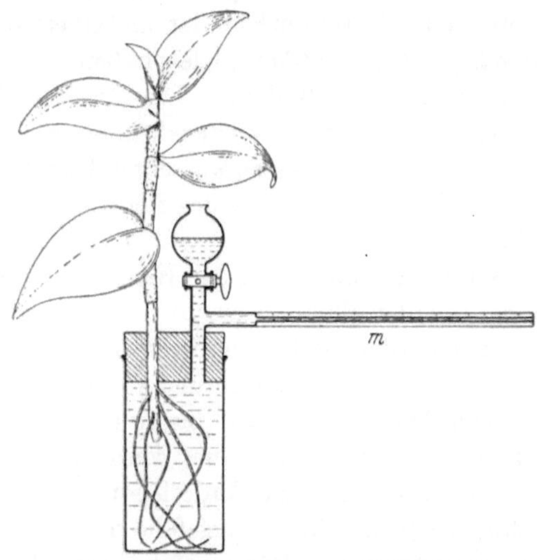

Abb. 139. Wägungspotometer. *m* Meßkapillare.

möglich. Das Plasma geht vielmehr in einen *Ruhezustand* über, der aber infolge der Unstabilität der plasmatischen Struktur nur unter Energieaufwand (Atmung) und deshalb nicht beliebig lang aufrechterhalten werden kann. Die *Resistenz* im *ausgetrockneten* und die Dauer aktiver Lebensperioden im *feuchten Zustand* begrenzen somit die Besiedelungsmöglichkeit trockenerer Standorte, und die große Mehrzahl der Thallophyten bleibt auf feuchtere beschränkt.

### b) Der hydrostabile Wasserhaushalt.

Die *Kormophyten* (S. 56) stabilisieren den Wasserhaushalt, indem sie die *Wasseraufnahme* in den gleichmäßiger feuchten *Erdboden* verlegen und die *Wasserabgabe* an die *Luft* durch Kutikula und Spaltöffnungen regeln. Dadurch wird das Wasserpotential in der Pflanze weitgehend unabhängig von den Außenbedingungen *(hydrostabile,* homoiohydre Pflanzen).

Die *Grundvorgänge* des hydrostabilen Wasserhaushaltes lassen sich im Potometerversuch (Abb. 139) demonstrieren. Die *Wasseraufnahme* der Wurzeln ergibt sich aus dem Zurückweichen des Wassers in der Meßkapillare, die *Wasserabgabe* der Blätter und Sproßachsen aus der Gewichtsabnahme des ganzen Apparates. Die *Wasserleitung* kann durch Zusatz von Farbstoffen zum Potometerwasser sichtbar gemacht werden.

### α) Wasseraufnahme.

**Bodensaugkraft.** Die Bodenteilchen (Abb. 140) lassen zwischen sich Hohlräume sehr verschiedener Weite. Die größeren sind normalerweise nur nach Niederschlägen von *Sickerwasser* durchflossen, sonst mit Luft gefüllt. In den engeren dagegen wird Wasser kapillar festgehalten *(Haftwasser),* um so stärker, je kleiner ihr Durchmesser ist. Außerdem überzieht mit außerordentlich starken Kräften festgehaltenes Hydratationswasser die Bodenteilchen. Je kleiner die Einzelteilchen sind, um so größer ist die wasserhaltende innere Oberfläche des Bodens und um so zahlreicher sind feine Kapillaren. Solche *feindisperse Böden* (Ton, Lehm) sättigen sich mit einer großen Menge Wasser (hohe *Wasserkapazität*), halten dieses aber auch großenteils mit starken Kapillar- und Oberflächenkräften fest (hohe *Bodensaugkraft*). *Grobdisperse Böden* (Sand, Kies) haben eine kleine Wasserkapazität, aber fast alles Wasser ist leicht absaugbar. Die *Bodensaugkraft* wird, abgesehen von der im allgemeinen wenig ins Gewicht fallenden osmotischen Salzkonzentration der Bodenlösung, von den weitesten wassergefüllten Kapillaren bestimmt; sie wächst mit zunehmender Austrocknung des Bodens, die das Wasser auf engere Kapillaren beschränkt.

**Wurzelsaugkraft.** Bei der *Wasseraufnahme* muß die Bodensaugkraft von der Saugkraft der Wurzelhaar- bzw. Wurzelepidermiszellen *(Wurzelsaugkraft)* überwunden werden, welche maximal gleich dem osmotischen Druck ist (Abb. 137). Dabei werden in trockenen und salzigen Böden von besonders angepaßten Pflanzenarten Wurzelsaugkräfte bis zu etwa 100 Atmosphären erreicht. Neben dieser *statischen* Voraussetzung einer Wasseraufnahme besteht die *dynamische* Forderung einer genügend großen Förderleistung. Für die Geschwindigkeit der Wasseraufnahme ist neben dem Sauggefälle die *Wassernachströmung* im Boden begrenzend, welche in trockenen Böden infolge der hohen kapillaren Leitungswiderstände nur sehr langsam vor sich geht. Die Gewinnung genügender Wassermengen verlangt deshalb die Anzapfung sehr vieler und wechselnder Bodenstellen. Das wird durch die Bildung eines reichverzweigten Systems von Saugwurzeln und die dauernde Verschiebung der wurzelhaartragenden Zone verwirklicht (Abb. 140). So entwickelt beispielsweise eine freistehende Roggenpflanze bei 1—2 m Wurzeltiefe etwa 2 Millionen Seitenwurzeln mit einer Gesamtlänge von nicht weniger als 80 km, welche im geschlossenen Verband einer 15-cm-Reihensaat zwar geringer wird, aber immer noch etwa 1 km beträgt.

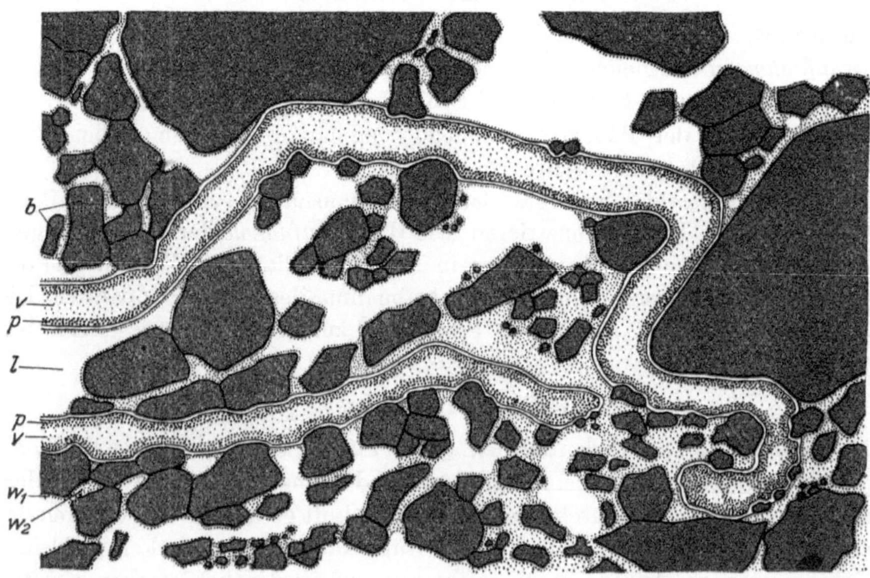


Abb. 140. Wurzelhaare im Erdboden. *p* Plasmaschlauch, *v* Vakuole von Wurzelhaaren. *b* Feste Bodenteilchen. Auf der linken Seite der Zeichnung ist das der Wurzel zugängliche Wasser fast völlig aufgenommen, auf der rechten befinden sich noch Wasservorräte. $w_1$ Hydratationswasser, $w_2$ Kapillarwasser, *l* Luftraum. Etwa 1/100.

### β) **Wasserleitung.**

**Plasmatische Leitung.** Eine Wasserleitung von *Zelle zu Zelle* ist mittels *osmotischer Saugkraftpotentiale* möglich. Wird in einer Zellreihe der Anfangszelle Wasser entzogen, so erhöht sich ihre Saugkraft (Abb. 137) und entzieht der Nachbarzelle Wasser. Indem sich dieser Vorgang von Zelle zu Zelle fortpflanzt, entsteht eine Wasserströmung. Ihr Widerstand ist aber außerordentlich groß, weil die Wassermoleküle bei jedem Zellübergang das Ultrafilter der Plasmagrenzschicht passieren müssen. Bei den in der Pflanze möglichen osmotischen Potentialgefällen können deshalb gemäß dem vom elektrischen Strom her bekannten OHMschen *Gesetz*:

$$\text{Stromstärke} = \frac{\text{Potentialdifferenz}}{\text{Widerstand}}$$

nur sehr geringe Stromstärken erreicht werden, so daß die plasmatische Leitung vielleicht im wesentlichen nur der Wasserversorgung der einzelnen *Zellen* dient.

**Membranleitung.** Mit der osmotischen Saugkraft des Zellinhaltes steht die *kapillare Saugkraft* der *Zellwand* im Gleichgewicht, die, wie die Bodensaugkraft, durch unvollständige Wasserfüllung der Intermizellarräume zustande kommt. Zwischen Zellen verschiedener Saugkraft besteht also auch ein Potentialgefälle in den Zellwänden, das eine *Membranleitung* hervorruft. Da die Wandintermizellaren erheblich weiter sind als die Plasmaporen und infolgedessen einen viel kleineren Leitungswiderstand haben, geht *im Gewebe* der größere Teil des Wasserstromes diesen Weg. Das gilt namentlich für den Wassertransport von der Wurzelepidermis bis zu den Wurzelgefäßen und von den Blattnerven in das Blattmesophyll.

**Gefäßleitung.** Zum *Massentransport* von Wasser auf *größere Strecken* benutzt die Pflanze die *Gefäße.* Der *Leitungswiderstand* derselben setzt sich aus dem Reibungswiderstand entlang den Längswänden und dem Durchgangswiderstand der Zwischenwände zusammen. Der erstere vermindert sich sehr stark mit zunehmendem Gefäßdurchmesser, der letztere mit zunehmender Länge der Einzelgefäße. In beiden Beziehungen sind die Tracheen den Tracheiden weit überlegen. Unter gleichem Druck läßt deshalb Laubholz in gleicher Zeit viel mehr Wasser durchfließen als Nadelholz (Abb. 141); besonders weite Gefäße mit niederen Leitungswiderständen haben die Lianen.

Das die Wasserströmung treibende Saugkraftpotential zwischen Blattmesophyll und Wurzelzentralzylinder wird durch die Transpiration der Blätter geschaffen und geht damit im letzten Ende auf das Dampfdruckpotential zwischen trockener Luft und feuchtem Boden zurück. Man kann seine Wirksamkeit in der Versuchsanordnung der Abb. 142 *b* an der Hebung von Quecksilber erkennen und zeigen, daß man das Saugpotential transpirierender Blätter durch das einer abdunstenden porösen Tonzelle ersetzen kann (Abb. 142 *a*). Die zur Verdunstung des Transpirationswassers notwendige Wärmeenergie stammt aus der Luft und letztlich aus der Sonnen-

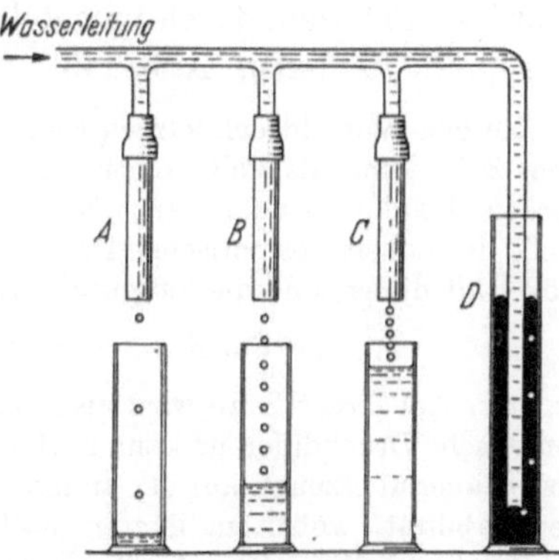


Abb. 141. Leitungswiderstand verholzter Zweigstücke. *A* Nadelholz. *B* Laubholz. *C* Liane. *D* Quecksilberventil zur Herstellung konstanten Druckes. (Nach Huber, veränd.)

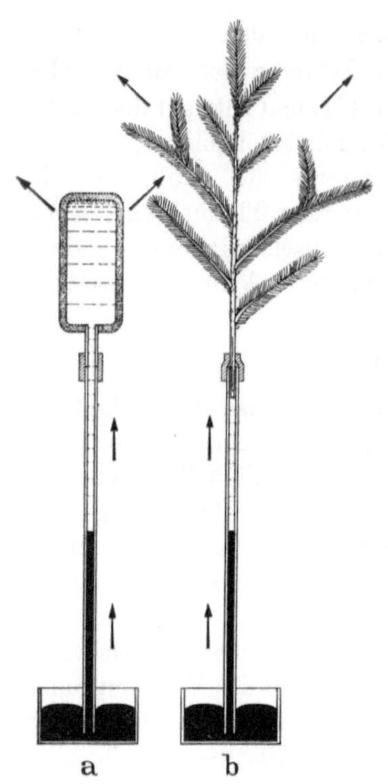



Abb. 142. Wasserhebung durch einen verdunstenden wassergefüllten Tonzylinder (a) und einen transpirierenden Zweig (b).

einstrahlung; sie macht einen erheblichen Teil des Gesamtwärmeumsatzes der·Erde aus.

**Kohäsionstheorie.** Mit der Strömung erfolgt in den Gefäßen eine *Hebung* des Wassers, die bei Bäumen bis über 100 m betragen kann.

Solche weit über die Barometeisäule hinausgehende Steighöhen sind in der Pflanze möglich, weil die hydrophilen Zellulosewände der Gefäße eine Bläschenausscheidung‘ gelöster Luft verhindern und weil die Adhäsion der in den Gefäßwand-Intermizellaren verankerten Wassersäule sowie die innere Kohäsion des Wassers außerordentlich groß ist *(Kohäsionstheorie)*; beispielsweise sind bei Farnsporangien (Abb. 180) Drucke von über 350 Atm. für das Abreißen des Füllwassers erforderlich.

Auch in der Versuchsanordnung der Abb. 142*a* kann man bei sorgfältiger Entfettung des kapillaren Steigrohres Quecksilberhöhen von weit über 1 Atm. erreichen, während in *b* durch die Schnittfläche austretende Interzellularenluft den Versuch vorzeitig beendet.

In der intakten Pflanze führen Undichtigkeiten der Gefäßwände zum Eindringen von Luftblasen und damit zur Unterbrechung der Leitfähigkeit. Diese mit dem Alter des Holzes wachsende Gefahr macht es verständlich, daß die Pflanze die älteren Holzteile verkernt und nur noch zur Festigung des Stammes benutzt.

**Wurzeldruck.** Außer durch Transpirationssog kann in den Gefäßen eine Wasserbewegung dadurch entstehen, daß angrenzende *lebende* Zellen Wasser in sie einpressen. Das geschieht vor allem oft in Wurzeln. Das Gefäßwasser steht dann unter Überdruck *(Wurzeldruck)* und tritt aus Schnittstellen als *Blutungssaft* aus, so bei austreibenden Bäumen im Frühjahr, oder es wird, wie nachts bei vielen krautigen Pflanzen, durch umgebildete Spaltöffnungen *(Hydathoden)* als Tropfen ausgepreßt *(Guttation,* Abb. 143).

Die den Wurzeldruck letzten Endes bedingende *einseitige Ausscheidung* von Wasser aus einer Zelle kann als Folge einer osmotischen Druckdifferenz innerhalb dieser verstanden werden. Da die über die ganze Zelle hinweg gleiche elastische·Wandspannung durch die Stelle des höheren osmotischen Drucks bestimmt wird, ist sie auf der Seite des niedrigeren größer als dieser, und die Saugkraft wird nach der Beziehung:

$$\text{Saugkraft} = \text{osmotischer Druck} - \text{Wanddruck}$$

negativ. Auf dieser Seite wird also Wasser ausgepreßt, auf der anderen eingesaugt. Eine osmotische Druckdifferenz kann z. B. dadurch zustande kommen, daß Zucker auf der einen Seite dauernd erzeugt, auf der anderen verbraucht wird, etwa durch Atmung oder erhöhte Permeabilität, wobei im letzten Fall der Blutungssaft zuckerhaltig ist (Zuckerpalme, Zuckerahorn). Ein solches Ungleichgewicht erfordert natürlich dauernden Energieaufwand. Auf diese Weise wird auch in der Wurzelepidermis die Saugkraft der Zentralzylinderzellen gegenüber der der Rindenzellen herabgesetzt (Endodermissprung) und damit das Potentialgefälle des Gefäßwassers auf einen niederen Ausgangspunkt gebracht.

### γ) Wassergabe.

Abgesehen von der Guttation erfolgt die Wasserabgabe der Pflanze an die Luft durch Verdunstung *(Transpiration).* Sie ist vergleichbar mit der Abdunstung einer freien Wasserfläche oder eines wassergesättigten Quellkörpers *(Evaporation).*

**Evaporation.** Die Evaporation kann als *Wasserdampfstrom* aufgefaßt werden, der von dem Dampfdruckpotential zwischen Wasseroberfläche und freier Luft getrieben wird. Dieses ist gleich der als *Sättigungsdefizit der Luft* bezeichneten Differenz zwischen dem bei der gegebenen Temperatur *maximalen Dampfdruck* an der dampfgesättigten *Wasseroberfläche* und dem *Dampfdruck* in der meist nicht dampfgesättigten *Atmosphäre.* Bei 20° beträgt beispielsweise das Sättigungsdefizit für Luft von 60% relativer Feuchtigkeit

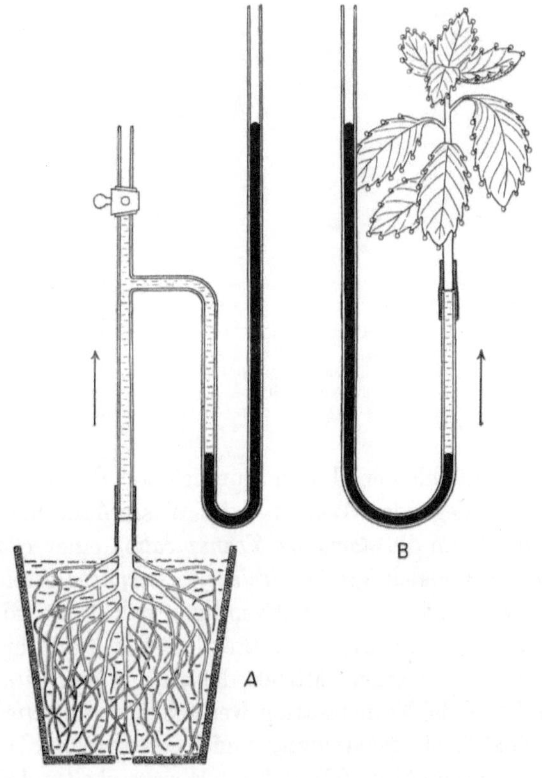

Abb. 143. Wurzeldruck und Guttation. *A* Sproßstumpf mit aufgesetztem Quecksilbermanometer. *B* Auspressung von Wassertropfen aus den Blattzähnen von Impatiensblättern durch Quecksilberdruck. (Nach Detmer, verändert.)

17,4 — 10,4 = 7 mm Hg. Das Potential und damit die Verdunstung ist stark *temperatur-* und *strahlungs*abhängig, das letztere deshalb, weil bei Einstrahlung die Wasseroberfläche sich erwärmt und damit ihr Dampfdruck ansteigt. Ebenso bekannt ist der trocknende Einfluß des *Windes,* welcher durch die Zerstreuung und Wegführung der diffundierenden Wasserdampfmoleküle verdunstungsfördernd wirkt.

**Kutikulare Transpiration.** Die Verdunstung von den Oberflächen der Sproßachsen und Blätter aus wird durch die kutinisierte Epidermisaußenwand begrenzt, weil deren enge Intermizellarräume nur ein langsames Nachströmen von Wasser gestatten. Die *kutikulare Transpiration* ist deshalb nur ein Bruchteil der Evaporation, dessen Betrag hauptsächlich von der Stärke und Beschaffenheit der Kutikula und der Epidermisaußenwand abhängt.

**Stomatäre Transpiration.** Die Hauptmenge des abgegebenen Wasserdampfes stammt in der Regel aus dem *Blattinnern* und wird durch die *Spaltöffnungen* reguliert *(stomatäre Transpiration).* Die verdunstende Fläche bilden die an die Interzellularen grenzenden Zellen des Mesophylls, vor allem des Schwammgewebes. Die ganz oder nahezu dampfgesättigte Luft der Interzellularräume stellt in den Spaltöffnungssporen ein Niveau hohen Dampfdruckpotentiales vor (Abb. 144 *W—W),*

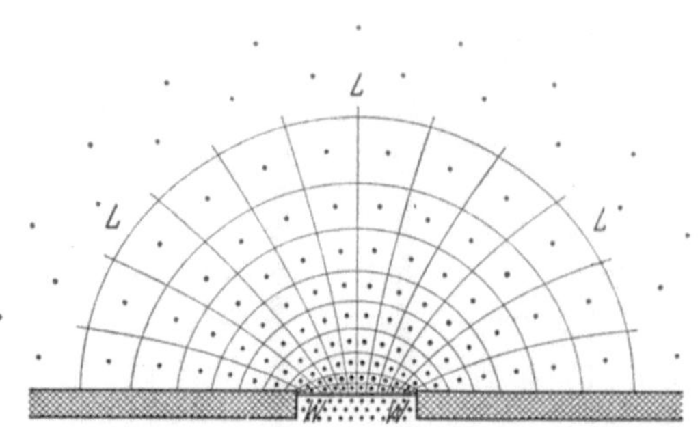

Abb. 144. Wasserdampfkuppe über einer Pore. $W-W$ Dampfdruckniveau einer Wasseroberfläche oder feuchter Luft. $L-L$ Dampfdruckniveau der freien trockenen Luft. Eingezeichnet Niveauflächen und Strömungslinien, Moleküle durch Punkte angedeutet. (Nach Brown und Escombe, verändert.)

von welchem aus sich ein kuppenförmiger Dampfstrom nach dem niederen Potential der freien Luft ($L-L$) hin ergießt. Dabei ist an den Porenrändern die Verdunstung größer als in der Mitte, weil sich dort die diffundierenden Moleküle auch seitlich zerstreuen können, während sie in der Mitte wie in einem Strombett eingeengt sind. Kleinere Flächen verdunsten deshalb, auf die Flächeneinheit bezogen, stärker als größere, und eine genügend dicht mit kleinen Poren durchsetzte Platte hemmt die Wasserabgabe einer darunterliegenden Wasser- oder Wasserdampffläche praktisch nicht. Aus diesem Grund kann die *stomatäre Transpiration* einer *Blattfläche* den Wert der *Evaporation* einer gleich großen *freien Wasserfläche* erreichen, wenn auch die meisten Blätter nicht die dazu notwendige Spaltöffnungsdichte besitzen. Auf der anderen Seite aber kann die stomatäre Transpiration durch Schließen der Spalten *völlig unterbunden* werden. Mittels der *Spaltöffnungsbewegung* ist daher die Pflanze in der Lage, die Transpiration weitgehend zu *regulieren* (Abb. 145).

**Spaltöffnungsbewegung und Transpiration.** Der die Spaltweite bestimmende *Turgordruck* (Abb. 102) ist durch *Wassergehalt* und Konzentration der *osmotisch wirksamen Substanz* bestimmt. Als letztere wirkt hauptsächlich Zucker, dessen Menge gemäß der $p_H$-abhängigen Gleichgewichtsreaktion (Abb. 133)

$$\text{Zucker} \rightleftharpoons \text{Stärke}$$
$$\text{(osmot. wirksam)} \qquad \text{(osmot. unwirksam)}$$

regulierbar ist. Da die Schließzellen als einzige Epidermiszellen Chloroplasten führen, sinkt die $CO_2$-Spannung und damit die Wasserstoffionenkonzentration nach Sonnenaufgang. Die $p_H$-Erhöhung verzuckert Stärke, der osmotische Druck und die Saugkraft steigen an, die Schließzellen entziehen den angrenzenden Epidermiszellen Wasser, erhalten einen höheren Turgor und öffnen sich. Entgegengesetzt dieser in Wirklichkeit wohl komplizierteren Lichtreaktion erfolgt am Abend die Schließbewegung.

Bleiben die Spalten während des ganzen Tages gleichmäßig vollstän-

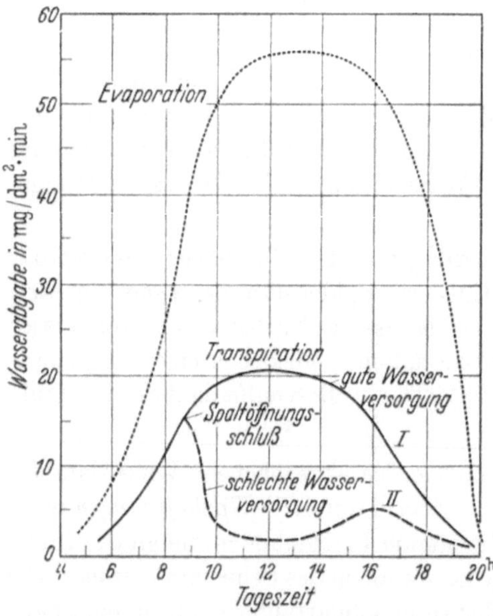


Abb. 145. Tagesgang der Evaporation und Transpiration.

dig offen, so folgt die *Transpiration* dem Gang der Evaporation (Abb. 145 *I*). Tritt aber infolge ungenügender Wasserzufuhr oder hoher Transpiration im Lauf des Tages eine allgemeine Wasserverarmung *(Wasserdefizit)* und Turgorsenkung ein, so erfolgt eine mehr oder weniger weitgehende Verengung der Spalten und damit ein Abfall der Transpiration oft schon am frühen Vormittag (*II*); am Nachmittag tritt dann mit nachlassender Transpiration meist eine Wiederauffüllung des Wassergehaltes ein, und die Lichtreaktion setzt sich wieder durch. Bei sehr starker Luft- und Bodentrockenheit endlich vermögen sich die Spalten überhaupt nicht mehr zu öffnen, und es bleibt nur noch die kutikulare Transpiration übrig. Dieser Zustand ist aber auf die Dauer nicht ertragbar, weil geschlossene Spaltöffnungen keine Photosynthese erlauben.

Man mißt die Transpiration als Gewichtsverlust eingetopfter Pflanzen oder abgeschnittener Teile. Die Transpiration einzelner Flächen, z. B. von Blattober- und Blattunterseite, kann man mit trockenem Kobaltpapier vergleichen, dessen Farbe beim Feuchtwerden von Blau in Rot übergeht. So erhält man auch Aufschluß über die Spaltweiten. Ein anderer Test für diese ist das verschieden starke und schnelle kapillare Eindringen von Flüssigkeiten wie Benzin, Alkohol, Paraffinöl usw. in die Atemhöhlen und Interzellularen (Infiltrationsmethode).

## 2. Der Salzhaushalt.

### a) Aufnahme, Leitung und Ausscheidung der Salze.

**Boden.** Der *Erdboden* enthält *kolloidale Ton-* und *Humusteilchen*, die wie das Eiweiß *Ampholyte* mit normalerweise negativer Überschußladung sind. Sie halten infolgedessen Ionen der Bodensalze fest, in erster Linie Kationen, während die Anionen sich mehr frei in der Bodenlösung bewegen.

**Aufnahme.** Die Aufnahme der Salze in die Pflanze erfolgt wie die des Wassers durch die Wurzelhaare bzw. die Wurzelepidermis, aber permeabilitätsgehemmt. Insoweit die Konzentration eines Ions oder Moleküls in der Bodenlösung größer ist als im Wurzelhaar, findet Ausgleich durch *Diffusion* statt, infolge des sehr hohen Permeationswiderstandes der Plasmagrenzschicht allerdings nur sehr langsam. Dabei kann durch Abtransport oder Festlegung in nicht dissoziierten Verbindungen die Konzentration in der aufnehmenden Zelle dauernd niedergehalten werden. In der Regel aber ist die Konzentration in der Wurzel höher als im Außenmedium. Dann kann eine Salzaufnahme nur unter Arbeitsaufwand der Pflanze erfolgen, der als *Atmungssteigerung* bei der Salzaufnahme nachweisbar ist. Das Wurzelhaar scheidet dabei Kohlensäure aus, die in $H^+ + HCO_3^-$ dissoziiert. Die $H^+$-Ionen verdrängen gemäß einem Massengleichgewicht an den Bodenpartikeln adsorbierte Kationen, z. B. $K^+$ und $Ca^{++}$, welche damit zur Aufnahme frei werden. Der Aufnahmevorgang selbst, bei dem die Anionen gegen die negative Überschußladung der Plasmagrenzschicht bewegt werden müssen, ist noch nicht sicher geklärt. Er ist selektiv, so daß das Ionenverhältnis in der Pflanze anders ist als in der Außenlösung. Im allgemeinen entspricht die Ionenaufnahme dem Bedarf des aufbauenden Stoffwechsels. So wird z. B. aus $(NH_4)_2SO_4$ äquivalent mehr $(NH_4)^+$ als $SO_4^{--}$ aufgenommen, unter Ausgleich des Überschusses durch ausgeschiedene $H^+$-Ionen. Die Folge ist eine Ansäuerung des Bodens, während umgekehrt bei $NaNO_3$ durch stärkere Aufnahme von $NO_3^-$ und Austausch von $HCO_3^-$ eine Alkalisierung eintritt. Diese Wirkungen sind bei der Düngung zu beachten.

**Leitung.** Die *Leitung* der Salze in der Pflanze erfolgt in den *Wasserbahnen* der Membranen und Gefäße. Ihr *Verbrauch* findet hauptsächlich an den Stätten des *Eiweißaufbaues*, d. h. in den *Blättern*, teilweise auch in den *Wurzeln* statt.

**Ausscheidung.** Überschüssige Salze können *ausgeschieden* werden. Kleine Mengen durchdringen mit dem Transpirationsstrom die Kutikula, von der sie der Regen abwäscht. Eine Auscheidung im großen kann durch besondere Absalzdrüsen erfolgen (Salzpflanzen).

## b) Die mineralischen Nährstoffe.

**Einteilung.** Mit Ausnahme von Kohlendioxyd und Atmungssauerstoff, die aus der Luft aufgenommen werden, stammen sämtliche Bauelemente des Pflanzenkörpers aus dem *Wasser* und den *Salzen* des *Bodens*. Die letzteren sind, wie sich aus dem Wachstum in *Nährlösungs-* oder *Sandkulturen* mit variierten Salzzusätzen ergibt, für die Pflanze von sehr verschiedener Bedeutung. Beim Fehlen gewisser Elemente treten typische *Mangelerscheinungen* auf, meist in Form randständiger

Abb. 146. Wasserkulturen von Tomaten in vollständiger Nährlösung und in Mangellösungen ohne Stickstoff und ohne Kalzium. Absterbende Blätter schraffiert. (Nach Müller.)

oder fleckenförmiger Verfärbungen und Vertrocknungen, und die Pflanzen gehen nach Aufbrauch der in den Samen mitgebrachten Salze schließlich ein (Abb. 146).

Von den *lebensnotwendigen* Salzen werden einige in größerer Menge gebraucht (Grundnährstoffe), andere nur in Spuren (Spurenelemente).

Zu den *Grundnährstoffen* gehören, abgesehen von $CO_2$, $O_2$ und $H_2O$, die Ionen $K^{\cdot}$, $Ca^{\cdot\cdot}$, $Mg^{\cdot\cdot}$, $NH_4^{\cdot}$ oder $NO_3'$, $H_2PO_4'$ und $SO_4''$. Die *Spurenelemente* (Mikronährstoffe) sind, wenn nicht besonders gereinigte Salze benutzt werden, im allgemeinen schon als Verunreinigungen vorhanden. Sie umfassen eine große Zahl von Elementen der niederen Ordnungszahlen, deren Umfang noch nicht genau abgegrenzt ist. Von besonderer Bedeutung sind $Fe^{\cdot\cdot}$ oder $Fe^{\cdot\cdot\cdot}$, $Mn^{\cdot\cdot}$, $Cu^{\cdot\cdot}$, $Zn^{\cdot\cdot}$, $BO_3'''$, $MoO_4''$; in zweiter Linie stehen $Co^{\cdot\cdot}$, $Ni^{\cdot\cdot}$, $Al^{\cdot\cdot\cdot}$, $Ti^{\cdot\cdot\cdot\cdot\cdot}$, $Li^{\cdot}$, $Sn^{\cdot\cdot}$, $Cl'$, $Br'$, $J'$, $Fl'$, $SiO_3''$.

**Bedeutung.** An erster Stelle des mengenmäßigen Bedarfs steht der *Stickstoff*, der für den Aufbau des Eiweißes grundlegend ist. *Phosphor* ist Bestandteil gewisser sehr wichtiger Eiweißkörper (Nukleoproteide, S. 37) und der Lipoide (Phosphatide, S. 36); außerdem spielt er eine große Rolle bei vielen Fermentreaktionen, zumal als Energieüberträger (S. 108). *Schwefel* ist Baustoff von Eiweißen und Enzymen. *Magnesium* bildet vor allem einen Bestandteil des Chlorophylls (S. 41). *Eisen* ist notwendig für den Aufbau von Chlorophyll (Chlorose beim Fehlen desselben) und stets in den Chloroplasten vorhanden. Es dient im Übergang $Fe^{\cdot\cdot} \rightleftharpoons Fe^{\cdot\cdot\cdot}$ als Sauerstoffüberträger, z. B. in Atmungsfermenten, die teilweise auch *Kupfer* benutzen. *Mangan* spielt wahrscheinlich ebenfalls eine Rolle bei Redox-Reaktionen Das *Kalium* wirkt in erster Linie als Ion, indem es mit *Kalzium* als Gegenspieler den kolloidalen Zustand des Protoplasmas (S. 111) und damit den Ablauf der vitalen Reaktionen reguliert.

Eine Anzahl Elemente, und zwar die, an denen am leichtesten Mangel auftritt, Stickstoff, Phosphor, Kalium und Magnesium sind innerhalb des pflanzlichen Stoffwechsels leicht *verschiebbar*. Sie werden von der Pflanze dem Wachstum vorauseilend auf Vorrat aufgenommen; bei eintretendem Mangel versucht die Pflanze zunächst weiter zu wachsen, indem die *älteren* Blätter abgebaut und ihre Nährstoffe den Vegetationspunkten zugeführt werden. Die übrigen Nährsalze dagegen werden *unbeweglich* in das Plasma eingebaut, und Mangel an ihnen macht sich zuerst an den *jungen* Blättern bemerkbar (Abb. 146 „ohne N" und „ohne Ca").

**Kreislauf.** Nach dem Absterben der Pflanzen kommen die Salze bei der *Verwesung* in den Boden zurück. Verluste durch Auswaschung usw. werden aus der *Verwitterung* der Bodenmineralien, bei Stickstoff, der in Mineralien nicht vorkommt, aus dem *Luftstickstoff* (Salpeterbildung beim Gewitter, Tätigkeit von Bakterien) ergänzt (Abb. 275). Dieser Kreislauf wird bei intensiver Landwirtschaft durch das Wegfahren großer Ernten unterbrochen. Die Lücke muß durch *mineralische Düngung* geschlossen werden. Dabei sind in erster Linie Stickstoff, Kali, Phosphor und Kalzium wichtig, das letztere als Kalk vornehmlich auch zur Pflege und Verbesserung des Bodens.

## 3. Der Kohlenstoffhaushalt.

### a) Die Assimilation.

#### α) Photosynthese.

**Bedeutung.** Der gesamte Kohlenstoff der Pflanzen stammt aus dem *Kohlendioxyd der Luft und des Wassers*. Seine Überführung aus dieser energiearmen Verbindung in energiereiche Kohlehydrate bildet die stoffliche und energetische

Grundlage des gesamten pflanzlichen und damit auch des tierischen und menschlichen Lebens. Der mit Licht als Energiequelle durchgeführte Vorgang *(Photosynthese)* stellt den großartigsten *Massenprozeß* der Erde vor, wobei zu bedenken ist, daß auch die gesamten Torf-, Kohlen- und Erdöllager auf ihn zurückgehen.

In der *Atmosphäre* ist $CO_2$ zwar nur in einer Konzentration von 0,03 Vol.-% vorhanden, macht aber eine Gesamtmenge von etwa 2,5 Billionen Tonnen aus, von denen durch die Landpflanzen jährlich etwa 60 Milliarden Tonnen in organische Substanz umgewandelt (assimiliert) werden. Darin ist ein dem Sonnenlicht entnommener Energiebetrag von etwa 150000 Billionen kg-Kalorien gespeichert. Die Konzentration des Kohlendioxydes in der Atmosphäre bleibt dabei im ganzen konstant, indem der Entnahme durch die Photosynthese ein Wiederzugang durch die Atmung und Verwesung von Pflanzen und Tieren, durch vulkanische Exhalation und industrielle Verbrennung gegenübersteht (Abb. 275). Im Wasser der *Ozeane* ist etwa 90mal soviel $CO_2$ als in der Atmosphäre gelöst und in Karbonaten vorhanden (S. 189). Da es in höherer Konzentration vorliegt, wird die photosynthetische Leistung des pflanzlichen Planktons je Hektar etwa doppelt so hoch wie die der Landpflanzen angenommen, was auf die Gesamtfläche der Meere eine jährliche Verarbeitung von etwa 330 Milliarden Tonnen $CO_2$ ergibt. Der *Gesamtprozeß* auf der Erde umfaßt also jährlich etwa 390 Milliarden Tonnen $CO_2$ mit 106 Milliarden Tonnen reinem Kohlenstoff und einem Energiegewinn von etwa 1 Trillion ($10^{18}$) kg-Kalorien oder 1,2 Billiárden ($10^{15}$) Kilowattstunden.

**Gesamtvorgang.** Wenn wir Zucker als erstes Assimilationsprodukt annehmen, folgt der *Gesamtvorgang* der photosynthetischen Assimilation des Kohlendioxyds (meist einfach als Assimilation bezeichnet) der Gleichung

$$6\,CO_2 + 6\,H_2O\,(+\,675000\,\text{cal}) = C_6H_{12}O_6 + 6\,O_2$$
$$\text{Glukose}$$

Der *Gaswechsel* läßt sich qualitativ demonstrieren, wenn man Pflanzenblätter in tief ausgeatmeter menschlicher Atemluft dem Sonnenlicht aussetzt und vor und nach dem Versuch die Sauerstoffmenge mit einer brennenden Kerze, die Kohlendioxydmenge mit Kalk- oder Barytwasser prüft (Abb. 147). Bei Wasserpflanzen kann man den abgegebenen Sauerstoff in einem Reagenzglas auffangen und durch Aufflammen eines glimmenden Spanes identifizieren. Quantitative Messungen ergeben gemäß der Bruttoformel das Volumenverhältnis $\frac{O_2}{CO_2}$ zu 1 (assimilatorischer Quotient). Die *Assimilate* häufen sich bei den meisten Pflanzen während der Photosynthese als Stärke an und werden erst im Laufe der folgenden

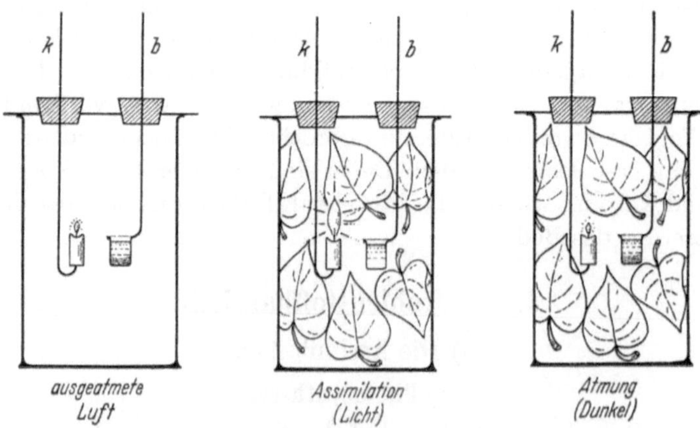


Abb. 147. Gaswechsel bei Assimilation und Atmung. Sauerstoffmenge an brennender Kerze (*k*), Kohlendioxydmenge an Barytwasser (*b*) geprüft.

Nacht als Zucker vollständig abgeführt. Den unterschiedlichen Stärkegehalt kann man nach Extraktion des Chlorophylls mit Alkohol an der vorhandenen oder fehlenden Blaufärbung mit Jodlösung nachweisen; mit einer Schablone verdunkelte Stellen erweisen sich dabei am Abend als stärkefrei.

**Reaktionsmechanismus.** Der *Grundvorgang* der photosynthetischen Assimilation ist die *Reduktion* von $CO_2$ zu der Kohlehydrat-Aufbaugruppe $H-\overset{|}{\underset{|}{C}}-OH$ mit Hilfe von *aktiviertem Wasserstoff*

$$CO_2 + 4\,H \rightarrow H\overset{|}{\underset{|}{C}}OH + H_2O$$

Die Reduktion ist in eine fermentativ gesteuerte *Kette von Einzelreaktionen* eingebaut, welche, durch Lichtenergie angetrieben, vom atmosphärischen Kohlendioxyd zum fertigen Assimilat, in der Regel Glukose, führt. Die meisten dieser Vorgänge sind lichtunabhängig, d. h. sie können sowohl im Licht wie im Dunkeln erfolgen, und werden deshalb als *Dunkelreaktionen* bezeichnet; ihre Reaktionsgeschwindigkeit ist temperaturabhängig. Ihnen steht die *Lichtreaktion* gegenüber, welche als photochemischer Prozeß temperaturunabhängig ist. Durch Auflösung der Lichtzufuhr in Lichtblitze und dazwischenliegende Dunkelpausen lassen sich die beiden Reaktionen trennen und in ihren Ablaufzeiten bestimmen; die Lichtreaktion benötigt nur $^1/_{100\,000}$ Sekunde, während die Dunkelreaktionen bei $25°$ 0,04 Sekunden beanspruchen. Die Darbietung von Ausgangssubstanzen mit C-, H- und O-Isotopen, deren Verbleib in der Pflanze radioaktiv oder massenspektroskopisch verfolgt werden kann, hat sich als wertvolles Hilfsmittel für die Aufklärung der Reaktionsabläufe erwiesen.

In der *Lichtreaktion* wird aus Wasser *Wasserstoff aktiviert* unter Freisetzung von Sauerstoff:

$$4\,H_2O \rightarrow 4\,H + 4\,OH \rightarrow 4\,H + 2\,H_2O + O_2$$

Dieser Vorgang ist an das Chlorophyll gebunden und erfolgt auch in isolierten Chloroplasten bei Belichtung und Darbietung eines Akzeptors für den gebildeten aktivierten Wasserstoff. Der bei der Photosynthese entwickelte *Sauerstoff* stammt also nicht aus $CO_2$, sondern aus $H_2O$: er kann bei Bakterien durch einen Akzeptor aufgefangen werden, z. B. bei den Schwefelbakterien durch $H_2S$ unter Bildung von $H_2O$ und S.

In der Folge der *Dunkelreaktionen* wird das aus der Luft aufgenommene $CO_2$ zunächst als *Karboxylgruppe* an eine Substanz RH gebunden.

$$RH + CO_2 \rightarrow R-COOH$$

Als RH-Stoffe wirken wahrscheinlich *organische Säuren*, welche in einem Kreislaufprozeß von Verbindungen mit zwei, drei und vier C-Gruppen etwa nach folgendem Schema umlaufen.

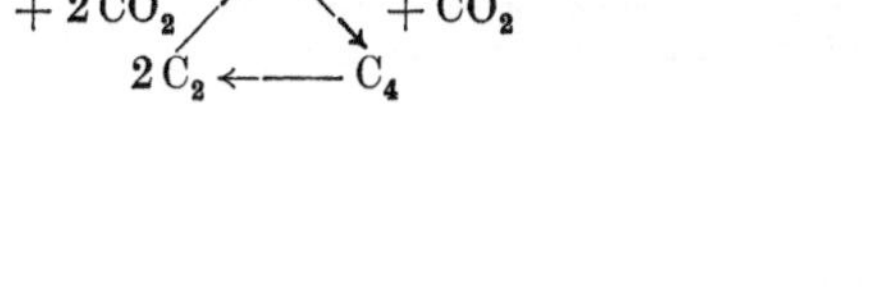

$$\begin{array}{ccc}
 & \nearrow \text{Triosephosphat } (^1/_2\text{ Glukose}) & \\
 & 2\,C_3 & \\
+\,2\,CO_2 \nearrow & & \searrow +\,CO_2 \\
2\,C_2 \leftarrow & \!\!\!\!- \!\!\!\! & C_4
\end{array}$$

Die zentrale $C_3$-Verbindung, von der aus der Aufbau der Glukose und vielleicht auch anderer Assimilationsprodukte erfolgt, ist wahrscheinlich *phosphorylierte Glyzerinsäure* ($CH_2OH–CHOH–COOH$), die $C_4$-Substanz Oxalessigsäure ($COOH–CH_2–CO–COOH$). Da diese Stoffe auch im Atmungsprozeß auftreten, *kann der Kohlehydrataufbau der Assimilation mit dem Kohlehydratabbau der Dissimilation in Parallele gesetzt werden*, wenngleich es sich im einzelnen nicht einfach um eine Umkehr der Reaktionen handelt.

Im ganzen läßt sich die Photosynthese in folgendes Schema fassen:

$$\begin{array}{lll}
\text{Oxydation} & & \text{Reduktion} \\
4\,H_2O & 4\,H & R-COOH \\
\downarrow & \xrightarrow{\hspace{2cm}} & \downarrow \\
4\,(OH) & & RH + (H\overset{|}{\underset{|}{C}}OH) + H_2O \\
\downarrow & \uparrow & \\
2\,H_2O + O_2 & \text{Licht} &
\end{array}$$

Zur Assimilation von *einem Molekül* $CO_2$ sind unter optimalen Bedingungen ungefähr *drei Energiequanten* notwendig, was dem bemerkenswert hohen Nutzeffekt von beinahe 80% entspricht. Dabei wird die *photochemische Reaktion* durch *ein* einziges Lichtquant angeregt. Die restliche Energie wird durch einen mit der Lichtreaktion verbundenen *Kreisprozeß* geliefert, in welchem jeweils etwa zwei Drittel der eben gewonnenen Assimilate unter Sauerstoffaufnahme und $CO_2$-Abgabe mit großer Intensität wieder veratmet werden.

**Chlorophyll.** Das *Chlorophyll* vermag Quanten aller Wellenlängen des sichtbaren Lichtes in dem Maße auszubeuten, als es den betreffenden Spektralbereich absorbiert. Dies ist vor allem im Rot und Blau der Fall, während ein großer Teil des Grün durchgelassen wird (Abb. 148 *B*). Das Blatt vermeidet so eine zu starke Erwärmung im direkten Sonnenlicht, das in letzterem sein Intensitätsmaximum hat (Abb. 148 *A*).

Die *Karotinoide* absorbieren nur kurzwelliges Licht (Abb. 148 *C*). Sie treten besonders bei den Braun- und Kieselalgen auf (Fukoxanthin), während die Farbe der Rotalgen durch ein Proteid (Phykoerythrin) bestimmt wird. Da diese Algen einen großen Teil der Vegetation tieferer Wasserschichten ausmachen, in welchen das stark gedämpfte Licht überwiegend blaugrün ist, liegt es nahe, den Begleitfarbstoffen eine Bedeutung für die Photosynthese beizumessen. Diese noch nicht sicher bewiesene Mitwirkung würde sich aber wohl auf die Absorption von Lichtenergie und ihre Übertragung auf das Chlorophyllsystem, das in jedem Fall vorhanden ist, beschränken.

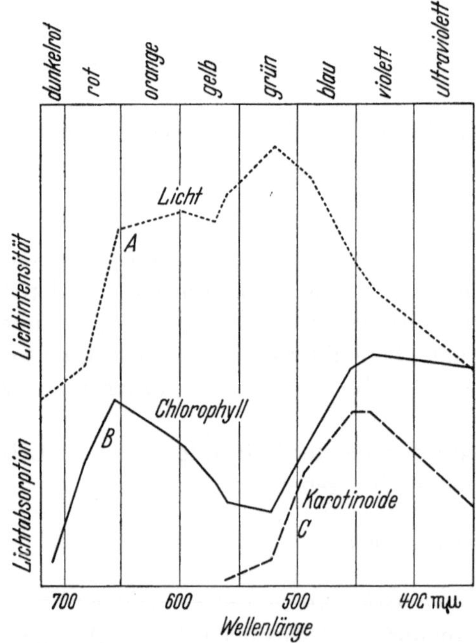


Abb. 148. Spektrale Verteilung der Lichteinstrahlung und der Lichtabsorption. *A* Gesamtstrahlung (Sonnen- + Himmelslicht) an einem Sommer-Sonnentag (Feldberg, 1500 m). *B* Lichtabsorption des in Methylalkohol gelösten Chlorophylls aus 100 qcm Blattfläche der Bohne. *C* Lichtabsorption der Karotinoide desselben Blattes in Methylalkohol. (Nach Seybold.)

**Blattbau.** Das Druckpotential, unter dem das Kohlendioxyd in das Blatt einströmt, ist sehr gering, weil die *atmosphärische Luft nur* 0,03 Vol.-% $CO_2$ enthält. Daraus wird verständlich, daß das Blatt nicht nur als *Lichtauffangfläche*, sondern auch als interzellularenreiches *Durchlüftungsorgan* gebaut ist (Abb. 103). Der photosynthetische Umsatz des Kohlendioxydes wird gesteigert durch die Aufteilung der Chloroplasten in *Chlorophyllkörner*, womit eine außerordentliche Vergrößerung der *Gesamt-Reaktionsoberfläche* verbunden ist. Die Chlorophyllkörner können in dieser Hinsicht mit den roten Blutkörperchen verglichen werden; für eine ausgewachsene Buche wird ihre Oberfläche auf etwa 2 Hektar geschätzt.

**Begrenzende Faktoren.** Mit zunehmender *Kohlendioxydkonzentration* (Abb. 149) steigt die Assimilation zunächst linear an, d. h. eine Verdoppelung der zugeführten $CO_2$-Menge bewirkt auch eine Verdoppelung der Photosynthese. Bei einer gewissen Leistung aber biegt die Kurve horizontal um, und eine weitere Erhöhung der $CO_2$-Konzentration hat einen nur geringen und schließlich gar keinen Erfolg mehr. Der Grund dafür liegt in *begrenzend* wirkenden anderen Bedingungen (Faktoren). In der Kurve *c* ist es die zu geringe Lichtstärke, welche dem photochemischen Umsatz eine Grenze setzt. Wird sie erhöht, so ist eine weitere Steigerung der Assimilation möglich (Kurve *a*). Die Kurve *b* dagegen ist bei 12° temperaturbegrenzt; bei 20° ist die Assimilation auf das Niveau von *a* erhöht. Die Kurve *a* selbst ist wieder gegenüber dem punktiert angedeuteten theoretischen Weiteranstieg durch

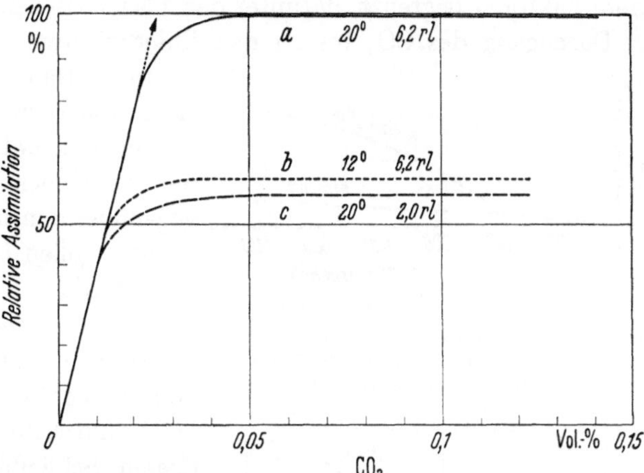


Abb. 149. Kohlendioxyd, Licht und Temperatur als begrenzende Faktoren der Assimilation einer Alge *(Hormidium)*. *a* und *c* Lichteinfluß bei konstanter Temperatur. *a* und *b* Temperatureinfluß bei konstantem Licht. Lichtstärke (*rl*) in relativen Einheiten. (Nach van den Honert.)

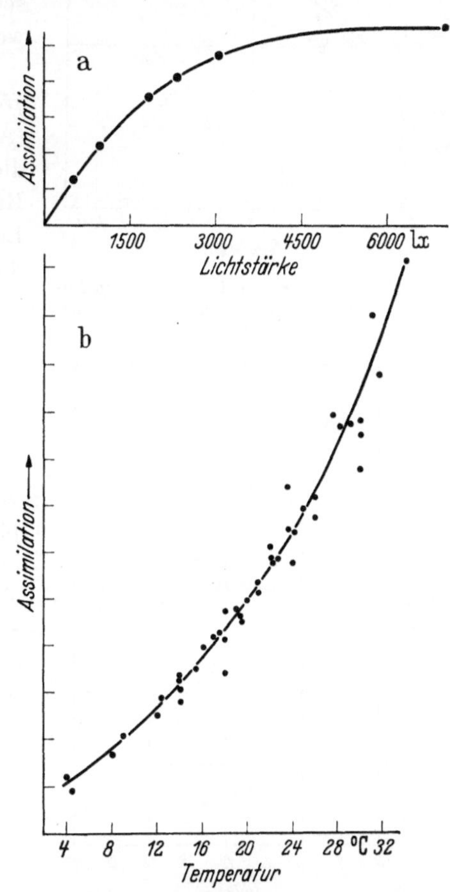


Abb. 150. Licht- (*a*) und Temperaturkurve (*b*) der Assimilation einer Alge *(Hormidium)* bei konstanten übrigen Faktoren. Einzelmessungen als Punkte eingetragen. (Nach van der Paaw.)

andere Faktoren begrenzt, darunter den plasmatischen Diffusionswiderstand für den Durchgang des $CO_2$ bis zu den Chloroplasten.

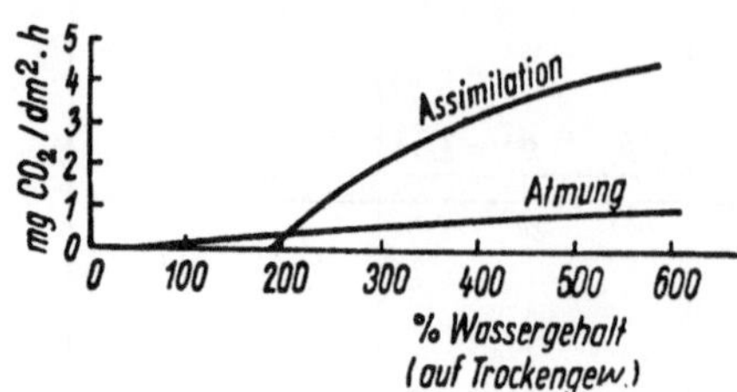

Abb. 151. Assimilation (18°) und Atmung (21–22°) einer Alge *(Porphyra laciniata)* in Abhängigkeit vom Wassergehalt. (Nach Stocker und Holdheide.)

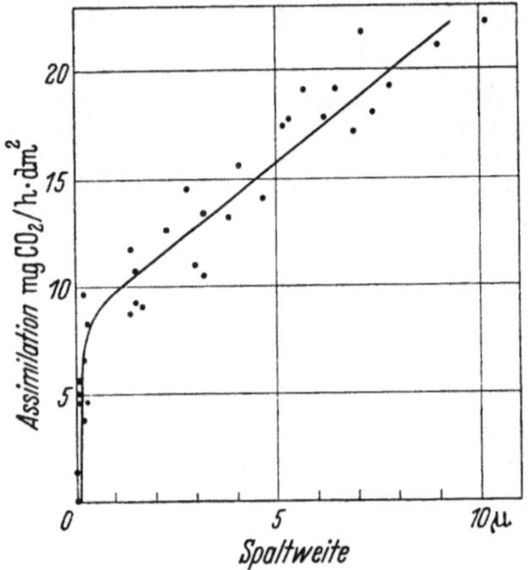

Abb. 152. Assimilation von Haferblättern in Abhängigkeit von der Spaltöffnungsweite. (Nach Stålfelt.)

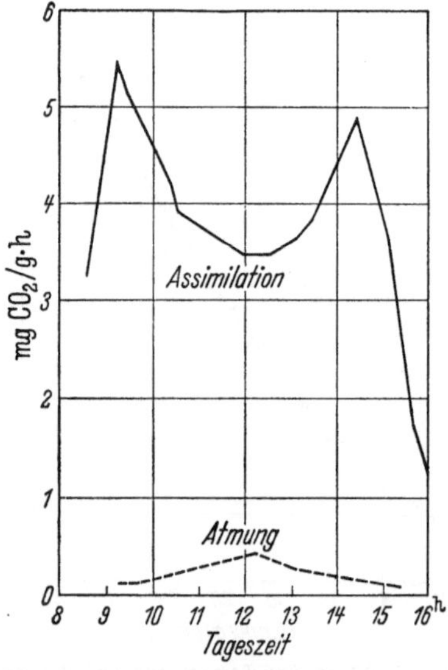

Abb. 153. Tagesgang der Assimilation und Atmung von Birkenblättern an einem warmen Tag. (Nach Polster.)

Im Verlauf physiologischer *Faktoren-Leistungs-Kurven* hat man demnach zwei Bereiche zu unterscheiden. Im ersten ist der untersuchte Faktor im *Minimum* gegenüber den übrigen, welche durch ihn in ihrer vollen Leistungsentfaltung gehindert werden; seine Verstärkung bewirkt deshalb eine Leistungssteigerung. Im zweiten ist er im *Optimum*, d. h. die Leistungsgrenze liegt jetzt bei anderen Faktoren und ist durch ihn selbst kaum noch zu beeinflussen. Schließlich kann eine übermäßige Stärke des Faktors eine *Leistungshemmung*, also einen Abfall der Kurve bewirken, so z. B., wenn durch zu starkes Licht Plasmaschädigungen auftreten. Kurven dieser Art werden als *Optimumkurven* bezeichnet.

Die *Lichtkurve* der Assimilation (Abb. 150 *a*) verläuft wie die des $CO_2$-Gehaltes (Abb. 149) im Minimumgebiet linear, weil die Geschwindigkeit der photochemischen Reaktion proportional der zugeführten Lichtenergie ansteigt. Die *Temperaturkurve* dagegen (Abb. 150 *b*) ist durch Fermentreaktionen bestimmt, welche, der van t'Hoffschen Temperaturregel folgend, bei je 10° Temperaturerhöhung ihre Geschwindigkeit etwa verdoppeln.

**Wasserpotential.** Die photosynthetischen Reaktionen sind stark abhängig vom *Wasserpotential* der Zelle. Thalluspflanzen mit hydrolabilem Wasserhaushalt können deshalb nur im Zustand ungefährer Wassersättigung hohe Assimilationsleistungen erreichen (Abb. 151). In der hydrostabilen Organisation der Kormophyten wird die $CO_2$-Zufuhr gehemmt, wenn sich die Spalten zur Regelung des Wasserhaushaltes verengen (Abb. 152). Im Verlauf sonniger Tage tritt deshalb mit der Einschränkung der Transpiration (Abb. 145) auch eine Minderung der Assimilationsleistung ein (Abb. 153), die freilich bei nicht zu starker Spaltenverengerung in mäßigen Grenzen bleibt (Abb. 152).

### $\beta$) Chemosynthese.

Einige Bakterien vermögen *chemosynthetisch* zu assimilieren, indem sie die zur $CO_2$-Reduktion notwendige Energie aus exothermen Oxydationsvorgängen entnehmen. Dazu benützen chlorophyllose Schwefelbakterien die Oxydation von $H_2S$ zu $S$ bzw. $SO_4''$, die Stickstoffbakterien die Oxydation von $NH_4^{\cdot}$ zu $NO_2'$ (Nitritbakterien) und von $NO_2'$ zu $NO_3'$ (Nitratbakterien) und die Eisenbakterien die Oxydation von $Fe^{\cdot\cdot}$ zu $Fe^{\cdot\cdot\cdot}$; auch die Oxydation von $H_2$ zu $H_2O$ kommt vor (Knallgasbakterien).

### $\gamma$) Heterotrophie.

Eine große Zahl Pflanzen, darunter sämtliche Pilze und fast alle Bakterien, haben die Fähigkeit zu photo- oder chemosynthetisch-*autotropher* Lebensweise verloren und sind zur *heterotrophen* Aufnahme des Kohlenstoffs aus organischen Verbindungen übergegangen. Diese werden toter Substanz entnommen *(Saprophytismus)* oder lebenden Organismen geraubt *(Parasitismus)*. Das Gesamtschema des Kohlenstoffhaushaltes ist bei den Heterotrophen dasselbe wie bei den Autotrophen, nur liegt der Beginn der Assimilation bei einer schon organischen Bindung des Kohlenstoffs. Diese ist meistens ein Kohlehydrat. Zahlreiche Arten vermögen aber auch von anderen Substanzen, wie Fetten, Alkoholen, organischen Säuren usw., auszugehen, die sie durch fermentativen Abbau, Umbau und Aufbau in ihren Kohlenstoffhaushalt überführen. Von besonderer Bedeutung sind dabei die Eiweiß und Zellulose abbauenden Bakterien und Pilze, die durch Fäulnis und Verwesung abgestorbener Organismen Platz und Nahrung für neues Leben schaffen (Abb. 275).

## b) Die Assimilate.

**Kohlehydrate.** Aus phosphorylierter Glukose, dem wahrscheinlichen Endprodukt der Photosynthese, ist der fermentative Aufbau zahlreicher Mono-, Di- und Polysaccharide möglich. Für die wichtigsten gilt folgendes Schema:

$$\text{Glukose} \quad \begin{array}{c} \nearrow \text{Rohrzucker} \\ C_{12}H_{22}O_{11} \\ \searrow \text{Stärke} \\ (C_6H_{10}O_5)_n \end{array}$$

$$C_6H_{12}O_6$$

*Glukose,* die leicht in Fruktose umwandelbar ist, steht als Reaktionssubstanz im Mittelpunkt, *Rohrzucker* wird zum Transport, bisweilen auch zur Speicherung benutzt, *Stärke* ist das bevorzugte Speicherungsmaterial. Für ihren schnellen Abbau in transportfähige Zucker steht das Fermentsystem der *Diastase (Amylase)* zur Verfügung, das aber, im Gegensatz zur Phosphorylase, keine Stärkesynthese durchführen kann. Allgemein gilt, daß die Pflanze für die Speicherung höher molekulare und deshalb osmotisch weniger wirksame (Rohrzucker), am besten ganz unlösliche Kohlehydrate (Stärke) wählt.

**Fette.** Sie treten in der Pflanze meist in der Konsistenz von Ölen auf, bei niederen Algen oft schon als erstes sichtbares Assimilationsprodukt, sonst weit verbreitet als Speicherungsmaterial. Auf- und Abbau aus Glyzerin und Fettsäuren, von denen die Ölsäure ($C_{17}H_{33}COOH$) die häufigste ist, besorgen als *Lipasen* bezeichnete Fermente. Da die Bausteine, neben Glyzerin wahrscheinlich Azetaldehyd, Glieder des Kohlehydratumsatzes sind (S. 126, 132), ist eine Umwandlung von Kohlehydraten in Fette und umgekehrt leicht möglich. Sie erleichtert einerseits durch den Abbau zu löslichem Zucker den Transport und ermöglicht andererseits durch den Aufbau von Fett eine konzentrierte Depotspeicherung, da der nutzbare Energieinhalt von Fett mit 9,4 kcal/g doppelt so groß ist wie der von Kohlehydrat oder Eiweiß (je 4,1 kcal/g). Vor allem in Samen und Baumstämmen ist Fettspeicherung häufig.

**Leitung.** Der mobilisierte Zucker kann in den Gefäßen transportiert werden, so namentlich im Blutungssaft beim Frühjahrsaustrieb von Bäumen (Birke, Zuckerahorn) oder in den Fruchtständen der Palmen (Palmwein). Im allgemeinen aber verläuft die Assimilatleitung dem Wasserstrom entgegengesetzt und auf einem anderen Weg. Während sich Wasser und Nährsalze zum Hauptteil außerhalb des Plasmas in den Zellwänden und Gefäßen bewegen, wandern die Assimilate, durch außerordentlich hohe Permeationswiderstände am Austritt gehindert, *im Plasma-Vakuolensystem*, wobei die *Plasmodesmen* den Übergang von Zelle zu Zelle vermitteln. Über längere Strecken dienen die *Siebröhren* bzw. Siebzellen als Leitungsbahnen. In ihnen sind die Widerstände für die wahrscheinlich im Zellsaft vor sich gehende Bewegung durch die Verlängerung der Zellen und die Öffnungen in den Siebplatten stark herabgesetzt.

### c) Die Dissimilation.

Dem Aufbau organischer Substanz aus anorganischer *(Assimilation)* steht ihr Wiederabbau *(Dissimilation)* gegenüber. Dabei wird die beim Aufbau endotherm gebundene, aus dem Sonnenlicht stammende Energie exotherm wieder frei. Die Pflanze gebraucht sie einerseits zur Erhaltung der thermodynamisch unstabilen plasmatischen Struktur *(Erhaltungsatmung)* und andererseits zur Durchführung der zahlreichen endothermen Lebensabläufe, die dem Wachstum, der Bewegung und dem Stoffumlauf zugrunde liegen *(Umsatzatmung)*.

### α) Atmung.

**Gesamtvorgang.** Der Regelfall der Dissimilation ist die unter Verbrauch von Luftsauerstoff vor sich gehende *aerobe Atmung*, die sich im Gesamtverlauf als die Umkehrung der photosynthetischen Assimilation darstellt.

$$C_6H_{12}O_6 + 6\,O_2 = 6\,CO_2 + 6\,H_2O\ (+\ 674\,000\ \text{cal}).$$
$$\text{Glukose}$$

Die Atmung ist ein jederzeit und in jedem Pflanzenteil notwendiger Grundvorgang und an der Ausscheidung von $CO_2$ und dem Verbrauch von Sauerstoff leicht nachweisbar (Abb. 147); sie findet auch während der Assimilation statt, wird dann aber von dieser meist überdeckt.

Insoweit Kohlehydrate veratmet werden, ist der *Atmungsquotient* $\dfrac{CO_2}{O_2}$ gemäß der Bruttogleichung volumetrisch gleich 1. Fett als Atmungsmaterial erfordert zur Oxydation mehr Sauerstoff, und der Atmungsquotient ist etwa 0,7.

**Reaktionsablauf.** Die Atmung ist keine unmittelbare Oxydation des Zuckers nach Art einer Verbrennung, sondern eine Aufeinanderfolge von *Ferment*reaktionen, welche dem Atmungssubstrat Wasserstoff entziehen *(Dehydrasen)* und von ihm $CO_2$ abspalten *(Karboxylasen)*. Erst der abgespaltene Wasserstoff verbindet sich mit dem Sauerstoff der Luft, der durch *Oxydasen* herangeführt sein kann. Der im ganzen stark exotherme Reaktionsablauf enthält endotherme Teilprozesse, welche zeitweise Energiezufuhr erfordern. Sie wird auf dem Weg der Phosphorylierung (Phosphatasen) besorgt unter Benützung des energiespeichernden *Adenosinphosphorsäuresystems* (S. 108). Durch den schrittweisen Abbau und die jeweilige Energiespeicherung wird einer Verschleuderung von augenblicklich nicht benötigter Energie in Wärme vorgebeugt.

Man kann den Verlauf der Atmung in zwei Abschnitte gliedern. Der erste führt über Phosphorylierung und Spaltung der *Hexose* in $C_3$-Verbindungen (Triosen) zu *Brenztraubensäure*. Im zweiten zerfällt diese in einem *Kreislauf organischer Säuren* durch Dehydrierung und $CO_2$-Abspaltung.

Für die Bildung der Brenztraubensäure kann man unter Weglassung mehrerer Zwischenreaktionen folgendes vereinfachte Schema aufstellen (Ps = veresterter Phosphorsäurerest, $-P(OH)_2O$):

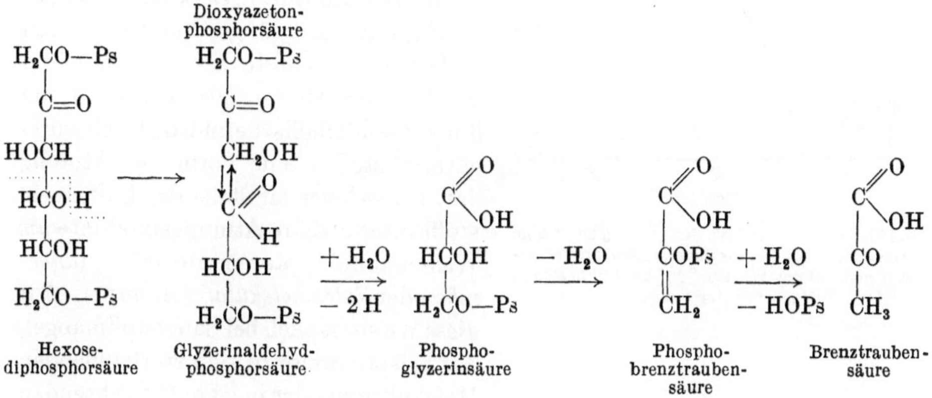

$$
\begin{array}{ccc}
 & \text{Dioxyazeton-} & \\
 & \text{phosphorsäure} & \\
H_2CO{-}Ps & H_2CO{-}Ps & \\
| & | & \\
C{=}O & C{=}O & \\
| & | & \\
HOCH & CH_2OH & \\
| & \updownarrow \ \ O & \\
HCO\,H \longrightarrow & C{\diagup}{\diagdown}H & \\
| & | & \\
HCOH & HCOH & \\
| & | & \\
H_2CO{-}Ps & H_2CO{-}Ps &
\end{array}
$$

$$
\text{HCOH} + H_2O \ \xrightarrow{-\,2\,H}\
\underset{\substack{O{\diagup} \\ C{\diagdown}OH \\ | \\ HCOH \\ | \\ H_2CO{-}Ps}}{}
\ \xrightarrow{-\,H_2O}\
\underset{\substack{O{\diagup} \\ C{\diagdown}OH \\ | \\ COPs \\ \| \\ CH_2}}{}
+ H_2O \ \xrightarrow{-\,HOPs}\
\underset{\substack{O{\diagup} \\ C{\diagdown}OH \\ | \\ CO \\ | \\ CH_3}}{}
$$

Hexosediphosphorsäure — Glyzerinaldehydphosphorsäure — Phosphoglyzerinsäure — Phosphobrenztraubensäure — Brenztraubensäure

Die von der Phosphobrenztraubensäure abgegebene Phosphorsäure hohen Potentials kann neue Hexose phosphorylieren.

Die Brenztraubensäure verbindet sich mit Oxalessigsäure $\left(\begin{array}{l} CH_2 \cdot COOH \\ CO \ \cdot COOH \end{array}\right)$ zu einer Säure mit 7 C-Atomen und 3 Karboxylgruppen. Von dieser aus entstehen durch schrittweise *Wegnahme von* H (Dehydrasen) und *Abspaltung von* $CO_2$ (Karboxylasen) organische Säuren mit 6 (Cis-Akonit-, Isozitronensäure), 5 (Oxalbernstein-, α-Ketoglutarsäure) und 4 (Bernstein-, Fumar-, Äpfelsäure) C-Atomen bis zurück zu Oxalessigsäure, die mit neuer Brenztraubensäure einen neuen Kreislauf beginnt.

Der von den Dehydrasen übertragene *Wasserstoff* kann in der Pflanze unmittelbar mit Luftsauerstoff zu Wasser oxydieren. Diese Reaktion verläuft aber bei stärkerer Umsatzatmung zu langsam. In solchen Fällen bringen *Oxydasen* den Sauerstoff unter höherem Redoxpotential dem Wasserstoff entgegen.

Den *Eisen-Porphyrin-Enzymen* als dem wichtigsten Oxydasensystem liegt derselbe *Porphinring* zugrunde wie dem Chlorophyll, nur daß, wie im Hämoglobin des Blutes, statt Magnesium *Eisen* eingebaut ist. Dieses vermittelt unter Wechsel seiner Wertigkeit einen Elektronenaustausch nach folgendem Schema:

$$
\begin{array}{l}
\text{(Luft)} \\
1/2\,O_2 + 2\,Fe^{++} \longrightarrow 2\,Fe^{+++} + O^{--} \\
2\,Fe^{+++} + 2\,H \longrightarrow 2\,Fe^{++} + 2\,H^+ \\
\text{(Substrat)}
\end{array} \Bigg\} H_2O
$$

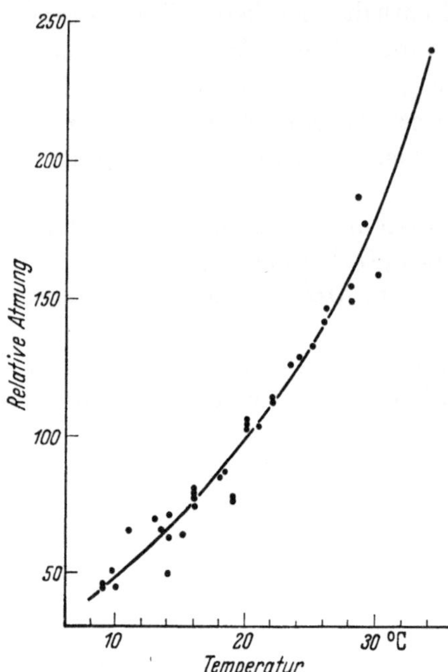

Abb. 154. Temperaturkurve der Atmung einer Alge *(Hormidium)*. Atmung als Sauerstoffverbrauch gemessen und auf den Wert bei 20° als 100 bezogen. (Nach van der Paaw.)

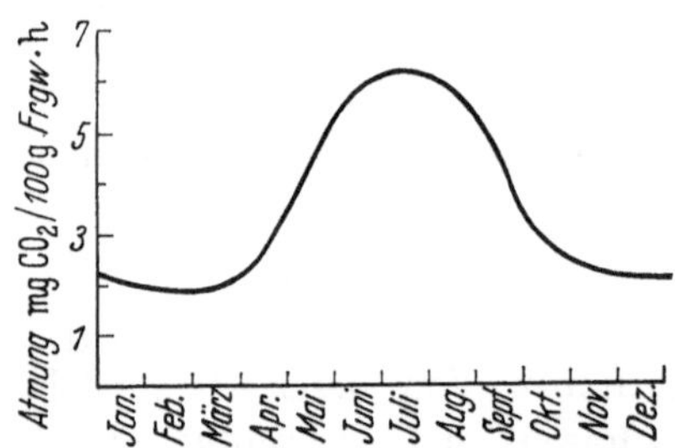

Abb. 155. Atmung von jungen Eschenzweigen im Jahresverlauf, bei 18,5° gemessen. (Nach Müller.)

**Außenfaktoren.** Als Kette chemischer Umsetzungen ist die Atmung nach der van t'Hoffschen Regel *temperaturabhängig* (Abb. 154). Mit zunehmender *Austrocknung* und *Inaktivierung* des Plasmas fällt sie stark ab bis auf den geringen Betrag der Erhaltungsatmung (Abb. 151). Die verschiedene Intensität der Atmung in Ruhe- und Aufbauphasen tritt auch im jahreszeitlichen Rhythmus in Erscheinung (Abb. 155).

### β) Gärungen.

**Begriff.** Als *Gärungen* bezeichnet man Dissimilationsvorgänge, bei denen auch andere Endprodukte als Kohlendioxyd und Wasser auftreten. Die wichtigsten von ihnen, die alkoholische und die Milchsäuregärung, stellen eine Form der Atmung dar, bei welcher an Stelle des Luftsauerstoffs intermediäre Atmungsprodukte als Wasserstoffakzeptoren auftreten (*anaerobe* oder *intramolekulare Atmung*). Auf diese Weise ist auch bei Sauerstoffmangel, der beispielsweise in sich stark teilenden Hefekulturen oder in lebhaft wachsenden Teilungsgeweben auftreten kann, eine Energiegewinnung möglich, allerdings mit sehr viel geringerem Nutzeffekt als bei aerober Atmung. Die Gärungen einer zweiten Gruppe sind *aerober* Natur, gehen aber von anderen als den für die Atmung normalen Materialien aus, oft von Endprodukten anaerober Gärungen; so ist der bei der alkoholischen Gärung entstandene Alkohol Ausgangssubstanz der Essigsäuregärung.

**Alkoholische Gärung.** Die *Hefepilze* atmen normalerweise aerob, bei Sauerstoffmangel aber, in welchen sie durch ihre starke Vermehrung auf guten Nährsubstraten geraten, anaerob nach folgender Bruttogleichung:

$$C_6H_{12}O_6 = 2\ CO_2 + 2\ CH_3CH_2OH\ [+\ 24\,000\ cal]$$

Hexose                         Äthylalkohol

Die alkoholische Gärung folgt dem Schema der Atmung bis zur *Brenztraubensäure*. Diese geht dann aber nicht in den Säurekreislauf über, sondern wird durch Karboxylase in Azetaldehyd und $CO_2$ gespalten. Der *Azetaldehyd* wirkt als Akzeptor für den bei der Glyzerinsäurebildung frei werdenden Wasserstoff und wird dabei zu *Äthylalkohol* reduziert.

$$\underset{\substack{\text{Brenztrauben-}\\ \text{säure}}}{\overset{\displaystyle CH_3}{\underset{\displaystyle C}{\overset{\displaystyle |}{\underset{\displaystyle \diagdown OH}{\overset{\displaystyle C=O}{\underset{\displaystyle \diagup O}{|}}}}}} \xrightarrow[\quad]{-\,CO_2} \underset{\substack{\text{Azet-}\\ \text{aldehyd}}}{\overset{\displaystyle CH_3}{\underset{\displaystyle C}{\overset{\displaystyle |}{\diagdown H}}}} \xrightarrow[\quad]{+\,2\,H} \underset{\substack{\text{Äthyl-}\\ \text{alkohol}}}{\overset{\displaystyle CH_3}{\underset{\displaystyle CH_2OH}{|}}}$$

**Milchsäuregärung.** Diese durch Bakterien bewirkte Gärung liegt u. a. der Herstellung von Sauermilch, Sauerkraut und Silofutter zugrunde. Ihrem Fermentsystem *fehlt* die *Karboxylase*. Die Spaltung der *Brenztraubensäure* unterbleibt deshalb, und diese selbst wirkt als Wasserstoffakzeptor unter Umwandlung zu Milchsäure.

$$\underset{\substack{\text{Brenztrauben-}\\ \text{säure}}}{CH_3 - C(=O) - C(=O)(OH)} \xrightarrow{+\,2\,H} \underset{\text{Milchsäure}}{CH_3 - CHOH - C(=O)(OH)}$$

Die Gesamtgleichung ist:

$$\underset{\text{Hexose}}{C_6H_{12}O_6} = \underset{\text{Milchsäure}}{2\,CH_3 \cdot CHOH \cdot COOH}\ [+\ 18\,000\ \text{cal}]$$

**Essigsäuregärung.** Ausgangssubstrat der bakteriellen Gärung ist *Äthylalkohol*. Dieser wird durch Dehydrasen zu *Azetaldehyd* und *Essigsäure* dehydriert unter Benutzung des *Luftsauerstoffs* als Wasserstoffakzeptor.

$$\underset{\text{Äthylalkohol}}{\overset{CH_3}{\underset{CH_2OH}{|}}} \xrightarrow{-\,2\,H} \underset{\text{Azetaldehyd}}{CH_3 - C(=O)(H)} \xrightarrow[+\,H_2O]{-\,2\,H} \underset{\text{Essigsäure}}{CH_3 - C(=O)(OH)}$$

Als Bruttogleichung läßt sich schreiben:

$$\underset{\text{Alkohol}}{CH_3CH_2OH} + O_2 = \underset{\text{Essigsäure}}{CH_3COOH} + H_2O\ [+\ 117\,000\ \text{cal}]$$

## 4. Der Stickstoffhaushalt.

**Stickstoffquellen.** Das riesige Stickstoffreservoir der *Atmosphäre* ist nur gewissen Bakterien und Blaualgen, vielleicht auch einigen Pilzen zugänglich. Alle anderen stickstoffautotrophen Pflanzen sind auf die Nitrate und Ammoniumsalze des *Erdbodens* angewiesen. Diese stehen in der Regel nur in beschränkten Mengen zur Verfügung, weil die Gesteine stickstofffrei sind und der gesamte Stickstoffvorrat des Bodens auf die beim Gewitter entstehenden und mit dem Regenwasser niedergehenden Stickoxyde der Luft und die von Bodenmikroorganismen (vor allem dem Bakterium *Azotobacter*) aus Luftstickstoff assimilierten Verbindungen zurückgeht. Der Stickstoff ist deshalb oft ein das Wachstum begrenzender *Mangelfaktor*, und es ist merkwürdig, daß die Fähigkeit der Luftstickstoffassimilation den höheren Pflanzen völlig abgeht. Nur durch die *Symbiose* mit bestimmten Spaltpflanzen haben sich einige höhere Pflanzen die reiche atmosphärische Stickstoffquelle erschließen können, wie vor allem die Leguminosen durch ihre das *Bacterium radicicola* enthaltenden Wurzelknöllchen (Abb. 275, 278).

*Heterotrophe* Arten, die Stickstoff in organischer Bindung benötigen, sind unter den saprophytischen und parasitischen Bakterien und Pilzen nicht selten; jedoch bleiben viele kohlenstoffheterotrophe Formen hinsichtlich des Stickstoffs autotroph.

**Stickstoffassimilation.** Die in der *Eiweißsynthese* gipfelnde Stickstoffassimilation ist ein im ganzen *endothermer* Vorgang, der in einer Kette *fermentativ* gesteuerter, vorläufig nur in großen Umrissen zu übersehender Reaktionen abläuft.

Bei der Assimilation von Luftstickstoff wird dieser zunächst zu *Ammoniak* reduziert. Dasselbe geschieht bei der Aufnahme von Nitratstickstoff aus dem Boden.

Im nächsten Schritt wird Ammoniak in das Kohlenstoffgerüst von α-Ketosäuren eingebaut, wobei *Aminosäuren* entstehen:

$$
\begin{array}{ccccc}
\mathrm{R} & & \mathrm{R} & & \mathrm{R} \\
| & & | & & | \\
\mathrm{C{=}O + NH_3} & \underset{\xrightleftharpoons{}}{-\,\mathrm{H_2O}} & \mathrm{C{=}NH} & \underset{\xrightleftharpoons{}}{+\,2\,\mathrm{H}} & \mathrm{HC{-}NH_2} \\
| & & | & & | \\
\mathrm{COOH} & & \mathrm{COOH} & & \mathrm{COOH} \\
\text{α-Ketosäure} & & \text{Iminosäure} & & \text{Aminosäure}
\end{array}
$$

Diese Reaktion betrifft zunächst die im Säurekreislauf der Atmung und Assimilation auftretenden Ketosäuren, die Brenztrauben-, α-Ketoglutar- und Oxalessigsäure, welche so die *Grundaminosäuren Alanin, Glutaminsäure* und *Asparaginsäure* sowie deren *Amide Glutamin* und *Asparagin* liefern.

$$
\begin{array}{ccc}
\mathrm{CH_3} & & \mathrm{CH_3} \\
| & & | \\
\mathrm{C{=}O} & \xrightleftharpoons{+\,\mathrm{NH_3} + 2\,\mathrm{H} - \mathrm{H_2O}} & \mathrm{HC{-}NH_2} \\
| & & | \\
\mathrm{COOH} & & \mathrm{COOH} \\
\text{Brenztraubensäure} & & \text{Alanin}
\end{array}
$$

$$
\begin{array}{ccccc}
\mathrm{COOH} & & \mathrm{COOH} & & \mathrm{CONH_2} \\
| & & | & & | \\
\mathrm{CH_2} & & \mathrm{CH_2} & & \mathrm{CH_2} \\
| & & | & & | \\
\mathrm{CH_2} & \xrightleftharpoons{+\,\mathrm{NH_3} + 2\,\mathrm{H} - \mathrm{H_2O}} & \mathrm{CH_2} & \xrightleftharpoons{+\,\mathrm{NH_3} - \mathrm{H_2O}} & \mathrm{CH_2} \\
| & & | & & | \\
\mathrm{C{=}O} & & \mathrm{HC{-}NH_2} & & \mathrm{HC{-}NH_2} \\
| & & | & & | \\
\mathrm{COOH} & & \mathrm{COOH} & & \mathrm{COOH} \\
\text{α-Keto-} & & \text{Glutamin-} & & \text{Glutamin} \\
\text{glutarsäure} & & \text{säure} & &
\end{array}
$$

$$
\begin{array}{ccccc}
\mathrm{COOH} & & \mathrm{COOH} & & \mathrm{CONH_2} \\
| & & | & & | \\
\mathrm{CH_2} & & \mathrm{CH_2} & & \mathrm{CH_2} \\
| & \xrightleftharpoons{+\,\mathrm{NH_3} + 2\,\mathrm{H} - \mathrm{H_2O}} & | & \xrightleftharpoons{+\,\mathrm{NH_3} - \mathrm{H_2O}} & | \\
\mathrm{C{=}O} & & \mathrm{HC{-}NH_2} & & \mathrm{HC{-}NH_2} \\
| & & | & & | \\
\mathrm{COOH} & & \mathrm{COOH} & & \mathrm{COOH} \\
\text{Oxalessigsäure} & & \text{Asparaginsäure} & & \text{Asparagin}
\end{array}
$$

Von den Grundaminosäuren aus ist eine *Gruppenübertragung von* NH$_2$ auf beliebige andere α-Ketosäuren möglich. Hauptsächlich auf diesem Wege wird die Vielzahl von Aminosäuren gebildet, aus denen dann die *Eiweißmoleküle* selbst aufgebaut werden. Ebenso wie bei der Synthese der Polysaccharide (S. 108) wird die dazu benötigte Energie in phosphorylierten Karboxyl- und Aminogruppen zugebracht. Die Synthesevorgänge sind hier aber insofern viel komplizierter, als die Eiweißmoleküle Ketten aus sehr verschiedenen, in spezifischen Mustern angeordneten Aminosäuren sind (S. 35), deren Zusammenfügung nur bei Gegenwart von als „Form" dienenden Nukleinsäuren (S. 37) möglich ist. Eine sehr intensive Eiweißsynthese findet in der autotrophen Pflanze im *Blatt* statt, wahrscheinlich unmittelbar gekoppelt mit dem Aufbau der Kohlenstoffprodukte der Photosynthese. Auch die Wurzelspitzen, in denen die Stickstoffkomponente ohne vorhergehenden Transport zur Verfügung steht, sind bevorzugte Syntheseorte.

Der *heterotrophe* Stickstoffhaushalt folgt demselben Schema wie der autotrophe, nur daß die ersten Stadien mangels der betreffenden *Fermentsysteme* nicht mehr möglich sind. Solche Ausfälle von Fermenten oder Teilen von solchen können auch an höheren Stellen eintreten und sind neuerdings bei Pilzen *(Neurospora)* als genbedingte Mutationen festgestellt worden, wobei sich wichtige Einblicke in den Gang der Eiweißsynthese ergeben haben. In einem solchen Fall bleibt der Organismus nur lebensfähig, wenn ihm entweder die auf die Lücke folgende Stickstoffverbindung geboten oder der fehlende Fermentbestandteil zugeführt wird. Dieser ist dann für den Organismus ein *Vitamin*, woraus schon hervorgeht, wie weitverbreitet solche Ausfälle auch bei hochorganisierten Organismen sind.

Ein instruktives Beispiel ist das *Aneurin (Vitamin B₁)*, das als *Koferment der Karboxylase* eine grundlegende Bedeutung für den Kohlenstoff- und Stickstoffhaushalt hat. Seinem Molekül liegen die heterozyklischen Pyrimidin- und Thiazolringe zugrunde. Es sind Arten und Rassen von Bakterien und Pilzen bekannt, die beide oder nur einen der beiden Bestandteile nicht aufbauen können, und die deshalb hinsichtlich Aneurin im ganzen oder Pyrimidin bzw. Thiazol im einzelnen heterotroph sind. Sie bedürfen der Zufuhr dieser Stoffe, die auch im Zusammenleben zweier sich gegenseitig ergänzender Rassen gegeben sein kann.

**Eiweißabbau.** Dem Aufbau von Eiweiß steht ein ständiger *Abbau* gegenüber. Er ist eine Folge der chemischen Unbeständigkeit der Polypeptidmoleküle, deren Massengleichgewicht mit den aufbauenden Aminosäuremolekülen in wässerigen Medien sehr stark nach der Seite der letzteren verschoben ist. Dazu kommt der Verschleiß bei Reaktionen und Zustandsänderungen, indem z. B. Wirkgruppen durch reaktionsfremde Körper abgesättigt und „vergiftet" oder Eiweißstrukturen zerrissen werden. Die unbrauchbar gewordenen Eiweißkörper verfallen dem Abbau.

Die dabei wirksamen Fermente *(Proteasen)* sind nicht mit den nur extrazellulär wirkenden Pepsinen und Trypsinen identisch. Im Zellstoffwechsel scheint *Papaïn* an erster Stelle zu stehen. Es ist als abbauendes Ferment nur wirksam, wenn es freie Sulfhydryl-Gruppen (—SH) enthält. Mit sinkendem Redoxpotential geht es in die inaktive oxydierte Form über:

$$2\,\mathrm{PaSH} \; \underset{\longleftarrow}{\overset{-2\,\mathrm{H}}{\longrightarrow}} \; \mathrm{PaS{-}SPa} \qquad (\mathrm{Pa} = \text{Radikal des Papaïns})$$

Der Eiweißabbau wird so in gut atmenden Zellen gehemmt, in schlecht atmenden gefördert.

Der Abbau des Eiweißes verläuft umgekehrt dem Schema des Aufbaues und führt durch Spaltung der Peptidbindungen auf *Aminosäuren* zurück. Was davon nicht wieder zum Aufbau tauglich ist, gibt seine Amidgruppen an Ketosäuren des Atmungskreislaufes ab, welche sie, hauptsächlich als *Glutamin-* und *Asparaginsäure*, wieder in den *Eiweißaufbau überführen*. Die Pflanze geht also mit ihrem

Stickstoffvorrat viel *haushälterischer* um als das Tier, das den Abfall als Harnstoff oder Harnsäure ausscheidet.

**Leitung und Speicherung.** Die *Mobilisation* der Eiweißstoffe für den Transport, der zusammen mit den Kohlehydraten im *Siebröhrensystem* stattfindet, erfolgt durch Abbau in Aminosäuren und Übertragung des Stickstoffs auf Ketosäuren, in erster Linie Oxalessig- und $\alpha$-Ketoglutarsäure. Die Kohlenstoffgerüste gibt die Pflanze, soweit sie nicht gerade anders benötigt werden, zur Veratmung frei. Der Transport und die vorübergehende Lagerung der Stickstoffanteile wird oft durch Aminisierung auch der Karboxylgruppe, also Bildung von Asparagin bzw. Glutamin konzentriert. Die Speicherung auf längere Sicht in Samen und anderen Speicherorganen erfolgt in Form leicht abbaubarer Eiweiße, vor allem Globulinen (Abb. 39).

## III. Bewegungsphysiologie.

*Ortsbewegung* ist im Pflanzenreich nur für die einzelligen phylogenetischen und ontogenetischen Ausgangsformen, Bakterien, Flagellaten und Gameten, von allgemeiner Bedeutung. Sie beruht, wie im tierischen Muskel, auf der *Kontraktilität des Plasmas*. Von größerer Wichtigkeit für die in der Regel ortsfeste Pflanze sind die *Krümmungsbewegungen*, mit welchen die einzelnen Teile ihre statisch und ernährungsphysiologisch günstige Einstellung bewirken. Sie werden meist durch verschiedenes *Wachstum* oder auch verschiedene *Turgorspannung* gegenüberliegender Flanken erzielt. Gemeinsam mit den tierischen Bewegungen ist ihnen die Verursachung durch einen *reizbedingten Erregungszustand* des Protoplasmas *(Reizbewegung)*. Daneben benützt die Pflanze das elastisch spannbare System ihrer *Zellwände* für mehr lokale, meist der Ausbreitung von Sporen und Samen dienende Bewegungsvorgänge, die ohne Erregung, zum größten Teil sogar ohne Beteiligung des Protoplasmas rein *mechanisch* durch *Turgor-, Quellungs- oder Kohäsionsdrucke* zustande kommen.

### 1. Reizbewegungen.

#### a) Der Reizvorgang.

**Reizreaktion.** Das Wesentliche des Reizvorganges ist ein *Erregungszustand* des Protoplasmas, welcher von einer äußeren Energiezufuhr, dem *Reiz*, ausgelöst, das plasmatische Geschehen in Richtung einer bestimmten *Reaktion* steuert. Diese Grundlage ist im Tier- und Pflanzenreich dieselbe. Der Pflanze fehlen aber differenzierte Organe der Reizaufnahme, Reizleitung und Reaktion, wie sie dem Tier in den Sinnesorganen, im Nerven- und Muskelsystem zur Verfügung stehen. Deshalb verlaufen in ihr die Reizvorgänge langsamer und weniger vielseitig.

Die *Auslösung (Induktion)* des Erregungszustandes verläuft in zwei, oft nicht scharf unterscheidbaren Phasen. In der ersten, der *Suszeption*, wird die als Reiz wirkende Energie in die Zelle überführt, z. B. durch Absorption von Licht in Karotinoiden und Photoaktivierung derselben. Aus diesem noch rein physikochemischen Vorgang entspringt als zweite Phase der Übergang des Plasmas in den Erregungszustand *(Perzeption)*.

Der *Erregungszustand* des Plasmas ist eine rückgängigmachbare (reversible) Störung der Plasmastruktur. Dabei tritt ganz allgemein eine Erhöhung der *Per-*

*meabilität* und ein gegenüber dem Ruhezustand negatives *elektrisches Potential* auf. Das letztere liefert einen *Aktionsstrom*, der mit einer Elektrode abgeleitet und gemessen werden kann (Abb. 156). Die *Erhöhung der Permeabilität* führt zu einem verstärkten Austritt (Exosmose) von Salzen und anderen löslichen Zellsaftbestandteilen und damit zu einer Herabsetzung des osmotischen Wertes und des Turgors, die oft bis zur Auspressung von Wasser in die Interzellularen führt. Man kann sich vorstellen, daß eine stärkere negative Aufladung des Plasma-Eiweiß-Gerüstes infolge

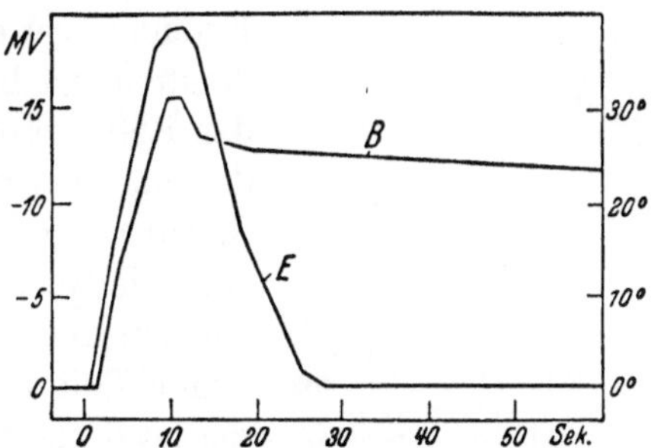

Abb. 156. Aktionsstrom bei der Reizbewegung eines Staubfadens *(Sparmannia africana)*. Krümmungsbewegung (*B*) des Staubfadens in Winkelgraden (rechte Skala) und elektrische Potentialänderung (*E*, linke Skala) nach Stoßreizung zur Zeit 0. (Nach Bünning.)

stärkerer elektrostatischer Abstoßung der Fibrillen zu einer Erweiterung der Poren und damit zur Erhöhung der Permeabilität führt; man kann aber auch umgekehrt die Entstehung des Aktionsstromes aus Ionenverschiebungen bei der Permeabilitätserhöhung ableiten.

Die Ausbreitung der Erregung *(Reizleitung)* erfolgt durch Wirkstoffe, in gewissem Umfang wohl auch durch den Aktionsstrom.

Der Erregungszustand bewirkt innerhalb einer gewissen Zeit *(Latenz-* oder *Reaktionszeit)* die *Reaktion*. Ihr Ablauf hat energetisch mit dem Reiz nichts mehr zu tun, sondern hängt nur von den Energievorräten ab, die in der Zelle vorhanden sind und jetzt durch die Erregung aktiviert werden können. Soweit wir den Reizvorgang in *einer* Zelle betrachten, folgt er deshalb dem *Alles-oder-Nichts-Gesetz*, d. h. eine bestimmte Mindeststärke *(Intensitätsschwelle)* und eine stets sehr kurze Mindestdauer *(Zeitschwelle)* des Reizes entscheiden darüber, ob eine Reaktion zustande kommt oder nicht, und lösen diese stets in der überhaupt möglichen maximalen Stärke aus. Wenn aber, wie fast stets bei Mehrzellern, *viele* Zellen an einem Reizvorgang beteiligt sind, so haben diese in der Regel nicht alle denselben Schwellenwert und reagieren deshalb bei schwachen Reizen nicht alle. Eine Erhöhung der Reizstärke oder Reizdauer führt dann zum Eintritt weiterer Zellen und damit zur Verstärkung der Gesamtreaktion. Ihr Ausmaß ist in diesem Fall proportional der Reizmenge, d. h. dem Produkt aus Reizintensität und Reizdauer *(Reizmengengesetz)*. Sind dabei gleichzeitig zwei oder mehrere Reize aus verschiedenen Richtungen wirksam, so ist Richtung und Stärke der Reaktion als Resultante des Kräfteparallelogramms bestimmt *(Resultantengesetz)*.

**Refraktärstadium.** Nach der Auslösung einer Allesreaktion bleibt eine neue Reizung so lange erfolglos, als nicht eine Wiederherstellung (Restitution) des normalen Plasmazustandes erfolgt ist. Dieses *Refraktärstadium* ist anfangs absolut, d. h. jede Reaktion ist ausgeschlossen, später relativ, d. h. bei erhöhter Reizschwelle ist eine dem Fortschritt der Restitution gemäße abgeschwächte Reaktion möglich. In der Abb. 157, welche die

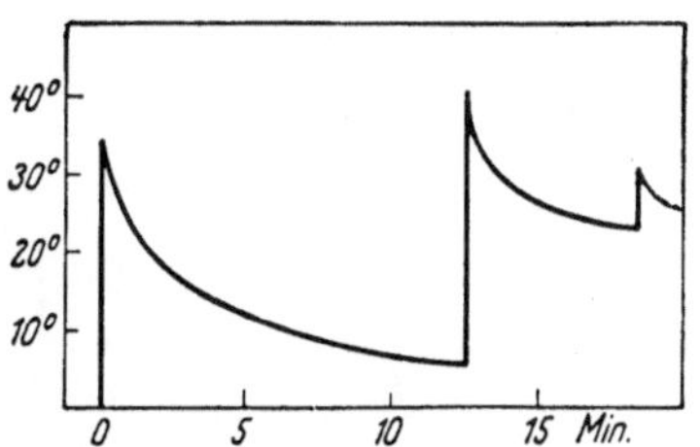

Abb. 157. Refraktärstadium nach Stoßreizung eines Staubfadens der Berberitze *(Berberis)*. Das Refraktärstadium dauert etwa 12 Minuten. (Nach Bünning.)

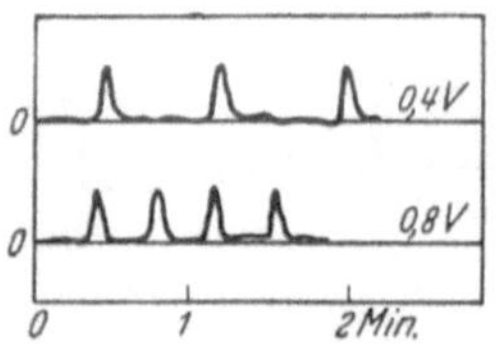

Abb. 158. Dauerreizung einer Algenzelle *(Chara foetida)* mit einem Strom von 0,4 bzw. 0,8 V Spannung. Elektrische Potentialänderung gegenüber dem Ruhepotential 0. (Nach Anger.)

Krümmungen eines Berberitzenstaubfadens nach Anstoßen darstellt, ist bei der zweiten Reizung (nach 13 Minuten) das Refraktärstadium schon vollständig abgeklungen, so daß eine neue Krümmungsreaktion in voller Stärke erfolgt. Sie führt sogar noch etwas über die erste Bewegung hinaus, weil die Rückbewegung des Staubfadens hinter dem Abklingen der Erregung nachläuft. Die dritte Reizung dagegen fällt noch in das relative Refraktärstadium und zeitigt deshalb einen nur geringen Reaktionserfolg.

**Dauerreizung.** Ein *Dauerreiz* bewirkt eine *Kette von Einzelreaktionen*, deren Aufeinanderfolge von der Länge des Refraktärstadiums und, innerhalb gewisser Grenzen, von der Stärke des Dauerreizes abhängig ist (Abb. 158).

Bei Dauerreizung tritt eine *Abstumpfung der Empfindlichkeit* ein. So liegt z. B. die Reizschwelle für die chemotaktische Anlockung von Farnspermatozoiden durch eine in einer Kapillare (Abb. 162) dargebotene Äpfelsäurelösung bei 0,001%, falls sich die Spermatozoiden in Wasser bewegen. Befinden sie sich aber in einer 0,0005%igen Äpfelsäurelösung, so bewirkt deren Dauerreiz, weil unterschwellig, zwar noch keine Reaktion, aber schon eine Plasmaerregung, welche die Reizschwelle erhöht. In der Kapillare genügt jetzt nicht die Konzentration von 0,0015%, welche der früheren Differenz von 0,001% gegenüber dem Medium entsprechen würde, sondern erst eine solche von 0,015% löst die Reaktion aus. Bei höheren Konzentrationen steigt der Schwellenwert gemäß beistehender Tabelle so an, daß der Quotient aus Schwellenreiz und Dauerreiz konstant bleibt (Web*ersches Gesetz*).

| *a*<br>Dauerreizkonzentration in der Kulturflüssigkeit | *b*<br>Reizschwellenkonzentration in der Kapillare | $\dfrac{b}{a}$ |
|---|---|---|
| Wasser | 0,001 | — |
| 0,0005 | 0,015 | 30 |
| 0,001 | 0,03 | 30 |
| 0,01 | 0,3 | 30 |
| 0,05 | 1,5 | 30 |

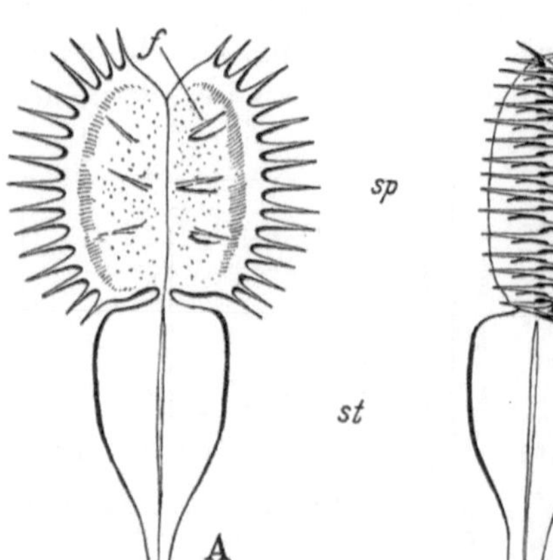


Abb. 159. Blatt der Venusfliegenfalle *(Dionaea muscipula)* in geöffnetem *(A)* und geschlossenem Zustand *(B)*. *sp* Blattspreite mit Fühlborsten *f*, *st* verbreiteter Blattstiel. (R.)

Diese besonders aus der menschlichen Sinnesphysiologie bekannte Beziehung gilt nur für einen mittleren Intensitätsbereich und geht auf dieselbe mathematische Formulierung wie das Ertragsgesetz (Abb. 204) zurück.

**Geschwindigkeit.** Die Reizvorgänge verlaufen bei Pflanzen sehr viel *langsamer* als bei Tieren. In der Tabelle sind die schnellsten pflanzlichen Reaktionen, die Blattsenkung bei der Sinnespflanze (*Mimosa pudica*, Abb. 174) und das Zusammenklappen der Blatthälften bei der Fliegenfalle (*Dionaea muscipula*, Abb. 159), der Muskelbewegung bei Wirbeltieren gegenübergestellt.

| | Anstiegszeit des Aktionsstromes sec | Reizleitungs- geschwindigkeit cm/sec | Absolutes Refraktärstadium sec |
|---|---|---|---|
| Mimosa | 0,6 | 2,5 | 2 |
| Dionaea | 0,2 | 20 | 0,6 |
| Wirbeltiere | 0,0002 | 10 000 | 0,0005 |

**Einteilung.** Man teilt die *Reizbewegungen* hinsichtlich der Bewegungsart in *Orts-* und *Krümmungsbewegungen* und hinsichtlich der Abhängigkeit der Bewegung von der Richtung des Reizes in *gerichtete* und *ungerichtete* ein und benennt wie folgt:

| | Ortsbewegung | Krümmungsbewegung |
|---|---|---|
| gerichtet | Topotaxis | Tropismus |
| ungerichtet | Phobotaxis | Nastie |

Die *Art des Reizes* wird durch die Vorwörter Photo- (Licht), Geo- (Schwerkraft), Hapto- (Berührung), Seismo- (Erschütterung), Chemo- (Stoff) usw. angegeben (Phototaxis, Geotropismus, Seismonastie usw.). Die *Richtung der Reaktion* heißt positiv, wenn sie auf den Reizort hin-, negativ, wenn sie von ihm wegstrebt.

## b) Taxien.

**Bewegungsmechanismen.** Die Ortsbewegung erfolgt durch Schwimmen oder Kriechen.

Unter den *Schwimmbewegungen* ist die mit *Geißeln* die häufigste und besonders kennzeichnend für die Geißelalgen und die sich von ihnen ableitenden Schwärmer und Gameten höherer Pflanzenstämme. Die Geißelschwingung kommt durch das

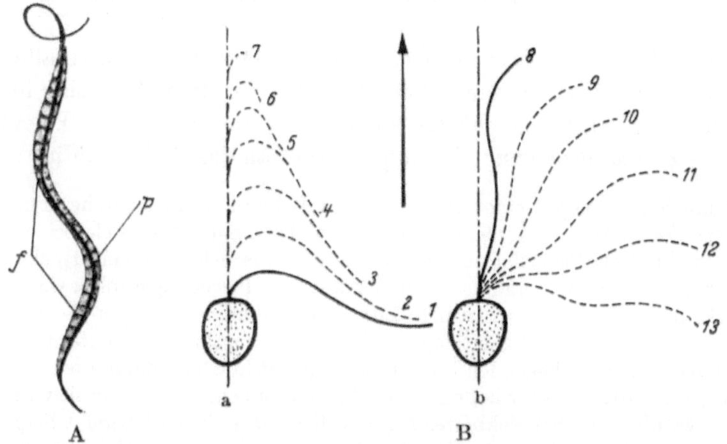

Abb. 160. Geißelbewegung. *A* Geißel von *Euglena*. *p* Kontraktile Plasmahülle, *f* elastischer Achsenfaden. *B* Schema der Geißelbewegung bei *Monas*. *a* Passives Strecken der Geißel durch den Achsenfaden. *b* aktiver Ruderschlag durch Plasmakontraktion. (Nach Bütschli, Krijgsman.)

Gegeneinanderwirken einer *kontraktilen Protoplasmahülle* und eines *axialen elastischen Fadens* (Abb. 160 *A*) zustande. Einseitige Kontraktion der ersteren biegt die Geißel (Abb. 160 *B, b*), die elastische Spannung des Achsenfadens bringt sie bei Wiedererschlaffung in die Ausgangslage zurück (*a*).

Der *Plasmakontraktion* liegt wahrscheinlich derselbe Mechanismus wie in den Muskelfibrillen zugrunde: In der Längsrichtung der Geißel angeordnete Fadenmoleküle eines Eiweißkörpers gehen dadurch, daß sich ihre einander gegenseitig abstoßenden elektrischen Überschußladungsstellen vermindern, aus dem gestreckten in einen stark gefalteten Zustand über, in welchem sich die heteropolaren CO- und NH-Gruppen nähern.

$$-C-CO-NH-C-CO-NH-C-CO-NH-C-$$

$$\updownarrow$$

Je nach dem Verlauf der Kontraktionswellen kann die Geißel als Ruder, Propeller oder Schiffsschraube wirken. In Abb. 160 *B* ist eine Ruderbewegung dargestellt; der aktive Kontraktionsschlag wird mit ausgestreckter Geißel schnell nach hinten geführt (*b*), während beim langsameren Vorziehen (*a*) die Beugung der Geißel den Widerstand des Wassers vermindert.

*Kriechbewegungen*, die u. a. bei Amöben und Kieselalgen vorkommen, beruhen in der Hauptsache auf *Plasmaströmungen*, welche durch lokale Änderungen der Oberflächenspannung entstehen.

Die Ortsbewegungen sind in der Hauptsache auf die *Nahrungssuche* bezogen, d. h. phototaktisch bei den autotrophen Geißelalgen und Algen, chemotaktisch bei den heterotrophen Bakterien und Pilzen sowie den Gameten, die so zur *Kopulation* geführt werden. Das Auffinden des optimalen Ortes kann dabei entweder durch eine direkt auf das Ziel gerichtete Bewegung *(Topotaxis)* zustande kommen oder die indirekte Folge von den Rückweg versperrenden Schreckbewegungen sein *(Phobotaxis)*.

**Phobotaxis.** Bei der *Phobotaxis* bewegt sich der Organismus in zufälligen Richtungen, solange er nicht in schwächere bzw. bei negativer Reaktion in stärkere Reizintensitäten gerät. Geschieht das, so prallt er jedesmal zurück. Es entsteht so eine *tappende Zickzackbewegung*, die immer näher an das Ziel heranführt.

Als anschauliches Beispiel einer *Photo-Phobotaxis* kann ein autotrophes Purpurbakterium (*Thiospirillum*, Abb. 161) dienen. Es besitzt einen Schopf von Geißeln, welcher je nach seiner Stellung als Propeller eine Vorwärts- oder als Schraube eine Rückwärtsbewegung bewirkt. Die Umstellung und damit die Umkehr der Bewegung erfolgt, wenn ein plötzlicher Helligkeitsabfall, z. B. von 20 auf 18 Lux, eine lichtempfindliche Stelle an der Geißelbasis trifft. Ein Anstieg der Helligkeit dagegen bleibt reaktionslos. Das Bakterium schwimmt also in einen in seiner Bahn liegenden Lichtfleck ungereizt hinein, kommt aus ihm aber nicht mehr heraus (Abb. 161). Bei sehr hohen Lichtintensitäten kehrt sich die positive Phototaxis in eine negative um, und Schreckbewegungen vollziehen sich jetzt beim Übergang in zu grelles Licht. Ein solcher überoptimaler Reaktionsumschlag ist bei Reizbewegungen sehr allgemein; er entspricht der physiologischen Optimumkurve mit Förderungs- und Hemmungsgebieten.

*Chemotaktische* Bewegungen erfolgen im *Konzentrationsgefälle* eines löslichen Stoffes. Man kann ein solches beispielsweise vor einer mit der Reizlösung gefüllten Kapillare herstellen. Die Abb. 162 zeigt in dieser Versuchsanordnung die positive Chemotaxis von Bakterien gegenüber 1% Fleischextrakt und ihre negative gegenüber angesäuertem Fleischextrakt. Diese Bewegungen sind phobotaktischer Natur, wogegen die Anlockung von Farnspermatozoiden durch Äpfelsäure (S. 138) eine topotaktische Richtungsbewegung ist.

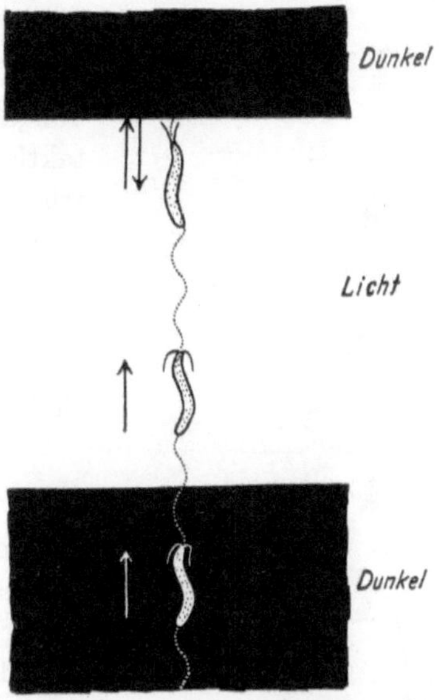

**Topotaxis.** Die *Topotaxis* ist weniger häufig. Der Organismus muß dabei die *Richtung des Reizgefälles* mit zwei Punkten seines Körpers anzielen. Bei den Flagellaten erfolgt das so, daß eine lichtempfindliche Stelle, meist als Augenfleck ausgebildet, seitlich vorn liegt (Abb. 13). Bei schräg einfallendem Licht gerät sie bei der dauernden Drehung der Zelle um ihre Längsachse abwechselnd auf die

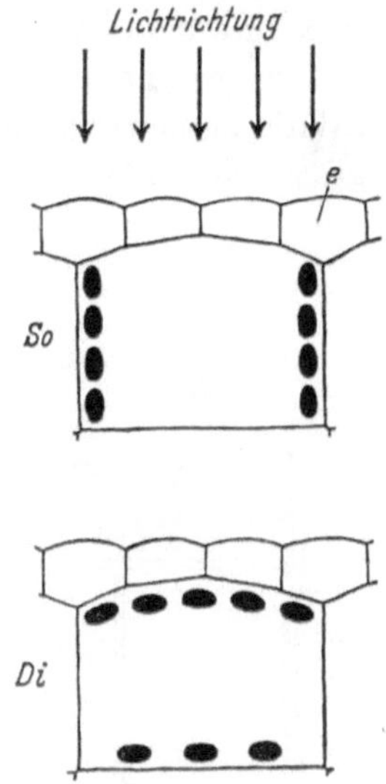



Abb. 161. Phobotaxis eines positiv phototaktischen Purpurbakteriums *(Thiospirillum)*. (Nach Buder, verändert.)

Licht- und Schattenseite. Der Übergang von Licht zu Schatten bewirkt ähnlich wie bei der Phobotaxis eine Änderung des Geißelschlages derart, daß die Zellachse so lange in die Lichtrichtung eingeschwenkt wird, bis die empfindliche Stelle von dem nun von vorn kommenden Licht dauernd beleuchtet wird und damit die phobische Reizung aufhört. Die Topotaxis erscheint so als eine Weiterentwicklung der Phobotaxis. Die hohe Reizempfindlichkeit des Augenfleckes beruht wahrscheinlich auf der Lichtabsorption ihrer Karotine, welche wie jene ihr Optimum im Blau hat (Abb. 148 *C*).

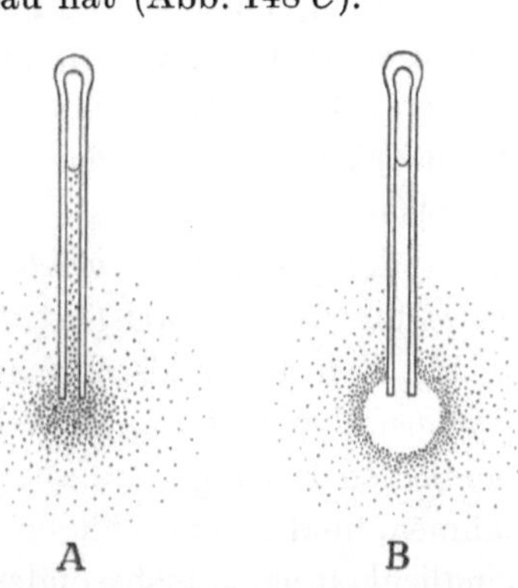



Abb. 162. Chemotaxis von Bakterien. *A* Positive Chemotaxis gegenüber einer 1%igen Fleischextraktlösung in der Kapillare. *B* Negative Chemotaxis gegenüber angesäuertem Fleischextrakt. (Nach Pfeffer.)



Abb. 163. Schema der phototaktischen Chloroplasteneinstellung in einer Blattzelle (Wasserlinse). *So* im direkten Sonnenlicht. *Di* im diffusen Tageslicht. *e* Epidermis. (Nach Stahl, verändert.)

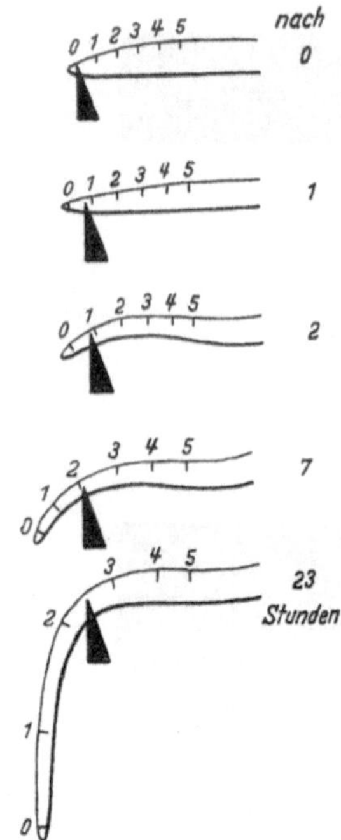



Abb. 164. Geotropische Krümmung einer horizontal gelegten Keimwurzel (Saubohne) bei 20°. (Nach Sachs.)

**Intrazelluläre Taxien.** *Innerhalb der Zelle* ist die Lage der *Zellkerne* oft chemotaktisch bestimmt, z. B. in Wund- und Drüsengeweben oder in der Nachbarschaft von Organanlagen. Sehr augenfällig sind die phototaktischen Wanderungen der *Chlorophyllkörner*. Bei trübem Wetter nehmen sie die Stellung größtmöglichen Lichtgenusses ein, d. h. nebeneinander mit der Fläche quer zur Richtung des einfallenden Lichtes. Im grellen Sonnenschein dagegen schützen sie sich vor Strahlungsschaden durch Profilstellung hintereinander entlang den Seitenwänden (Abb. 163).

### c) Tropismen.

Unter den *tropistischen* Krümmungsbewegungen kommt den *geo-* und *phototropischen* eine besondere Verbreitung und Bedeutung zu, da sie die Mittel sind, mit denen der Pflanzenkörper in eine statisch und optisch günstige Lage zu Schwerkraft und Licht eingestellt wird.

**Wachstumskrümmung.** Die tropistischen Reaktionen werden durch *ungleiches Wachstum* der Organflanken bewirkt und bleiben deshalb im ausgewachsenen Organ fixiert. Dabei kann es sich um einzelne *Zellen*, etwa Pilzsporangien, oder um *Gewebe* handeln. In diesen wird das *Streckungswachstum* beeinflußt, wie an einer horizontal gelegten strich-markierten Keimwurzel leicht nachzuweisen ist (Abb. 164). Zugrunde liegt eine durch den Reiz bewirkte ungleiche Verteilung des aktiven *Wuchsstoffes* (S. 172). Da dessen Wirkung einer Optimumkurve mit einem Förderungs- und Hemmungsbezirk folgt, welche in Wurzeln bei niedrigeren Konzentrationen verläuft als in Stengeln (Abb. 207 *b*), kann ein und dieselbe Konzentration hier wachstumsfördernd, dort aber schon wachstumshemmend sein und damit entgegengesetzte Krümmungen beider Organe veranlassen (Abb. 165).

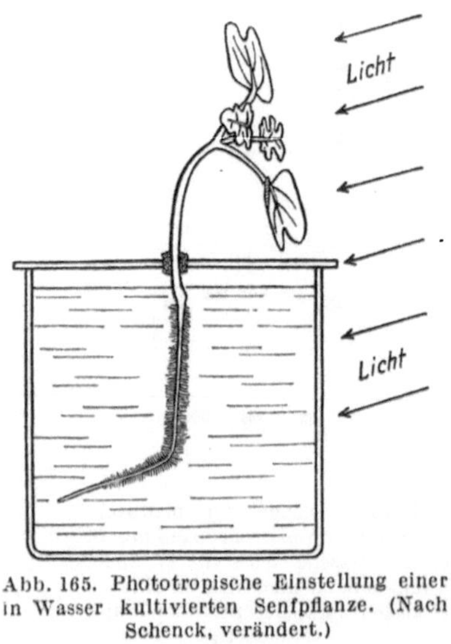

**Phototropismus.** Der *Phototropismus*, auch Heliotropismus genannt, ist in typischer Weise an der *Sproßachse positiv*, am *Blatt transversal* und an der *Wurzel negativ* gerichtet (Abb. 165). Von dieser als Anpassung an die *photosynthetischen* und *statischen* Bedürfnisse verständlichen Regel gibt es aber zahlreiche Ausnahmen, und öfters fehlt eine photische Empfindlichkeit ganz, insbesondere bei Wurzeln, deren Wachstum im lichtlosen Boden meist allein durch den Geotropismus gesteuert wird.



Abb. 165. Phototropische Einstellung einer in Wasser kultivierten Senfpflanze. (Nach Schenck, verändert.)

Neben der Assimilation werden oft auch *andere Funktionen* durch Phototropismus unterstützt. So sind die sich in Rindenspalten verklemmenden Haftwurzeln von Kletterpflanzen (z. B. Efeu) negativ-phototropisch. In Organen, welche im Lauf der Entwicklung ihre Funktion wechseln, können *Umstimmungen* stattfinden, wie oft in

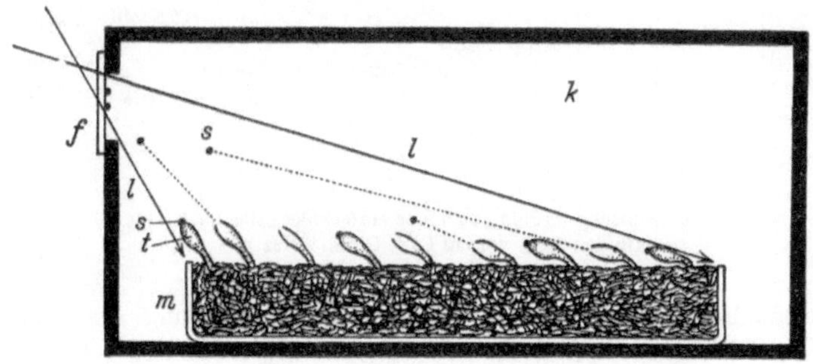

Abb. 166. Phototropismus von *Pilobolus*. *k* Dunkelkammer. *f* mit einer Glasscheibe geschlossenes Lichtfenster. *l* Grenzstrahlen des einfallenden Lichtes. *s* Sporangien. *t* Trägerzellen des in Mist (*m*) kultivierten Pilzmyzels. Sporangien teils abgeschossen an der Glasscheibe haftend, teils im Abschuß, teils noch auf den Trägerzellen.

Blüten- und Fruchtstielen. Beispielsweise rücken bei dem an Felsen und Mauern wachsenden Zimbelkraut *(Linaria cymbalaria)* die positiv-phototropisch reagierenden Stiele der Blüten von der Wand ab und den bestäubenden Insekten entgegen, erfahren dann aber nach der Bestäubung eine Umstimmung zu negativem Phototropismus, wobei sie die Fruchtkapseln in Spalten des Gesteins hineinzwängen und die Samen an günstige Keimungsorte bringen.

*Pilze,* die hinsichtlich ihrer Ernährung nicht am Licht interessiert sind, benützen den Phototropismus oft zur *Sporenverbreitung.* Ein interessantes Beispiel ist ein kleiner, auf Mist wachsender Schimmelpilz *(Pilobolus),* der sein etwa 50 000 Sporen enthaltendes Sporangium nach genauer Ausrichtung der Trägerzelle in die Lichtrichtung wie ein Geschoß bis 2 m weit abschleudert (Abb. 166) und auf diese Weise sicher durch die Lücken der überdeckenden Grashalme hindurchschießt.

Die positiv-phototrope Einstellung der Sporangien von *Pilobolus-* und anderen Pilzarten ist die Folge einer *Wachstumsförderung* durch das Licht, welche sich bei *allseitigem* Lichteinfall in einer vorübergehenden Verstärkung des Längenwachstums äußert (*Lichtwachstumsreaktion,* Abb. 167 *A*). Bei *einseitigem* Einfall folgt die Lichtbrechung in einer zylinderförmigen durchsichtigen *Hyphenzelle* dem in Abb. 167 *B* konstruierten Strahlengang, welcher in der rückwärtigen Hyphenseite auf einem gegenüber der vorderen um etwa 25% längeren Strahlenweg eine stärkere Lichtabsorption in den Karotinoiden und damit eine stärkere Plasmareizung mit sich bringt. Die Lichtwachstumsreaktion wird damit auf der dem Licht abgewendeten Seite größer und führt zu einer positiv-phototropischen Krümmung. Hebt man die Linsenwirkung dadurch auf, daß man die Hyphen in Wasser belichtet, so unterbleibt die Krümmung, und macht man die Zelle durch Eintauchen in ein stärker lichtbrechendes Medium,

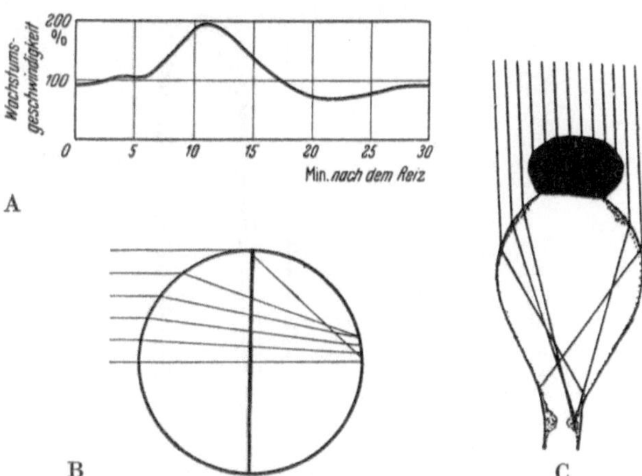


Abb. 167. Phototropische Reaktion in Sporangiumzellen von Pilzen. *A* Lichtwachstumsreaktion nach allseitigem Lichtreiz *(Phycomyces).* *B* Strahlengang in einem zylindrischen Sporangiumträger *(Phycomyces).* *C* Strahlengang und lichtempfindliche Karotinoidzone in der Sporangium-Trägerzelle von *Pilobolus.* (Nach Bünning, Castle, van der Wey.)

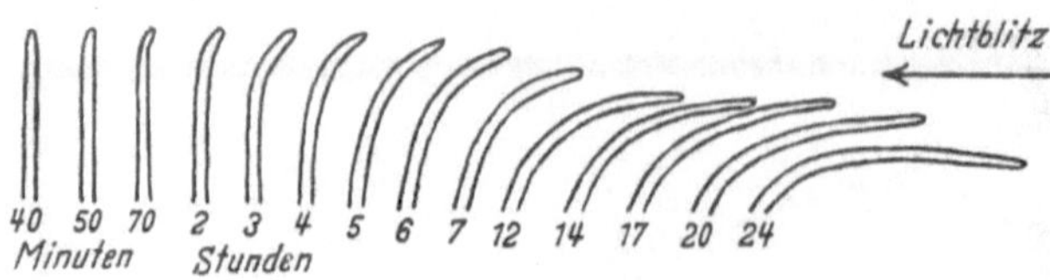



Abb. 168. Phototropische Krümmung einer Haferkoleoptile nach einem 4-Sekunden-Reiz von 30 Lux. (Nach Arisz.)

etwa Paraffinöl, zur Zerstreuungslinse, so erfolgt eine negativ-phototropische Krümmung. Wenn sich später bei der Reife des Sporangiums die *Trägerzelle* keulig verdickt, so bildet sich an ihrer Basis eine durch hohen Karotingehalt besonders lichtempfindliche Zone aus. Bei schräger Einfallsrichtung des Lichtes entsteht, wie die Abb. 167 *C* zeigt, ein Lichtfleck auf der der Lichtquelle abgekehrten Seite des Karotinringes, welcher eine Krümmung nach der Richtung des Lichtes hin so lange induziert, bis dieses genau von vorne kommt und den Karotinring auf seinem ganzen Umfang gleichmäßig ausleuchtet. Diese Einstellung ist so genau, daß bei der Versuchsanordnung der Abb. 166 die Lichtöffnung mit großer Sicherheit getroffen wird. In welcher Weise der vom Lichtreiz bewirkte Erregungszustand des Plasmas zur Wachstumsförderung führt, ist nicht bekannt; beteiligt ist eine erhöhte Dehnungsfähigkeit der Zellwand.

Der Ablauf der phototropischen Reaktion in *vielzelligen Organen* ist in der hoch lichtempfindlichen *Haferkoleoptile* (Abb. 124) am weitestgehenden analysiert. Die Reizschwelle liegt bei nur etwa 5 Meterkerzen · Sekunde, und bei genügend hoher Lichtstärke genügt schon ein Lichtblitz von $^1/_{2000}$ Sekunde zur Auslösung der Krümmung, die ziemlich langsam einsetzt und fortschreitet (Abb. 168).

Durch Verdunklung einmal der Spitze und zum andern der Streckungszone (Abb. 169 *a, b*) kann man nachweisen, daß praktisch *nur die Spitze* reizempfindlich ist. In ihr allein ist *Karotin* angehäuft (*c*), das wahrscheinlich den Reiz suszipiert, da seine Absorption in demselben spektralen Blaulichtbezirk liegt, der die stärkste Krümmungsreaktion verursacht.

Die *Erregungsleitung* von der reizaufnehmenden Spitze nach der reagierenden Streckungszone erfolgt durch den von der Spitze basalwärts fließenden *Wuchsstoffstrom* (S. 172). Fängt man ihn auf Licht- und Schattenseite getrennt in Agar auf (Abb. 206), so ergibt sich auf der beschatteten Seite eine viel höhere Konzentration, welche deren stärkeres Wachstum und damit die positiv-phototrope Krümmung bewirkt. Die ungleiche Verteilung des Wuchsstoffes kommt wahrscheinlich durch seine Inaktivierung oder Zerstörung auf der Lichtseite zustande, weil die *Lichtwachstumsreaktion* bei allseitiger Beleuchtung hier eine *Wachs-*

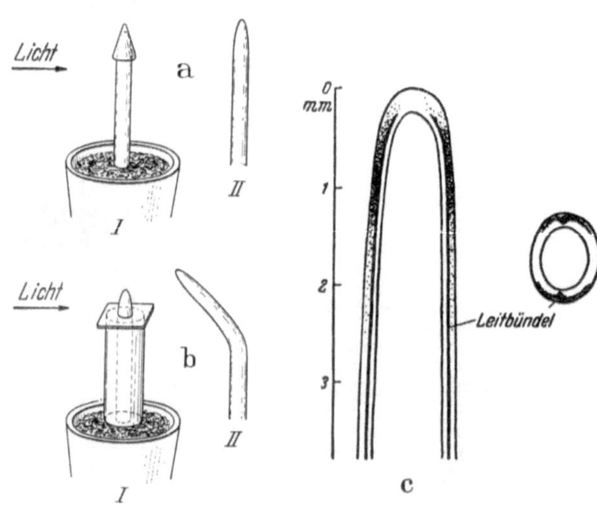



Abb. 169. Perzeption des Lichtreizes in der Haferkoleoptile. *a* Spitze mit Stanniolhütchen verdunkelt, Wachstumszone belichtet: keine Krümmung. *b* Spitze belichtet. Wachstumszone durch Stanniolzylinder verdunkelt: Krümmung. *c* Verteilung von Chlorophyll und Karotinoiden im Längs- und Querschnitt. (*c* nach Bünning.)

*tumshemmung* ist, um-
gekehrt der Wachstums-
förderung der Pilzspor-
angienträger.

Bei *Blättern*, deren
eine Spreitenhälfte ver-
dunkelt ist, beobachtet
man bei Beleuchtung
der anderen eine photo-
tropische Krümmung
des Blattstieles in Rich-
tung der belichteten
Seite (Abb. 170 *A*). Auch
sie kommt wahrschein-
lich durch Schwächung
des in den Stiel abflie-
ßenden Wuchsstoffes in
der beleuchteten Blatt-
hälfte zustande. Die Re-
aktion führt an beschat-
teten Zweigen zu der
Erscheinung des *Blatt-
mosaiks*, d. h. zu einer
Einstellung der Blatt-
stiele, bei der die gegenseitige Überdeckung der
Spreiten weitgehend
vermieden wird (Abb.
170 *B*).

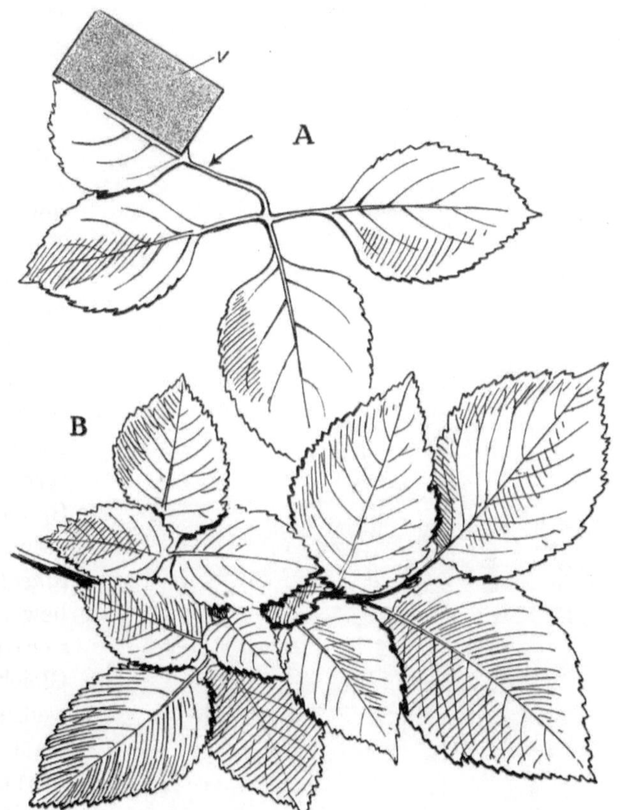


Abb. 170. Phototropische Einstellung von Blättern. *A* Seitliche Krümmung des Blattstieles (Pfeil) bei Verdunklung der Spreitenhälfte *v (Co-
leus)*. *B* Blattmosaik eines Schattenzweiges der Ulme. (Nach Laibach,
Kerner von Marilaun.) (R.)

**Geotropismus.** Der *Geotropismus* tritt normalerweise in *Sprossen* als *negative*, in
*Wurzeln* als *positive* Reaktion in den terminalen und interkalaren (z. B. bei Gras-
halmen) Zonen des Streckungswachstums auf, wenn man Pflanzen horizontal legt.
Daß es sich dabei um Wirkungen der Schwerkraft handelt, zeigen Versuche auf
dem Klinostaten und der Zentrifugalscheibe. Der *Klinostat* dreht das Versuchsobjekt langsam um eine in beliebiger Richtung einstellbare Achse. Rotiert man
horizontal (Abb. 171 *a*), so entsteht in der Pflanze zwar ein geotropischer Erregungszustand, aber der Schwerkraftreiz wirkt abwechselnd auf alle Flanken, und
es kommt infolgedessen zu keiner Krümmung. Auf der *Zentrifugalscheibe* kombiniert sich mit der Schwerkraft die Zentrifugalkraft. Bei langsamem Gang stellen
sich auf ihr befestigte geotropisch reizbare Pflanzenteile in die Resultante beider
Kräfte ein. Auf der schnellaufenden Scheibe überwiegt die Zentrifugalkraft so
stark, daß positiv-geotrope Organe horizontal nach außen, negativ-geotrope nach
innen wachsen (Abb. 171 *b*).

Wie beim Phototropismus ist das verschiedene *Streckungswachstum* der
beiden Flanken *wuchsstoffbedingt*, wobei im horizontal liegenden Organ die
Wuchsstoffkonzentration in der unteren Hälfte höher als in der oberen ist. Da
sie in der Größenordnung liegt, welche in der *Wurzel* schon eine *Hemmung* des

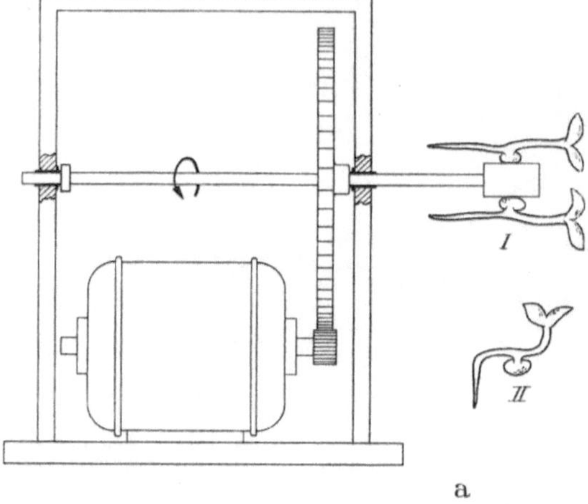

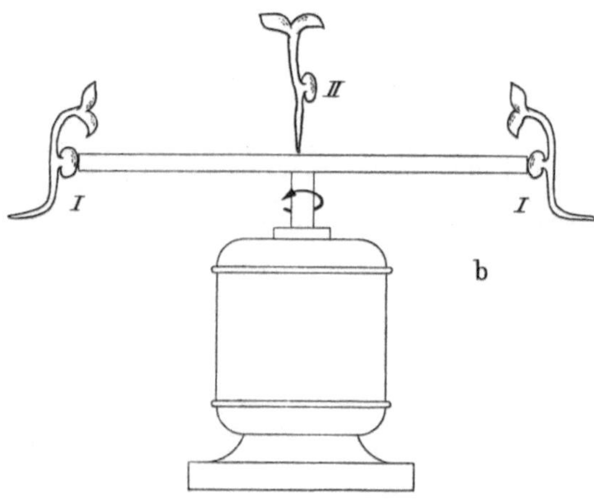

Abb. 171. Geotropismus von Sproß und Wurzel. *a* Auf dem Klinostat horizontal rotierende (I) und in Ruhe horizontal liegende (II) Keimpflanzen. *b* Auf der Zentrifugalscheibe geschleuderte (I) und senkrecht ruhende bzw. im Mittelpunkt der Scheibe befestigte (II) Keimpflanzen.

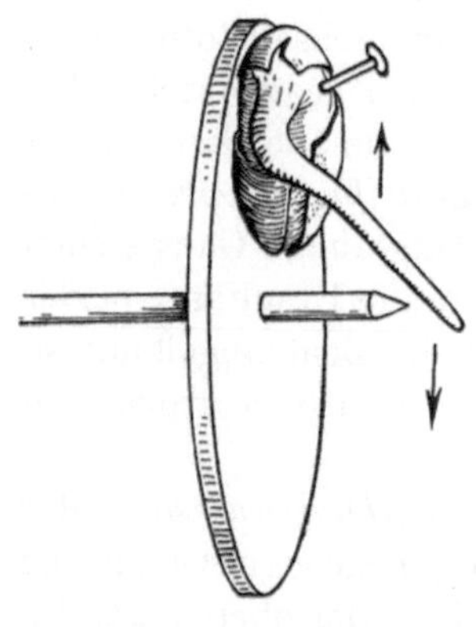

Abb. 172. Ausgangslage des Zentrifugalscheibenversuches mit entgegengesetzter Reizrichtung in Spitze und Streckungszone. Die Pfeile geben die Richtung der Zentrifugalkraft an. (Nach v. Guttenberg.)

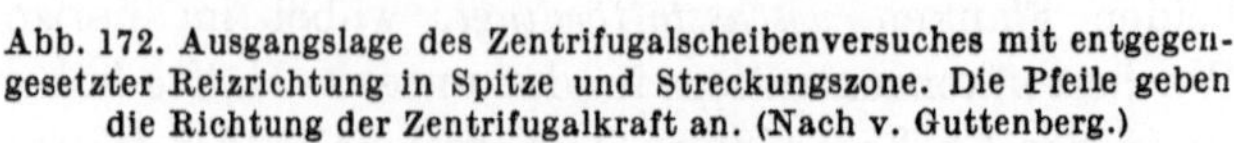

Wachstums bewirkt (Abb. 207 *b*), ergibt sich für diese eine positiv-geotrope Krümmung.

Die *Aufnahme* des Schwerereizes erfolgt überwiegend in der *Spitze* des wachsenden Organs. Bei Wurzeln ergibt sich das aus dem in Abb. 172 dargestellten Versuch, bei dem eine Keimwurzel so auf der Zentrifugalscheibe befestigt ist, daß die Fliehkraft auf die Spitze in entgegengesetzter Richtung wirkt wie auf die Streckungswachstumszone; die geotropische Reaktion der letzteren findet dann im Sinne des Spitzenreizes statt. Der Reizaufnahme dienen nach der *Statolithentheorie* Zellen mit leicht beweglichen Stärkekörnern, die sich wie die Statolithen tierischer Gleichgewichtsorgane auf die jeweils unten befindliche Zellseite verlagern. Solche Statolithenstärke findet sich meist in geotropisch reizbaren Organen, in den Wurzeln in der Wurzelhaube (Abb. 125).

Da auch stärkefreie Organe geotropisch reagieren können, ist der Geltungsbereich der Statolithentheorie problematisch. Eine andere Erklärungsmöglichkeit ist der *geoelektrische Effekt*, welcher im horizontal liegenden Pflanzenteil die Unterseite gegenüber der Oberseite positiv elektrisch auflädt, wahrscheinlich weil das Schwerefeld Ionenverschiebungen verursacht. Da die Wuchsstoffmoleküle im elektrischen Feld anodisch wandern, könnte so die Wuchsstoffansammlung auf der Unterseite zustande kommen.

Die geotropische Einstellung eines Organs kann im Laufe der Entwicklung wechseln, wie häufig bei Blüten- und Fruchtstielen, die zeitweise nicken, zeitweise aufrecht stehen.

Nicht selten steht die geotropische Reizung mit anderen in *Konkurrenz*, wobei phototropische Reize meist stärker reaktionsbestimmend sind. Von sehr allgemeiner Bedeutung ist das Zusammenwirken von Geotropismus und *Epinastie*, aus dem sich die *schräge Wachstumsrichtung* von *Seitensprossen* und *Wurzeln* erklärt. Die Epinastie verursacht als Auswirkung einer endonomen Polarität ein gefördertes Wachstum der morphologischen Oberseite. Sie kommt rein zur Auswirkung, wenn man den Geotropismus auf dem Klinostaten ausschaltet; die normalerweise schräg aufsteigenden Blattstiele krümmen sich dann nach unten.

**Haptotropismus.** Für die Funktion der *Ranken* ist der *Haptotropismus* von grundlegender Bedeutung. Man versteht darunter eine *Berührungsempfindlichkeit*, die eine Wachstumskrümmung nach der berührten Seite hin verursacht und damit zum spiraligen Umwachsen der Stütze führt (Abb. 173). Nur der Reiz fester Gegenstände ist wirksam, nicht aber etwa das Auffallen von Regentropfen. Die Empfindlichkeit und Reaktionsgeschwindigkeit dieser Reizbewegung kann außerordentlich groß sein. Es gibt Ranken, die schon den Reiz eines als Reiter aufgesetzten 0,00025 mg schweren Wollfädchens aufnehmen, und die Reaktionszeit bis zum Einsetzen der Krümmung kann weniger als 30 Sekunden betragen. Bei hochdifferenzierten Ranken pflanzt sich der Reiz von der Berührungsstelle fort und führt zu einer spiraligen Einrollung des basalen Rankenteiles, was durch die Einschaltung eines Umkehrpunktes der Drehrichtung ermöglicht wird (Abb. 173,5). Auf diese Weise wird die rankende Pflanze an die Stütze herangezogen.

**Chemotropismus.** *Chemotropismus*, d. h. Wachstum im Konzentrationsgefälle chemischer Substanzen, findet sich oft bei Pilzhyphen, Wurzeln und Pollenschläuchen.

### d) Nastien.

Als *Nastien* bezeichnet man Krümmungsbewegungen, deren Richtung durch den Bau des Organes festgelegt und deshalb von der Richtung des Reizes unabhängig ist.

**Seismonastie.** Die auffallendste Bewegung dieser Art ist das durch einen Erschütterungsreiz *(Seismonastie)* ausgelöste Zusammenschrecken der tropischen Sinnespflanze *(Mimosa pudica)*, wobei die Fiederblättchen zusammengefaltet und die Blattstiele gesenkt werden (Abb. 174). Um die Bewegung im einzelnen verfolgen zu können, bewirkt man

Abb. 173. Rankender Sproß der Zaunrübe *(Bryonia dioica)*. 1–5 aufeinanderfolgende Entwicklungsstadien von Ranken. (Nach Sachs.)

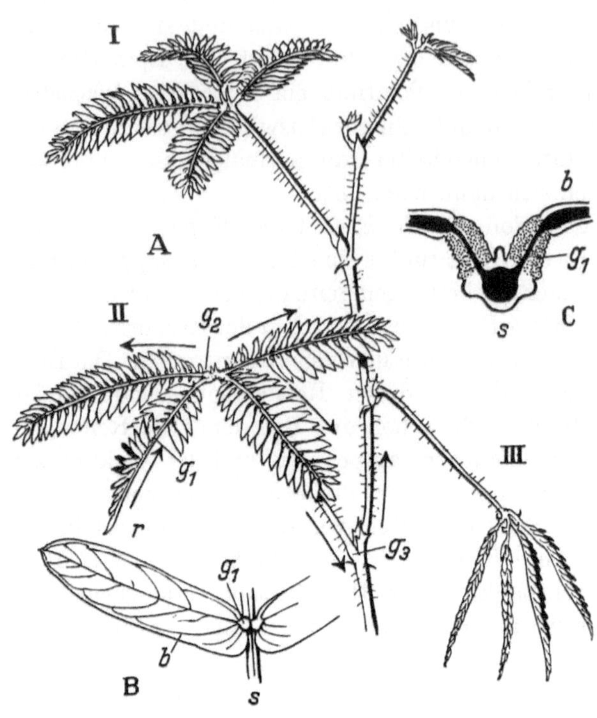



Abb. 174. Seismonastie der Sinnespflanze *(Mimosa pudica)*. *A* Zweig. I Ungereiztes Blatt. II bei *r* gereiztes Blatt; die Pfeile bezeichnen das Fortschreiten der in den Gelenken $g_1$, $g_2$, $g_3$ eintretenden Reaktionen. III gereiztes Blatt nach beendeter Reaktion. — *B* Fiederblättchenpaar *b* mit Gelenken $g_1$; *s* Fiederstiel. *C* Schematischer Querschnitt durch *B*; Leitbündelteile schwarz, Turgorgewebe punktiert gezeichnet. (Nach Pfeffer, Troll, verändert.) (R.)

die Reizung am besten durch Anbrennen einer Blattspitze. Von der gereizten Stelle (*r*) ausgehend, klappen dann die Blättchen nacheinander Paar für Paar nach oben zusammen (*II*). An der Basis der Fieder geht die Reaktion auf die benachbarten über und bringt ihre Blättchen spitzenwärts fortschreitend ebenfalls zum Zusammenklappen. Gleichzeitig nähern sich die Fiederstiele einander, und der Reiz läuft den Blattstiel hinab bis zu seinem basalen Gelenk, in welchem eine plötzliche Senkung erfolgt (*III*). Bei genügender Stärke pflanzt er sich im Stengel weiter fort und erfaßt nacheinander die übrigen Blätter, in welchen nun die Vorgänge spitzenwärts ablaufen.

Bei günstigen Bedingungen in feuchtwarmer Luft gehen die Reaktionen sehr schnell vor sich (Tabelle S. 139). Bei der *Reizleitung* spielen neben dem Aktionsstrom bei der Erregung gebildete Reizstoffe eine Rolle, wobei eine bei Mimosa isolierte organische Oxysäure noch in einer Verdünnung von ein Millionstel wirksam ist. Nach einiger Zeit erfolgt die Wiederaufrichtung der Pflanze in einem sehr viel langsameren Tempo.

Die seismonastische Reaktion läßt sich beliebig wiederholen, weil sie durch Schwankungen des Turgordruckes zustande kommt *(Turgorbewegung)*. Diese spielen sich in besonderen Organen, den Gelenkpolstern an der Basis der Blättchen und der Fieder- und Blattstiele ab (Abb. 174 *B, C*). Das Gelenkparenchym besitzt einen hohen Turgor und sucht sich infolgedessen auszudehnen, wird daran aber durch das zentral liegende Leitbündel gehindert. Schneidet man jedoch die eine Gelenkhälfte weg, so krümmt sich die andere konvex um das Leitbündel. Derselbe Erfolg tritt bei einseitiger Herabsetzung des Turgors ein. Das geschieht bei der seismonastischen Bewegung dadurch, daß die plasmatische Erregung in den Zellen der einen Gelenkhälfte eine Permeabilitätserhöhung bewirkt. Diese führt zu einem Absinken des osmotischen und Turgordruckes unter Wasseraustritt in die Interzellularen. Beim Abklingen der Erregung wird unter Wiederaufnahme des ausgetretenen Wassers der alte Zustand wiederhergestellt.

Ähnliche seismonastische Blattbewegungen kommen bei den Leguminosen und beim Sauerklee vor. Sie bedürfen aber zur Auslösung sehr starker und wiederholter Erschütterungsreize. Dagegen ist das Zusammenklappen der Blatthälften der Fliegenfalle *(Dionaea muscipula)* nach Berührung der Fühlborsten (Abb. 159) eine Reaktion sehr hoher Empfindlichkeit und außerordentlicher Schnelligkeit (Tabelle S. 139). Auch bei Staubblättern (Abb. 156, 157) gibt es ausgeprägte Seismonastien.

**Schlafbewegungen.** Die *Blätter* der Sinnespflanze, der Leguminosen, des Sauerklees u. a. führen in ihren Gelenken regelmäßige *Tag- und Nachtbewegungen* aus *(Nyktinastie*, Abb. 175 *A, B)*. Diese werden zwar in etwas durch den Wechsel der Helligkeit kontrolliert, sind aber wesentlich in einer *endonomen* 24stündigen Periodizität (S. 184) verankert, welche auch bei dauernd verdunkelt gehaltenen Pflanzen, z. B. Bohnen, in Erscheinung tritt, sobald man die nyktinastische Bewegung durch einen einmaligen Lichtreiz, wozu schon eine einstündige schwache Beleuchtung genügt, zum Anlaufen gebracht hat.

Die täglichen *Öffnungs-* und *Schließbewegungen* der *Blüten* (Abb. 175 *C*) sind *Wachstumsbewegungen* und dauern deshalb nur eine beschränkte Zeit. Meist wirkt das Licht als regulierender Reiz, wobei die Schwellenwerte und Reaktionszeiten so verschieden sind, daß man aus geeigneten Arten ein Beet als „Blumenuhr" zusammenstellen kann. In anderen Fällen handelt es sich um temperaturbedingte (thermonastische) Bewegungen, so namentlich bei Frühjahrspflanzen, die an kalten Tagen geschlossen bleiben.

**Nutation.** Sehr allgemein verbreitete endonome, aber oft durch den Schwerkraftreiz induzierte Bewegungen sind die *Nutationen* (Zyklonastien). Sie bewirken durch eine um den Stengel umlaufende *Wachstumsbeschleunigung* kreisende Schwingungen der Sproßenden. Die Abb. 176 zeigt den Beginn der Nutations-

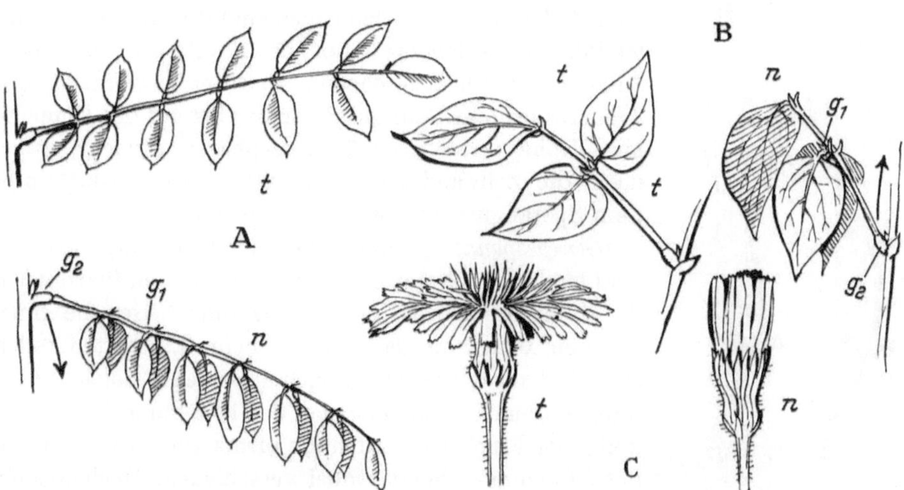

Abb. 175. Nyktinastie. *A* Fiederblätter einer Leguminose *(Amorpha fruticosa). B* Blätter der Bohne *(Phaseolus multiflorus). C* Blüten des Löwenzahns *(Leontodon hispidus). t* Tag-, *n* Nachtstellung. $g_1, g_2$ (bei *A* und *B*) Gelenke, bei $g_2$ ist der Übergang zur Nachtstellung durch Pfeile bezeichnet. (Nach Pfeffer, Detmer.) (R.)

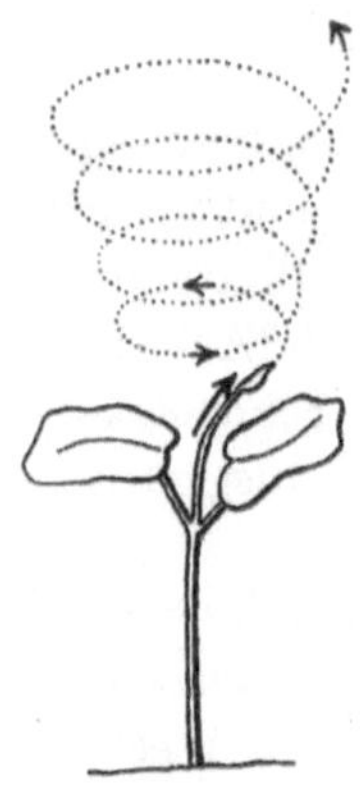

Abb. 176. Beginn des Nutierens eines Winders *(Pharbitis hispida)*. Die Pfeile geben die Richtung des Wachstums und der Nutation der Sproßspitze. (Nach Rawitscher, verändert.)

bewegung bei einer jungen Schlingpflanze; mit zunehmender Sproßlänge werden die Kreise weiter und können bei tropischen Windepflanzen auf bis 2 m Durchmesser und 40 Minuten Umlaufgeschwindigkeit gesteigert sein.

Bei den *Rankenpflanzen* ist die Nutation nur Suchbewegung und wird von der haptotropischen Krümmung abgelöst, sobald eine Stütze berührt wird (Abb. 173). Bei den *Windepflanzen* ist kein Haptotropismus vorhanden, und das Umschlingen der Stütze beruht nur auf ihrer dauernden Umrundung durch die zyklonastische Bewegung (Abb. 177), welche oft durch einen seitlich gerichteten Lateralgeotropismus verstärkt ist. Außerdem werden die etwas älteren Teile negativ geotropisch, versuchen sich infolgedessen aufzurichten und bewirken damit ein Auseinanderziehen und festes Anpressen der Windungen; Kletterhaare können das Festhalten unterstützen (Abb. 76 *F*). Die meisten Windepflanzen sind Linkswinder, d. h. die Windungen verlaufen von oben gesehen entgegengesetzt der Uhrzeigerrichtung (Abb. 176); zu den Rechtswindern gehört der Hopfen (Abb. 177).

## 2. Mechanische Bewegungen.

**Turgormechanismen.** Die Turgormechanismen haben *lebendes Protoplasma* zur Voraussetzung. Die Reaktion erwächst aber nicht aus einer Reizung und Erregung desselben, sondern ist der *rein mechanische*, unter Zerreißung erfolgende Spannungsausgleich eines die Dehnbarkeit der Zellwand oder des Gewebeverbandes

Abb. 177. Rechtswindende Sproßspitze (Hopfen) in zwei Bewegungsphasen. (Nach Pfeffer, verändert.)

überschreitenden Turgordruckes, oft beschleunigt durch die mechanische Zusatzkraft einer Berührung oder Erschütterung.

*Zelluläre* Turgormechanismen sind die Sporangien vieler Pilze. Bei Pilobolus (Abb. 166, 178 *A*) wird das Sporangium dadurch abgeschossen, daß der Turgordruck der Trägerzelle unter Dehnung derselben bis auf das Doppelte eine Höhe von etwa 5,5 Atmosphären erreicht, wobei dann die Zellwand an einem unelastischen Ring unter dem Sporangium explosionsartig aufreißt.

*Gewebespannungen* infolge verschiedenen Turgordruckes sind bei Kormophyten sehr verbreitet. In den Blattstielen des Rhabarbers z. B. besitzt das innere Gewebe einen höheren Druck als das äußere; beim Einspalten rollen sich deshalb die Sektoren nach außen auf. Solche Spannungen dienen im allgemeinen der Erhöhung der Festigkeit; bei Früchten werden sie öfters zum Abschleudern der Samen ausgenutzt, wobei verschiedene Mechanismen vorkommen.

Bei der *Spritzgurke* (Abb. 178 *B*) z. B. sind die Samen in ein dünnwandiges Parenchym eingebettet, das einen

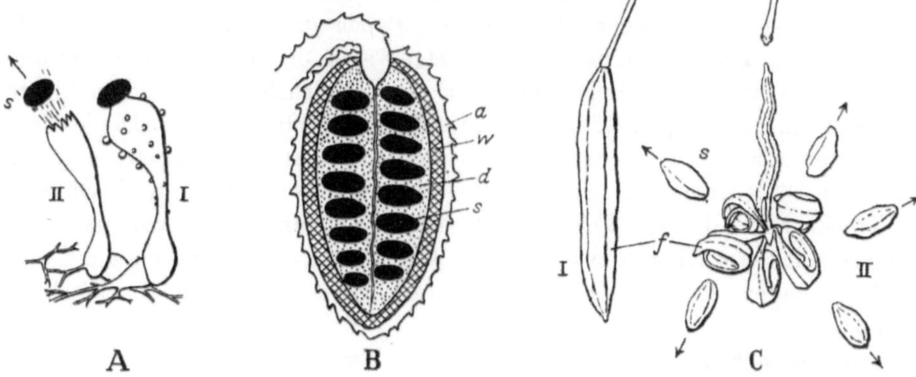

Abb. 178. Turgormechanismen. *A* Trägerzellen von *Pilobolus* unmittelbar vor (I) und nach (II) der Explosion. *s* Sporangium. *B* Längsschnitt durch die Spritzgurke *(Ecballium elaterium)*. *a* Außengewebe *w* Widerstandsgewebe, *d* Druckgewebe, *s* Samen. *C* Frucht des Rührmichnichtans *(Impatiens noli-tangere)*. I vor der Berührung, II explodierend. *f* Fruchtklappen, *s* Samen. (Nach Metzner, Overbeck, Troll.)

Turgordruck von etwa 3 Atm. erreicht. Dieser wird von einem elastischen Widerstands- und Außengewebe aufgefangen. Ein Trennungsgewebe an dem zapfenartig in das Fruchtinnere hineinragenden Stielansatz bildet eine schwache Stelle und gibt schließlich nach, meist ausgelöst durch eine leise Berührung oder Erschütterung, wobei der Inhalt mit den Samen bis über 12 m weit weggeschleudert wird. Beim *Rührmichnichtan* (Abb. 178 *C*) ist die Frucht eine fünffächerige Kapsel. Das unter Turgordruck stehende Gewebe liegt außen, das Widerstandsgewebe innen. Die Fruchtblätter haben deshalb das Bestreben, sich nach innen aufzurollen, und tun das unter Aufreißen der Nähte zwischen ihnen explosionsartig, wobei die an der Mittelsäule sitzenden Samen weit fortgeschleudert werden.

**Quellungsmechanismen.** Vom Plasma völlig unabhängige und auch an toten Pflanzenteilen beliebig oft wiederholbare Bewegungen entstehen durch *Quellung und Entquellung* von verdickten Zellulosezellwänden. Diesen Mechanismus benützt die Pflanze vor allem zum Öffnen und Schließen von Sporenkapseln und Streufrüchten (Abb. 179). Die Bewegungen kommen als Spannungsausgleich zweier Gewebeschichten zustande, welche *verschieden stark quellbar* sind oder, häufiger, *verschiedene Texturen* (Abb. 40) haben. In letzterem Fall entsteht die Spannung dadurch, daß die Quellung bzw. Entquellung ein Maximum senkrecht zum Faserverlauf hat, weil das die Intermizellarräume ausfüllende Quellungs-

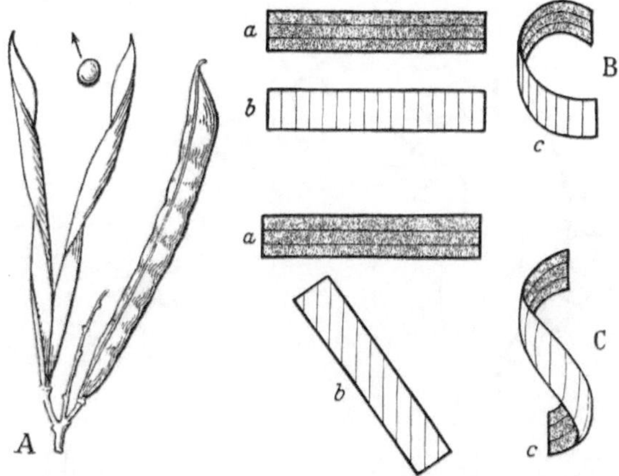

Abb. 179. Quellungsmechanismus einer Leguminosenfrucht. *A* Geschlossene und aufspringende Hülse einer Platterbse *(Orobus vernus)*. *B, C* Modelle aus zwei in verschiedenen Faserrichtungen (durch Schraffur angedeutet) geschnittenen Papierstreifen *a* und *b*, welche in *c* übereinandergeklebt nach Austrocknung einfache und tordierte Einrollung zeigen. (Nach Kerner von Marilaun, Jost, teilweise verändert.)

wasser die parallel liegenden Zellulosefibrillen auseinanderdrückt. Man kann diese Art Quellungsmechanismen an Modellen aus Papier studieren, da in diesem die Fasern von der Fabrikation her parallel gelagert sind. Je nach ihrer Orientierung ergeben zwei aus einem Bogen geschnittene und feucht aufeinandergeklebte Streifen beim Austrocknen Einrollung oder Torsion (Abb. 179 *B, C*). Die letztere Krümmungsart liegt z. B. dem Aufplatzen der Leguminosenhüllen zugrunde (Abb. 179 *A*). Je nach der Lagerung der Gewebe und Texturen kann die Öffnung bei Trockenheit oder bei Feuchtigkeit zustande kommen, ersteres meist bei Pflanzen feuchterer Klimate zwecks weiter Ausstreuung der im trockenen Zustand leichteren Samen, letzteres bei Wüstenpflanzen zwecks Ermöglichung sofortiger Keimung.

**Kohäsionsmechanismen.** Die *Kohäsion* des Wassers und seine *Adhäsion* an Zellulosewänden (S. 118) bewirkt beim Austrocknen wassergefüllter toter Zellen mit elastischen Wänden Spannungen, welche bei geeigneter Zellform und Anordnung zu *Kohäsionsbewegungen* führen. So werden die Farnsporangien und die ihnen homologen Staubbeutelfächer geöffnet. Bei den Farnen ragt aus der einschichtigen Sporangiumwand eine als Ring (Anulus) bezeichnete Leiste von innen und seitlich elastisch verdickten Zellen heraus (Abb. 180 *I*). Wenn ihr bei der Reife abgestorbener, wässeriger Inhalt zu verdunsten beginnt, bewirkt die Verminderung des Volumens eine Zusammenbiegung unter Eindellung der dünnen Außenwand (Abb. 180 *II*). Die so entstehende Streckungstendenz des Ringes führt zum Einreißen der dünnwandigen Zellen an seinem Ende und damit zur Öffnung des Sporangiums (*II*). Bei weiterer Wasserverdunstung überwindet schließlich die elastische Spannung der Zellwände bei etwa 350 Atm. den Kohäsionszug, es dringt Luft in die Zellen ein, und der Ring springt in seine Ausgangslage zurück (*III*), dabei die letzten Sporen ausschleudernd.

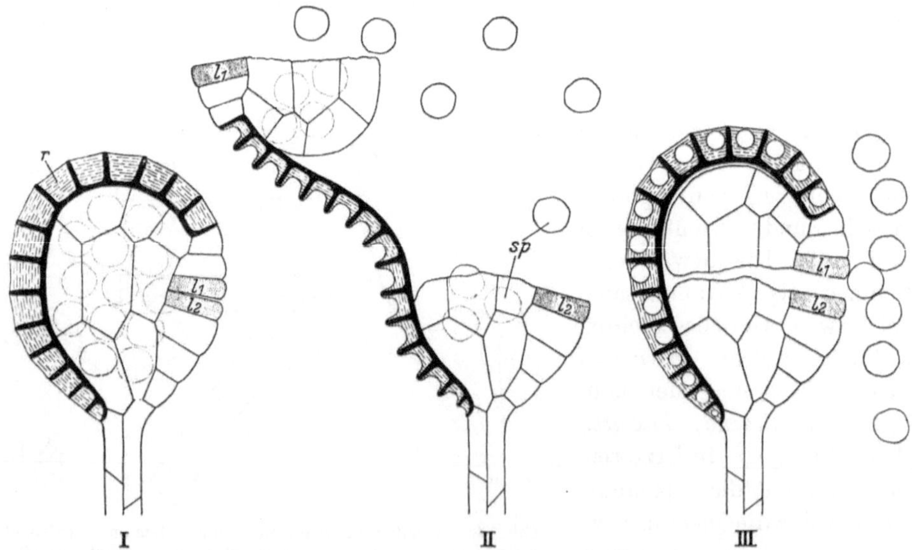


Abb. 180. Kohäsionsmechanismus des Farnsporangiums *(Dryopteris)*. I Noch geschlossenes Sporangium. II Aufreißen desselben. III Wiederzusammenschnellen. *r* Ring (Anulus), in II Zellen durch Kohäsionszug des Wassers zusammengebogen, in III Spannung durch eingedrungene Luftblasen aufgehoben. *l₁, l₂* Lippenzellen. (Nach Metzner, verändert.)

# IV. Entwicklungsphysiologie

## 1. Erbgut und Umwelt.

**Genotypus und Phänotypus.** Die Entwicklung einer Pflanze vom Keim zum ausgewachsenen Organismus ist die Resultante aus *ererbten Möglichkeiten (Potenzen)* und diese *realisierenden Umweltbedingungen*. Den Bereich der Entwicklungsmöglichkeiten nennt man den *Genotypus* (Idiotypus, Erbbild). Er legt das Bild der Art und Rasse im ganzen fest. Was im einzelnen vom Erbgut im Kräftefeld der äußeren und inneren Umweltbedingungen zur Ausbildung kommt, wird als *Phänotypus* (Erscheinungsbild) bezeichnet. Die dabei ein und demselben Genotypus entspringenden Phänotypen werden als *Modifikationen* unterschieden. Diese sind naturgemäß nicht vererbbar.

**Modifikationen.** Um Modifikationen zu erzeugen, kann man z. B. den Wurzelstock ein und derselben Pflanze teilen und die beiden Hälften unter verschiedenen klimatischen Bedingungen, die eine etwa im Tiefland, die andere im Hochgebirge, auspflanzen. Man erhält dann Pflanzen von sehr verschiedenem, aber nur *phänotypisch* bedingtem Aussehen (Abb. 181). Wenn man die Hochgebirgsmodifikation in das Tiefland bringt, so nimmt sie die Gestalt der Tieflandspflanze an und umgekehrt.

**Ökotypen.** Die an verschiedenen Standorten *einheimisch* wachsenden Pflanzen gehören jedoch fast immer auch verschiedenen *Genotypen* an. Diese werden vergleichbar, wenn man alle gesammelten Typen einer Art unter gleiche Außenbedingungen bringt, z. B. durch Verpflanzen in ein und denselben Versuchsgarten. Sie modifizieren dort zunächst gemäß der neuen Umwelt, bleiben dann aber konstant und erblich voneinander verschieden (Abb. 182). Solche Standortsrassen werden als *Ökotypen* bezeichnet.

**Variabilität.** Unterschiede der Individuen entstehen auch bei anscheinend völlig erbgleichem Material und unter anscheinend ganz gleichen Umweltbedingungen. Das rührt daher, daß sowohl die äußeren Einflüsse, wie Wasser, Nährstoffe, Licht usw., auf kleinstem Raum etwas schwanken, als auch innerhalb des Individuums die einzelnen Blätter, Blüten, Samenanlagen usw. gegenseitig um Licht und Nahrung konkurrieren; außerdem ist selbst in rein gezüchteten Stämmen *(reine Linien)* der Genotypus der einzelnen

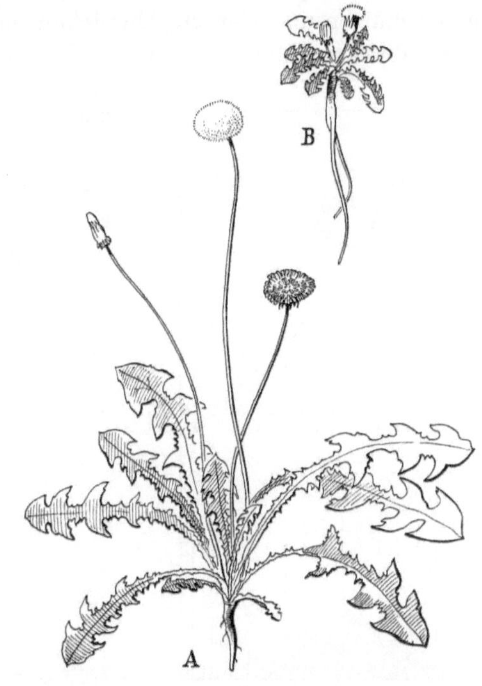

Abb. 181. Modifikationen von aus einer Wurzel entstandenen Löwenzahnpflanzen *(Taraxacum officinale)*. *A* Tieflandkultur (Paris). *B* Hochgebirgskultur (Montblanc-Gebiet). Gleicher Maßstab 1/5. (Nach Bonnier.) (R.)

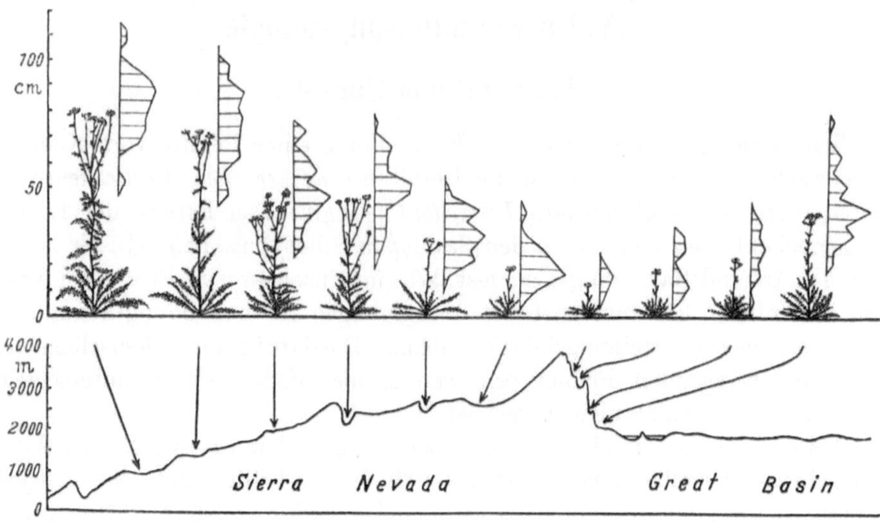



Abb. 182. Ökotypen einer amerikanischen Schafgarbe *(Achillea lanulosa)* von verschiedenen Standorten der Sierra Nevada unter gleichen Kulturbedingungen im Botanischen Garten in Stanford (Kalifornien). Dargestellt ist jedesmal eine Pflanze mittlerer Höhe; die beigefügten Variabilitätskurven geben in den Abzissen die Häufigkeit von Pflanzen abweichender Höhe. (Nach Clausen, Keck und Hiesey, verändert.)

Individuen niemals bis in alle Einzelheiten genau derselbe. Die so bedingten Variationen haben denselben *Zufallscharakter* wie etwa die Treffer eines Schützen, die um den Zielpunkt herum streuen, weil eine Summe kleiner Zufälligkeiten beim Schützen und Gewehr Abweichungen bedingen.

**Zufallskurve.** Man kann das Ergebnis einer großen Zahl im einzelnen nicht im voraus zu übersehender Einwirkungen anschaulich machen, wenn man über ein mit Stiften gleichmäßig besetztes Brett aus einem Spalt Stahlkugeln herablaufen läßt (Abb. 183 a). Jede Kugel erfährt durch Unregelmäßigkeiten ihrer Rundung und der Unterlage eine etwas andere Abweichung von der geraden Bahn und prallt deshalb unter einem anderen Winkel auf die Stäbe auf, so daß verschiedene Ablenkungen nach links oder rechts zustande kommen. Sie

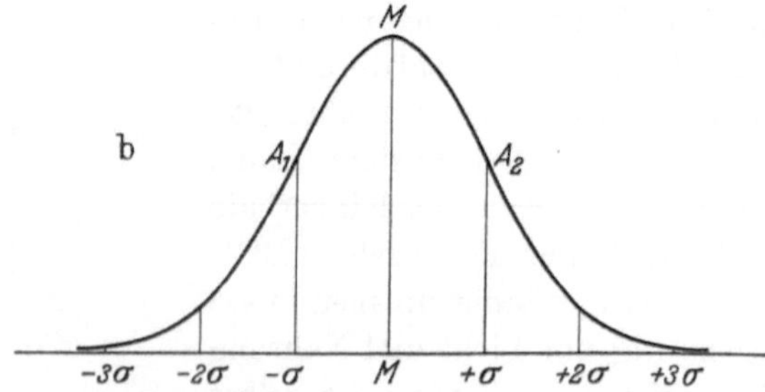



Abb. 183. Zufallsverteilung. *a* Galton-Brett. 1 Kugelreservoir, 2 Kugelablauf mit Stiften. 3 Auffangkästchen. *b* Binomialkurve.

gleichen sich aber in der Regel beim wiederholten Aufprallen weitgehend aus, so daß endgültig die meisten Kugeln in der beim Ablauf vorgegebenen Richtung in den mittleren Auffangkästen landen. In den äußeren Kästen, die nur bei Häufung einseitig in einer Richtung erfolgender Ablenkungen zu erreichen sind, nimmt die Zahl der Kugeln schnell ab.

Die in den Kästen angesammelten Kugelmengen ergeben die *Zufallskurve*, in welche sich die *Häufigkeitsverteilung* eines zufallsbedingten Ereignisses ordnet. Sie stellt eine Binomialkurve dar (Abb. 183 *b*). Es läßt sich mathematisch zeigen, daß 68,3% aller beobachteten Fälle innerhalb der beiden Wendepunkte $A_1 A_2$ liegen, deren Abzissenabstand vom *Mittelwert M* als *Standardabweichung* $\pm \sigma$ bezeichnet wird. Innerhalb der Grenzen von $\pm 2\sigma$ liegen 95,5% aller Fälle und innerhalb $\pm 3\sigma$ 99,7%, womit die Wahrscheinlichkeit einer noch größeren Abweichung praktisch null geworden ist. Jede physiologische (und überhaupt exakte) Messung muß, um der Zufälligkeit überhoben zu sein, als Mittelwert einer genügenden Anzahl von Einzelmessungen gewonnen und durch die Berechnung von $\pm \sigma$ gesichert sein.

Die in der Abb. 182 den *Ökotypen* beigegebenen Zufallskurven geben die Anzahl der Individuen an, die jeweils einer bestimmten Größenklasse (z. B. 95—105 cm) zugehören. Sie lassen erkennen, inwieweit der einzelne Ökotyp außerhalb des Wahrscheinlichkeitsbereichs anderer liegt und deshalb als genotypisch bedingt anzusehen ist.

## 2. Die Vererbung des Genotypus.

### a) Der Erbgang.

**Genom und Plasmon.** Die vom *Zellkern* ausgehende genotypische Wirkung kann besonders anschaulich an der im Mittelmeer vorkommenden Grünalge *Acetabularia* gezeigt werden. Diese trotz ihrer Ansehnlichkeit nur einzellige Alge baut sich aus Rhizoid, Stiel und sporentragendem Hut auf (Abb. 184 *A*). Der Zellkern befindet sich im Rhizoid. Schneidet man den Hut ab, so wird er von dem kernhaltigen Stumpf neu gebildet. Stücke ohne Zellkern, z. B. Abschnitte des Stieles, versuchen, falls sie von genügend alten Pflanzen stammen, an beiden Schnittflächen Hüte zu regenerieren (*A'*), sind aber auf die Dauer nicht lebensfähig. Diese Regenerationsversuche werden

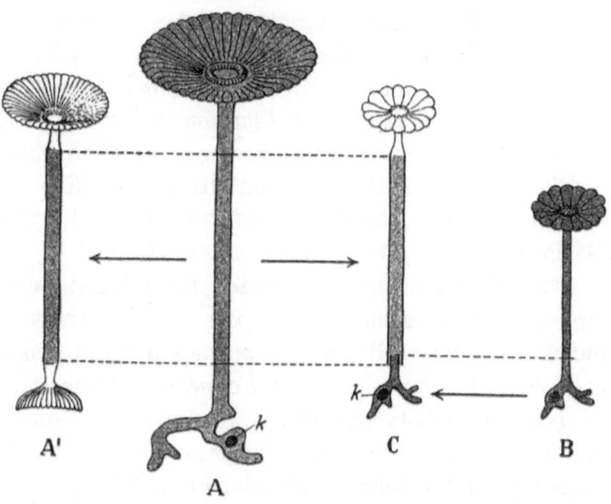


Abb. 184. Regeneration von *Acetabularia*. *A Acetabularia mediterranea*. *A'* Regeneration von 2 Hüten aus einem Stielstück derselben. *B Acetabularia Wettsteinii*. *C* Regeneration eines Hutes aus dem Stiel von *A. mediterranea* und dem Rhizoid von *A. Wettsteinii*. Unversehrte Pflanzen und ausgeschnittene Teile getönt, Regenerate weiß. *k* Zellkerne. (Nach Hämmerling, verändert.)

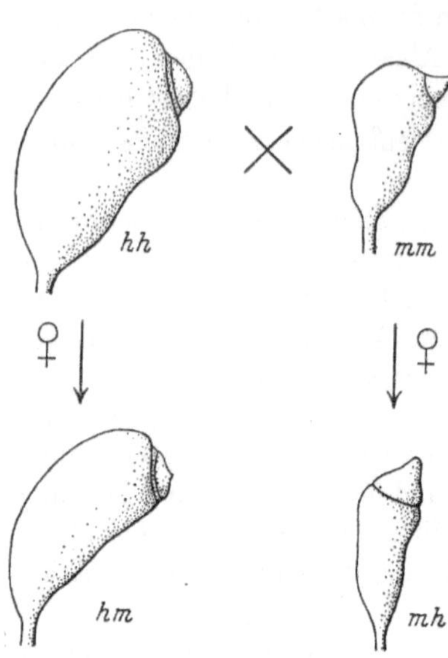

Abb. 185. Plasmatische Vererbung bei reziproker Kreuzung der beiden Laubmoosarten *Funaria hygrometrica* (*h*) und *Funaria mediterranea* (*m*). Sporenkapseln der reinen Arten *hh* und *mm* und der Bastarde *hm* und *mh*. (Nach Wettstein, verändert.)

durch die Annahme erklärbar, daß der Zellkern einen *hutgestaltenden Stoff* abgibt und dieser durch den Stiel aufwärts wandert. Ältere Stiele enthalten von ihm so viel, daß die Hutentwicklung zwar angeregt wird, ohne Nachschub vom Zellkern her aber nicht zu Ende kommt. Steckt man in ein kernloses Stielstück der Art *Acetabularia mediterranea* ein kernhaltiges Rhizoid von *Acetabularia Wettsteinii* (*B*), so verwachsen beide zu einer lebensfähigen Pflanze, und es kommt am freien Schnittende zur Regeneration eines Hutes. Dieser zeigt, solange noch *mediterranea*-Bildungsstoff vorhanden ist, Anklänge an diese Art, entwickelt sich dann aber unter dem Dauereinfluß des Wettsteinii-Kernes ganz als *Wettsteinii*-Hut *(C)*. Der formbestimmende Einfluß geht also vom Zellkern aus, obwohl die Hutbildung selbst im Plasma erfolgt. Dessen Struktur ist in beiden Arten offenbar so ähnlich, daß sowohl der eine wie der andere Hut regeneriert werden kann. Bei der Kreuzung ist es daher in solchen Fällen gleichgültig, welche der beiden Arten als Mutter und welche als Vater wirkt; die bei Vertauschung entstehenden *reziproken Bastarde* sind *gleich*. Die im Zellkern liegende Erbmasse bezeichnet man als *Genom*.

In anderen Fällen, und das zunehmend bei Kreuzungen entfernter stehender Arten, spielt das *Plasma* eine erhebliche Rolle. Die reziproken Bastarde sind dann nicht mehr identisch, sondern jeweils der *Mutterpflanze* ähnlicher (Abb. 185), deren Eizelle die bei weitem überwiegende Menge des Zygotenplasmas liefert, während der Spermakern nur wenig väterliches Plasma mitbringt. Das im Plasma liegende Erbgut faßt man als *Plasmon* zusammen. Vielleicht ist es an der Prägung der Charakterzüge der höheren systematischen Einheiten maßgebend beteiligt.

Die *Plastiden* enthalten ebenfalls gewisse Erbanlagen *(Plastidom)*, und dasselbe wird von den Chondriosomen angenommen, was mit ihrer vermutlichen Rolle als Fermentträger zusammenstimmen würde.

**Gen.** Die im Zellkern liegenden Erbanlagen werden als *Gene* bezeichnet. Sie erweisen sich im normalen Erbgang als unveränderlich *(Individualitätsregel)* und sind morphologisch in die *Chromomere* der Chromosomen (Abb. 34) zu verlegen. Physiologisch wirken sie über *Fermente*, welche sie, wahrscheinlich durch autokatalytische Selbstvermehrung, an das Zytoplasma abgeben. Im diploiden Zellkern ist, da Paare homologer Chromosomen vorhanden sind (Abb. 37), jedes Gen doppelt vertreten (*allele Gene* oder kurz *Allele*). Allele Gene wirken zwar stets in Richtung auf ein und dasselbe Merkmal, können für dieses aber verschiedene Eigenschaften bestimmen, wie z. B. für die Blütenfarbe Rot oder Weiß, für die Blütenform aktinomorph oder zygomorph. Allele können auch in mehr als zwei Formen auftreten und dann eine ganze Reihe etwa von Farbtönen oder Formmustern ausmachen *(multiple Allele).* Sind in einem diploiden Individuum die Allele eines Paares gleich, so wird es bezüglich dieses Gens als *homozygot* bezeichnet, sind sie verschieden, als *heterozygot.* Die Ausbildung des *Merkmals* (Phän) kann in diesem Fall zwischen den Einzelwirkungen der beiden Allele liegen, also *intermediär* sein. Häufiger ist, daß sich das eine Allel im Phänotypus stärker oder praktisch allein durchsetzt *(dominantes Gen),* während das andere kaum oder gar nicht in Erscheinung tritt *(rezessives Gen).* Eine

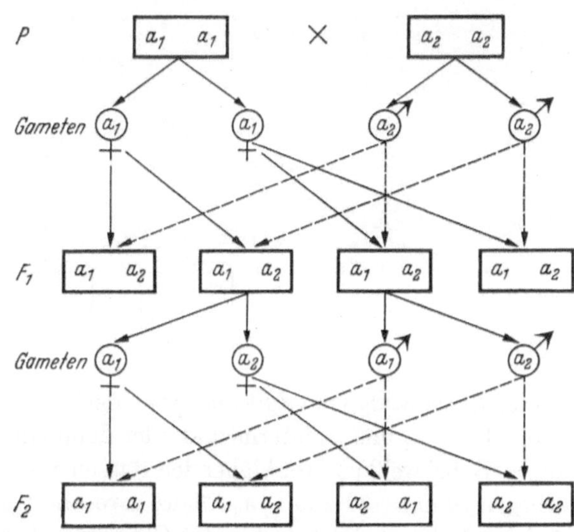
Abb. 186. Schema der monohybriden Kreuzung.

heterozygote Pflanze kann dann phänotypisch gleich aussehen wie eine im dominanten Gen homozygote, wenn auch für den Erfahrenen meist intermediäre Züge sichtbar sind.

**Monohybride.** Im Lauf des Kernphasenwechsels (Abb. 10) findet bei der Reduktionsteilung nach Zufallswahrscheinlichkeit eine Verteilung der homologen Chromosomen und damit der Allele auf die Gameten statt und bei der Kopulation eine ebenso zufällige Neukombination derselben. Daraus ergeben sich die erstmals von Mendel aufgezeigten Erbgänge.

Als *monohybrid* bezeichnet man die Kreuzung zweier Individuen, welche sich nur in *einem,* durch die allelen Gene $a_1$ und $a_2$ bestimmten Merkmal unterscheiden. Man geht von den beiden homozygoten Rassen *(reine Linien)* aus, denen im diploiden Zustand die Erbformeln $a_1 a_1$ und $a_2 a_2$ zukommen. Es ergibt sich dann, wenn alle Genverteilungen und Kombinationen als gleich wahrscheinlich angesehen werden, das genotypische Vererbungsschema der Abb. 186, in welchem die diploiden Zustände durch dicke rechteckige, die haploiden (Gameten) durch dünne kreisförmige Umrahmung kenntlich gemacht sind; die Elterngeneration wird allgemein mit P (Parentes) bezeichnet, die Tochter- und Enkelgenerationen werden als $F_1$, $F_2$ usw. (Filiale) unterschieden.

Dieses Schema wird durch den Vererbungsversuch bestätigt. Er zeigt, daß alle Individuen der $F_1$-Generation genotypisch *gleiche* Heterozygoten sind *(Uniformitätsregel),* daß aber in der $F_2$-Generation eine

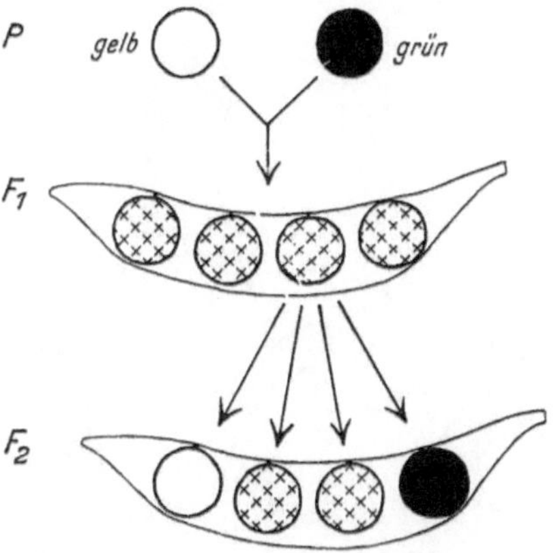
Abb. 187. Monohybride Kreuzung bei Erbsen. Gelbe Erbsen weiß, grüne schwarz, gelbe Heterozygoten schraffiert gezeichnet.

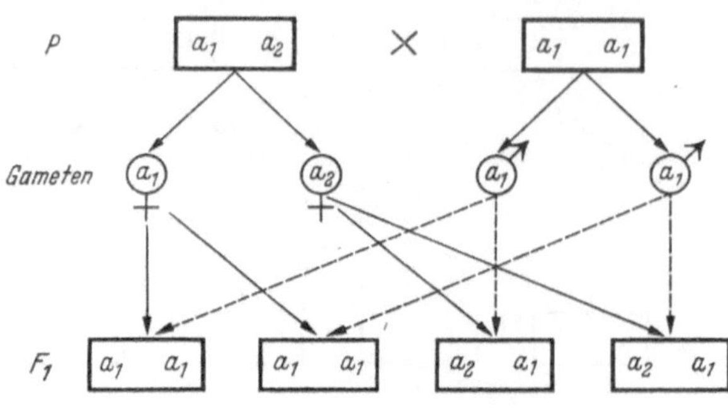

Abb. 188. Schema der Rückkreuzung.

*Aufspaltung* in verschiedene Genotypen stattfindet *(Spaltungsregel)*. Diese repräsentieren zu je 25% die homozygoten Elterntypen und zu 50% den heterozygoten $F_1$-Typ. Unter sich befruchtet, pflanzen sich die Homozygoten rein fort, während die Heterozygoten im Verhältnis 1:2:1 weiter spalten.

Das *Erscheinungsbild (Phänotypus)* der monohybriden Nachkommen hängt davon ab, ob $a_1$ und $a_2$ intermediär oder dominant-rezessiv wirken. Der erste Fall kann z. B. bei weiß und rot blühenden Rassen des Löwenmäulchens *(Antirrhinum)* vorliegen; dann sind alle $a_1 a_2$-Pflanzen rosablühend. Es gibt aber auch Löwenmäulchensorten, bei denen das Rot-Gen gegenüber dem Weiß-Allel dominant ist, wobei dann alle $a_1 a_2$-Pflanzen rot blühen.

Man bezeichnet das Allelenpaar nach dem rezessiven Merkmal, z. B. beim Löwenmäulchen nach Weiß als niveus (niv); das dominante Allel, hier Rot, erhält, obwohl sachlich nicht zutreffend, dieselbe Bezeichnung, aber groß geschrieben, also Niv.

Ein durch M e n d e l berühmt gewordenes Beispiel für dominanten Erbgang ist die Kreuzung gelb- und grünsamiger *Erbsen*rassen. Dieses Versuchsobjekt ist besonders günstig, weil die Erbse sich natürlicherweise selbst befruchtet und weil der Erfolg der Kreuzung schon an der durch verschiedenen Chlorophyllgehalt der Keimblätter bedingten Samenfarbe sichtbar wird (Abb. 187).

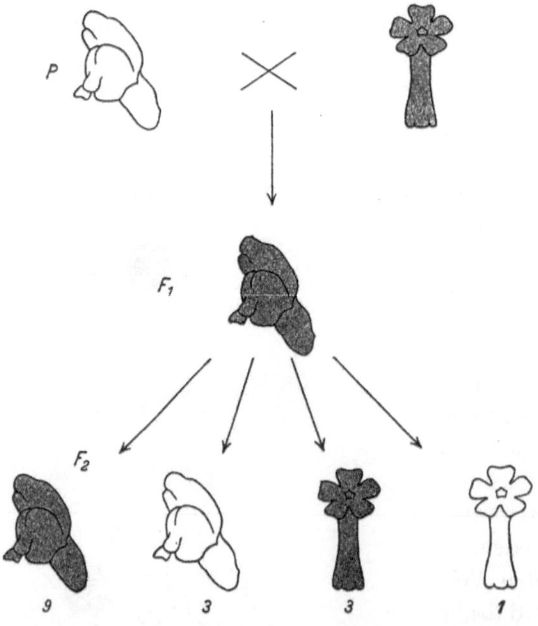

Aus der Kreuzung eines Heterozygoten mit einem Homozygoten *(Rückkreuzung)* ergeben sich 50% homo- und 50% heterozygote Nachkommen (Abb. 188).

**Dihybride.** Als Dihybride bezeichnet man Kreuzungen zwischen Rassen, welche sich in zwei Merkmalspaaren unterscheiden. Beim Löwenmäulchen z. B. kommt neben dem schon erwähnten Niv-niv-Farb-Allelenpaar (Rot dominant über Weiß) ein Gestalt-Allelenpaar Rad-rad vor, das rezessiv radiäre, der Primel ähnliche Blüten, dominant normale zygomorphe erzeugt (Abb. 189). Der Kreuzungsversuch ergibt, daß die beiden Merkmalspaare *unabhängig*

Abb. 189. Dihybride Kreuzung einer zygomorph-weißen mit einer radiär-roten Rasse des Löwenmäulchens *(Antirrhinum majus)*. Rote Blüten dunkel getönt. Rot und zygomorph sind dominant. Die Zahlen bei $F_2$ geben das Spaltungsverhältnis.

voneinander spalten und kombinieren *(Selbständigkeitsregel)*, so daß in $F_2$ vier phänotypische Kombinationen im Zahlenverhältnis $9:3:3:1$ auftreten (Abb. 189). Diese enthalten, wie das Genschema (Abb. 190) angibt, neben heterozygoten Typen die vier homozygoten RRNN, RRnn, rrNN und rrnn, von denen die beiden mittleren die Elterntypen, die beiden äußeren aber zwei *neue reine Linien* darstellen.

**Gen-Koppelung.** Bei zunehmender Zahl der Merkmalspaare *(Polyhybride)* steigt die Zahl der in $F_2$ herausspaltenden Genotypen und Phänotypen schnell an. Bei 4 Merkmalspaaren z. B. sind 256 genotypische Kombinationen in 16 verschiedenen Phänotypen möglich, allgemein bei n Merkmalspaaren $(2^n)^2$ in $2^n$ Phänotypen. Diese Zahlen gelten aber nur bei *Selbständigkeit* der Gene,

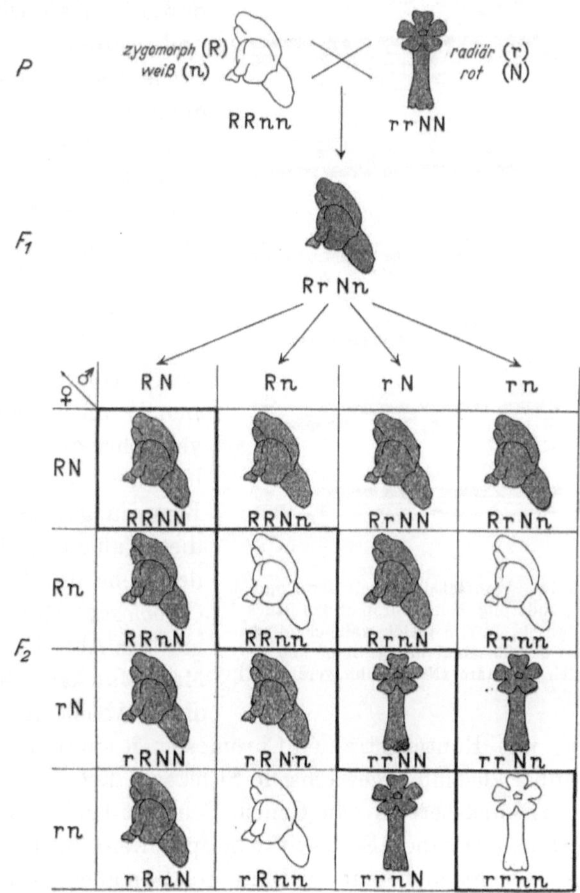


Abb. 190. Genschema des in Abb. 189 dargestellten Erbganges.

d. h. unter der Bedingung, daß alle untersuchten Allelenpaare auf lauter verschiedene Chromosomen verteilt sind. Gene, die in demselben Chromosom liegen, sind *gekoppelt*, d. h. sie werden bei der Reduktionsteilung immer zusammen verteilt. Wäre das im Beispiel der Abb. 190 der Fall, so gäbe es allein Gameten mit Rn und mit rN, und die Spaltung in $F_2$ wäre monohybrid. Da das Löwenmäulchen haploid nur 8 Chromosomen hat, ist eine freie Spaltung und Kombination über 8 Merkmalspaare hinaus nicht möglich. Dadurch ist die Möglichkeit, durch Kreuzung neue Rassen zu schaffen, stark begrenzt.

**Ausweitung des Erbganges.** Das bisher besprochene M e n d e l sche Grundschema des Erbganges kann nach zwei Seiten hin durchbrochen und ausgeweitet werden: Einmal ist die Unveränderlichkeit der Gene nicht unbeschränkt, sondern es können durch Genmutation (Abb. 196 *A*) *neue Gene* mit neuen Eigenschaften entstehen. Zum anderen ist die Koppelung der Gene im Chromosom nicht unabänderlich, da durch den meiotischen Chromatiden-Stückaustausch (Abb. 37) oder durch Chromosomenmutation (Abb. 196 *B*) *neue Koppelungsgruppen* zusammentreten können.

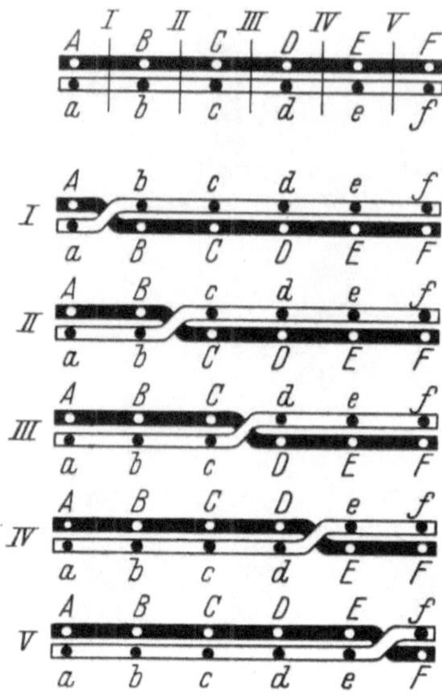

Abb. 191. Wahrscheinlichkeit der Koppelungsänderung beim Chromatiden-Stückaustausch. I–V 5 gleich wahrscheinliche Fälle der Chiasmabildung. *A–F* und *a–f* 6 allele Genpaare. (Nach Kühn, verändert.)

**Chromosomenkarte.** Wenn wir annehmen, daß die Wahrscheinlichkeit eines Chiasmas und Chromatidenbruchs (Abb. 37) für jede Stelle des Chromosoms dieselbe ist, also z. B. die in Abb. 191 gezeichneten fünf Fälle gleich häufig eintreten werden, ist die Wahrscheinlichkeit der Lösung einer Koppelung um so größer, je weiter die beiden Allelenpaare im Chromosom auseinanderliegen. So tauschen z. B. in dem fünfmaligen Ereignis der Abb. 191 die Gene a f bzw. A F jedesmal ihre Koppelung in a F bzw. A f, während die Gene a b bzw. A B nur einmal (Fall I) auseinanderkommen. Wenn man also in zahlreichen Vererbungsversuchen aus der Störung der Mendel-Verhältnisse die relativen Häufigkeiten der Koppelungsänderungen bestimmt, kann man diese Zahlen als Maß für die relativen Abstände der Gene im Chromosom nehmen und so eine *Chromosomenkarte* konstruieren. Eine solche gibt die Abb. 192 für das Chromosom II von Mais. Man kann die grundsätzliche Richtigkeit dieser Ableitung jetzt dadurch beweisen, daß man mit Röntgenstrahlen Chromosomen entzweischießt und morphologisch erkennbar zusammengewachsene Stücke im Erbversuch auf ihren Gengehalt prüft.

**Wirkungsbereich von Genen.** Sehr oft beeinflußt ein einzelnes Gen mehrere Merkmale (Phäne). So bewirkt beispielsweise beim Löwenmäulchen das Rad-Gen Zygomorphie nicht nur der Blüte, sondern auch der Frucht, und bei rad wird auch die Frucht radial-symmetrisch. Man nennt diese Erscheinung *Polyphänie* (Pleiotropie). Umgekehrt wird das einzelne Merkmal oft durch mehrere Gene bestimmt, die sich gegenseitig ergänzen, verstärken oder hemmen, was als *Polygenie* (Polymerie) bezeichnet wird.

Es gibt beispielsweise eine Weizensorte mit roten Samenkörnern. Bei der Kreuzung mit einer normalen weißsamigen Rasse erweist sich in $F_1$ Weiß als rezessiv. In $F_2$ spalten aber nicht $1/4$ weiße Körner aus, sondern nur $1/63$. Das erklärt sich daraus, daß drei verschiedene Gene für Rot vorhanden sind, für Weiß aber nur eines. Jedes der Rotgene bewirkt schon allein Rotfärbung, die durch die weiteren nur verstärkt wird.

**Wirkungsweise der Gene.** Die Wirkungsweise und das Zusammenspiel der Gene müssen wir uns zwar sehr kompliziert, aber auch außerordentlich *ökonomisch* insofern vorstellen, als die Pflanze durch leichte Variation eines Reaktionsablaufs sehr verschiedene Wirkungen hervorzubringen vermag.

So beruhen bei *Streptocarpus*, einer oft kultivierten Gewächshauspflanze, sieben verschiedene Blütenfarben nur auf verschiedenen Substitutionen von OH- und

Abb. 192. Genkarte des Chromosoms II von Mais. (Nach Emerson, Beadle und Fraser.)

Zuckergruppen am Molekulargerüst des allgemein verbreiteten Zellsaftfarbstoffes Anthozyan. Sie werden nach folgendem Schema von nur vier Genpaaren gesteuert:

Gen:  Wirkung:  Konstitution:  Genotyp: Blütenfarbe:

a keine Anthozyanbildung — a ... elfenbeinweiß

A Anthozyaningerüst

d einfache Glukosidbindung — O—Hexose-Pentose

D zweifache ,, — O—Hexose — O—Hexose

r, o einfache OH-Substitution — Pelargonidin —OH — A r o d : lachsfarbig / A r o D : fleischfarbig

R zweifache ,, — Zyanidin —OH, —OH — A R o d : rosenrot / A R o D : magenta

O dreifache ,, — Delphinidin —OH, —OH, —OH — A r O d : hellviolett / A r O D : blau

**Geschlechtsbestimmung.** Die die Geschlechtsmerkmale bestimmenden Gene werden unter der Bezeichnung *androgyner Komplex (A G-Komplex)* zusammengefaßt. Bei *einhäusigen* (monözischen) und *zwittrigen* Pflanzen entscheiden Umwelt- oder häufiger Entwicklungsbedingungen darüber, ob an einer bestimmten Stelle der Pflanze oder Blüte die männlichen (A) oder weiblichen (G) Gene zur Entfaltung kommen *(phänotypische Geschlechtsbestimmung)*. Bei *zweihäusigen* (diözischen) Arten ist der ungeteilte AG-Komplex ebenfalls in allen Individuen, männlichen und weiblichen, vorhanden, wie schon die häufig vorkommenden nachträglichen Änderungen des Geschlechts, z. B. bei Weiden, zeigen. Daß normalerweise nur *ein* Geschlecht zur Ausbildung gelangt, ist dadurch bedingt, daß die A- und G-Gene nur dann wirksam werden, wenn sie einen Anstoß durch ein männliches oder weibliches *Realisator-Gen* erhalten bzw. wenn durch diese das Gegen-Gen eine Hemmung erfährt. Ein solcher Realisatoren-Mechanismus kann auch in die phänotypische Geschlechtsbestimmung und andere Genwirkungen eingeschaltet sein. Die als M(maskulin) und F(feminin) bezeichneten Realisator-Gene des AG-Komplexes liegen in Chromosomen, die sonst genfrei oder genarm sind und die deshalb als *Geschlechtschromosomen (X- und Y-Chromosom)* den übrigen, den AG-Komplex enthaltenden *Autosomen* gegenübergestellt werden und von diesen meist schon durch ihre Gestalt unterscheidbar sind (Abb. 193).

Wenn Geschlechtschromosomen vorhanden sind, erfolgt die *Geschlechtsbestimmung genotypisch* nach dem monohybriden Erbgang. Bei Arten mit selbständigen Gametophyten, im allgemeinen also den Thallophyten und Archegoniaten, haben

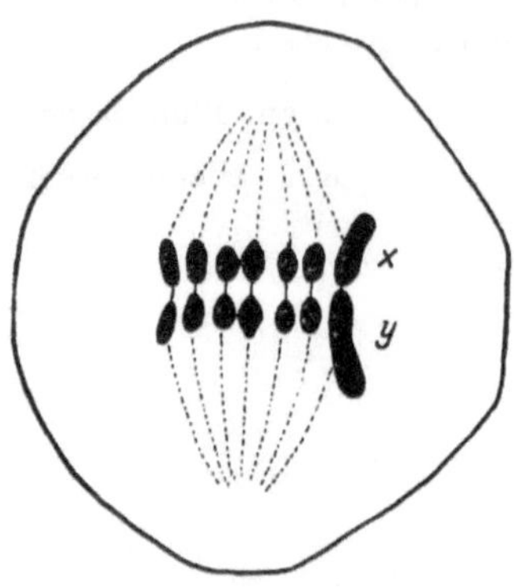

Abb. 193. Geschlechtschromosomen in der Meiose-Metaphase der Pollenmutterzelle der Lichtnelke *(Melandrium album)*. Autosomenpaare (von den 11 Paaren sind nur die 6 nach vorn liegenden gezeichnet) und das Geschlechtschromosomenpaar *x, y* im Auseinanderweichen. 500/1. (Nach Belar.)

die Diplonten (Sporophyten) keine geschlechtliche Differenzierung, und diese erfolgt nur in der Gametophyten-Generation *(haplogenotypische Geschlechtsbestimmung)*. Die beiden Geschlechtschromosomen des Sporophyten verteilen sich bei der Reduktionsteilung auf die Sporen, die zu je 50% den M- und den F-Realisator erhalten (Abb. 194 links). Wenn aber, wie stets bei den Samenpflanzen, der Diplont die Geschlechtsorgane trägt und damit geschlechtlich differenziert ist, liegt *diplogenotypische Geschlechtsbestimmung* vor. Diese erfolgt auf Grund eines Dominanz-Rezessiv-Verhältnisses zwischen dem F- und M-Gen, das auch schon in künstlich hergestellten diploiden Gametophyten von Moosen erkennbar ist, in der Weise, daß das eine Geschlecht heterozygotisch, das andere rezessiv-homozygotisch ist. Für den bei Pflanzen meist gegebenen Fall der Dominanz von

M gibt die Abb. 194 das Erbschema, das einer Mendel-Rückkreuzung (Abb. 188) entspricht und ein 1 : 1-Verhältnis männlicher und weiblicher Pflanzen liefert.

Die *Wirkungsweise* der *F- und M-Realisatoren* konnte bei den Gameten von *Chlamydomonas* (Abb. 42 *A*) weitgehend geklärt werden. Durch ein System von Genen wird hier eine karotinoide Ausgangssubstanz in eine Reihe von Verbindungen abgewandelt, welche das Geschlecht der Gameten (Gyno- und Androtermon), ihre Beweglichkeit und die für die Kopulation notwendige chemotaktische Anlockung (Gyno- und Androgamon) bewirken. Dabei beruht der Unterschied des F- und M-Mechanismus im wesentlichen auf einem verschiedenen Mengenverhältnis der cis- und trans-Formen der Geschlechtsstoffe, indem erstere bei F, letztere bei M bevorzugt gebildet werden. Neben diözischen *Chlamydomonas*formen

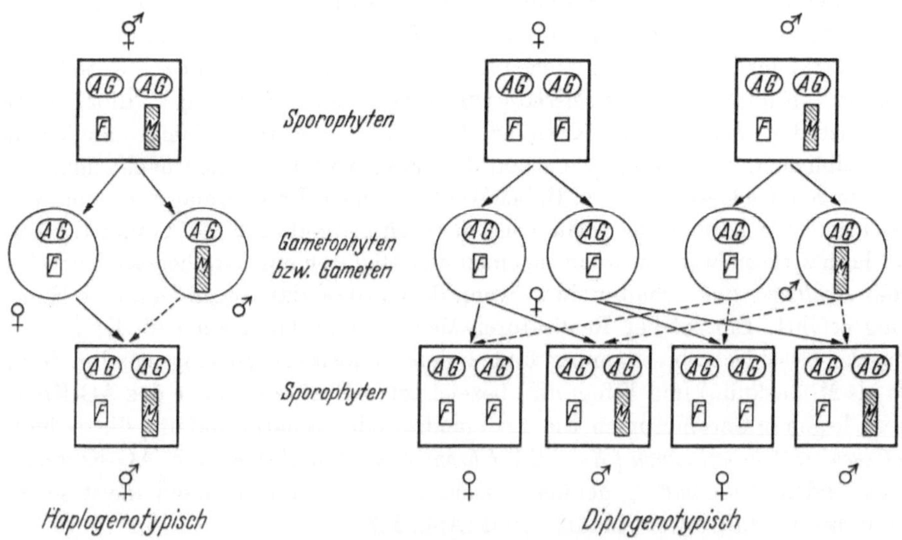


Abb. 194. Schema der haplo- und diplogenotypischen Geschlechtsbestimmung. Diploide Pflanzen rechteckig-dick, haploide und Gameten kreisförmig-dünn umrandet. Autosomen mit *AG*-Komplex, Geschlechtschromosomen mit *F*- und *M*-Realisatorgenen.

mit getrennten F- und M-Realisatoren gibt es zwittrige, die wahrscheinlich durch Stückaustausch zwischen dem x- und y-Chromosom zustande gekommen sind und F und M gekoppelt im gleichen Chromosom enthalten. Bei diesen werden dann cis- und trans-Verbindungen im Gleichgewicht produziert, und Entwicklungs- und Umwelteinflüsse entscheiden darüber, nach welcher Seite ein Übergewicht und damit die phänotypische Ausprägung erfolgt. So entstehen bei einer anderen Grünalge *(Protosiphon)* in saurer Lösung hauptsächlich +-, in alkalischer —-Isogameten, in neutraler durch Zufallsvariation etwa gleich viele von beiden (eine Unterscheidung in weiblich und männlich ist bei Isogameten naturgemäß nur dann möglich, wenn, wie bei *Chlamydomonas,* die Gattung auch kreuzbare anisogame Arten [Abb. 14] enthält).

## b) Die Mutation.

**Begriff.** Unter *Mutation* versteht man eine *plötzliche Änderung des Genoms* außerhalb der Kombinationsmöglichkeiten des Erbganges. Durch ihren *erblichen* Charakter ist die Mutation streng von der nur phänotypischen Modifikation unterschieden. Bei Viren, welche ja enge chemische Beziehungen zu den Genen haben, sind solche Vorgänge ebenfalls beobachtet worden. Ob und inwieweit entsprechende Erscheinungen im Plasmon und Plastidom eine Rolle spielen, ist nicht sicher bekannt.

Das klassische *Beispiel* einer Mutation ist die schlitzblättrige Abart des Schöllkrautes *(Chelidonium majus)*, welche im Jahr 1590 plötzlich im Garten eines Heidelberger Apothekers auftrat. Das dabei mutierte Gen ist polyphän und bewirkt die Aufteilung sowohl der Laub- als auch der Blütenblätter (Abb. 195). Entsprechende schlitzblättrige Mutationen sind bei einer großen Zahl von Bäumen und Sträuchern (Buche, Haselnuß usw.) bekannt. Ebenfalls auf eine Mutation geht die Löwenmäulchenrasse mit radiären Blüten zurück (Abb. 189).

Eine Mutation kann grundsätzlich jederzeit in jedem Zellkern auftreten. Zu einer weiterreichenden Auswirkung kommt sie aber nur da, wo die betroffene Zelle durch Teilung das neue Merkmal weitergibt, also in *Teilungsgeweben*, z. B. terminalen Vegetationspunkten (Knospenmutation), und besonders wirkungsvoll in *Geschlechtszellen*. Manche Mutationen schlagen leicht wieder in die Ausgangsform zurück *(Rückmutation)*, so z. B. oft einzelne Äste von Bäumen mit Schlitz-, Rot- und Weißblättrigkeit, Trauerwuchs usw.

Die Mutation kann ein einzelnes Gen (Genmutation), die Zusammensetzung eines Chromosoms (Chromosomenmutation) oder die Anzahl der Chromosomen im Genom (Genommutation) betreffen.

**Genmutation.** *Genmutationen* treten in der freien Natur im allgemeinen mit nur geringer Häufigkeit (etwa $10^{-3}$–$10^{-5}$%) auf.

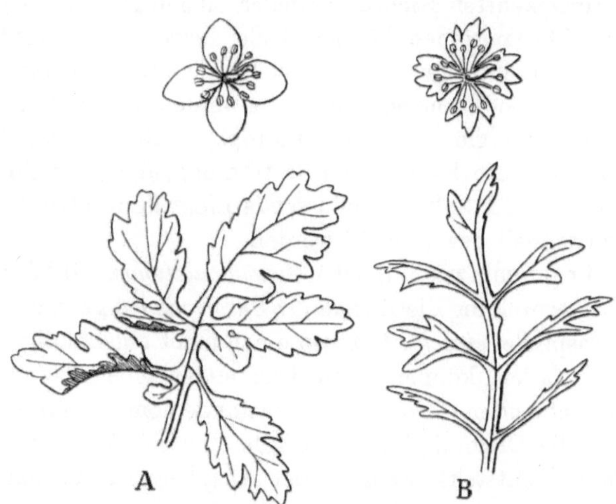



Abb. 195. Schlitzblättrige Mutation des Schöllkrautes *(Chelidonium majus)*. *A* Normalform. *B* Mutation. Oben Blüte, unten Laubblatt. (Nach Hegi, Lehmann, verändert.)

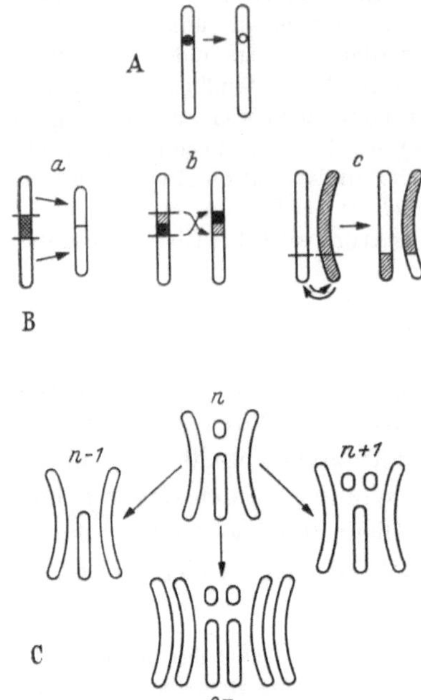

Abb. 196. Typen der Mutation. *A* Genmutation. − *B* Chromosomenmutation. *a* Stückausfall (Deletion). *b* Umkehrung eines Abschnittes (Inversion). *c* Stückaustausch zwischen 2 Chromosomen (Translokation). − *C* Genommutation. *n* Normaler haploider Chromosomensatz. *n*−1, *n* + 1 Heteroploidie. 2*n* Diploidie. Nicht gezeichnet 3*n* und mehr Sätze: Polyploidie. (Nach Timoféeff und Zimmer, verändert).

Diese Rate kann durch Ultraviolett-, Röntgen- oder Radiumbestrahlung erheblich, oft auf über 1% gesteigert werden, wobei Pollenkörner besonders leicht zugängliche Entwicklungsstadien sind. Wie die Quantenbiologie wahrscheinlich macht, handelt es sich dabei um eine *Änderung der Molekularstruktur* im Chromomer durch einen Strahlungstreffer oder ein anderes *quantenmäßiges Zufallsereignis*, das der physikalischen Unbestimmtheitsrelation unterliegt (S. 225). Die Mutationen erscheinen deshalb hinsichtlich ihres Effektes und zeitlichen Eintritts als zufällig. Sehr oft bedeutet die molekulare Umwandlung oder gar Zerstörung des Gens eine Veränderung des Gesamtablaufs der Lebensvorgänge, die tödlich wirkt *(letale Gene)*. Wo die Mutation lebensmöglich ist, sind die mutierten Gene gegenüber den ursprünglichen öfters rezessiv als dominant. Die *allelen Gene* sind ganz allgemein durch Genmutation entstanden, und bei wiederholter Mutation ergeben sich multiple Allele (S. 157).

**Chromosomenmutation.** *Chromosomenmutationen* entstehen dadurch, daß *Chromosomen durchbrechen* und die Bruchstücke in veränderter Folge wieder zusammenwachsen. Die wichtigsten Möglichkeiten dabei sind in Abb. 196*B* dargestellt; es kann ein Stück eines Chromosoms verlorengehen *(Deletion)* oder in umgekehrter Richtung wieder eingefügt werden *(Inversion)*, oder zwischen zwei Chromosomen können Teile ausgetauscht werden *(Translokation)*. Diese Vorgänge sind zu unterscheiden von dem Stückaustausch von Chromatiden bei der Meiose. Die Chromosomenbrüche werden wie die Genmutationen durch ein Aktivierungsenergie lieferndes mikrophysikalisches Zufallsereignis verursacht. Die Mutationsrate kann durch Bestrahlung, aber auch durch andere, die Energieverteilung in der Zelle beeinflussende Eingriffe wie Gifte, Wärme- und Kälteschocks, Trockenheit usw., erhöht werden.

**Genommutation.** Bei den *Genommutationen* wird durch einen anormalen Ablauf der Kernteilung die *Anzahl der Chromosomen* geändert (Abb. 196 *C*). Wenn in der Kernspindel *einzelne* Chromosomen nicht regelmäßig verteilt werden oder aus ihr herausfallen, können unter Umständen lebensfähige Genome mit überzähligen oder fehlenden Chromosomen zustande kommen *(Heteroploidie,* Abb. 196 *C)*. Eine über die Diploidie hinausgehende *Vervielfachung* des Chromosomensatzes *(Polyploidie)* entsteht, wenn in der Anaphase die Chromosomen nicht auseinanderweichen, sondern sich zu einem einzigen Kern vereinigen. Vom diploiden Zustand ausgehend, kommen so Kerne mit vierfachem (tetraploid), bei nochmaliger Wiederholung achtfachem Chromosomensatz (oktoploid) usw. zustande. Eine andere

Möglichkeit der Polyploidie leitet sich aus dem Ausfall der Reduktionsteilung ab. Es entstehen dann diploide Gameten, die bei der Kopulation mit haploiden triploide Zygoten, mit diploiden tetraploide geben. Andererseits können aus der Entwicklung nicht befruchteter haploider Eizellen haploide Sporophytenpflanzen entstehen.

In der Regel bewirkt Polyploidie ein Größerwerden der Zellen und damit der ganzen Pflanze (Abb. 197). Bei übermäßiger Vervielfachung der Genome treten dann aber Wachstumsstörungen ein, die zu Verkrümmungen und Verkümmerungen führen (Abb. 197).

Die meisten unserer landwirtschaftlichen und gärtnerischen Pflanzenrassen verdanken der Polyploidie ihre besondere Wuchsleistung und Größe. Polyploidie kann man verhältnismäßig leicht durch Behandlung der Vegetationspunkte mit dem aus der Herbstzeitlose stammenden Alkaloid *Colchicin* gewinnen, wovon man bei der Züchtung polyploider Kulturpflanzen Gebrauch macht.

### c) Die Entstehung neuer Arten.

**Genzentren.** Der Ausgangspunkt für die *Entstehung neuer Arten (Evolution)* liegt in der *Genmutation*, die allein unter den bisher bekannten Vorgängen grundsätzlich neue Erbanlagen schafft. Ihre Wirksamkeit wächst mit der Zunahme der in der Regel außerordentlich niederen *Mutationshäufigkeit* (S. 163). Wo eine solche als Folge labiler plasmatischer oder äußerer Bedingungen eintritt, entstehen geo-

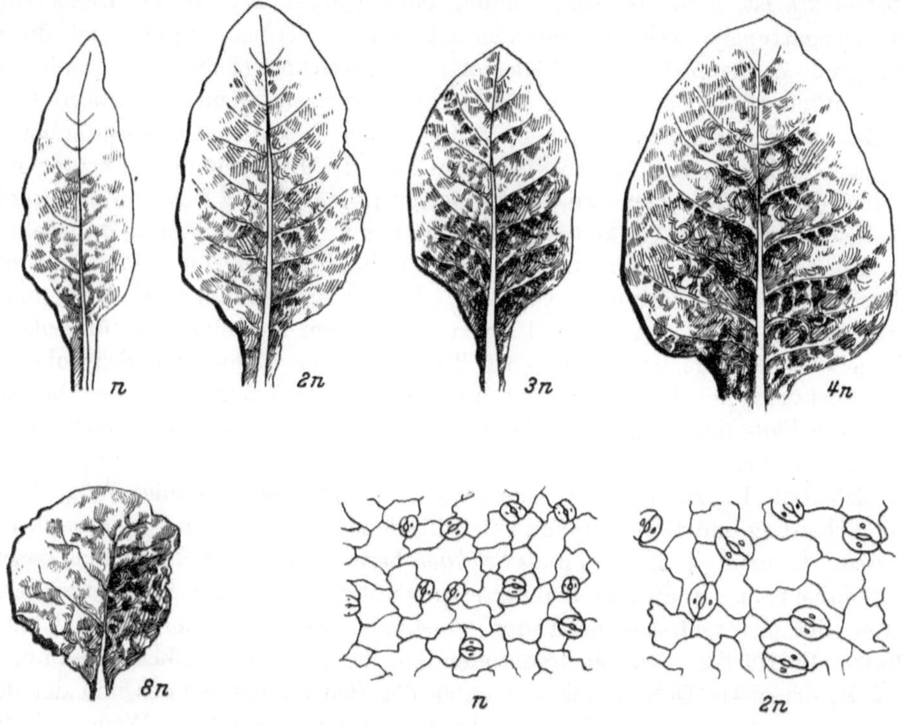



Abb. 197. Polyploidie. Tabakblätter *(Nicotiana Langsdorffii)* haploider *(n)*, diploider *(2n)*, triploider *(3 n)*, tetraploider *(4 n)* und oktoploider *(8 n)* Pflanzen. Blattepidermen haploider und diploider Pfefferpflanzen. (Nach Smith, Christensen und Bamford.) (R.)

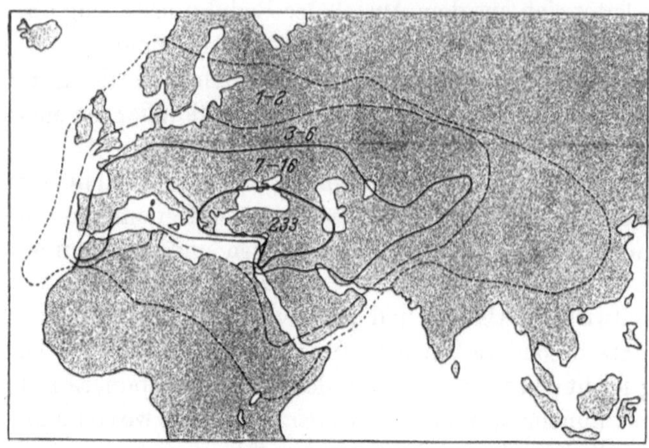

Abb. 198. Genzentrum der Gattung *Verbascum* (Königskerze). Die Ziffern bedeuten die Zahl der in den umgrenzten Arealen vorkommenden Arten. (Nach Murbeck.)

graphische Bezirke lebhafter Rassen- und Artbildung (*Genzentren*, Abb. 198). Die für unsere Kulturpflanzen wichtigsten Genzentren sind Abessinien, Vorderasien, Indien, Südostchina, Mittelmeergebiet, Mittelamerika und nordwestliches Südamerika.

Die Genmutation bezieht sich zunächst nur auf ein einziges Individuum, und sie kommt deshalb in der Nachkommenreihe gegen die Überzahl nicht mutierter Genotypen nur auf, wenn sie durch *Isolation* geschützt oder durch *Selektion* bevorzugt wird.

**Isolation.** Unter *Isolation* versteht man die Verhinderung der Rückkreuzung mit den ursprünglichen Genotypen. Sie ist am vollkommensten, wenn die Art *apomiktisch* ist, d. h. die Samenbildung ohne Befruchtung erfolgt. Daher sind Pflanzengattungen, welchen diese anormale Art der Vermehrung eigen ist, durch eine große Zahl von Rassen und Kleinarten ausgezeichnet (S. 6). Bei normaler geschlechtlicher Fortpflanzung tritt *biologische* Isolation ein, wenn das mutierte Gen, vielleicht nur in polyphäner Nebenwirkung, durch Veränderung des Blütenbaues, physiologischer Befruchtungsbedingungen oder der Blütezeit die Kreuzung mit Individuen des alten Typus erschwert. Bei der *geographischen* Isolation sind wenig zahlreiche Individuenbestände räumlich getrennt. Dieser Fall ist z. B. gegeben, wo Täler durch hohe Gebirgszüge oder Inseln durch Meeresarme geschieden sind. Hier werden oft scharf unterschiedene, ihre nahe Verwandtschaft aber nicht verleugnende lokale Rassen und Arten angetroffen. Dasselbe gilt für isolierte Berge oder Gebirge, zwischen denen Tiefländer eine klimatische Schranke für den Austausch lokal entstandener Hochgebirgsmutationen bilden; so besteht z. B. die Flora des Ätna ganz überwiegend aus nur hier vorkommenden Arten (*Endemismen*).

**Selektion.** Die zweite, allgemeinere und deshalb bedeutungsvollere Möglichkeit der Erhaltung und Durchsetzung von Mutationen ist die *Auslese im Kampf ums Dasein*, die man seit D a r w i n als *Selektion* bezeichnet. Unter Kampf ums Dasein darf dabei nicht nur die Auseinandersetzung mit anderen Organismen, etwa Parasiten oder pflanzenfressenden Tieren, verstanden werden, sondern es sind unter diesem Begriff die gesamten fördernden oder hemmenden Einflüsse zusammengefaßt, denen ein Organismus von seiten des Bodens, des Klimas und der den Lebensraum besiedelnden Tier- und Pflanzenwelt ausgesetzt ist. Wenn sich das mutierte Individuum unter diesen Bedingungen und in diesem Wettbewerb lebens- und fortpflanzungsfähiger als die nicht mutierten Individuen erweist und infolgedessen eine geringere Vernichtungsziffer hat, wird sich die Mutation erhalten und durchsetzen können.

**Genkombination.** Ihren vollen Selektionswert entfaltet eine neue Eigenschaft im allgemeinen nur im Zusammenhang mit anderen. So stellt z. B. eine Blüte die Resultante zahlreicher zusammenpassender Einzelmerkmale dar, und dasselbe gilt von den Kettenreaktionen des Stoffwechsels, welche nur bei vollständigem und störungsfreiem Zusammenwirken der die einzelnen Fermente bestimmenden Gene erfolgreich ablaufen können (S. 135). Deshalb ist für die Evolution neuer Arten die vielseitige *Kombination* neu mutierter und schon vorhandener Gene von entscheidender Bedeutung. Ihr dient zunächst der Mechanismus der Reduktionsteilung und der Kopulation, dessen fundamentale Wichtigkeit hierin begründet ist. Die durch die Koppelung der Gene zunächst begrenzte Kombinationsmöglichkeit wird durch den Stückaustausch der Chromatiden und die Chromosomenmutation ausgeweitet. Ein offenbar sehr wirkungsvolles Mittel, die möglichen Genkombinationen schnell zu verwirklichen und die phänische Wirkung der Gene abzustufen und zu steigern, ist die *Polyploidie.* Gerade an Standorten mit schwierigen Lebensbedingungen scheinen die polyploiden Rassen und Arten an Lebenskraft und Konkurrenzfähigkeit oft überlegen zu sein.

**Bastardierung.** Die innerhalb der individuellen Keimbahn erzielten neuen Genkombinationen gehen in die *Bastardierung* ein. Dabei spalten bei der in der Natur normalerweise gegebenen *polyhybriden* Merkmalskreuzung in den Filialgenerationen neue hetero- und auch homozygote Rassen in größter Mannigfaltigkeit aus (Abb. 190).

Am weitesten führt die Kreuzung möglichst ungleicher Eltern, d. h. die *Art-* oder *gar Gattungsbastardierung.* Dabei verursacht allerdings die Verschiedenheit der Genome bei der meiotischen Paarung der homologen Chromosomen meist Störungen, welche die Ausbildung funktionsfähiger Gameten und damit die Fortpflanzung verhindern. Sie werden vermieden, wenn nach der Bastardierung eine *Polyploidisierung* zustande kommt. Das tetraploide Genom besteht dann aus der Summe der beiden Elterngenome (Allopolyploidie) und enthält lauter homologe Chromosomenpaare. So gibt es einen im Gesamthabitus intermediären Bastard mit $2\,n = 18$ Chromosomen zwischen Rettich (*Raphanus sativus*, $2\,n = 18$) und Kohl (*Brassica oleracea*, $2\,n = 18$), der als Artbastard im allgemeinen steril ist. Gelegentlich werden aber solche Bastardpflanzen tetraploid $(2\,n = 36)$ und ergeben den großwüchsigen, voll fertilen und sich wie eine *neue Art* verhaltenden Kohlrettich (*Raphanobrassica*, Abb. 199). Auf diese Weise sind sicher viele unserer heutigen *Wildarten* entstanden, was man in einigen Fällen im Experiment wiederholen konnte. So ist die Grauweide (*Salix cinerea*, $2\,n = 76$) der allopolyploide Bastard aus der Korb- und der Salweide (*Salix viminalis* und *S. caprea*, jede $2\,n = 38$, Abb. 200).

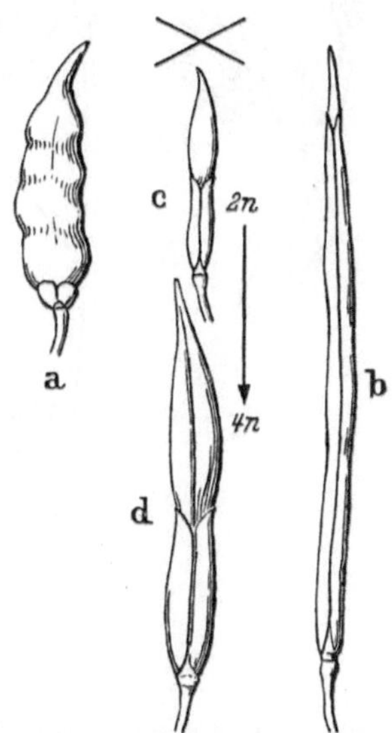

Abb. 199. Früchte der Kohl-Rettich-Bastarde. *a* Rettich. *b* Kohl. *c* diploider Bastard. *d* tetraploider Bastard. (Nach Karpetschenko.)

**Phylogenese.** Ob auch die Evolution der großen *Stammesgruppen* des Pflanzenreichs auf Mutation und Selektion des Genoms zurückgeht oder ob hier das Plasmon maßgebend beteiligt ist, kann noch nicht übersehen werden. Das Zustandekommen so komplizierter Organisationen, wie sie beispielsweise Kormus, Flecht- und Gewebethalli vorstellen, erfordert eine sehr große Zahl einzelner, gleichzeitig oder schnell aufeinanderfolgender Mutationsschritte. Der sehr geringen Wahrscheinlichkeit eines solchen Zusammentreffens entspricht allerdings, daß es im Lauf der nach Jahrmillionen zählenden Phylogenese nur zur Bildung ganz weniger großer Pflanzen- und Tierstämme gekommen ist. Diese sind zudem nicht so fundamental gegeneinander verschieden, wie es die heute lebenden Formen erscheinen lassen. In immer mehr Fällen haben sich ausgestorbene verbindende Zwischenformen finden lassen, so besonders eindrucksvoll in der langen Reihe von den altpaläozoischen Psilophyten bis zu den heutigen Samenpflanzen (S. 27).

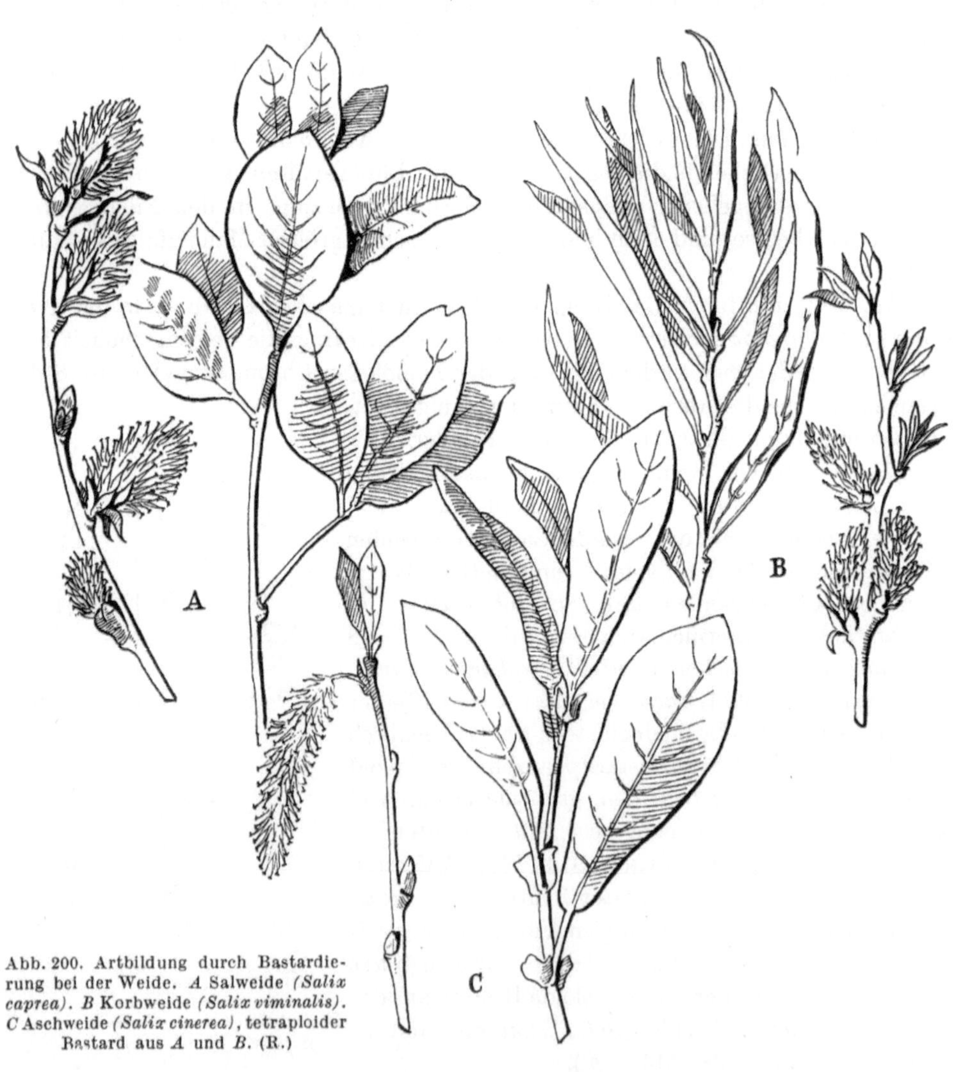

Abb. 200. Artbildung durch Bastardierung bei der Weide. *A* Salweide *(Salix caprea)*. *B* Korbweide *(Salix viminalis)*. *C* Aschweide *(Salix cinerea)*, tetraploider Bastard aus *A* und *B*. (R.)

## 3. Die Entfaltung des Phänotypus.

Die Entfaltung des Geno- zum Phänotypus kann man in größenmäßiges Wachstum und gestaltliche Differenzierung gliedern.

### a) Das Wachstum.

**Verlauf.** Der *Wachstumsvorgang* läßt sich durch Messung der Verlängerung oder Verdickung des wachsenden Organs quantitativ verfolgen. Besonders einfach ist dies beispielsweise bei Keimwurzeln, die man mit Tuschestrichen in gleichem Abstand versieht und in feuchter Luft wachsen läßt (Abb. 201). Die Abstandsänderung der Striche ergibt dann drei Zonen: Die *Spitze* mit einem verhältnismäßig geringen, durch die *Zellteilungen* im Vegetationspunkt bedingten Zuwachs, der einige Millimeter umfassende, durch die *Streckung* der Zellen (Abb. 31) verursachte *Hauptwachstumsbereich* und daran anschließend die *ausgewachsene Wurzel*.

Eine an der Spitze abgegrenzte Strecke zeigt daher im zeitlichen Verlauf eine zunächst langsame, dann rasche und schließlich erlöschende Verlängerung, so daß die Zeitkurve des Wachstums einen S-förmigen Verlauf nimmt (Abb. 201).

Die *Wachstumsgeschwindigkeit* folgt im Bereich von etwa 10°—30° der van t'Hoffschen

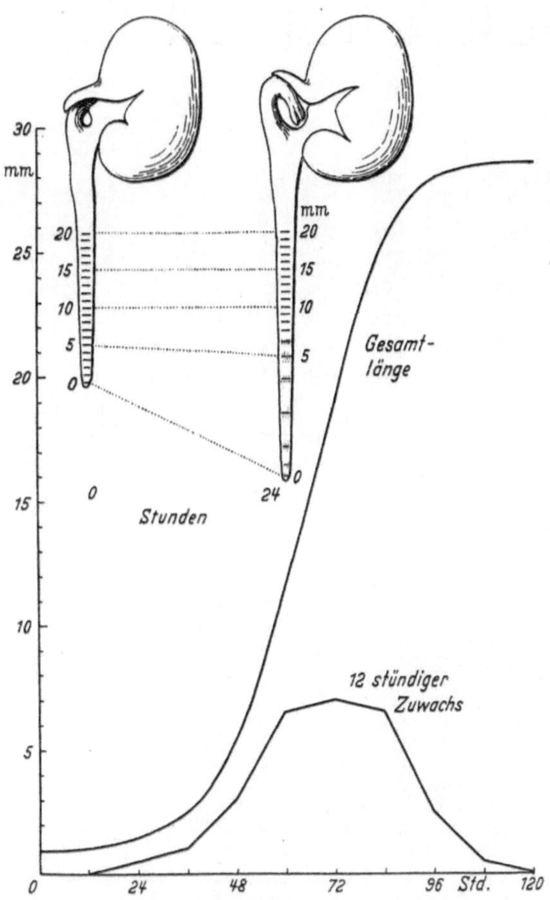

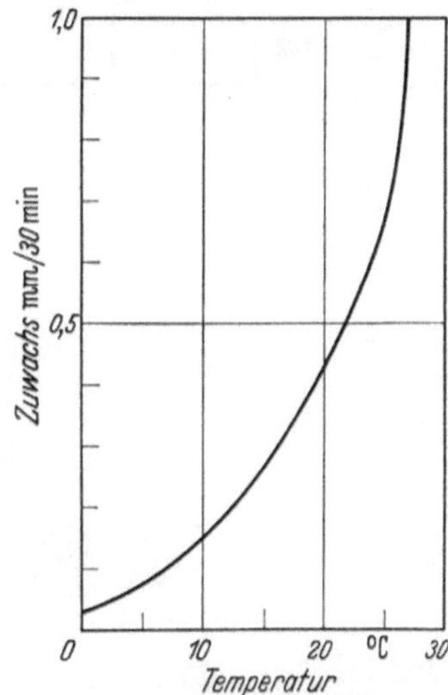

Abb. 201. Wachstum der Keimwurzel der Saubohne bei 17°. Oben: Wachstumszonen der mit Tuschestrichen in 1 mm Abstand versehenen Wurzel in 24 Stunden. Unten: Verlauf des Wachstums des ursprünglich 1 mm langen Spitzenabschnittes. (Nach Werten bei Detmer.)

Abb. 202. Temperaturkurve des Wachstums bei Erbsenwurzeln. Bei Temperaturen über 29° kommt das Wachstum in kurzer Zeit zum Stillstand. (Nach Leitch.)

*Temperaturregel* der Reaktionsgeschwindigkeit, indem sie sich für 10° Temperatursteigerung verdoppelt bis vervierfacht (Abb. 202). Bei höheren und tieferen Temperaturen treten Störungen auf.

Die größten *Wachstumsgeschwindigkeiten* erreichen die Fruchtkörper eines tropischen, mit der Stinkmorchel verwandten Pilzes *(Dictyophora)* mit 5 mm/min., wobei freilich das Wachstum schon nach 15 Minuten abgeschlossen ist. In unserem Klima strecken sich beim Aufblühen des Roggens (Abb. 282 *B*) die Staubfäden 10 Minuten lang mit 2,5 mm/min. Die höchste mehrere Tage anhaltende Dauerleistung erzielen Bambusschößlinge mit 0,4 mm/min (57 cm/Tag). Das normale Wachstum geht viel langsamer vor sich, bei der Keimwurzel der Saubohne (Abb. 201) z. B. mit etwa 0,01 mm/min (1,4 cm/Tag).

**Ertrag.** Das Gesamtergebnis des Wachstums stellt sich bei Kulturpflanzen als *Ertrag* dar. Dieser ist bei gegebenen klimatischen Bedingungen (Temperatur,

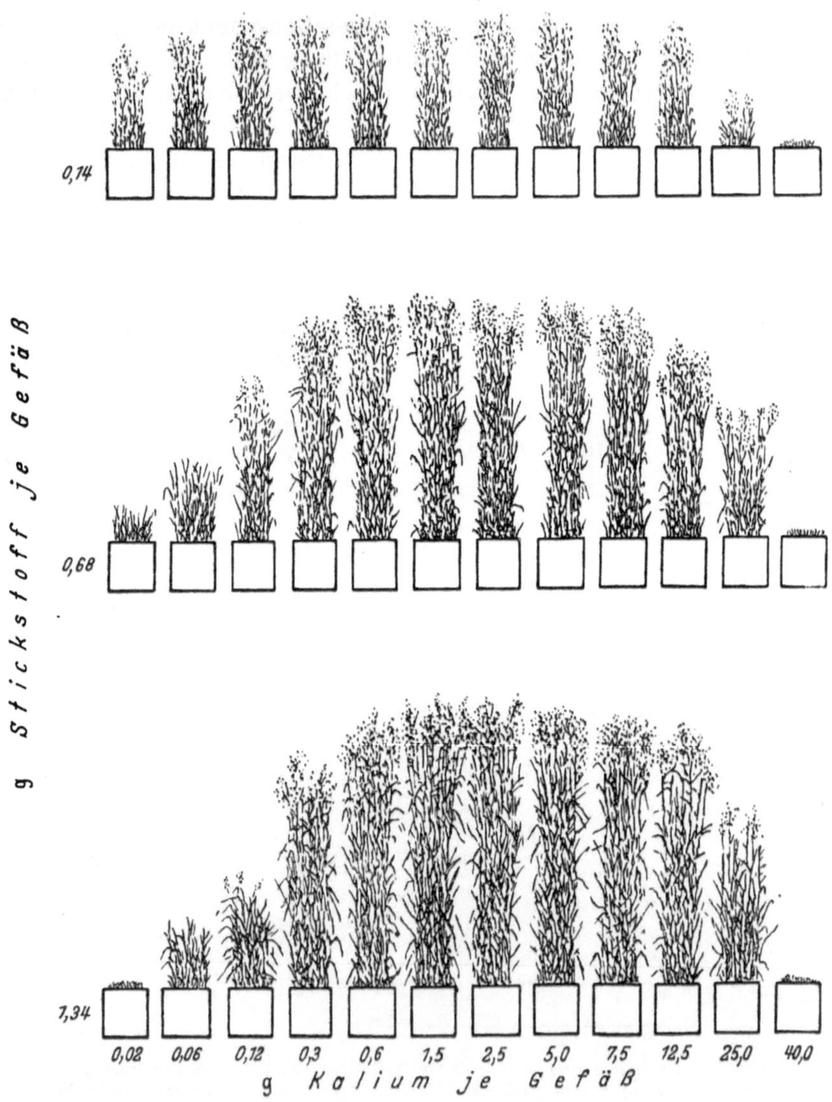


Abb. 203. Haferkulturen mit verschiedenen Kali- und Stickstoffmengen je Vegetationsgefäß.
(Nach Mitscherlich.)

Wasser, Licht, Kohlensäure) in erster Linie abhängig von den zurVerfügung stehenden *Nährsalzen* (Bodenfruchtbarkeit und Düngung). Jedes Nährsalz wirkt nach einer Optimumkurve als begrenzender Faktor (vgl. S. 127). Der Ertrag wird deshalb in erster Linie durch den am meisten mangelnden Faktor bestimmt *(Gesetz des Minimums)*, und seine Steige-

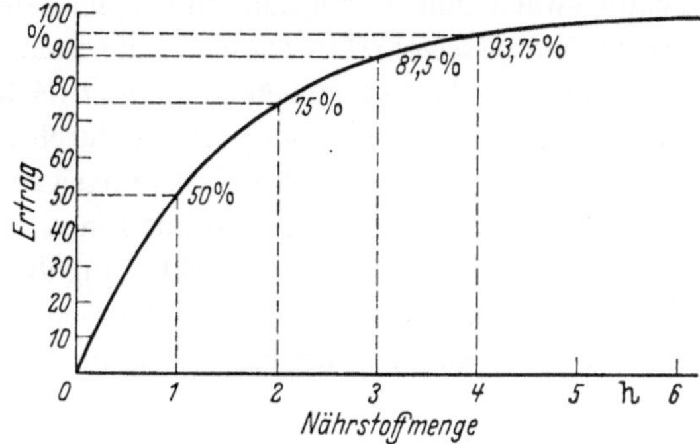


Abb. 204. Ertragskurve. (Nach Mitscherlich.)

rung ist zunächst nur durch eine Steigerung dieses Faktors möglich. So bleibt in Abb. 203 die Erhöhung der Kalimenge erfolglos, solange die Stickstoffmenge im Minimumgebiet liegt und umgekehrt. Der Wirkungsanstieg ist am größten in der Nähe des Nullpunktes und nimmt von da bis zum Optimum dauernd ab *(Relativitätsgesetz)*. Entsprechend verhält sich auf der Maximumseite der Wirkungskurve bei Überdosierung des Faktors die Schädigung. Schädigend wirkt auch die *Disharmonie* zwischen zwei Faktoren, wie z. B. großer Stickstoffüberschuß bei großem Kalimangel (Abb. 203, linke Reihe).

Die *Ertragskurve* (Abb. 204) läßt sich theoretisch aus der Annahme ableiten, daß bei der Nährstoffmenge $x$ die Ertragszunahme $\dfrac{dy}{dx}$ proportional der zum optimalen Ertrag $A$ fehlenden Ertragsmenge $A - y$ ist:

$$\frac{dy}{dx} = c\,(A - y) \quad (c = \text{Konstante}).$$

Durch Integration erhält man daraus die Gleichung

$$y = A\,(1 - e^{-cx}) \quad (e = \text{Basis der natürlichen Logarithmen}).$$

Diese *Exponentialfunktion* ist in Abb. 204 dargestellt. Als Einheit des Nährstoffaktors wählt man am besten diejenige Menge, bei welcher 50% (Halbwert) des optimalen Ertrages erzielt werden (Wirkungsmenge $h$). Die Erhöhung des Faktors um 1 $h$ bewirkt dann jedesmal die Erhöhung des Ertrages um den halben Betrag der noch möglichen Steigerung. Die Erträge bei 1 $h$, 2 $h$, 3 $h$, 4 $h$ usw. sind also 50%, 75%, 87,5%, 93,75% usw.; sie nähern sich schnell dem Optimum.

**Energieumsatz.** Im gesamten folgt das Wachstum dem *zweiten Hauptsatz der Thermodynamik*, d. h. es ist ein freiwilliger exothermer Prozeß, der zu einer Entwertung von Energie führt. Trotzdem muß von der Pflanze Energie aufgewendet werden, weil die Wachstumsvorgänge über energiereichere Stoffe führen und die Erhaltung der labilen Struktur des Plasmas im Zustand lebhafter Tätigkeit einen gesteigerten Energieaufwand benötigt. Deshalb sind alle wachsenden Teile durch eine *gesteigerte Atmung* ausgezeichnet, was in einer Erhöhung der Temperatur gegenüber den ausgewachsenen Teilen zum Ausdruck kommt (Abb. 205).

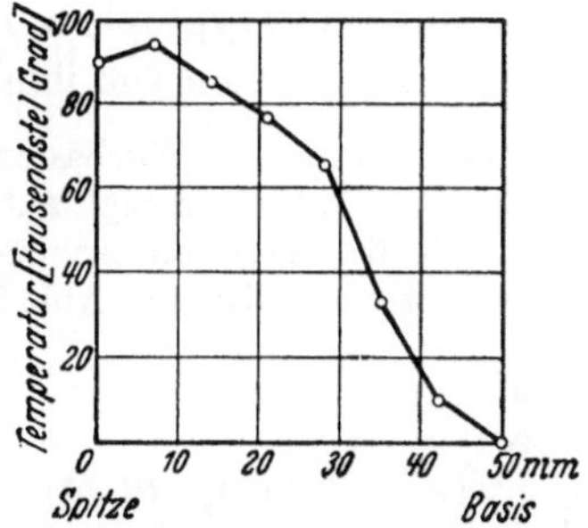


Abb. 205. Temperaturerhöhung in der wachsenden Spitze des jungen Sprosses der Saubohne *(Vicia Faba)*. (Nach Drawert.)

**Teilungswachstum.** In der Zellteilungsphase des Wachstums handelt es sich um die *Neubildung plasmatischer Substanz*, die wahrscheinlich unter Mitwirkung von Nukleinsäuren als Formmodellen stattfindet (S. 37).

Die Anregung zur Zellteilung erfolgt durch als *Bios* bezeichnete Wirkstoffe, welche sich jedoch von den das Streckungswachstum steuernden Wuchsstoffen nicht klar unterscheiden lassen und mit ihnen vielleicht teilweise identisch sind. So wird im Frühjahr die kambiale Zellteilung durch von den Knospen zufließende Wuchsstoffe in Gang gesetzt, und an Sprossen regt Heteroauxin die Bildung von Adventivwurzeln an, ein Vorgang, von dem bei der gärtnerischen Stecklingsvermehrung auch praktischer Gebrauch gemacht wird.

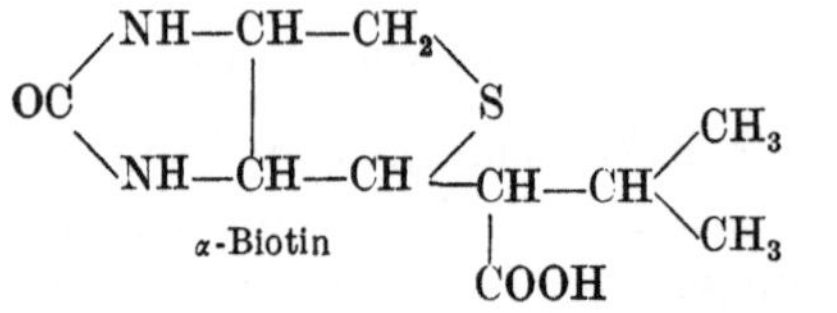

Bei den *Hefen* wird die Zellteilung durch das noch in einer Verdünnung von 2,5 Billionstel wirksame *Biotin* (Vitamin H) ausgelöst.

Zum Nachweis können Bios-heterotrophe Heferassen verwendet werden, die erst nach Zusatz des Wirkstoffes mit Teilungen beginnen.

**Streckungswachstum.** Die Zellvergrößerung beruht neben einer mäßigen Vermehrung der plasmatischen Substanz hauptsächlich auf der unter *Wasseraufnahme* und *Wanddehnung* erfolgenden *Vakuolisierung*. Eine Erhöhung der Dehnbarkeit der Zellwand und der Wasserpermeabilität des Zytoplasmas sind in dieser Phase nachweisbar. Der eigentlich aktive Vorgang der Zellstreckung ist aber noch nicht geklärt.

Auch das Streckungswachstum wird durch Wirkstoffe angeregt und reguliert, die man als *Wuchsstoffe* bezeichnet. Unter ihnen sind *Auxin* und *Heteroauxin* die wichtigsten. Beide sind verhältnismäßig einfache und niedermolekulare Verbindungen, die ähnlich den Biosstoffen schon in Spuren wirksam sind.

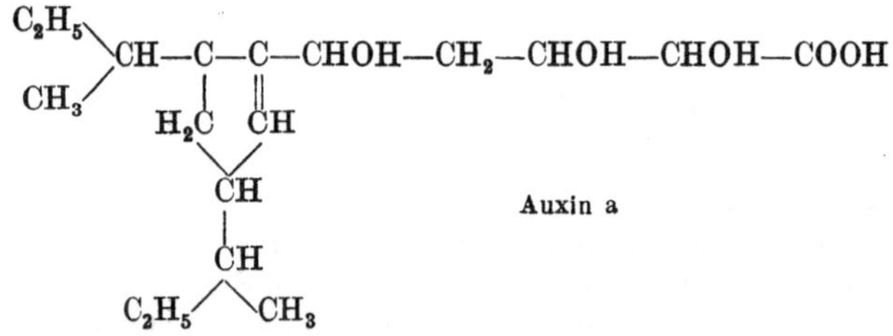

*Auxin* ist in größerer Menge aus menschlichem Harn isolierbar. Sein Vorkommen in der Pflanze bedarf noch der Klärung.

Das *Heteroauxin* (β-Indolyl-Essigsäure) entsteht in der Pflanze durch Abbau der Aminosäure Tryptophan. Da es auch synthetisch herstellbar und deshalb leicht zugänglich ist, gehen von ihm die meisten Wuchsstoffuntersuchungen aus.

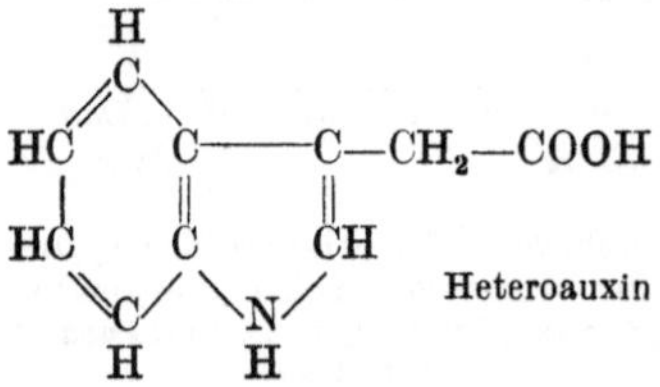

Zum Nachweis von Wuchsstoffen dient meistens der *Hafertest*. Die Koleoptile der Haferkeimlinge (Abb. 124) erzeugt aktiven Wuchsstoff nur in der Spitze, von wo aus er nach unten abfließt. Nach Entfernung der Spitze kommt deshalb die weitere Streckung des Stumpfes zum Stillstand (Abb. 206 a). Setzt man sie aber ihrem eigenen oder einem fremden Stumpf wieder auf, so geht das Streckungswachstum desselben weiter (*b*), weil der Wuchsstoff über die Schnittfläche hinweg zu wandern vermag. Das ist auch noch der Fall, wenn man Spitze und Stumpf durch eine feuchte Agar- oder Gelatineschicht trennt, nicht aber beim Zwischenschieben eines Glasplättchens. Setzt man die Spitze *einseitig* auf (*c*), so *krümmt* sich der Stumpf, weil der Wirkstoffstrom keine seitliche Ausbreitung hat. Der in einer bestimmten Zeit erreichte *Krümmungswinkel* gibt ein Maß für die *Menge* des zugeführten Wuchsstoffes. Um andere Pflanzenteile auf ihren Wuchsstoffgehalt zu prüfen, kann man sie mit der unteren Schnittfläche auf ein Agarplättchen aufsetzen und ihren Wuchsstoff in dieses einströmen lassen (*d*). Kleine Würfelchen des Agars geben dann auf einer geköpften Haferkoleoptile Krümmungsreaktionen (*e*). Mengen von weniger als einem Millionstel mg können so nachgewiesen werden.

Eine andere Methode ist, Extrakte aus Pflanzenteilen an Keimwurzeln, z. B. der Kresse, auf ihren Wuchsstoffgehalt zu prüfen, indem man die Förderung bzw. Hemmung des *Längenwachstums* gegenüber in Wasser wachsenden Wurzeln bestimmt.

Die *wachstumsfördernden* Konzentrationen der Wuchsstoffe liegen bei sehr niederen Werten, für Kressewurzeln z. B. zwischen $10^{-13}$ und $10^{-9}$ g/cm$^3$ Heteroauxin mit einem *Optimum* bei $10^{-11}$ (Abb. 207 *a*). Bei höheren Konzentrationen erfolgt *Hemmung* bis zum vollständigen Wachstumsstillstand. Neben den Wuchsstoffen kommen sehr häufig *Hem*

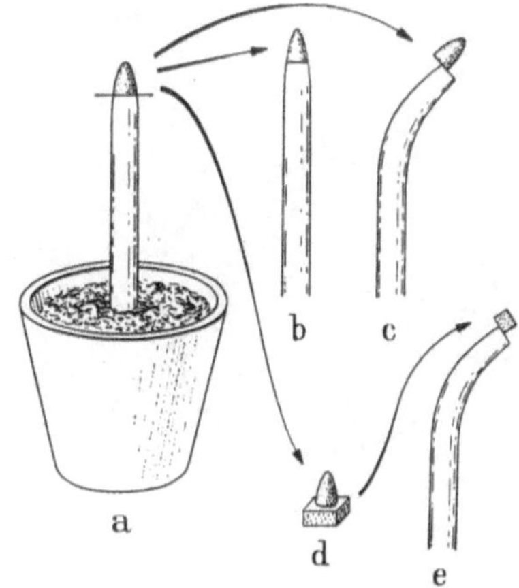

Abb. 206. Hafertest für Streckungswuchsstoff. *a* Haferkoleoptile. *b* Abgeschnittene Spitze auf gleichen oder anderen Stumpf gesetzt: Gerades Wachstum. *c* Spitze einseitig aufgesetzt: Wachstum unter Krümmung. *d* Spitze auf Agarplättchen gestellt: Wuchsstoff diffundiert in Agar. *e* Wuchsstoffinfiltriertes Agarwürfelchen einseitig aufgesetzt: Wachstum unter Krümmung.

*mungsstoffe* vor, die *nur* einen hemmenden, aber keinen fördernden Konzentrationsbereich haben; dazu gehört z. B. Cumarin (Abb. 207 *a*). Die Wirkungsbezirke der Wuchsstoffe sind stark plasmaabhängig und deshalb auch innerhalb ein und derselben Pflanze für die einzelnen Organe verschieden. Allgemein sind Sprosse auf höhere Konzentrationen eingestellt als Wurzeln (Abb. 207 *b*).

Die Wuchsstoffe kommen in der Pflanze in *aktiver* und *inaktiver*, ja vielleicht sogar hemmender Form vor. So wird Heteroauxin durch Reduktion in seinen Aldehyd inaktiv und dieser durch Oxydation zur Säure wieder aktiv. Außerdem ist es in der Pflanze wahrscheinlich nur an Eiweiß gebunden wirksam, so daß zugeführtes freies Heteroauxin nur insoweit wachstumsfördernd wirkt, als es im Plasma geeignete Eiweißträger vorfindet. In manchen Pflanzenteilen kommen auch Fermente vor, welche Heteroauxin chemisch verändern und unbrauchbar machen.

Der Wuchsstoff des *Haferkornes* ist im Endosperm in inaktiver Form angereichert. In dieser wandert er bei der Keimung in die Koleoptilenspitze und wird dort aktiviert. Erst dieser nur basalwärts wanderungsfähige aktive Wuchsstoff bewirkt das im Hafertest geprüfte Streckungswachstum.

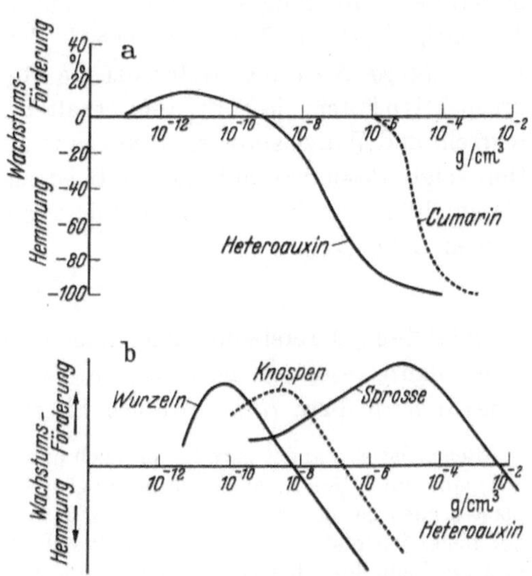


Abb. 207. Wuchsstoffwirkung. *a* Wirkungskurve von Heteroauxin und Cumarin auf die Keimwurzel der Kresse. Förderung bzw. Hemmung gegenüber Wasser (0-Linie). *b* Wirkungskurve von Heteroauxin auf verschiedene Organe. (Nach Moevus, Thimann.)

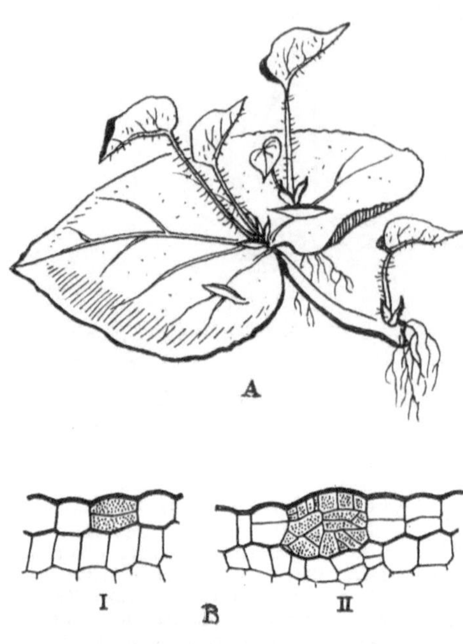

Abb. 208. Blattsteckling von *Begonia*. *A* Begonienblatt mit Regeneration neuer Pflanzen an Schnittstellen. *B* Einleitung der Regeneration durch Teilung
von Epidermiszellen (punktiert). (Nach Stoppel,
Hansen.) (*A* R.)

Die erste *Bildung* der Wuchsstoffe erfolgt wahrscheinlich in den *Blättern* im Zusammenhang mit der Synthese der Kohlenstoff- und Stickstoffverbindungen.

## b) Die Differenzierung.

### α) Potenz.

Die Erbmasse der *Keimzellen* (Sporen und Zygoten) besitzt noch sämtliche Entwicklungsmöglichkeiten *(Potenzen)* innerhalb des artspezifischen Modifikationsbereiches (*Totipotenz* der Zelle). Die *Differenzierung* des Organismus besteht darin, daß die einzelnen Zellen nur bestimmte Potenzen verwirklichen, also für bestimmte Entwicklungsrichtungen *determiniert* werden und so eine *prospektive Bedeutung* erhalten. Dabei sind aber, wenn sich die inneren oder äußeren Bedingungen ändern, bestimmte andere Entwicklungsmöglichkeiten nicht ausgeschlossen; diese werden in ihrer Gesamtheit als *prospektive Potenz* bezeichnet.

Die *prospektive Potenz* pflanzlicher Zellen ist meist viel weiter als die tierischer. Das gilt vor allem für die totipotent bleibenden Vegetationspunkte, von denen eine dauernde Neubildung von Organen ausgeht *(offene Entwicklung)*, während im Tierreich sämtliche Gewebe frühzeitig determiniert zu sein pflegen *(geschlossene Entwicklung)*. Aber auch differenzierte Pflanzenzellen haben sich meist eine weite prospektive Potenz, ja Totipotenz erhalten, wie die Fähigkeit zur Bildung von Beiwurzeln und Wurzelsprossen sowie ganz allgemein zur Reparation und Regeneration zeigt. Besonders auffallende Beispiele liefern z. B. die Epidermiszellen von *Begonia*blättern, die auf den Wundreiz eines Schnittes hin eine neue Pflanze erzeugen (Abb. 208).

### β) Polarität.

**Induktion.** Die erste und allgemeinste Determination während der Entwicklung einer Pflanze besteht in der Festlegung (Induktion) eines *Sproß-* (bzw. *Thallus-*) und eines *Wurzel-* (bzw. *Rhizoid*)-Poles. Sie erfolgt schon in den *Keimzellen*.

Beispielsweise findet man in den noch ungeteilten *Sporen* des *Schachtelhalmes* (Abb. 209 *A I*) eine durch das Licht gerichtete ungleiche Verteilung des Plasmas, indem die Chloroplasten nach der heller beleuchteten, der Kern nach der dunkleren Seite wandern (*II*). Bei der folgenden ersten Kernteilung stellt sich die Spindel in diese Polaritätsachse ein (*III*), und die Zellteilung liefert zwei sehr ungleiche Zellen, eine große, chlorophyllreiche Prothallium- und eine kleine, uhrglasförmige, chlorophyllarme Rhizoidzelle (*IV*). Damit ist für die weitere Entwicklung (*V*) der Prothallium- und der Rhizoidpol determiniert.

Für die Festlegung der *Polaritätsachse* ist nicht die Richtung der Lichtstrahlen, sondern das *Gefälle Hell—Dunkel* entscheidend; es fällt bei normaler Beleuchtung mit der Lichtrichtung zusammen, steht aber zu ihr senkrecht, wenn man nur die eine Hälfte der Spore beleuchtet (Abb. 209 *B*). In gleicher Weise erfolgt für gewöhnlich die polare Determination der Farn- und Moossporen sowie der befruchteten Eizellen von Fucus und anderen Braunalgen. Das Licht ist aber nicht der einzige mögliche Induktionsfaktor. An seine Stelle können Gefälle der Schwer- oder Zentrifugalkraft, der Wasserstoffionen- oder Wuchsstoffkonzentration u. a. treten. Bei einseitiger Einwirkung von *Wuchsstoff*, etwa an der Mündung einer mit Heteroauxinlösung gefüllten Kapillare, entsteht die Rhizoidzelle an der Seite der höheren Konzentration. Das Gefälle abgegebener Wuchsstoffe ist vermutlich auch der Grund dafür, daß im Dunkeln die Rhizoidzellen in zwei nebeneinanderliegenden Keimzellen auf den einander zugewendeten Seiten entstehen, und in Braunalgeneiern da, wo das Spermatozoid eingedrungen ist. Bei gleichmäßig starker Wuchsstoffeinwirkung von allen Seiten polarisieren Laubmoossporen *(Funaria)* überhaupt nicht, sondern wachsen zu nicht teilungsfähigen Riesenzellen aus. Es besteht die Möglichkeit, daß auch die Gefälle des Lichtes, der Schwere usw. zunächst eine Verschiebung der Wuchsstoffverteilung in der Keimzelle verursachen und diese den eigentlichen Determinationsfaktor darstellt. Die den Wurzelpol induzierenden Wuchsstoffkonzentrationen liegen über den das Streckungswachstum auslösenden in einer Größenordnung, welche bei Samenpflanzen die Bildung von Adventivwurzeln auslöst.

**Auswirkung im Organismus.** Die einmal determinierte Polarität ist meist *endgültig* und wird sehr zäh *festgehalten.* So bilden Stücke von Weidenzweigen im feuchten Raum neue *Sproßtriebe* stets an dem der abgeschnittenen Spitze zugewandten apikalen Ende, *Adventivwurzeln* aber am entgegengesetzten *basalen,*

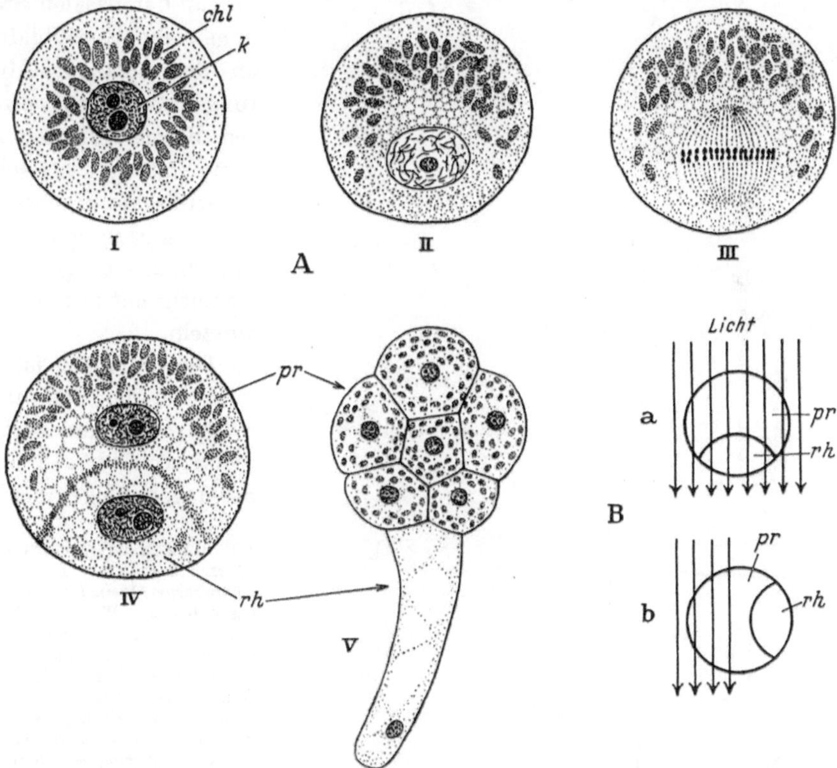



Abb. 209. Polarisation der Schachtelhalmspore. *A* Sporenkeimung. I Spore mit Zellkern (*k*) und Chloroplasten (*chl*). II Beginn der Polarisation. III Erste Kernteilung. IV Abgrenzung der Rhizoid- (*rh*) und Prothalliumzelle (*pr*). V Frühes Mehrzellstadium. *B* Induktion der Polaritätsachse bei voller (*a*) und einseitiger (*b*) Durchleuchtung. (Nach Nienburg, Sadebeck, verändert.)

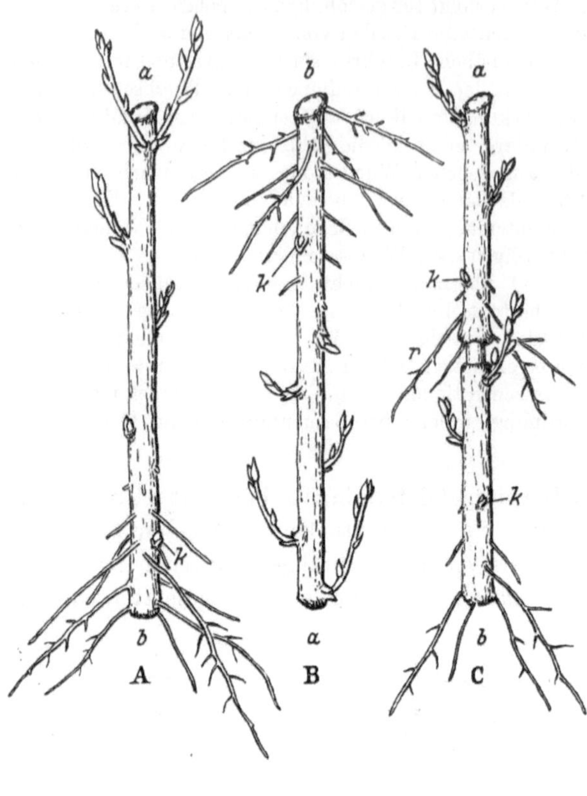

Abb. 210. Polarität austreibender Weidenzweige. *A* Zweig in aufrechter, *B* in verkehrter Lage. *C* Geringelter aufrechter Zweig. *a* apikaler Pol. *b* basaler Pol. *r* Ringelungsstelle. *k* Ruhende Knospe. (Nach Pfeffer, Sachs, teilweise verändert.)

auch dann, wenn sie umgekehrt aufgehängt sind (Abb. 210 *A*, *B*). Ihre Polarität ist offenbar durch die höhere Wuchsstoffkonzentration am basalen Pol bedingt, und diese ist die Folge eines polaren, nur basalwärts vor sich gehenden Wuchsstoffstromes in der Rinde. Unterbricht man diesen durch Ringelung (*C*), so erfolgt die Wurzelbildung jedesmal an der basalen Stauungs-, die Sproßbildung an der apikalen Ableitungsstelle. Einen direkten Beweis für den Zusammenhang zwischen Polarität und Wuchsstoffkonzentration geben die in Abb. 211 dargestellten Versuche mit Löwenzahnwurzeln.

Die Polarität ist oft auch bei der *Determinierung von Zellen* bestimmend. In Abb. 212 kann der regelmäßige Wechsel

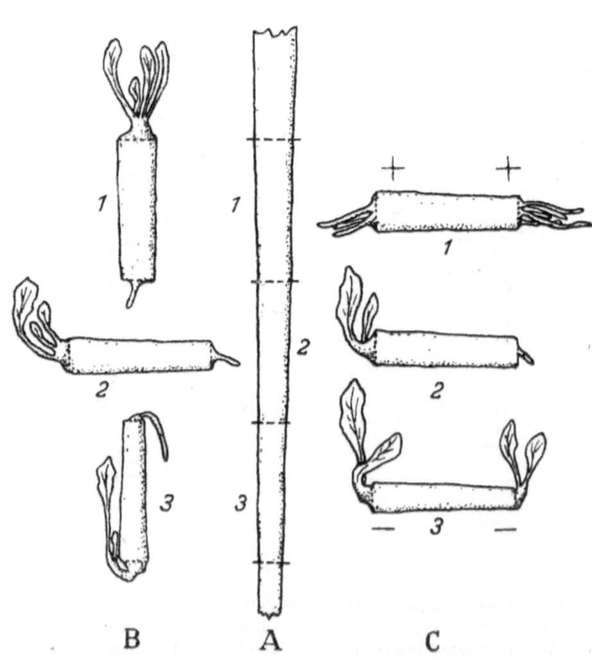

Abb. 211. Polarität regenerierender Wurzelstücke des Löwenzahns (*Taraxacum officinale*). *A* 1–3 ausgeschnittene Wurzelabschnitte. *B* Regeneration derselben in aufrechter (1), horizontaler (2) und verkehrter (3) Lage. *C* Regeneration bei Vermehrung des Wuchsstoffes (+) an beiden Enden durch Zufuhr von Heteroauxin (1) und bei Verminderung (—) desselben durch Auswaschen und Einwirkung hemmender Substanzen (Äthylenchlorhydrin) (3); zum Vergleich unbehandelte Kontrolle (2). (Nach Warmke, verändert.)

von Wurzelhaar- und normalen Epidermiszellen auf die ungleichpolare Teilung von Dermatogenzellen zurückgeführt werden. Die kleineren Wurzelhaar-Initialzellen zeichnen sich durch Verdichtung des Plasmas und Vergrößerung der Zellkerne aus (*B*), die in manchen Fällen auf innere Polyploidisierung, d. h. Teilung der Chromosomen ohne gleichzeitige Kernteilung, zurückgeführt worden ist. In den Wurzelhaarzellen kann sich die Polarität fortsetzen, indem nur die unterhalb des Haares liegende basale Zellseite Streckungswachstum zeigt (*C*).

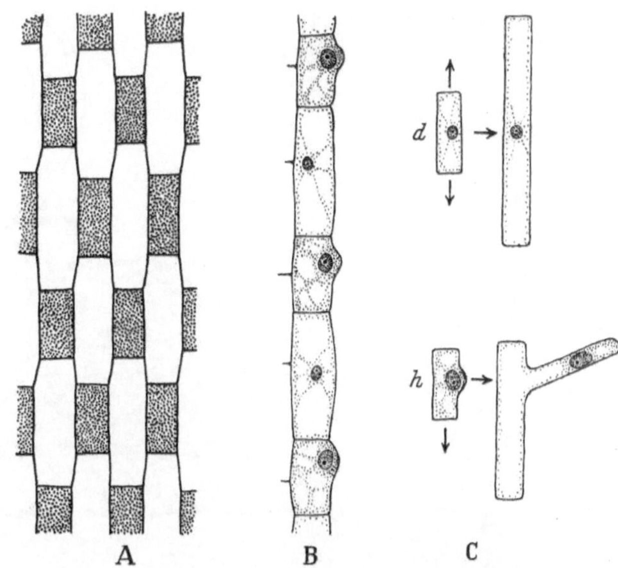

Abb. 212. Polare Determination von Wurzelhaarzellen bei Gräsern. *A* Flächenansicht der Epidermis; die zu Wurzelhaaren auswachsenden Zellen sind punktiert gezeichnet *(Bromus)*. *B* Längsschnitt durch die Epidermis; polare Anordnung der sich nicht weiter differenzierenden Epidermiszellen und der Wurzelhaarinitialen, letztere mit größeren Kernen und dichterem Protoplasma (Mais). *C* Entwicklung einer nicht differenzierten Epidermis (*d*) und einer Wurzelhaarzelle (*h*) (Weizen). (Nach Bünning, Burström, verändert.)

### γ) **Korrelationen.**

**Organanlage.** Zellanordnungen in *regelmäßigen Mustern* wie in Abb. 212 *A* kommen sehr häufig vor, z. B. bei der Anlage der Spaltöffnungen in der Blattepidermis (Abb. 100) oder der Markstrahlen im Kambium (Abb. 88). Dahin gehört auch die Anordnung der Blattanlagen am Vegetationskegel (Abb. 60 ff). Dort wurde schon gesagt, daß solche Musterbildungen auf die *gegenseitige Beeinflussung (Korrelation)* der Anlagen hinweisen, sei es durch Verbrauch von Baustoffen, durch Ausscheidung von Hemmungsstoffen oder andere Faktoren (S. 58). Bisweilen deutet schon die Lage der Zellkerne das Bestehen stofflicher Beziehungen an, indem sie sich z. B. in den Nachbarzellen von Spaltöffnungen oder Drüsenhaarinitialzellen nach diesen hin orientieren.

Korrelationen regeln auch den *harmonischen Organaufbau*. Gewebe, welches, aus dem Zusammenhang mit den Nachbargeweben losgelöst, für sich auf Nähr- und Wirkstofflösungen kultiviert wird (Gewebekultur), wächst mit nichtdifferenzierten, völlig ungeordneten Zellen. Kambiumgewebe in diesem Zustand zeigt Abb. 213 *A*. Setzt man ihm nun aber eine Sproßknospe ein (*B*), so determinieren die sich entwickelnden Blattanlagen die Anlage von Leitgewebe nicht nur im eigenen transplantierten Knospengewebe, sondern auch außerhalb desselben in dem fremden ungeordneten kambialen Gewebe. Man bezeichnet den einen Differenzierung auslösenden Zellbezirk, hier also die Blattanlage, als *Organisator*. Seine Wirksamkeit geht über Wirkstoffe, welche die Differenzierung von Gefäß- und

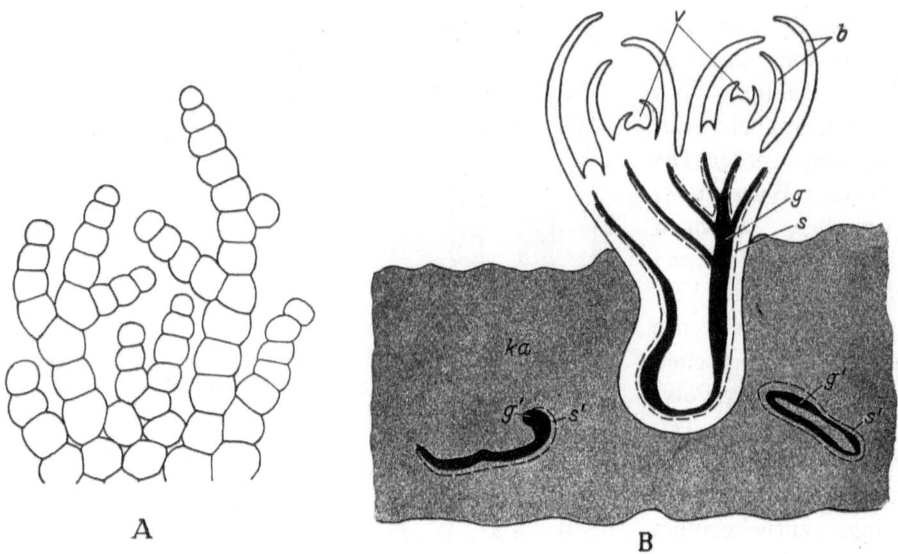

Abb. 213. Gewebekorrelation. *A* Ungeordnetes und undifferenziertes Wachstum in einer Kultur von Kambiumgewebe. *B* Organisation ungeordneten Kambiumgewebes (dunkel getönt) durch aufgepfropfte Sproßknospen (hell). *v* Vegetationspunkte, *b* Blattanlagen, *g* Gefäßteile (schwarz), *s* Siebteile (gestrichelt) der Knospe. *ka* Undifferenziertes Kambiumgewebe. *g′ s′* in ihm differenzierte Gefäß- und Siebteile. (Nach Gautheret, verändert.)

Siebröhrenzellen Schritt für Schritt vortreiben und damit eine arbeitsfähige harmonische Organisation sicherstellen.

**Regeneration.** Entsprechende Vorgänge spielen sich bei der *Regeneration* beschädigter Organe ab. Ein durchschnittenes Leitbündel z. B. organisiert durch Umdifferenzierung von Grundgewebe eine Umgehungsbahn oder eine Verbindungsbrücke nach einem anderen Leitbündel hin. Von Wundstellen aus wirken allgemein Zersetzungsprodukte der verletzten Zellen als Teilungswuchsstoffe oder regen die Bildung von solchen an (Wundhormone). Die benachbarten Zellen treten dann in lebhafte Teilungen ein und schließen unter Differenzierung von Korkgewebe die Wunde, wobei es oft zu Wucherungen (Wundkallus) kommt. Man kann die erstaunliche pflanzliche Regenerationskraft zur Verbindung zweier Pflanzen verschiedener Rasse, Art oder bisweilen auch Gattung benutzen, wenn man die eine als bewurzelte „*Unterlage*", die andere als sproßbildendes „*Reis*" verwendet. Der

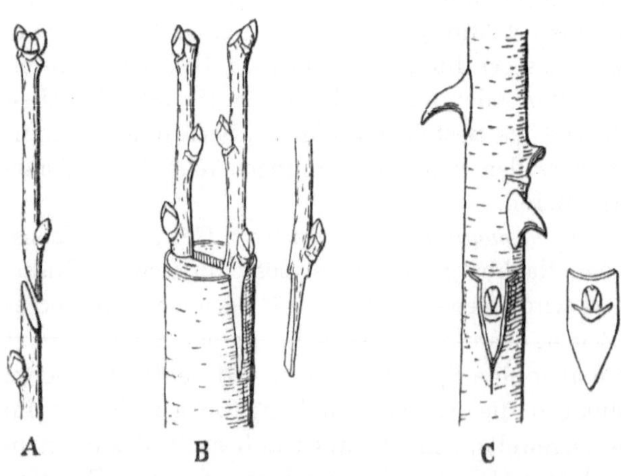

Abb. 214. Transplantation. *A* Kopulation. *B* Pfropfung, daneben das keilförmig zugespitzte Reis. *C* Okulation, daneben die als Reis eingesetzte Knospe (Auge). (Nach Molisch.)

Gärtner unterscheidet bei solchen Transplantationen *Pfropfen, Kopulieren* und *Okulieren* (Abb. 214).

**Pfropfbastarde.** Schneidet man bei einer Spaltpfropfung (Abb. 215 *I*) die Verwachsungsstelle quer durch (*II*), so können sich an der Verwachsungsgrenze aus dem Wundkallus Vegetationspunkte und daraus Pflanzen entwickeln, welche aus Zellen teils der einen, teils der anderen Art bestehen (*Pfropfbastarde, Chimären*). Sind die Gewebe der beiden Herkünfte abschnittsweise angeordnet, so liegt eine *Sektorialchimäre* vor, welche die Merkmale der beiden Stammarten nebeneinander, oft an ein und demselben Blatt zeigt (*III, IV, V c*). Es kann aber auch ein *schichtweiser* Gewebewechsel im Vegetationspunkt eintreten, so daß z. B. Epidermis und Grundgewebe verschiedenen Ursprung haben. Dann ergibt sich eine einheitlich

gewachsene, je nach der Menge und Bedeutung der Anteile zwischen den Ausgangsarten (*V a, b*) stehende Pflanze, die als *Periklinalchimäre* bezeichnet wird (*Vd, VI*).

**Artfremde Organisatoren.** Bemerkenswerterweise können auch fremde Organismen korrelativ eingreifen und als Organisatoren Potenzen zur Entfaltung bringen, die normalerweise niemals in Erscheinung treten. So gestaltet z. B. ein parasitischer Rostpilz die befallene Wolfsmilchpflanze weit abweichend vom normalen Habitus (Abb. 216). Am merkwürdigsten sind die durch Insekten hervorgerufenen mannigfachen Gallen, in welchen der Parasit teilweise sehr spezielle, dem pflanzlichen Organisationsplan ebenso fremde wie seinen eigenen Bedürfnissen zweckdienliche Gestaltungen organisiert, z. B. gedeckelte Öffnungen zum Ausschlüpfen der fertig entwickelten Tiere (Abb. 217).

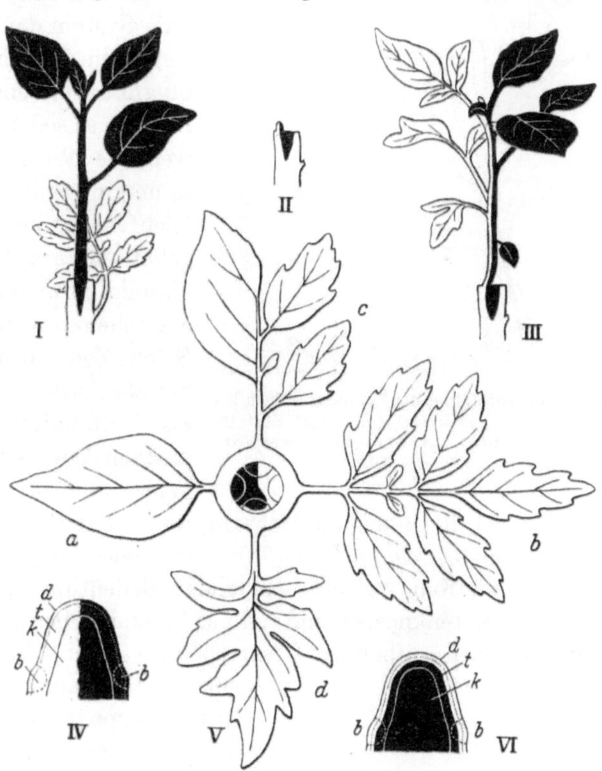


Abb. 215. Pfropfbastarde. I Nachtschatten *(Solanum nigrum)* als Reis auf Tomate *(Solanum lycopersicum)* als Unterlage gepfropft; Nachtschattengewebe schwarz getönt. II Pfropfstelle quer durchschnitten, Bildung eines Adventivsprosses aus dem Wundgewebe der Schnittfläche. III Ein Vegetationspunkt über der Trennungsfläche des Tomaten- und Nachtschattengewebes ist zu einer Sektorialchimäre ausgewachsen. IV Längsschnitt durch den Vegetationspunkt der Sektorialchimäre III. *d* Dermatogen. *t* Tunika. *k* Korpus. *b* Blattanlagen. *V* Schema der bei Pfropfbastarden möglichen Blattbildung. In der Mitte Querschnitt durch den Vegetationspunkt. Blattanlagenbezirke durch Halbkreise umgrenzt, Nachtschattengewebe schwarz, Tomatengewebe weiß. *a* Reines Nachtschattenblatt. *b* reines Tomatenblatt. *c* Sektorialchimäre. *d* Periklinalchimäre, in welcher das Dermatogen und die darunterliegende Tunikaschicht aus Tomaten-, die inneren Teile aus Nachtschattengewebe bestehen *(Solanum proteus)*. VI Längsschnitt durch den Vegetationspunkt der Periklinalchimäre V *d (Solanum proteus)*; Erklärung wie bei IV. (Nach Winkler, teilweise verändert.)

### δ) Hormonale Regulationen.

Weithin ihren Einfluß erstreckende Wirkstoffe werden als *Hormone* bezeichnet. Im tierischen und menschlichen Körper werden sie über die Blutbahn verbreitet. In der Pflanze stehen so wirkungsvolle Ausbreitungswege nicht zur Verfügung, und es ist daher nicht möglich, die Hormone gegenüber mehr lokalen Wirkstoffen, z. B. den Wundhormonen, scharf abzugrenzen.

**Wuchsstoffsystem.** Das wichtigste hormonale System der Pflanzen ist das der *Wuchsstoffe*, die in höheren Konzentrationen auch organbestimmend wirken (S. 175). Dabei handelt es sich um sehr verwickelte Vorgänge, weil die Wuchsstoffe leicht aus hochwirksamen in wenig oder gar nicht wirkende, vielleicht sogar hemmende Verbindungen übergehen können (S. 173). Da die Neu- und Umbildung an besondere Organe gebunden ist, entstehen von diesen aus Wuchsstoffströme. Solche Zentren sind z. B. assimilierende Blätter als Aufbaustätten oder Koleoptilspitzen als Umwandlungsstellen von inaktivem in aktiven Wuchsstoff (S. 173). Für bestimmte Wuchsstoffe, die bisher mit Auxin identifiziert

Abb. 216. Verbildung der Zypressenwolfsmilch *(Euphorbia cyparissias)* durch einen Rostpilz *(Uromyces pisi)*. *A* Normale, *B* verpilzte Pflanze. (R.)

wurden, ist die Bewegungsrichtung durch Polarität streng bestimmt (Abb. 210).

Für den *Gesamtaufbau* der Pflanze ist der von den *Endknospen* polar abfließende Wuchsstoffstrom von entscheidender Bedeutung. Er hemmt den Austrieb der axillären Seitenknospen und stellt so besonders beim Monopodium (Abb. 69 *A*) den harmonischen Aufbau der Gesamtpflanze sicher. Wird der Haupttrieb gekappt, so hört die Hemmung auf, die oberste, bisher ruhende Seitenknospe treibt aus und übernimmt die Rolle des Hauptsprosses. Legt man aber der Schnittstelle Wuchsstoff auf, so unterbleibt das Austreiben.

Der im Frühjahr von den *austreibenden* Knospen ausgehende Wuchsstoffstrom bringt das *kambiale Dickenwachstum* in Gang. Der *Laubfall* im Herbst wird ebenfalls durch Wuchsstoffe reguliert. Der Abwurf erfolgt durch ein Trennungsgewebe mit sich lösenden Mittellamellen unter Schließung der Stumpfwunde durch Kork. Die Bildung dieser Gewebe wird durch einen aus dem Blatt abfließenden Wuchsstoffstrom so

Abb. 217. Deckelgallen einer südamerikanischen Pflanze *(Davaua)*, verursacht durch eine Schmetterlingsraupe. *a* Geschlossene Galle. *b* Abspringen des Deckels. *c* Verlassene Galle. (Nach Kerner von Marilaun.) (R.)

lange verhindert, als das Blatt in voller Tätigkeit ist und reichlich Wuchsstoff bildet. Schneidet man die Blattspreiten ab, so werden die stehengebliebenen Stiele abgestoßen, es sei denn, daß man die Hemmungswirkung durch Auflegen von Wuchsstoffpaste auf die Schnittfläche ersetzt. Man kann auch durch Bespritzen mit Wuchsstofflösungen den vorzeitigen Hitzelaubfall im Sommer und das frühzeitige Abstoßen von Früchten verhindern; es ist sogar möglich, durch Wuchsstoffbehandlung, z. B. bei Tomaten, aus unbefruchteten Blüten samenlose Früchte zu erzeugen.

**Blühhormone.** Ihrer chemischen Natur nach noch unbekannt sind die Wirkstoffe, welche den Übergang vom vegetativen Wachstum zum *Blühen* bewirken. Daß es sich dabei um *Hormone* handelt, hat sich aus Pfropfversuchen zwischen ein- und zweijährigen Rassen bzw. Arten ergeben. Zweijährige Pflanzen bilden im ersten Jahr nur Blätter, meist in Form einer Rosette, um dann im zweiten Jahr zur Blüte zu „schossen“. Man kann sie dazu aber schon im ersten Jahr durch Beipfropfung einer einjährigen Rasse zwingen, wozu schon ein einzelnes Blatt genügt, welches u. U. nicht einmal derselben Art anzugehören braucht. Das gilt z. B. für das Bilsenkraut *(Hyoscyamus niger)*, ein Nachtschattengewächs, welches in durch ein einziges Genpaar bestimmten ein- und zweijährigen Rassen vorkommt und in der letzteren auch durch einjährigen Tabak zur vorzeitigen Blüte gebracht wird (Abb. 218). Das übergeleitete *Blühhormon* ist also hier *nicht artspezifisch*.

<h3 align="center">ε) Umwelteinflüsse.</h3>

**Innere Bedingungen.** Im normalen Entwicklungsgang tritt die *Bildung von Blühhormonen* ein, wenn im Lauf des Wachstums die photosynthetische Leistung zu einer gewissen *Anhäufung von Assimilaten* gegenüber der aus dem Boden aufgenommenen *Stickstoffmenge* geführt hat. Durch übermäßige Stickstoffdüngung wird deshalb, beispielsweise bei Obstbäumen, zwar das Wachstum gefördert, die Blütenbildung aber gehemmt, während sie umgekehrt durch alle, die Assimilatansammlung begünstigenden Faktoren, wie gute Beleuchtung, niedere, den At-

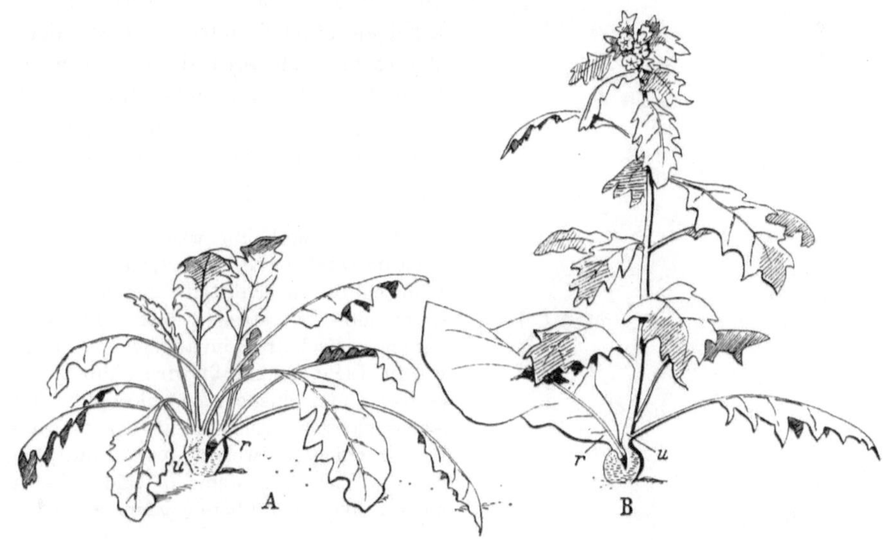

Abb. 218. Blühfähigkeit der zweijährigen Bilsenkraut- *(Hyoscyamus niger-)* Rasse im ersten Jahr. *A* Mit einer zweijährigen Bilsenkrautpflanze als Pfropfreis. *B* Mit einem Blatt einer einjährigen (Langtag-)Tabakrasse als Pfropfreis. *u* Unterlage, *r* Reis. (Nach Melchers, verändert.) (R.)

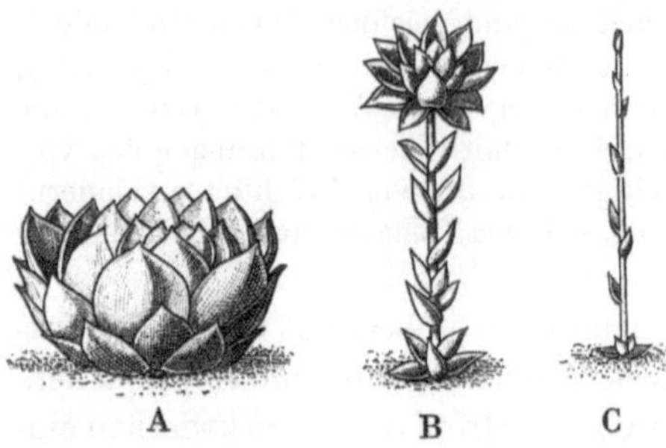



Abb. 219. Einfluß der Umweltbedingungen auf die Entwicklung der Dachwurz *(Sempervivum assimile)*. *A* Normale Kultur. *B* In feuchter Luft (Streckung der Internodien), dann in trockener (Rosettenbildung) kultiviert. *C* Dunkelkultur. (Nach Brenner.)

mungsverlust herabsetzende Nachttemperaturen und Assimilatstauung durch Ringelung begünstigt wird.

**Äußere Bedingungen.** In vielen Fällen genügen die inneren Bedingungen nicht zur Auslösung der Blütenbildung. Bei der zweijährigen Bilsenkrautrasse z. B. muß eine starke *Abkühlung*, wie sie normalerweise der Winter mit sich bringt, hinzutreten; bei dauernder Kultur in hoher Temperatur kommt sie auch im zweiten Jahr nicht zur Blüte.

Auch auf andere Entwicklungsvorgänge wirken *äußere* Faktoren, vor allem *Feuchtigkeit, Licht* und *Temperatur*, bestimmend ein. Die normalerweise als Rosette wachsende Dachwurz (Abb. 219 *A*) bildet bei Kultur in sehr *feuchter Luft* einen Sproß mit verlängerten Internodien, aber verkleinerten Blättern, welcher in *trockener Luft* unter Stauchung der Internodien und Vergrößerung der Blätter wieder zur Rosettenform übergeht (*B*). Starke Stengelstreckung unter Blattreduktion erzielt man auch durch *Verdunkelung (C)*, wobei die Ausbildung des Chlorophylls unterbleibt. Diese als *Vergeilung (Etiolement)* bezeichnete Erscheinung tritt bei Lichtmangel sehr allgemein auf und ist bei Kartoffelkeimlingen besonders auffallend; sie ist von für die einzelnen Gewebe spezifischen anatomischen Veränderungen begleitet (Abb. 220 *a, b*).

**Wirkungsmechanismus.** Bei der Verhinderung des Etiolements wirkt blaues Licht am stärksten, rotes oft gar nicht. Wahrscheinlich wird dabei durch die Blau stark absorbierenden Karotinoide (Abb. 148 *C*) Lichtenergie aufgenommen und damit die Bildung *formfördernder* bzw. *hemmender Wirkstoffe* angeregt.

Bei der Saubohne wird das Vergeilen auch im Dunkeln verhindert, wenn man die Pflanzen öfters schüttelt oder mit einem rotierenden Pappstreifen anstreicht, wobei der anatomische Bau im allgemeinen ebenso wie im Licht beeinflußt wird (Abb. 220 *c*); gewisse Unterschiede (kein Chlorophyll, kollenchymatische Ausbildung der äußeren Rindenschichten) weisen aber darauf hin, daß die Wirkstoffsysteme in beiden Fällen nicht vollkommen übereinstimmen.

Die Übereinanderlagerung verschiedener Förderungs- und Hemmungswirkstoffe ist besonders augenscheinlich bei

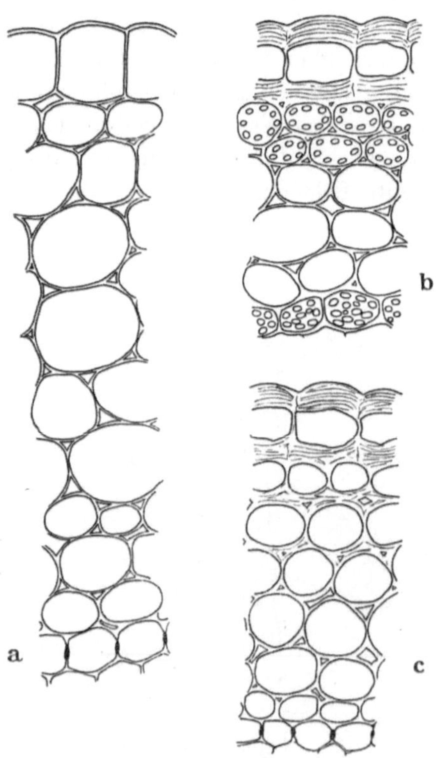



Abb. 220. Stengelquerschnitte der Saubohne *(Vicia faba)*. *a* Dunkelkultur. *b* Lichtkultur. *c* Dunkelkultur mit mechanischer Reizung. (Nach Bünning, Haag und Timmermann.)

der Auslösung der *Samenkei-mung*. Die meisten Samen keimen unabhängig vom Licht. Daneben gibt es eine größere Zahl von Arten, die *Licht-* oder *Dunkelkeimer* sind. Bei ihnen sind *hemmende* und *fördernde* Spektralbezirke vorhanden (Abb. 221), von deren Lage und Breite es abhängt, ob ein bestimmter Samen in einem bestimmten Licht keimt oder nicht. Der in Abb. 221 im *Blau*

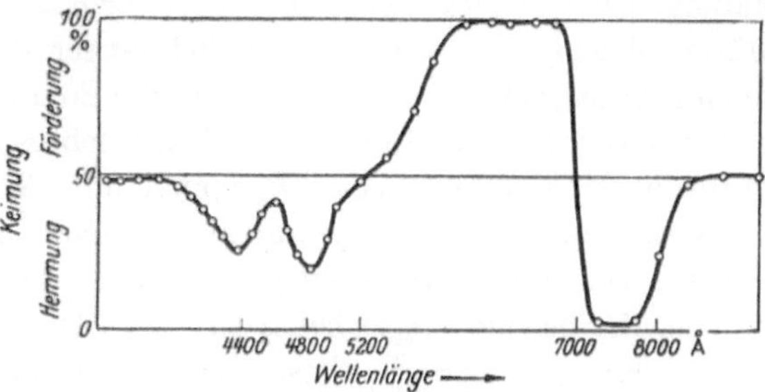



Abb. 221. Lichteinfluß auf die Samenkeimung von Salat. Förderung oder Hemmung gegenüber rotem Licht, welches 50% der Samen zur Keimung brachte. (Nach Flint und McAlister.)

liegende Hemmungsbezirk deckt sich ungefähr mit dem der stärksten Lichtabsorption von *Karotin*, das wohl die Anregung für die Bildung eines *Hemmungsstoffes* überträgt. Der Förderungsbezirk im *Rot* entspricht dem Absorptionsbereich des in diesen Samen vorhandenen *Chlorophylls* (Abb. 148 *B*), das mithin für die Bildung eines *Förderungsstoffes* verantwortlich sein dürfte. Ein zweiter Hemmungsbereich im Ultrarot ist wahrscheinlich der Lichtabsorption einer zytoplasmatischen Substanz zuzuschreiben.

### ζ) Periodizität.

Ein erheblicher Teil der Außenbedingungen folgt mit dem Wechsel von Tag und Nacht und Sommer und Winter rhythmischen Schwankungen, welchen im Organismus eine *Periodizität* der Lebensvorgänge parallel geht.

**Photoperiodismus.** Ein erst in jüngster Zeit bekannt gewordener sehr auffallender Komplex dieser Art ist der Einfluß der Tag- und Nachtlänge auf die Blüten-

Abb. 222. Photoperiodismus. *A* Kurztagspflanze *(Kalanchoë Blossfeldiana)*. *B* Langtagspflanze *(Sedum kamtschaticum)*. *k* Pflanze in Kurztags-, *l* in Langtagskultur. ¹/₂ (Nach Original Meyer.) (R.)

bildung *(Photoperiodismus)*. Die sog. *Langtagspflanzen* entwickeln nur dann Blütenanlagen, wenn der Tag erheblich länger als die Nacht ist (Abb. 222 *B*). Zu ihnen gehören, soweit nicht tagneutral, die Sommerblüher der höheren und mittleren Breiten. Die Mindestdauer des Tageslichtes ist von Art zu Art verschieden; an der unteren Grenze liegt z. B. Spinat mit 13 Stunden. Einer Dunkelperiode bedürfen die Langtagspflanzen nicht, sie kommen auch im Dauerlicht zur Blüte. Umgekehrt schreiten die *Kurztagspflanzen* nur bei einer genügend langen Dunkelperiode, die beispielsweise bei *Kalanchoë* (Abb. 222 *A*) 12 Stunden beträgt, zur Blütenbildung. Innerhalb dieser Zeit dürfen keinerlei Störungen durch Licht, selbst kürzester Dauer, erfolgen, dagegen müssen zwischen den Dunkelperioden Lichtperioden liegen, die freilich bis zu wenigen Minuten abgekürzt sein können. Kurztagseigenschaft haben viele Pflanzen der niederen Breiten und Frühjahrs- und Herbstblüher der höheren.

Die photoperiodische Einstellung ist *genotypisch* bedingt. Davon macht die Pflanzenzüchtung Gebrauch, indem sie in Kulturpflanzen mit normalem Kurztagscharakter, wie z. B. Sojabohne und Mais, durch Kombinationszüchtung mit einzelnen abweichenden Individuen oder Sorten die Kurztags- durch Langtags- oder tagneutrale Gene ersetzt.

Der Photoperiodismus kann sich auch in der Ausbildung der *vegetativen Organe* stark auswirken. Im Gegensatz zur Blütenbildung geht dieser Einfluß bei den in Abb. 222 dargestellten Kurz-*(Kalanchoë-)* und Langtags-*(Sedum-)*Sukkulenten in gleicher Richtung. Jedesmal sind in der Kurztagskultur die Internodien stark gestaucht und die Blätter stark verkleinert, aus nur wenigen Zellschichten aufgebaut, aber stark verdickt und sukkulent gegenüber den Pflanzen in Langtagskultur (Abb. 223).

Der Photoperiodismus wirkt über *Blühhormone;* durch Aufpfropfung von Kurztagspflanzen-Reisern oder durch Kurztagsverdunkelung einzelner Blätter kann man auch im Langtag kultivierte *Kalanchoë*-Pflanzen zur Blüte bringen; auch genügt die nur vorübergehende Darbietung der Kurztagsperiodizität. Über die chemische Konstitution der Blühhormone ist noch nichts bekannt. Ihnen entgegen wirkt Wuchsstoff, dessen reichliche Zufuhr bei *Kalanchoë* die Blütenbildung hemmt und die vegetative Verlaubung des Blütenstandes (Umwandlung der Hochblätter in Laubblätter) fördert.

Wahrscheinlich kommt der Photoperiodismus durch das Zusammentreffen des *äußeren Lichtwechsels* mit einem genotypisch bedingten *inneren (endonomen) Tagesrhythmus* der Pflanzen zustande. Dieser dürfte im Wechsel zwischen überwiegend aufbauenden (assimilatorischen) und überwiegend abbauenden (dissimilatorischen) Phasen zu suchen sein. Die Übereinstimmung des endonomen mit dem äußeren Rhythmus ist dann notwendig für den normalen Entwicklungsablauf. Das gilt auch hinsichtlich des täglichen und jahreszeitlichen Temperaturwechsels *(Thermoperiodismus)*.

**Tagesrhythmus.** Man kann sich das Zustandekommen *endonomer Rhythmen* so denken, daß ablaufende Reaktionen durch Erschöpfung notwendiger Ausgangsmate-

Abb. 223. Photoperiodismus bei *Kalanchoë*. Querschnitte durch ein Blatt in Langtags- (*L*) und ein gleichaltes in Kurztagskultur (*K*) bei gleicher Vergrößerung. (Nach Harder.)

rialien und Anhäufung hemmender Umsatzprodukte schließlich zum Stillstand kommen und es einer gewissen Zeit bedarf, bis durch Neuzufuhr und Ableitung wieder ausreichende Reaktionsbedingungen hergestellt sind. Auch außerhalb des biologischen Bereichs können so *rhythmische Fällungsreaktionen* zustande kommen. Wenn man z. B. auf eine kaliumchromathaltige Gelatineplatte einen Tropfen Silbernitratlösung aufsetzt, so erfolgt bei der Diffusion des Silbernitrates die Ausfällung von Silberchromat nicht stetig, sondern in konzentrischen Ringen mit Zwischenzonen, in denen der Niederschlag u. a. durch das als Reaktionsprodukt mitentstandene $KNO_3$ verhindert wird.

In der *Pflanze* verlaufen, selbst bei völliger Konstanthaltung aller äußeren Faktoren, zahlreiche Stoffwechsel- und Entwicklungsvorgänge in einer *24-Stunden-Periode*, wie etwa die Fermentaktivität (z. B. der Amylase), die Zellteilungsgeschwindigkeit und das Streckungswachstum in Sproßvegetationspunkten (Abb. 224 *A, B*). Diese Schwingungsdauer ist als eine durch Selektion erworbene Anpassung des Stoffwechselablaufs an die die Photosynthese begrenzende Tag-Nacht-Periode aufzufassen. Wo die Notwendigkeit einer solchen Gleichschaltung nicht besteht, kommen auch andere Rhythmen vor, wie etwa der vierstündige eines saprophytischen Pilzes in Abb. 224 *C*.

**Jahresrhythmus.** Die endonomen Jahresrhythmen, die vor allem im *Laubfall* und *Knospentreiben* der Bäume ihren Ausdruck finden, sind als Anpassungen an den klimatischen Wechsel zwischen Sommer und Winter oder zwischen Regen- und Trockenzeit entstanden. Sie werden, da genotypisch verankert, auch unter den weitgehend jahreskonstanten Verhältnissen der immerfeuchten Tropen beibehalten, wobei das Fehlen der klimatischen Kontrolle allerdings allmählich zu zeitlichen Verschiebungen führt. So sind an Bäumen, die aus Winter- oder Trockenzeitenklimaten nach Westjava verpflanzt wurden, oft gleichzeitig kahlstehende, austreibende, blühende, fruchtende und laubabwerfende Äste vorhanden. Die einheimischen Pflanzen der immerfeuchten Tropengebiete zeigen ebenfalls langwellige Rhythmen, jedoch meist ohne Bezug auf das Jahr. So gibt es beispiels-

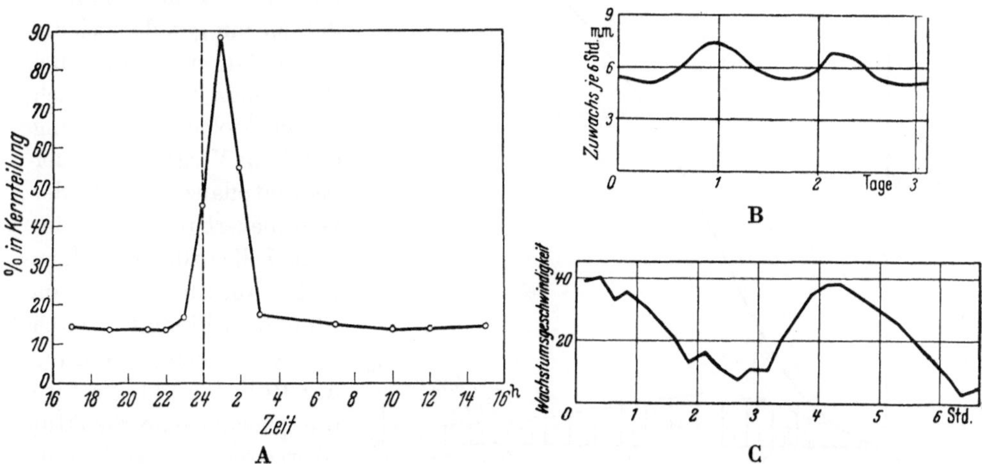


Abb. 224. Endonome Rhythmen unter konstanten Außenbedingungen. *A* Kernteilungshäufigkeit im Sproß-vegetationspunkt der Saubohne. *B* Wachstumsgeschwindigkeit eines etiolierten Sonnenblumensprosses. *C* Wachstumsgeschwindigkeit eines Pilzes *(Coprinus lagopus)*. (Nach Rotta, Bünning, Borris.)

weise Bäume, die in etwa dreimonatigen Perioden neue Blätter treiben, aber nicht gleichzeitig an allen Ästen.

*Mehrjährige Perioden* werden von vielen Pflanzen für eine besonders reiche *Blüten- und Fruchtbildung* eingehalten. Bei der Buche treten Mastjahre mit reichem Fruchtansatz etwa alle acht Jahre auf. Die Zwischenzeit wird zur Aufsammlung der notwendigen Reserven verwendet. In der Regel hat der Rhythmus einen großen Spielraum, und die Speicherung wird fortgesetzt, bis ein äußerer Anstoß, meist eine besondere klimatische Kombination, die Reaktion gleichzeitig in allen Individuen auslöst. So erfolgt bei gewissen tropischen Orchideen ein Massenblühen nach einem plötzlichen starken Temperatursturz, der eine große Menge ruhender Blütenknospen zur Entfaltung bringt. Selbst in den europäischen Gewächshäusern kann ein aus Westen kommender Wettersturz das Massenblühen nacheinander in England, Holland und Deutschland auslösen.

**Lebensrhythmus.** Über allen diesen Rhythmen steht die *Periodizität des individuellen Lebens* von der Keimzelle zum wachsenden, sich fortpflanzenden, alternden und sterbenden Organismus. Der Intensität nach setzt diese Entwicklung langsam ein, steigert sich mit zunehmender Produktionsfläche der Blätter und sinkt schließlich im Alter mehr und mehr ab. Die Lebenskurve verläuft somit ähnlich wie die Wachstumskurve (Abb. 201), was Abb. 225 für den Zuwachs eines 200jährigen Fichtenwaldes belegt.

Die *Ursache des Alterns* ist nicht in einer grundsätzlich notwendigen Abnutzung des Plasmas zu sehen. Vielmehr kann, wie schon die Keimbahn der Fortpflanzungszellen zeigt, die plasmatische Struktur als solche über beliebige Zeiten hinweg aufrechterhalten werden. Was das Altern verursacht, ist das vegetative Wachstum. Schon die Vermehrung der einzelnen Zelle verschlechtert das Verhältnis von Oberfläche zu Volumen und damit die Stoffaufnahme (S. 47). Der *Einzeller* berichtigt dies, sobald er eine gewisse Größe überschritten hat, durch Teilung. Auch ohne diese kann man Einzeller beliebig alt werden lassen, wenn man die überoptimale Zellvergrößerung verhindert. Zu diesem Zweck kann man z. B. durch Beschränkung des Lichtes die Assimilation so niederhalten, daß sie nur gerade noch die Dissimilation deckt. Bei *Mehrzellern* verschärft sich die physiologische Störung durch die Vergrößerung der Gesamtpflanze, weil der Gewebeverband die einzelne Zelle in der Aufnahme und Ausscheidung von Stoffen behindert. Durch die zunehmende Störung der Reaktionsabläufe wird die plasmatische Struktur überlastet und geschädigt. Als Folge werden die Blätter, auch bei den Immer-

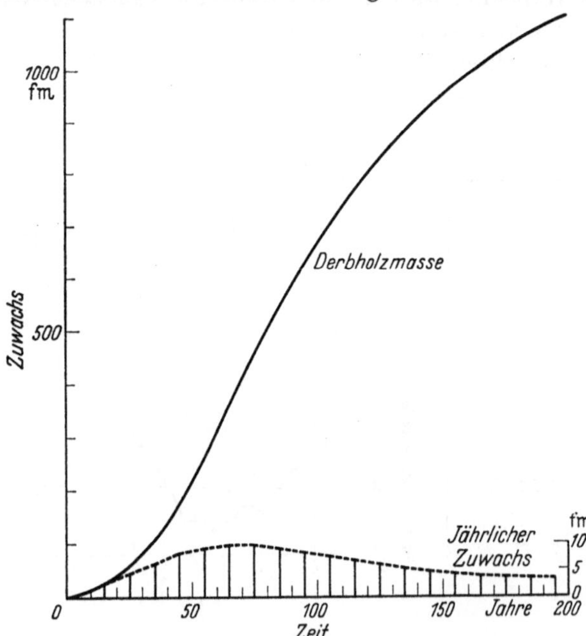


Abb. 225. Holzmasse und jährlicher Zuwachs eines Hochgebirgsfichtenwaldes. (Nach v. Guttenberg.)

grünen, innerhalb weniger Jahre abgenutzt und abgeworfen, das Holz verkernt, und der Bast wird abgestoßen. Nur die klein bleibenden, nicht differenzierten Scheitel- und Initialzellen der Vegetationspunkte und des Kambiums bleiben jung, bis ihre Versorgung schließlich durch die Desorganisation der Gesamtpflanze versagt. Immerhin aber erreicht die Pflanze mit ihrem offenen Entwicklungssystem (S. 174) Alter bis über 4000 Jahre (S. 75), die in der geschlossenen Entwicklung des Tieres nicht möglich sind.

# D. Ökologie.

Die im Rahmen ihrer natürlichen Umwelt betrachtete Pflanzenwelt zeigt eine ungeheuere Vielheit und Mannigfaltigkeit der Lebensbeziehungen, welche man in Anpassungen an besondere *Umweltbedingungen des Standortes* und Anpassungen an besondere *Lebensweisen der Art* einteilen kann.

## I. Anpassungen an besondere Standortsbedingungen.

**Begrenzende Faktoren.** Unter den am Standort gegebenen Bedingungen *(Faktoren)*, wie Temperatur, Salz, Licht usw., sind nach dem Relativitätsgesetz (S. 171) die im Minimum oder Maximum befindlichen *physiologisch begrenzend* und darum *ökologisch bestimmend*. Nach ihnen unterscheidet man die ökologischen Gruppen der Salz-, Wasser-, Schatten-, Kältepflanzen usw. Dabei können gleichzeitig mehrere Faktoren im Minimum- oder Maximumgebiet liegen. So sind z. B. Feuchtpflanzen fast stets auch Schattenpflanzen, Trockenpflanzen auch Sonnenpflanzen.

Der durch die Optimumkurve abgegrenzte *Lebensbereich* einer Art ist im *physiologischen* Versuch unter optimal gehaltenen übrigen Faktoren *breiter* als der *ökologisch* mögliche, weil in der freien Natur die Minimum- und Maximumbereiche durch die *Konkurrenz* anderer, hier im Optimum befindlicher Arten eingeengt werden. Die Abb. 226 gibt dafür als Beispiel die Abhängigkeit eines Grases vom $p_H$ des Substrates, einmal in Nährlösungskulturen optimaler Zusammensetzung und zum anderen an seinen natürlichen Wuchsstandorten. Als *euryök (eurytop)* bezeichnet man Arten, welche sehr weite, als *stenök (stenotop)* solche, die sehr enge Lebensbereiche und damit meist auch Verbreitungsgebiete haben; hinsichtlich bestimmter Faktoren, z. B. Wärme und Salz, spricht man von eury- bzw. stenotherm, eury- bzw. stenohalin usw.

Die begrenzende Wirkung eines Faktors kann entweder auf tödlich wirkenden *Extremwerten*, wie tiefen Temperaturen oder vollständiger Austrocknung, beruhen oder auf unzureichenden *Durchschnittswerten*, welche die Pflanze infolge ungenügender Stoffproduktion verhungern lassen.

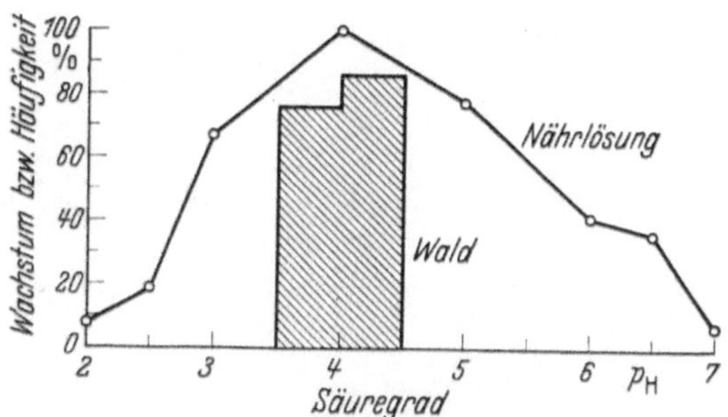


Abb. 226. Ökologischer und physiologischer $p_H$-Lebensbereich eines Grases *(Deschampsia flexuosa)*. Einfache Kurve: Relatives Wachstum in Nährlösung. Schraffierte Treppenkurve: Relative Häufigkeit auf dänischen Waldböden. (Nach Olsen.)

**Mannigfaltigkeitsregel.** Einem bestimmten Komplex von Standortsfaktoren entspricht keineswegs nur ein einziger morphologischer und physiologischer Pflanzentyp, sondern immer gibt es eine Vielheit von Mitteln, mit denen das Leben eine gegebene Situation meistert. *Die Mannigfaltigkeit der morphologischen Gestaltung und des physiologischen Geschehens ist größer als die Mannigfaltigkeit der Lebensbedingungen.* Die reichste und großartigste Formen- und Funktionenfülle entfaltet sich da, wo begrenzende Faktoren weitgehend fehlen, d. h. in den tropischen Regenwäldern (Abb. 267). Wo dagegen sehr extreme Verhältnisse vorliegen, wie in Trocken- oder Kältewüsten, ist die Mannigfaltigkeit stark eingeschränkt, und bestimmte, einseitig spezialisierte Lebensformen treten in den Vordergrund (Abb. 250).

**Lebensformen.** *Extremwerte* der Faktoren, vornehmlich der Kälte und Trockenheit, treffen die Pflanzen in der Regel im *Ruhezustand.* Die Pflanze vermag ihnen zum Teil auszuweichen, indem sie ihre dann empfindlichsten Organe, die *Knospen,* an oder in den ausgeglicheneren *Bodenraum* verlegt. *Optimale* Faktorenwerte während der *Vegetationsperiode* ergeben hohe Jahreserträge. Die Pflanze erhält damit die Möglichkeit, größere *baum-* oder *strauchförmige Sproßsysteme* aufzubauen. Aus diesen beiden grundlegenden Beziehungen ergeben sich fünf Gruppen von *Lebensformen* (Abb. 227): 1. *Phanerophyten,* Pflanzen mit Knospen hoch über dem Erdboden. Hierhin gehören Bäume und Sträucher sowie Schlingpflanzen und Epiphyten. 2. *Chamaephyten,* Zwergsträucher mit Knospen nicht mehr als 20 bis 30 cm über dem Erdboden und daher Winterschutz in schneereichen Klimaten. 3. *Hemikryptophyten,* mit Knospen dicht an der Erdoberfläche, wie Gräser, Rosetten- und Rübenstauden. 4. *Geophyten (Kryptophyten),* Rhizom-, Knollen- und Zwiebelgewächse mit Knospen unter der Erde. 5. *Therophyten,* einjährige Pflanzen mit vollständiger Aufgabe des Vegetationskörpers während der ungünstigen Jahreszeit und Schutz der embryonalen Knospe im Samen.

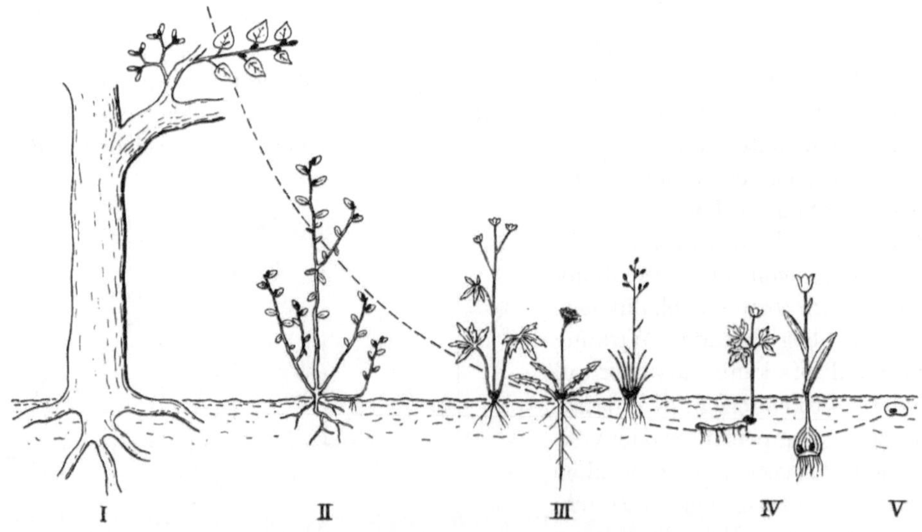

Abb. 227. Lebensformen. I Phanerophyten (Pappel, Mistel). II Chamaephyten (Heidelbeere). III Hemikryptophyten (Hahnenfuß, Löwenzahn, Schafschwingel). IV Geophyten (Anemone, Tulpe). V Samen eines Therophyten (Bohne). Die Knospen sind vergrößert schwarz hervorgehoben.

Die prozentuale Aufgliederung der die Flora eines Standortes oder Landes ausmachenden Arten nach Lebensformen bezeichnet man als *biologisches Spektrum*. Als Beispiele schneereich-kalter, schneearm-gemäßigter, extrem trockener und feucht-tropischer Klimate gibt die folgende Tabelle:

| | Phanero-phyten | Chamae-phyten | Hemikrypto-phyten | Krypto-phyten | Thero-phyten |
|---|---|---|---|---|---|
| Spitzbergen | 1 | **22** | **60** | 15 | 2 |
| Dänemark | 7 | 3 | **50** | **22** | 18 |
| Libysche Wüste | 12 | 21 | 20 | 5 | **42** |
| Seychellen | **61** | 6 | 12 | 5 | 16 |

## 1. Das Medium.

*Wasser* und *Luft* stellen als Umwelt des pflanzlichen Lebens sehr verschiedene Bedingungskomplexe dar, vor allem hinsichtlich der Dichte, des Kohlensäure- und des Sauerstoffpotentials. Der am höchsten organisierte Pflanzentyp, die kormophytische Landpflanze, lebt in beiden Medien, mit der Wurzel in den wassergefüllten Kapillaren des Bodens, mit dem Sproß in der Luft. Ihr stehen die *Wasserpflanzen* und die sich mehr und mehr vom Erdboden lösenden und zum reinen Luftleben übergehenden *Lianen* und *Epiphyten* als ökologische Extreme gegenüber.

### a) Wasserpflanzen.

**Kohlensäure und Sauerstoff.** Im Gleichgewicht mit Luft enthält reines Wasser bei 15° wie diese 0,03 Vol.-% Kohlendioxyd, aber statt 20% nur 0,7 Vol.-% Sauerstoff.

In den natürlichen Gewässern wird der *Kohlensäurefaktor* entscheidend durch den *Kalkgehalt* beeinflußt. Dieser bindet $CO_2$ unter Bildung von löslichem Kalziumbikarbonat gemäß dem Gleichgewicht:

$$Ca(HCO_3)_2 \rightleftharpoons CaCO_3 + H_2O + CO_2.$$

Das in der Bikarbonatlösung enthaltene freie $CO_2$ *(Gleichgewichtskohlensäure)* nimmt mit zunehmender Bikarbonatkonzentration schnell zu. Die Lösung ist *gepuffert*, d. h. herausgenommenes $CO_2$ wird in Gleichgewichtsreaktion aus dem $Ca(HCO_3)_2$-Vorrat unter Ausscheidung von $CaCO_3$ ersetzt und umgekehrt. Den Wasserpflanzen wird damit in kalkhaltigen Gewässern eine höhere $CO_2$-Konzentration geboten, als sie den Landpflanzen zur Verfügung steht. Allerdings ist im Wasser die Gasdiffusion auf etwa $1/10000$ des Betrages in Luft herabgesetzt, soweit nicht in genügend bewegten Gewässern die Turbulenz für einen schnellen Massenaustausch sorgt.

Für den *Sauerstoff* besteht kein Puffersystem; seine Konzentration ist gegenüber der in Luft sehr gering. Schon bei den Algen gibt es viele Formen, für welche die Sauerstoffspannung begrenzender Faktor ist und die nur in dauernd sauerstoffgesättigtem Wasser, z. B. in schnell fließenden Bächen, leben können. Bei kormophytischen Unterwasserpflanzen bedingt die Verminderung der relativen Oberfläche $\left(\dfrac{Oberfläche}{Volumen}\right)$ eine weitere Erschwerung der Sauerstoffversorgung der inneren Gewebe. Ihr wirkt die Vergrößerung der absoluten *Oberfläche* durch Aufteilung der

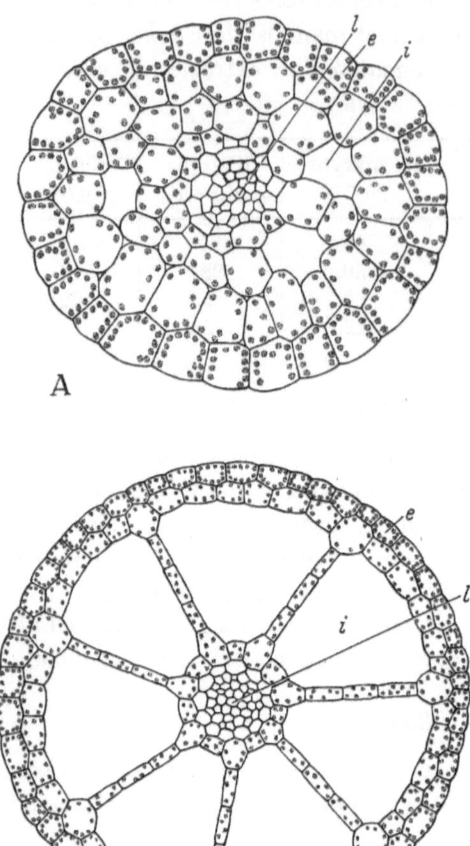

Abb. 228. Durchlüftungsgewebe von Wasserpflanzen.
*A* Blattquerschnitt des Wasserblattes des Wasserhahnen-
fußes *(Ranunculus aquatilis).* 150/1. *B* Stengelquerschnitt des Wassertännels *(Elatine alsinastrum).* 30/1.
*e* Chlorophyll führende Epidermis ohne Spaltöffnungen
und Kutikula. *i* Interzellularräume. *l* Leitbündel. (Nach
Schoenichen, Reinke, verändert.)

Blattspreiten (Abb. 112) und die Ausbildung sehr großer *Interzellularsysteme* (Abb. 228), die den bei der Photosynthese freiwerdenden Sauerstoff teilweise speichern, entgegen. Spaltöffnungen werden an den Unterwasserblättern und Sprossen nicht mehr gebildet. An ihrer Stelle dient die nicht kutinisierte und Chlorophyll führende Epidermis (Abb. 228) als Aufnahmeorgan auch für Nährsalze. Die Leit- und mechanischen Gewebe erfahren eine starke Reduktion (Abb. 228 *A*). Soweit möglich, hält die kormophytische Pflanze an der *Sauerstoffversorgung aus der Luft* fest. Die schwimmenden Blätter, z. B. der Seerosen, haben nur auf der Oberseite Spaltöffnungen und leiten Luft durch das Interzellularsystem der Stiele in die im sauerstoffarmen Schlamm steckenden Rhizome. Dieses Prinzip ist sehr allgemein bei *Sumpfpflanzen,* besonders ausgeprägt bei den Stelz- und Atemwurzeln der tropischen Mangrovebäume (Abb. 129).

**Schichtung.** In einem Gewässer wird die gesamte *Einstrahlung* in den *oberen Wasserschichten absorbiert* und in Wärme umgesetzt. Im Sommer liegt deshalb eine warme Oberflächenschicht *(Epilimnion),* in welcher die Temperaturschwankungen zwischen Tag und Nacht und zwischen Schön-

und Schlechtwetter eine gute Durchmischung bewirken, mit scharfer Grenze *(Sprungschicht)* über einer kalten unbewegten Tiefenschicht *(Hypolimnion).*

In dem durchlichteten *Epilimnion* überwiegt die photosynthetische Tätigkeit grüner Pflanzen, die $CO_2$ verbraucht und $O_2$ ausscheidet *(Nährschicht).* Bei reichlicher Vegetation gerät dabei der $CO_2$-Faktor sehr stark ins Minimum, während $O_2$ in Übersättigung vorhanden ist (Abb. 229). Unterhalb der Sprungschicht dagegen ist im lichtlosen *Hypolimnion* nur noch heterotrophes pflanzliches und tierisches Leben möglich *(Zehrschicht)*; bei starker Entwicklung desselben kommt der $O_2$-Faktor ins Minimum bis zum völligen Schwund (Abb. 229).

In diesem Falle, der für das tiefere Hypolimnion vieler Seen und z. B. auch für das Schwarze Meer unterhalb 200 m zutrifft, beschränkt sich das Leben auf anaerobe Bakterien, welche die aus dem Epilimnion herabsinkenden organismischen Reste unter Bildung von Kohlensäure, Methan, Schwefelwasserstoff, Ammoniak usw. abbauen. Wo sich die vollständig sauerstofffreie Region mit der sauerstoffhaltigen berührt, findet man oft in ungeheueren Mengen Purpurbakterien, welche von unten her Schwefelwasserstoff aufnehmen, ihn bei geringer $O_2$-Spannung zu S bzw. $SO_4''$ oxydieren und die dabei freiwerdende Energie zur chemosynthetischen Assimilation von $CO_2$ benutzen. In nährstoffarmen Gewässern mit geringer Lebensentfaltung fehlt die Sauerstoffschichtung.

Die Temperaturschichtung ist auch für die Verteilung der *Nährstoffe* von entscheidender Bedeutung. Namentlich Phosphor- und Stickstoffverbindungen sind im Süß- und Meerwasser nur in beschränkten Mengen vorhanden und werden bei starker Vegetationsentwicklung im Epilimnion schnell aufgebraucht und in den Organismen festgelegt. Beim Absterben derselben sinken sie mit den Leichen in die Tiefe und werden dort durch die Verwesung wieder frei. Das so nährstoffreich

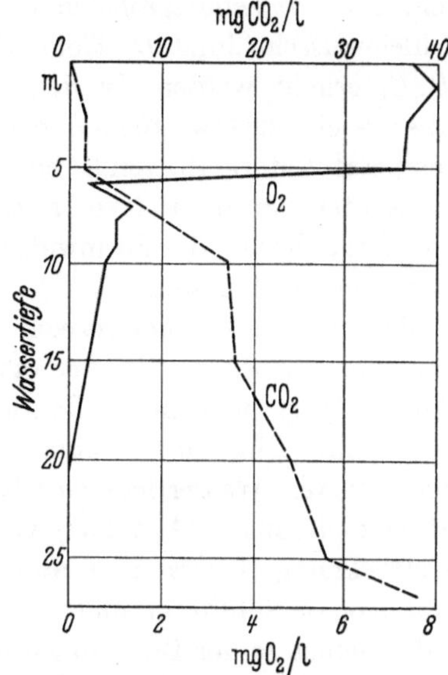



Abb. 229. Kohlensäure- und Sauerstoffgehalt in einem javanischen See. (Nach Ruttner.)

werdende Tiefenwasser kann sich während des Sommers wegen der Temperatursprungschicht mit dem verarmten Oberflächenwasser nicht ausgleichen, wenn nicht aufsteigende Meeresströmungen vorhanden sind. Erst im Winter und Frühjahr sinkt das nun kältere Oberflächenwasser in die Tiefe und kann der Wind eine tiefergehende Wasserzirkulation in Gang setzen.

**Plankton.** In den oberen Schichten des freien Wasserraumes der Seen und Meere *(Pelagial)* findet sich eine als *Plankton* bezeichnete, bei günstigen Nährstoffverhältnissen oft überaus individuenreiche Gesellschaft meist einzelliger Organismen. Das pflanzliche Plankton (Phytoplankton) setzt sich in der Hauptsache aus Cyanophyceen, Flagellaten (hauptsächlich Peridineen) und Diatomeen zusammen.

Diese Organismen haben keine oder eine nur geringe (Peridineen) Eigenbewegung. Sie halten sich im Wasser nicht durch Schwimmen, sondern durch *Schweben*. Da das spez. Gewicht des Protoplasmas etwa 1,05 beträgt, sind sie im allgemeinen schwerer als Wasser. Während der Photosynthese erhalten jedoch die Cyanophyceen durch Zurückhaltung des Sauerstoffs in Gasvakuolen einen Auftrieb, Diatomeen und Peridineen durch die als Assimilate auftretenden Öltropfen. Im übrigen wird das Schweben durch die Hebung in turbulenten Wasserbewegungen und die Verlangsamung des Absinkens als Folge eines großen *Formwiderstandes* ermöglicht. In den letzteren geht die spez. Oberfläche $\left(\dfrac{\text{Oberfläche}}{\text{Volumen}}\right)$ und die Projektionsgröße auf die zur Bewegungsrichtung transversale Ebene ein. Die *spez. Oberfläche* nimmt bei gleicher Formgestaltung mit zunehmender Größe schnell ab (S. 47). Legt man die Größenordnungen der Planktonorganismen zugrunde, so verhalten sich die Sinkgeschwindigkeiten kugelförmiger Körper mit Durchmessern von $1\,\mu$ (Bakterien), $10\,\mu$ (Flagellaten) und $100\,\mu$ wie $1:100:10000$. Ohne besondere Formgestaltung sind daher nur sehr kleine Formen im Plankton schwebend möglich. Die *Projektionsgröße* kann besonders durch Auswüchse (Abb. 230 *A, F*), Schleimausscheidung (*B*), Koloniebildung mit Gallertbrücken (*C*) oder Fallschirme (*D, E*) erhöht werden. In den *Absinkwiderstand* geht die *innere Reibung* des Wassers ein, die etwa 100mal so groß wie die der Luft ist. Sie nimmt mit steigender Temperatur stark ab, von 0° bis 25° theoretisch auf die Hälfte; dementsprechend beobachtet man bei weitverbreiteten Arten in warmen gegenüber kalten Meeren eine Vergrößerung des Formwiderstandes, im Beispiel der Abb. 230 *F* durch Verlängerung der Fortsätze.

**Benthos.** Als *Benthos* bezeichnet man die an den Untergrund eines Gewässers gebundene Lebewelt. Bei der raschen Abnahme der Lichtintensität im Wasser (Abb. 274) ist pflanzliches Benthos im wesentlichen auf die Uferzone *(Litoral)* beschränkt. Hier führen, zumal an felsigen, gute Anheftungsstellen bietenden Meeresküsten, Wassertiefe, Gezeitenhub und Wellenschlag zu ausgeprägten Vegetationszonierungen (Abb. 231) von Pflanzenarten mit Anpassungen an zeitweise Austrocknung (Litoral und Spritzzone des Supialitorals), geringe Lichtstärken (Rotalgen im Sublitoral) und starke mechanische Beanspruchung (Braunalgen mit Haftscheiben in der Brandungszone, Abb. 16, 17, 232).

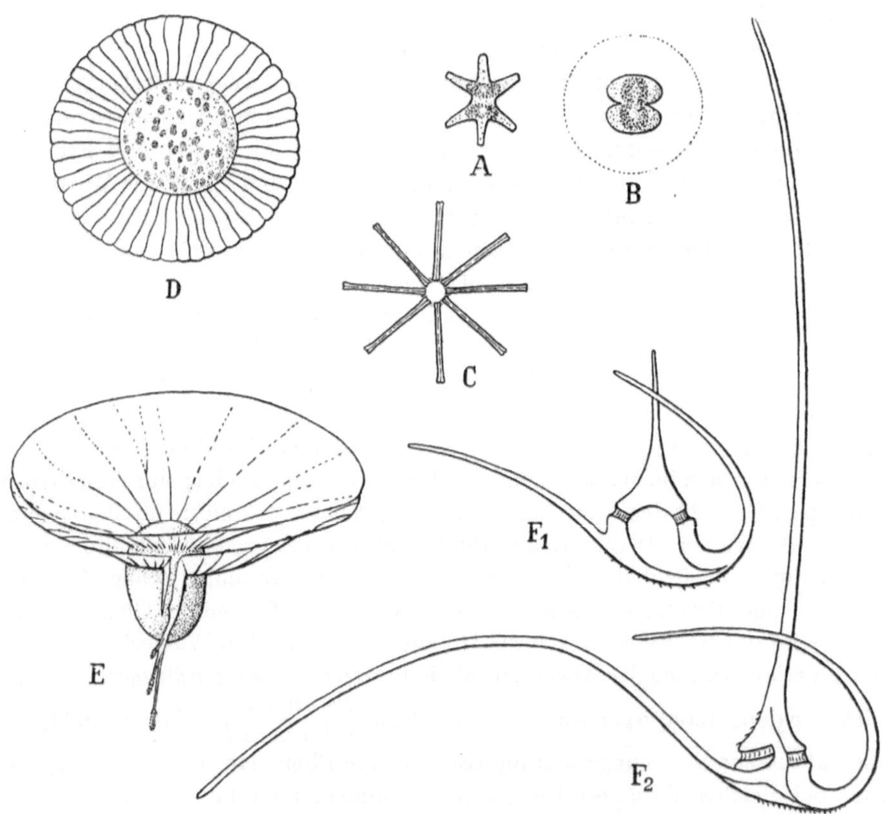

Abb. 230. Planktonalgen. *A Staurastrum paradoxum. B Staurastrum brevispinum. C Asterionella gracillima. D Planctoniella sol. E Ornithocerus splendidus. F Ceratium reticulatum;* $F_1$ aus dem kalten Atlantikstrom, $F_2$ aus dem warmen Indischen Ozean. Etwa 150/1. (Nach Ruttner, Schütt.)

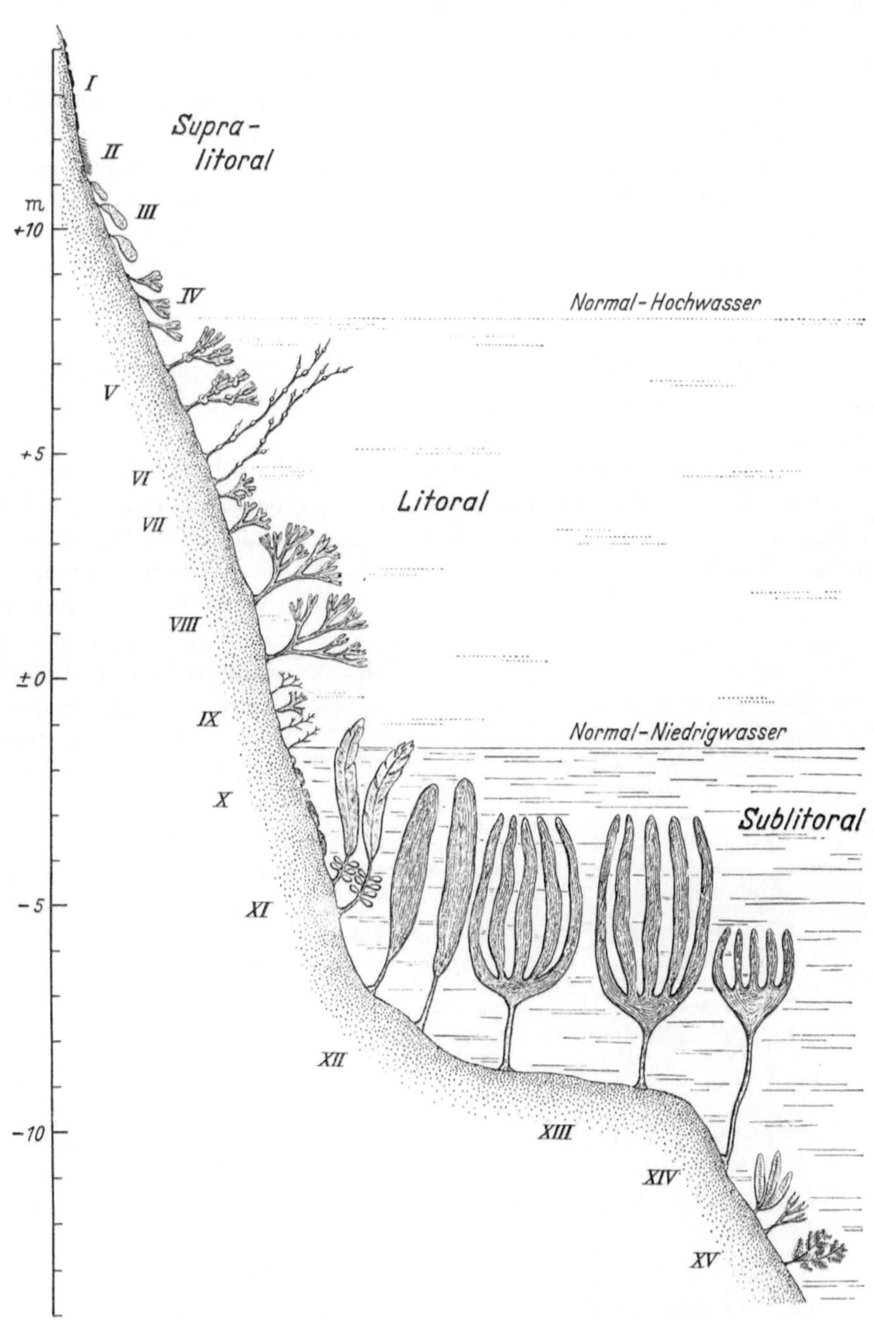


Abb. 231. Zonierung der Algenvegetation an der Felsküste der Normandie. I Krustenflechten *(Verrucaria maura)*. II Grüne und rote Fadenalgen *(Urospora, Bangia)*. III Grüne und rote Flächenalgen *(Entomorpha, Porphyra)*. IV–VI Brauntange *(Fucus platycarpus, Fucus vesiculosus, Ascophyllum)*. VII Rotalgen *(Rhodymenia)*. VIII Sägetang *(Fucus serratus)*. IX Rotalgen *(Chondrus, Gigartina, Laurencia)*. X Kalkkrusten von Rotalgen *(Corallina)*. XI–XIV Brauntange *(Alaria, Laminaria saccharina, L. digitata, L. hyperborea)*. XV Rotalgen *(Delesseria, Furcellaria, Antithamnion.)* (Nach Nienburg, verändert.)

## b) Epiphyten und Lianen.

**Epiphyten.** Die Standortwahl auf anderen Pflanzen versetzt den Epiphyten zwar unter bessere *Lichtverhältnisse,* hemmt oder unterbindet aber die *Wasser-* und *Nährstoffaufnahme* aus dem Erdboden. Thallophyten, deren Wasserversorgung direkt aus den Niederschlägen erfolgt (S. 115) und deren geringer Nährsalzbedarf an verwesenden Rindenteilen und angewehtem Staub und Humus sein Genügen findet, fällt eine solche Umsiedlung verhältnismäßig leicht; auch in unseren deutschen Wäldern gibt es eine reiche Epiphytenvegetation aus Luftalgen, Flechten und Moosen. Für Kormophyten dagegen bedeutet die Aufgabe der normalen Wasser- und Nährsalzversorgung einen grundsätzlichen Eingriff, welcher im allgemeinen nur in Klimaten mit dauernd hoher Luftfeuchtigkeit und deshalb geringer Beanspruchung des Wasserhaushaltes zu meistern ist. Dies sind in erster Linie die tropischen und subtropischen Regen- und Nebelwälder, in welchen Baumstämme und Äste dicht mit epiphytischen Moosen, Farnen, Orchideen usw. bewachsen sind (Abb. 233).

Die Anpassungen der *Kormophyten* an die epiphytische Lebensweise sind sehr mannigfacher Natur und führen von extrem hygrophytischen Formen, wie den zarten Hautfarnen (S. 205), bis zu xerophytischen Merkmalen, etwa den wasserspeichernden Knollen von Orchideen oder der Sukkulenz von Kakteen *(Rhipsalis).*

Viele Arten begnügen sich mit dem Humus in Moospolstern und Borkenspalten als Bodenersatz. Andere benützen Blattrosetten (Nestfarn, *Asplenium nidus,* Abb. 234 *b*) oder durch abgewandelte Blätter gebildete Nischen (Geweihfarn, *Platycerium, a*) gleichsam als Blumentöpfe für herabfallende Zweigstückchen und abgeschwemmten Humus. Bei den südamerikanischen Bromeliaceen (Abb. 113) erfolgt die Wasser- und Salzaufnahme durch die Blätter; die Wurzeln haben nur noch Haftfunktion oder sind ganz rückgebildet. Die entgegengesetzte Entwicklungsrichtung haben epiphytische Orchideen eingeschlagen,

Abb. 232. Blasentang *(Fucus vesiculosus)* in der Brandungszone auf Helgoland.

welche der Wasseraufnahme und Assimilation dienende Luftwurzeln besitzen, die im Extrem vollständig die nicht mehr zur Ausbildung kommenden Blätter vertreten können (Abb. 131).

**Lianen.** Als eine Vorstufe der Epiphyten können die *Kletterpflanzen (Lianen)* betrachtet werden.

Man kann vier Arten des Kletterns unterscheiden: *Wurzelkletterer*, wie der Efeu, kriechen an den Baumstämmen hoch, in dem sie sich mit negativ phototropischen, kurzen Adventivwurzeln festhaften. *Spreizklimmer* schieben sich frei durch das Geäst hindurch und verspreizen sich gegen das Zurückrutschen mit rückwärts gerichteten Seitensprossen oder Blattstielen, oft unterstützt durch Dornen, Stacheln oder Haare (Abb. 76 *E*); Labkrautkletten und Brombeeren sind einheimisch, in den Tropen

Abb. 233. Epiphytische Moose und Farne an einem Baumstamm des westjavanischen montanen Regenwaldes.

steigen Kletterpalmen und Kletterbambusse bis in die Baumwipfel hinauf. Die eigentlichen Kletterspezialisten sind die haptotropisch empfindlichen *Rankenkletterer* (Abb. 173) und die zyklonastisch nutierenden *Windepflanzen* (Abb. 177).

Das Spreizen und Klettern, das allseitige Bewegungsmöglichkeit erfordert und mit Zurückrutschen beim Abbrechen tragender Zweige und Äste des Stützbaumes rechnen muß, erfordert im Gegensatz zur normalen Pflanze *Biegsamkeit und Zugfestigkeit der Sprosse und Stämme.* Sie wird durch *Zerklüftung* oder *kabelartige Aufteilung des Holzkörpers* erreicht (Abb. 96). Die Länge der Wassernachschubbahnen, die in den hin und her gewundenen Stämmen großer Lianen über 100 m betragen kann, bedingt eine *Erschwerung des Wasserhaushaltes.* Die Lianen begegnen ihr durch Ausbildung außergewöhnlich weiter Gefäße, deren *spezifische Leitfähigkeit* so groß ist, daß man aus ausgeschnittenen Stammstücken das Gefäßwasser ausfließen lassen kann (Abb. 141 *C*). Auch die Lianen erreichen das Maximum der Größe und Formenfülle im tropischen Regenwald (Abb. 235), für welchen sie ebenso charakteristisch sind wie die Epiphyten. Zu diesen bestehen namentlich in der Gruppe der Wurzelkletterer viele Übergänge, indem der Sproß nach Ausbildung von Luftwurzelsystemen die Verbindung mit der Erde aufgibt und damit die

Pflanze zum Epiphyten wird. Umgekehrt können anfängliche Epiphyten mit Luftwurzeln bis zur Erde hinabstoßen und auf diese Weise sogar baumartige Systeme aufbauen, wie die baumwürgenden *Ficus*-Arten (Abb. 130).

## 2. Der Salzfaktor.

Der Salzgehalt des Bodens bzw. Gewässers kann im Minimum an Nährsalzen oder im Maximum eines osmotisch und chemisch wirkenden Salzüberschusses begrenzender Faktor sein. Minimumstandorte und auf ihnen noch existenzfähige Pflanzen nennt man *oligotroph*, im Optimum liegende *eutroph;* Pflanzen salzreicher Standorte mit über etwa 0,5% Salzgehalt des Wassers bzw. der Bodenlösung werden als *Salzpflanzen (Halophyten)* bezeichnet.

Der Salzgehalt eines Bodens entspringt der *Verwitterung* des Muttergesteins, kann aber tiefgreifende Änderungen durch *klimatische Einflüsse* erfahren. In sehr feuchten (humiden) Klimaten werden die Salze stark ausgewaschen, und die Bodenbildung geht in oligotropher Richtung. Mäßige Niederschläge beseitigen im wesentlichen nur die vom Boden wenig festgehaltenen, leicht im schädlichen Überfluß vorliegenden Natriumsalze und begünstigen damit eutrophe Böden. Sehr

Abb. 234. Humussammelnde Epiphyten. *a* Geweihfarn *(Platycerium grande)*. *b* Nestfarn *(Asplenium nidus)*. (R.)

trockene (aride) Klimate lassen alle Salze im Boden liegen und führen bei salzreichen Muttergesteinen oder noch mehr bei Zufluß und Verdunstung von salzhaltigem Grundwasser sehr leicht zur Bodenversalzung.

Mit dem Salzgehalt hängen zusammen *Bodenreaktion* und *Bodenstruktur*. Oligotrophe Böden reagieren sauer, eutrophe neutral bis schwach alkalisch, Salzböden alkalisch. Für die Bodenstruktur ist der Besitz kolloidaler *Aluminium-Silikat-Komplexe (Ton)* von entscheidender Bedeutung. Diese bieten, mit Kalziumionen abgesättigt (Ca-Zeolithe), als neutrale Ampholyte den Nährstoffkationen und -anionen Adsorptionsstellen, von denen aus ein Austausch zu den Plasmakolloiden der Wurzelzellen

Abb. 235. Lianen im montanen Regenwald Westjavas.

leicht möglich ist, und geben dem Boden eine der Wasser- und Luftführung günstige Krümelstruktur. In sauer-oligotrophen Böden sind die Tonkomplexe zerstört, in alkalisch-versalzten in Na-Zeolithe umgewandelt, denen alle günstigen Eigenschaften abgehen.

## a) Oligotrophe.

**Podsolböden.** Der Auswaschung sind *Sandböden* in besonderem Maße ausgesetzt, weil sie an sich wenig Salze und kolloidale Komplexe enthalten. In feucht-kühlen Klimaten kommt die unvollständige Verwesung toter Pflanzensubstanz hinzu, die zur Bildung einer dicken Auflageschicht aus stark saurem *Rohhumus* führt. Die aus ihr absickernden *Humussäuren* zersetzen die oberen Bodenschichten vollständig bis auf die weißen Quarzkörner *(Bleichsand)* und kommen dann mit den herausgelösten Sesquioxyden des Eisens und Aluminiums in geringer Tiefe als schwarzbrauner *Ortstein* zur Ausfällung. Da dieser für Wurzeln undurchdringlich ist, bleibt der Bodenraum der Pflanzen auf den ausgelaugten Bleichsand beschränkt. Dieser äußerst unfruchtbare Bodentyp wird als *Podsol* bezeichnet; er findet sich in Deutschland vornehmlich in der niedersächsischen Heide.

**Kieselpflanzen.** Nur eine sehr beschränkte Zahl von Pflanzenarten sind in der Lage, aus diesen nährstoffarmen und sauren Böden ihren Nährstoffbedarf zu decken (Abb. 236). Unter ihnen sind besonders auffallend und oft auf weite Strecken das Vegetationsbild vollständig beherrschend (Heide) die Ericaceen, wie Heidekraut *(Calluna vulgaris)*, Glockenheide *(Erica tetralix)*, Preiselbeere *(Vaccinium vitis-idaea)*, Heidelbeere *(Vaccinium myrtillus)* usw. Die meisten von ihnen sind immergrün, wodurch sie die gesamte Vegetationszeit auszunützen in der Lage sind, und in Symbiose mit endotrophen Wurzelpilzen (S. 228), deren Fermentsysteme Vorteile in der Aufschließung des Rohhumus geben. Am anspruchslosesten sind die auf Pilz-Algen-Symbiosen beruhenden Flechten (S. 229), welche auf den schlechtesten Böden noch allein die Vegetation bilden und vor allem als Rentierflechten *(Cladonia rangiferina* u. a.) weite Flächen bedecken (Abb. 23 *C*, 236).

Die Oligotrophen sind in ihrer physiologischen Konstitution der beschränkten Nährstoffversorgung gemäß auf *langsames Wachstum* eingestellt. Auf nährstoffreichen Böden werden sie von den dort beheimateten schnellwüchsigen Eutrophen überwachsen und unterdrückt. Viele Oligotrophe sind stenök auf niedere $p_H$-Werte eingestellt und deshalb auf saure Substrate beschränkt *(Kieselpflanzen)*. Solche Arten sind, wie Heidekraut *(Calluna vulgaris)*, Besenginster *(Sarothamnus scoparius)*, Torfmoos *(Sphagnum)* und Weißmoos *(Leucobyrum album)*, äußerst scharfe Zeiger eines schlechten Bodenzustandes.

**Hochmoore.** Extrem oligotrophe (dystrophe) Substrate sind die *Hochmoore*. Ausgangspunkt ihrer Bildung sind die *Torfmoose (Sphagnum*-Arten). Die sehr kleinen Blättchen derselben sind aus schmalen, langgestreckten Assimilationszellen und größeren inhaltsleeren, durch spiralige Wandverdickungen ausgesteiften Wasserzellen zusammengesetzt (Abb. 237). Die letzteren saugen durch Löcher Niederschlagswasser kapillar ein und halten es fest, so daß sich die Moose, auch zwischen den enggestellten Blättchen und Ästen, wie ein Schwamm mit Wasser sättigen. In niederschlagsreichen Klimaten mit geringer Verdunstung, wie im

Abb. 236. Podsolvegetation in Lappland. Birkengebüsch, die dunkeln Vegetationsflecke hauptsächlich aus Ericaceen *(Phyllodoce coerulea)*, die hellen aus Renntierflechten *(Cladonia alpestris)* bestehend.

hohen Norden, an der Atlantikküste (Nordwestdeutschland) und in Gebirgen, vermögen die Sphagnen als extreme Oligotrophe ganz unabhängig vom Boden allein aus dem atmosphärischen Niederschlagswasser und dem von diesem mitgebrachten oder vom Winde aufgewehten nährsalzhaltigen Staub zu leben. Beim Wachstum des Moores in die Höhe ersticken die unteren Moosschichten infolge des Sauerstoffabschlusses durch die wassergetränkten oberen und werden durch unvollständige oxydative Verwesung zu *Torf.* Das Hochmoor erhebt sich so uhrglasförmig über den Untergrund (Abb. 238). Auf seinem äußerst nährstoffarmen und sauren Substrat vermögen nur wenige Blütenpflanzen zu gedeihen, so vor allem Riedgräser und Ericaceen; als insektenfressende Pflanze, welche zusätzliche Salze und Stickstoffverbindungen aus ihrer Beute entnimmt, ist der Sonnentau *(Drosera)* kennzeichnend (Abb. 114). Die Riedgräser erheben sich in etwas trockeneren Bulten, während in den Schlenken zwischen ihnen sich Wasser sammelt, in und an welchem die Torfmoose üppig gedeihen und die Bulten schließlich überwachsen, so daß im Moorprofil Bulten und Schlenken dauernd miteinander wechseln (Abb. 239). An den trockeneren Randgehängen und in den nährstoffreicheren Randsümpfen kommen auch anspruchsvollere Pflanzen und Bäume wie Birken und Kiefern fort, welche bei Absterben der Torfmoose infolge trockener werdenden Klimas oder Entwässerung die zunächst verheidende Moorfläche allmählich erobern.

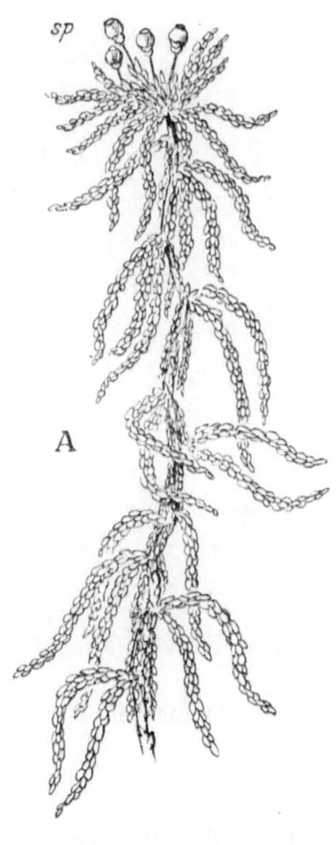

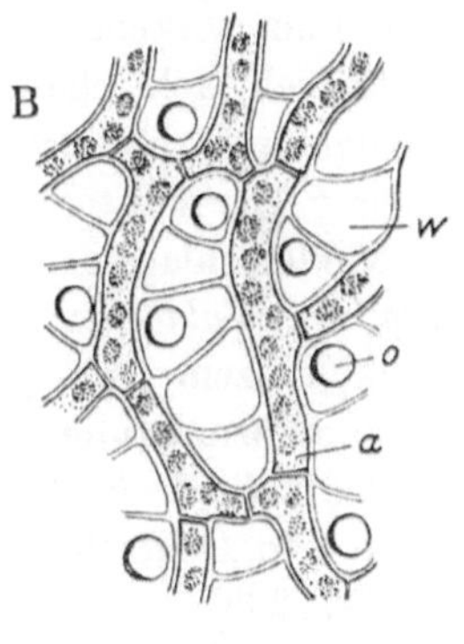

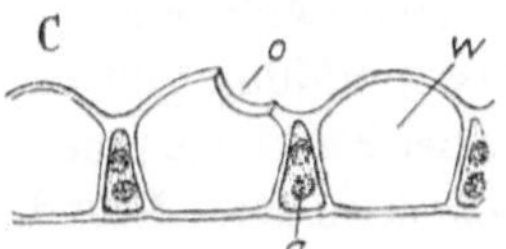

Abb. 237. Torfmoos *(Sphagnum palustre)*. *A* Gesamtpflanze. *sp* Sporangien, 1/1. *B* Flächenansicht. *C* Querschnitt eines Blättchens. 300/1. *w* Wasserzelle mit spiraligen Wandverdickungen und Öffnungen *o*. *a* Assimilationszelle mit Chlorophyllkörnern. (Nach Schenck, Warnstorf, verändert.) (*A* R.)

Abb. 238. Schematischer, stark überhöhter Querschnitt durch ein Hochmoor, welches teilweise über dem Flachmoor eines verlandeten Sees gewachsen ist. *u* mineralischer Untergrund, rechts ursprünglich mit Wald bestanden. *m* aus dem See abgesetzter Schlamm (Mudde). *f* Schilf- und Seggentorf des Flachmoores. *äh* und *jh* älterer und jüngerer Hochmoortorf, *r* Randsumpf mit Schilf und Seggen. (Nach Firbas, verändert.)

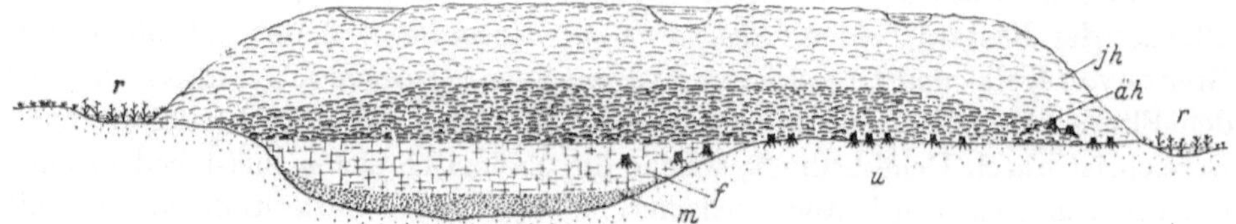

Abb. 239. Bulten von Wollgras *(Eriophorum vaginatum)* in einem Hochmoor der Rhön.

## b) Eutrophe.

**Bodenstruktur.** Die eutrophen Böden sind durch gekrümelte Bodenteilchen aus *Kalzium-Aluminium-Silikaten* und einen *neutralen* ebenfalls als ampholytische Nährkammer wirkenden Humus ausgezeichnet. Sie sind kalkhaltig und von neutraler bis schwach alkalischer Reaktion. Der ideale Typ ist die *Schwarzerde* der Steppengebiete, die auch im mitteldeutschen und oberrheinischen Trockengebiet vorkommt. Die meisten deutschen eutrophen Böden zeigen aber infolge der erheblichen Niederschlagsmenge den Beginn einer Auswaschung. Sie gehören zur Gruppe der *braunen Waldböden* und weisen alle Übergänge zu den Podsolböden auf.

**Kalkpflanzen.** Den optimalen Lebensbedingungen eutropher Böden entspricht eine große Formenfülle von Pflanzen. Unter ihnen gibt es stenöke, auf neutrale bis schwach alkalische Kalkböden angewiesene Arten *(Kalkpflanzen)*, zu welchen eine Reihe von in Deutschland selteneren Steppen- und Mediterranpflanzen gehören (Abb. 297, 298).

**Vikariierende Arten.** In den durch geographische Isolation (S. 166) der Art- und Rassenbildung günstigen Alpen hat der Gegensatz saurer Urgesteins- und alkalischer Kalkböden mehrfach zur Entwicklung von einander systematisch sehr nahe stehenden Kiesel- und Kalkpflanzenarten bzw. Unterarten geführt *(vikariierende Arten)*, wie der gelben und weißen Alpenanemone (S. 4). Von den beiden Alpenrosenarten ist *Rhododendron hirsutum* Kalk-, *Rhododendron ferrugineum* Kieselpflanze; der Bastard beider *(Rhododendron intermedium)* findet sich oft an der Grenze von Kalk- und Urgestein und ist in seinen $p_\mathrm{H}$-Ansprüchen intermediär zu den Eltern (Abb. 240). Die physiologische Einstellung auf einen bestimmten $p_\mathrm{H}$-Bereich ist durch Gene bedingt, welche die ökologisch sicher meist bedeutungslosen morphologischen Unterschiedsmerkmale polyphän mitbestimmen oder mit deren Genen gekoppelt sind.

**Flachmoore.** Im Gegensatz zu den oligotrophen Hochmooren sind die *Flach-* oder *Niederungsmoore eutroph.* Sie entwickeln sich in von Bach- oder Grundwasser gespeisten Bodensenken und aus verlandenden Seen. Die

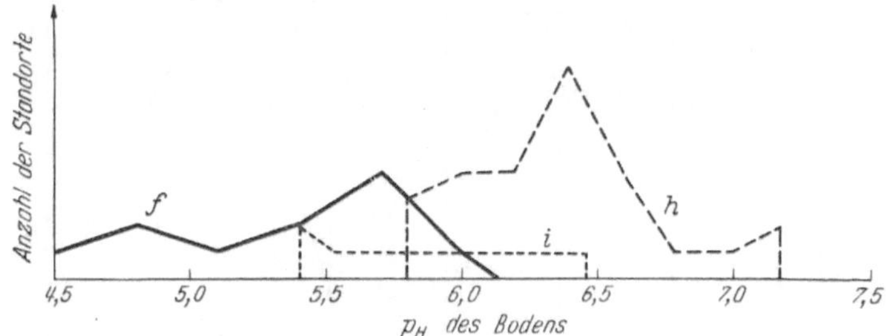



Abb. 240. Abhängigkeit vikariierender Alpenrosenarten vom Säuregrad des Bodens. *f Rhododendron ferrugineum. h Rhododendron hirsutum. i Rhododendron intermedium.* (Nach Zollitsch.)

Verwesung abgestorbener Pflanzenteile verläuft infolge der durch das Wasser gehemmten Sauerstoffzufuhr auch hier nicht vollständig, aber der entstehende Torf ist viel aufgeschlossener, lockerer und nährstoffreicher als der Hochmoortorf und reagiert nur schwach sauer oder neutral. Flachmoore tragen deshalb eine reiche eutrophe Pflanzenwelt, oft beherrscht von riesigen Schilfbeständen.

### c) Salzpflanzen (Halophyten).

**Salzstandorte.** Der ausgedehnteste Salzstandort ist das *Meer*, dessen Salzgehalt in den freien Ozeanen mit geringen Schwankungen 3,5% beträgt. Durch Zustrom von Flußwasser entsteht, zumal in weitgehend abgetrennten Meeresteilen, z. B. der Ostsee, ausgesüßtes *Brackwasser*, während umgekehrt durch starke Verdunstung Erhöhungen der Salzkonzentrationen eintreten, die im Mittelmeer bis etwa 4%, in abflußlosen *Salzseen* der Wüstengebiete bis zur Salzsättigung (etwa 38%) gehen können. Ähnliche Abstufungen ergeben sich für die *Salzböden* an Meeres-

Abb. 241. Vegetationszonierung an einer Salzstelle in Nebraska. Der Salzgehalt nimmt in den Vegetationsflecken jeweils von außen nach innen ab. Es folgen aufeinander: 1. Vegetationsloser Salzton mit Trockenrissen. 2. Niederliegende *Suaeda depressa*, meist vertrocknet. 3. Hohe *Atriplex hastata*, Wuchshöhe mit abnehmendem Salzgehalt ansteigend, dann wegen Konkurrenz wieder abnehmend. 4. Im Zentrum eine Poa-Art.

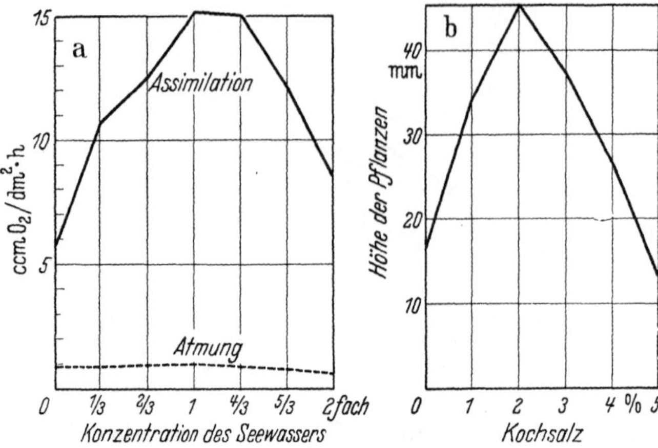


Abb. 242. Salzwirkungen. *a* Abhängigkeit der Assimilation und Atmung einer Meeresalge *(Ulva lactuca)* von der Salzkonzentration verdünnten und konzentrierten Meerwassers. (Nach Fromageot.) *b* Wachstum des Quellers *(Salicornia Oliveri)* in Nährlösung mit verschiedenem Zusatz von NaCl. (Nach Halket.)

küsten, Salzquellen und in abflußlosen Wüsten, wenn man die Salzkonzentrationen der Bodenlösung zugrunde legt. Dabei kommt der Übergang vom Salz- zum süßen Boden oft in einer deutlichen Zonierung der Pflanzenwelt zum Ausdruck (Abb. 241).

**Salzwirkung.** Die *Salzpflanzen (Halophyten)* begegnen dem erhöhten osmotischen Druck des Außenmediums, welcher bei Meerwasser etwa 25 Atmosphären beträgt, durch *Steigerung des osmotischen Wertes*, indem sie Salz in den Zellsaft aufnehmen. Das bedingt eine Entquellung des Plasmas und damit eine *Erniedrigung des chemischen Potentials des Wassers*, die sich auf den gesamten Reaktionsmechanismus der Zelle auswirkt. Dieser wird außerdem durch *spezifische Wirkungen* der Salzionen beeinflußt. Die physiologische Einstellung auf diese Bedingungen macht das Wesen der Salzpflanzen aus. Die Abb. 242 *a* zeigt beispielsweise für eine Meeresalge eine starke Beeinträchtigung der Photosynthese bei nur geringer Änderung der Atmung, wenn der normale Salzgehalt des Meerwassers durch Verdünnung oder Konzentrierung geändert wird. Für die im Wachstum sichtbar werdende Gesamtwirkung des Salzfaktors ergeben sich bei den einzelnen Arten verschieden gelagerte Optimumkurven (Abb. 242 *b*). Die für die ökologische Begrenzung einer Art verantwortliche Funktionsstörung ist aber nicht immer einfach zu übersehen. So ist der Sägetang *(Fucus serratus)* in der Ostsee dadurch begrenzt, daß bei Aussüßung auf 1% Salzgehalt wohl noch die Eikeimung und vegetatives Wachstum, aber nicht mehr die Eibefruchtung durch die Spermatozoiden möglich ist.

Die im Meer dauernd untergetaucht wachsenden und deshalb einer stets gleichbleibenden Salzkonzentration ausgesetzten Algen pflegen sehr eng stenohalin zu sein. So sterben die Zellen von in der Tiefe wachsenden Rotalgen in Salzkonzentrationen unter 2 und über 6% ab. Algen der Gezeitenzone dagegen, welche zwischen Ebbe und Flut trockenfallen und dabei sowohl Aussüßung durch Regenwasser als Eindickung des anhaftenden Seewassers durch Verdunstung aushalten müssen, sind euryhalin und ertragen Bereiche zwischen etwa 0,3 und 10% (Abb. 231). Ähnliches gilt für die Samenpflanzen der Meeresküsten (Abb. 243) und Salzstellen (Abb. 244).

Bei den Salzpflanzen des *Landes* tritt zu der Salzresistenz des Plasmas als weiteres Problem die *Aufrechterhaltung des Wasserhaushaltes*, da der Salzgehalt der Bodenlösung eine *Erhöhung der Bodensaugkraft* (S. 115) bedeutet. Diese ist an den meisten Salzstandorten sehr großen Schwankungen ausgesetzt, indem Regenfälle eine Aussüßung, Trockenperioden eine Austrocknung und damit starke Konzentrationserhöhungen mit sich bringen. Die letzteren führen oft zu Salzausblühungen

Abb. 243. Schlickwatt der Nordseeküste bei Niedrigwasser. Bestand des Quellers (*Salicornia europaea*, vgl. Abb. 245); im Hintergrund das auflaufende Meer, das bei Flut den Bestand überdeckt.

an der Oberfläche, in den Salzsümpfen der Wüstengebiete bis zur Bildung dicker Salzkrusten (Abb. 244), in Trockenwüsten bis zur Auskristallisierung im Boden (Abb. 249). Die osmotische Bodensaugkraft erreicht dann den Wert einer konzentrierten Kochsalzlösung von etwa 400 Atmosphären, welcher von Pflanzenwurzeln nicht mehr überwunden werden kann; solche Stellen sind völlig vegetationslos.

Abb. 244. Salzsumpf im Wadi Natrun (Libysche Wüste). Gräser *(Eragrostis bipinnata)* und Binsen *(Juncus acutus)*. Links ein zu Beginn des Sommers eindampfender Salzsee.

Die Salzgehalte wechseln oft stark in horizontaler (Abb. 241) und vertikaler Richtung. In den Salzsümpfen der Abb. 244 steigt an vielen Stellen wenig salzreiches Grundwasser auf, so daß unterhalb der oberflächlichen Salzkruste der Boden nur mäßig versalzt ist. Die ökologische Begrenzung ist dann nicht ein Problem der erwachsenen Pflanze, sondern der Keimung, bei welcher die Keimwurzel die salzreiche Oberflächenschicht durchstoßen muß. Vermutlich gelingt ihr dies bei außergewöhnlichen Regenfällen oder in Tierspuren.

**Salzhaushalt.** Die Überwindung der Bodensaugkräfte erfolgt durch Aufnahme einer entsprechenden Menge Salz, meist Kochsalz, in den Zellsaft. Dabei erhöht sich in der Regel der relative Wassergehalt der Pflanzen, die modifikativ mehr oder weniger sukkulent werden. Viele Salzpflanzen, vor allem solche des Meeresstrandes, gehören jedoch schon genotypisch zu den *Sukkulenten*, wie etwa besonders ausgeprägt der stammsukkulente Queller (*Salicornia europaea*, Abb. 245) der Nordsee-Schlickwatten (Abb. 243). Die ökologische Bedeutung dieser Sukkulenz ist jedoch nicht wie bei Wüstenkakteen in Richtung eines Wasserspeichers für längere Trockenzeiten zu suchen, da keine anatomischen Einrichtungen zur Herabsetzung der Transpiration vorhanden sind (Abb. 246) und das Experiment eine starke Wasserdurchströmung ergibt, welche aus dem dauernd wasserdurchtränkten

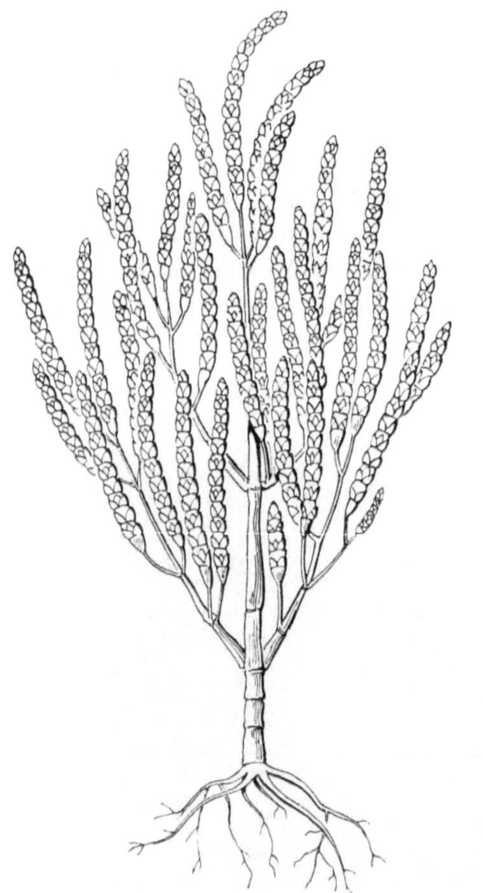

Abb. 245. Queller *(Salicornia europaea).* (R.)

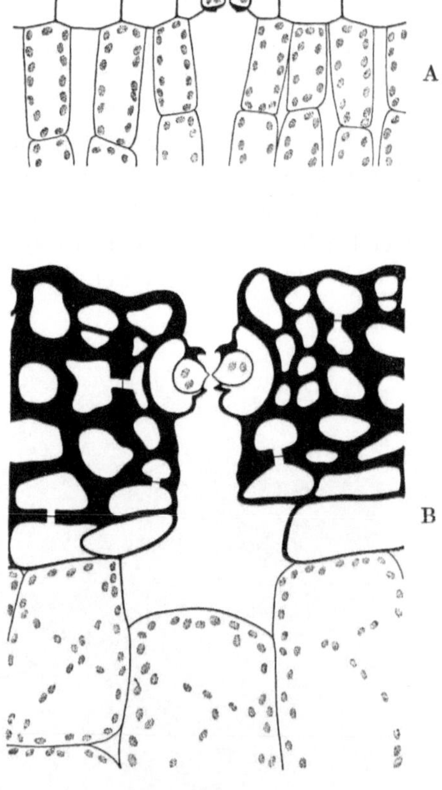

Abb. 246. Sproßepidermen von Sukkulenten. *A* Queller *(Salicornia europaea),* Salzpflanze der Nordseeküste. *B* Kaktee *(Cereus Bridgesii),* mexikanische Wüstenpflanze mit mehrschichtiger Epidermis und eingesenkten Spaltöffnungen. 200/1.

Boden auch bei dem beschränkten Wurzelwerk des Quellers einen leichten Nachschub hat. Ob der Sukkulenz eine ökologische Bedeutung zukommt oder ob sie
nur die zwangsläufige Folge einer genotypischen Konstitution ist, läßt sich noch
nicht übersehen.

Die Regulierung des Salzhaushaltes erfolgt bei den Salzpflanzen, denen nur
epidermale Salzausscheidung zur Verfügung steht, im wesentlichen durch Veränderung der Wurzelpermeabilität. Vollkommener ist ein *absalzender* Typ, welcher
besondere Drüsen zur aktiven Auspressung hochkonzentrierter Salzlösungen
besitzt. Zu ihm gehören u. a. die Tamarisken der Salzwüsten, welche in der
Tageshitze von den ausgeschiedenen Salzen grau bestäubt sind, nachts aber durch
hygroskopische Wasserdampfanziehung der Salze und Auspressung neuer Salz-
lauge wie betaut erscheinen.

## 3. Der Wasserfaktor.

### a) Feuchtpflanzen (Hygrophyten).

Unter *Hygrophyten* versteht man Pflanzen, die in einer dauernd *sehr feuchten
Atmosphäre* leben. Solche Standorte kommen in den bodennahen Schichten von
Wäldern regenreicher Klimate vor, wo die Abdunstung durch den Sonnen- und
Windschutz der Baumkronen verhindert wird. Dies ist vor allem in den tropischen
und subtropischen *Regen- und Nebelwäldern* (Abb. 267) der Fall, wo die Nieder-
schlagsmengen auf drei bis über zehn Meter steigen und die relative Feuchtigkeit in dem stets von Wasser triefenden Wald dauernd der Sättigung von 100%
nahe ist.

Unter diesen Bedingungen bleibt die Transpiration der Pflanzen fast unterbunden und steigt nur vorübergehend an, wenn ein das Blätterdach durchbrechen-
der Sonnenfleck die Blattemperatur und damit den Dampfdruck in den Interzellularen erhöht. Um die für die Nährsalzversorgung notwendige Wasserdurchströmung aufrechtzuerhalten, *fördern* die Blätter die *kutikulare Transpiration* durch
Reduktion der Kutikula, oft auch papillöse, oberflächenvergrößernde Ausbildung
der Epidermiszellen, und die *stomatäre Transpiration* durch Lagerung der Spaltöffnungen nach außen (Abb. 247). In extremen Fällen, wie bei manchen Hautfarnen,
kann die Ausbildung einer
Epidermis überhaupt unter-
bleiben; die Blattspreiten
bestehen dann zwischen den
Blattnerven nur aus einer
einzigen Mesophyllschicht.
Öfters finden sich epidermale Wassergewebe, welche
den starken Transpirations-
stoß in Sonnenflecken auffangen. Als Ersatz für die
mangelnde Transpiration
dient sehr allgemein eine
starke *Guttation* (S. 118).

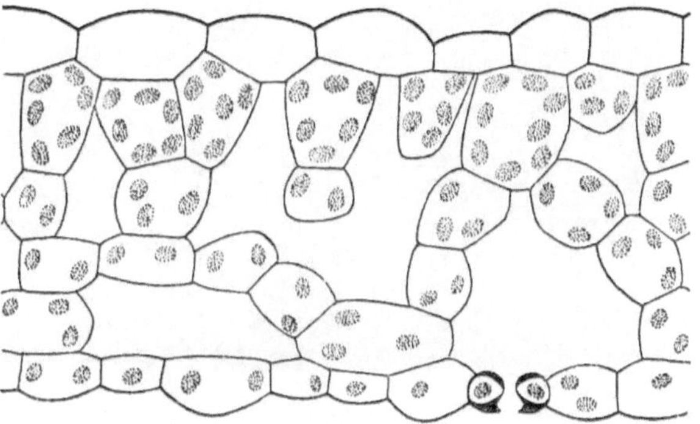

Abb. 247. Querschnitt durch das Blatt einer Schattenpflanze. (Rührmichnichtan, *Impatiens noli-tangere.*) 350/1.

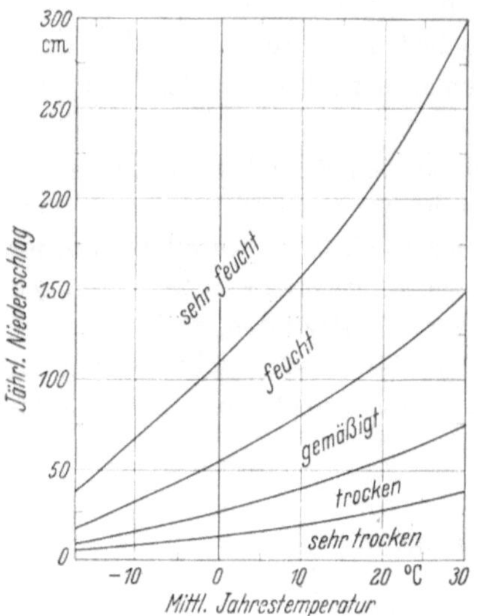



Abb. 248. Bodentrockenheit in Abhängigkeit von Niederschlag und Temperatur. (Nach MacDougal.)

## b) Trockenpflanzen (Xerophyten).

**Standorte.** Fast die Hälfte der festen Erdoberfläche ist Wüste, Trockenbusch oder Steppe (Abb. 302), und außerhalb dieser geschlossenen Trockengebiete gibt es zahlreiche einzelne Standorte, an denen infolge lokaler Klima- und Bodenbedingungen der Wasserfaktor ebenfalls mehr oder weniger im Minimum ist.

Die *Trockenheit des Bodens* ist in erster Linie durch ein Mißverhältnis zwischen einsickerndem *Niederschlag* und wieder abdunstendem Wasserdampf *(Evaporation)* bedingt. Da die Evaporation stark temperaturabhängig ist, ist die Tendenz zu Trockenböden in warmen Klimaten besonders groß (Abb. 248). Dabei muß die jahreszeitliche Verteilung der Niederschläge berücksichtigt werden, da lange, in der temperaturgünstigen Zeit liegende Trockenperioden für die Vegetation besonders nachteilig sind. So hat das in Abb. 249 abgebildete ägyptische Wüstengebiet bei durchschnittlich 37 mm Winterniederschlag eine niederschlagsfreie sommerliche Trockenzeit von Mai bis Oktober, die arizonische Kakteenwüste der Abb. 250 dagegen 302 mm Jahresniederschlag bei nur 3 Monaten (April bis Juni) Trockenzeit, in welcher aber insgesamt auch 18 mm Niederschlag fallen; als Vergleich weist

Abb. 249. Trockental (Wadi) der ägyptischen Wüste. Vorn links vegetationslose Fläche mit hohem Salzgehalt. In der Mitte ausgewaschener Boden der Flutrinne mit *Zilla spinosa* und *Zygophyllum coccineum.* Hinten völlig vegetationslose Tafelberge.

Abb. 250. Kakteenwüste in Südarizona. Die großen, blühenden Säulenkakteen sind *Carnegia gigantea*. Vorn *Opuntia discata* und *Opuntia fulgida*. Die Büsche werden von einer Leguminose *(Olneya tesota)* gebildet.

z. B. Heidelberg 710 mm Jahresniederschlag und als niederste Monatsmenge (Februar) 40 mm auf.

Die *Bodenart* spielt insofern eine bedeutende Rolle, als fein disperse, lehm- und tonartige Böden in ihren engen Kapillaren das Wasser viel stärker festhalten, d. h. bei gleichem Wassergehalt je Trockengewichts- oder Volumeneinheit viel höhere Bodensaugkräfte haben als grob disperse wie Sand (Abb. 251). Sie lassen außerdem bei stärkeren Niederschlägen mehr Wasser oberflächlich ablaufen als die letzteren, welche es leichter und tiefer eindringen lassen und damit besser gegen Wieder-

verdunstung schützen. Sandböden tragen deshalb in Wüsten eine reichere Vegetation als Tonböden, im Gegensatz zu unserem Feuchtklima, in welchem nicht der Wasser-, sondern der Nährsalzfaktor entscheidend ist. In den Steppenklimaten sind für feindisperse Lößböden Grasfluren (Prärien, Abb. 253), für grobe Steinböden Trockenbuschformationen (Abb. 252) kennzeichnend, indem im ersten Fall das dichte

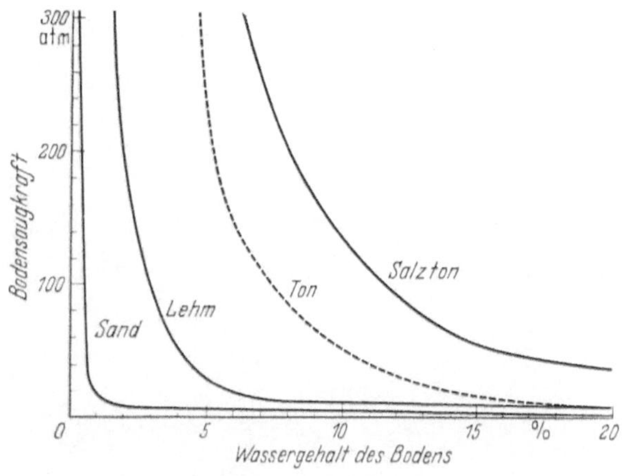


Abb. 251. Bodensaugkraft algerischer Wüstenböden bei verschiedenem Wassergehalt. (Nach Harder, verändert.)

Abb. 252. Trockenbusch in Südarizona. Vorn Büsche einer Akazie *(Prosopis velutina)*. Hinten an den Berg-
hängen immergrüne Eichenbüsche.

Wurzelwerk der Gräser eine intensive Aussaugung der in den oberen Bodenschichten haftengebliebenen Niederschlagsmenge vornimmt, im letzteren die
tiefreichenden Wurzeln von Sträuchern dem in den Untergrund eingesickerten
Wasser nachgehen.

Mit Trockenheit des Bodens geht meist ein hohes *Sättigungsdefizit der Luft*
(S. 119) Hand in Hand. Es wirkt durch Steigerung der Transpiration in derselben
Richtung wie jene, namentlich bei gleichzeitiger starker Einstrahlung und leb-
hafter Luftbewegung, die beide für Wüstenklimate charakteristisch sind.

**Passive Dürreresistenz.** Die mannigfachen Mittel, mit welchen die Trockenpflanzen ihren Existenzkampf führen, können als *passive* und *aktive Dürreresistenz*

Abb. 253. Prärie in Nebraska. In den Talsenken Baumwuchs.

unterschieden werden. Im ersten Fall verzichtet der Organismus darauf, während der Trockenzeit einen aufbauenden Stoffwechsel zu unterhalten, und zieht sich auf einen Ruhezustand zurück, im zweiten Fall nimmt er vegetativ tätig den Kampf mit der Trockenheit auf. Die nach beiden Seiten gehenden Anpassungen sind jedoch in der Natur nicht scharf geschieden und oft innerhalb ein und derselben Pflanze zu mehreren vereinigt.

Ganz auf *passive* Dürreresistenz beschränkt sind alle xerophytischen *Thallophyten*, wie namentlich Moose und Flechten, welche in einer, wenn auch sehr beschränkten Zahl von Arten bis in die Wüsten vordringen. Die Trockenanpassung besteht in der spezifischen Fähigkeit ihres Protoplasmas, eine scharfe Austrocknung sehr lange ertragen zu können, ohne daß die lebentragenden Strukturen zusammenbrechen. Man kennt z. B. an sonnigen Felsen wachsende Lebermoose, welche eine einmonatige Austrocknung im Exsikkator über konzentrierter Schwefelsäure ohne Schaden überdauern.

Bei den *Kormophyten* ist die Fähigkeit, den gesamten Vegetationskörper austrocknen zu lassen, nur in wenigen Fällen, am häufigsten noch bei Farnen, erhalten geblieben. Ihre passive Resistenz konzentriert sich auf einen möglichst weitgehenden Austrocknungsschutz der Knospen.

Manche *Steppengräser* leben im Beginn der Trockenzeit zunächst unbekümmert weiter und transpirieren ohne Einschränkung, bis sie den Wasservorrat des Bodens erschöpft haben. Daraufhin sterben die Blätter ab, umhüllen aber verdorrt den tief in ihren Scheiden sitzenden Vegetationskegel samt den jüngsten Blättchen so dicht, daß er gegen eine größere Wasserabgabe geschützt ist und nicht zu lange Trockenzeiten in frischem Zustand überdauern kann. Der Übergang in den aktiv-vegetativen Zustand erfolgt nach einem Regenfall durch einen sehr schnellen Austrieb unter gleichzeitiger Bildung neuer Saugwürzelchen innerhalb weniger Stunden.

Einen nachhaltigeren Knospenschutz und dazu die Speicherung reichlicher Reservestoff- und Wasservorräte für einen schnellen Blatt- und Blütenaustrieb nach der Trocken- bzw. Kälteperiode gewährt die Lebensform der *Geophyten* (Kryptophyten) mit unterirdischen Rhizomen, Knollen, Rüben oder Zwiebeln (Abb. 254). Zumal in vielen Steppen und Halb-

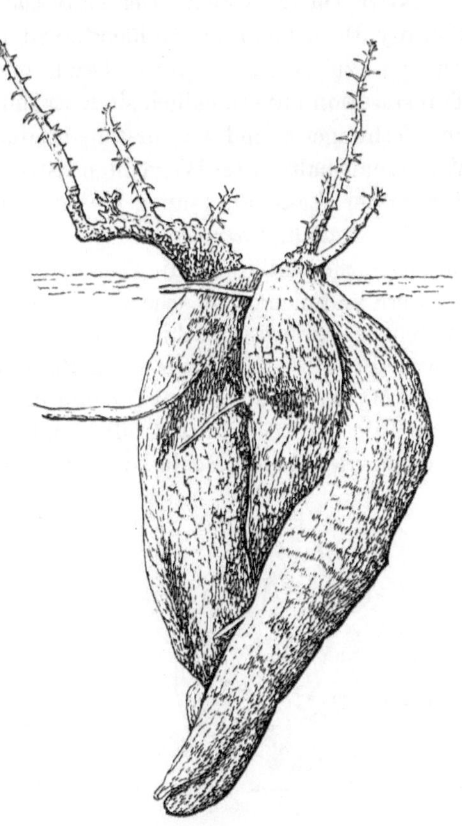

Abb. 254. Südafrikanische Wüstenpflanze mit riesigen wasserspeichernden Wurzelknollen (bis 9 kg schwer gegenüber einem Sproßgewicht von nur 28 g) *(Pachypodium bispinosum)*. 1/5. (Nach Marloth.)

wüsten bestimmt sie mit Tulpen, Hyazinthen und anderen Liliengewächsen wesentlich das Frühlingsbild der Vegetation.

Endlich steht im *Samen* ein oft außerordentlich trockenresistentes Entwicklungsstadium zur Verfügung. Einjährige Pflanzen *(Therophyten)* spielen denn auch gerade an extremen Trockenstandorten eine große Rolle (biologisches Spektrum der Libyschen Wüste S. 189). Selbst in Vollwüsten, die im allgemeinen bar jedes Pflanzenlebens sind, kann nach außergewöhnlichen, oft nur in jahrzehntelangen Zwischenräumen eintretenden Regenfällen eine reiche Therophytenvegetation auftreten. Die Samen solcher Wüstenpflanzen werden während der Trockenzeiten in den Fruchtkapseln zusammengehalten, da sich deren Quellungsmechanismen entgegengesetzt der Norm feuchter Klimate im trockenen Zustand schließen und in manchen Fällen auch noch von den sich krümmenden toten Sprossen umklammert werden (Abb. 255). Bei Durchnässung erfolgt die Öffnung, die Samen werden frei und keimen sofort unter außerordentlich raschem Wachstum der Keimwurzel. Ebenso schnell verläuft die weitere Entwicklung. Die meist kleinbleibenden Pflanzen schreiten innerhalb weniger Wochen zur Blüte, reifen und sterben dann bei der Wiederaustrocknung des Bodens ab. Solche Therophytenvegetationen treten auch bei uns auf trockenen Sandböden im Frühjahr auf (Hungerblümchen usw.).

**Aktive Dürreresistenz.** Der *aktiv-dürreresistente* Xerophyt muß, um das zur Photosynthese benötigte Kohlendioxyd aufnehmen zu können, seine Spaltöffnungen bis zu einem gewissen Grad offenhalten, wobei Wasserverluste durch Transpiration unvermeidlich sind. Er muß sich also zwischen den beiden Klippen des Verhungerns und Verdurstens hindurchwinden. Dazu stehen hinsichtlich des Wasserhaushaltes drei Wege offen: Strengste Regulation der Wasserabgabe, Förderung der Wasseraufnahme, Wasserspeicherung in der Regenzeit.

Die *Regulation der Wasserabgabe* ist besonders ausgeprägt bei den Hartlaubpflanzen. Sie bestimmen die Physiognomie der Vegetation in Gebieten mit milden Wintern und nicht allzu scharfen und langen Trockenzeiten im Sommer, so in den Mittelmeerländern (Macchie, Abb. 256), im Kapland, an der kalifornischen Küste usw. (Abb. 302). Das *immergrüne* Blatt der meist strauchartigen Pflanzen, unter denen Myrte, Oleander und Ölbaum bekannte mediterrane Vertreter sind, unterbindet durch die sehr dickwandige und stark kutinisierte Epidermis die kutikulare Transpiration. Durch Schluß der oft versenkt liegenden Spaltöffnungen (Abb. 257)

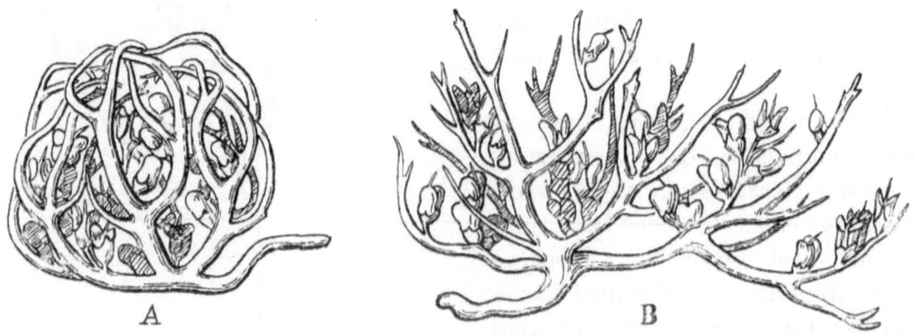

Abb. 255. „Rose von Jericho", das vertrocknete tote Sproßsystem eines einjährigen Kreuzblütlers *(Anastatica hierochuntica)* der ägyptisch-arabischen Wüste. *A* Trocken, Früchte geschlossen. *B* Naß, Früchte offen. (Nach Kerner von Marilaun.)

Abb. 256. Macchie bei Neapel. Myrtensträucher *(Myrtus communis)*, in der Mitte Besenginster *(Spartium junceum)*, links davon strauchförmige Wolfsmilch *(Euphorbia dendroides)*.

kann so bei Trockenheit die Gesamttranspiration weitgehend verhindert und bei Regenfall nach Öffnung derselben die Photosynthese sogleich wieder aufgenommen werden. Gräser trockener Standorte haben vielfach *Rollblätter*, welche sich bei absinkendem Wassergehalt so einfalten oder einrollen, daß die auf bestimmte Bezirke beschränkten Spaltöffnungen vollständig abgedeckt werden (Abb. 258).

In Gebieten stärkerer Trockenzeiten, aber zeitweise reichlicher Niederschläge spielt das in den *Sukkulenten* verkörperte Prinzip der *Wasserspeicherung* eine große Rolle, so namentlich in den Kakteenwüsten Mittelamerikas (Abb. 250) und den Sukkulentenwüsten Südafrikas. In diesen geologisch alten Wüsten war Zeit zur Entwicklung sehr weit spezialisierter Typen, wie sie den erst nach der Eiszeit entstandenen nordafrikanischen und zentralasiatischen Wüsten fehlen. Die Sukkulenten haben ein meist nur oberflächliches, aber seitlich weit ausgedehntes Wurzelwerk, mit welchem sie das nach starken Regenfällen mit geringen Wurzelsaugkräften leicht zugängliche Wasser aufnehmen, um es in

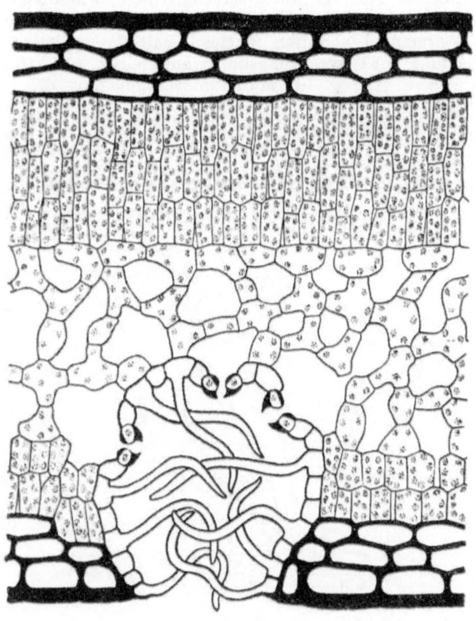

Abb. 257. Querschnitt durch das Hartblatt des Oleanders. 200/1.

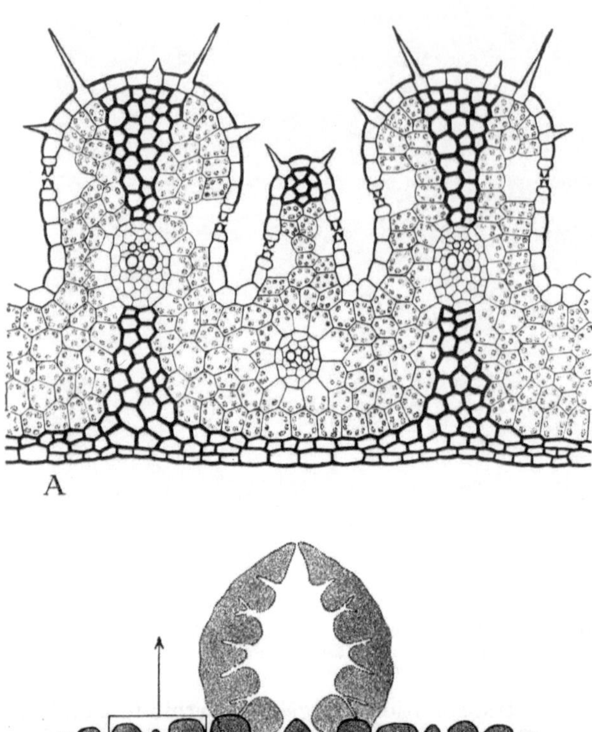

Abb. 258. Rollblatt eines Steppengrases *(Stipa capillata). A* Der in *B* umrandete Teil des Blattquerschnittes. Spaltöffnungen nur auf der Oberseite des Blattes. 280/1. *B* Querschnitt des entfalteten und bei Wassermangel gerollten Blattes. Spaltöffnungsbezirke durch Unterbrechung der Umgrenzungslinien angedeutet. 50/1. (Nach Kerner von Marilaun, verändert.)

großen Wassergeweben zu speichern. Mit ihm gehen sie in der Trockenzeit sehr sparsam um. Die stammsukkulenten Kakteen besitzen eine mehrschichtige dicke Epidermis mit eingesenkten Spaltöffnungen (Abb. 246 *B*) und können ohne Neuaufnahme von Wasser sechs und mehr Jahre lang durchhalten. In Südafrika suchen manche dünnwandige blattsukkulente Mesembryanthemen durch vollständige Versenkung in die Erde Verdunstungsschutz (Abb. 259). Dabei wirkt das zentrale, aus bis zu 1 mm großen Wasserzellen bestehende Gewebe wie ein Lichtschacht für das im Blatt peripher liegende unterirdische Assimilationsgewebe, das auf der Blattkuppe, ein Fenster lassend, fehlt. Eine weitere, ökologisch bedeutungsvolle Eigentümlichkeit des sukkulenten Types ist, daß der Atmungsstoffabbau im Dunkeln bei organischen Säuren (S. 125) stehenbleibt, wobei vielleicht sogar noch aus der Luft zusätzlich $CO_2$ gebunden wird, und erst im Licht bis zur $CO_2$-Abspaltung weitergeht. Auf diese Weise wird die Atmungskohlensäure unmittelbar wieder dem photosynthetischen Aufbau zugeführt, die Spalten können am Tag mehr geschlossen bleiben, und es kann so eine Wasserersparnis erzielt werden.

In den extremsten Wüsten, in denen stärkere Niederschläge ganz fehlen oder säkulare Ereignisse bleiben, besteht keine

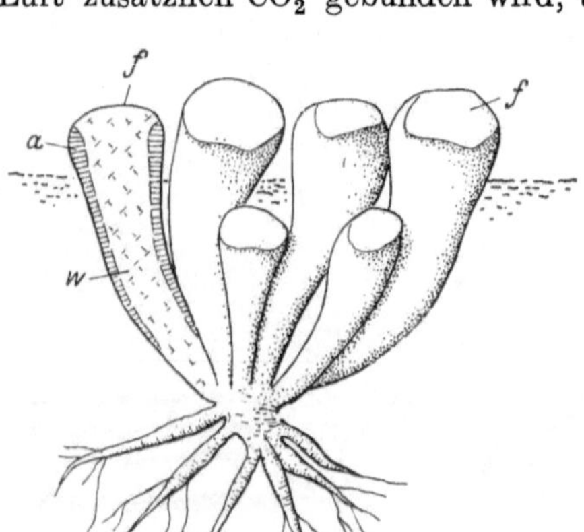

Abb. 259. *Mesembryanthemum rhopalophyllum,* eine südafrikanische, in die Erde versenkte Blattsukkulente. Links ein Blatt im Längsschnitt. *w* Wassergewebe. *a* Assimilationsgewebe (schraffiert). *f* Fenster aus chlorophyllfreiem Gewebe. (Nach v. Wettstein. verändert.)

Möglichkeit zur Sammlung größerer Wasservorräte. Insoweit *Grundwasser* in mäßiger Tiefe vorhanden ist, kann es von bis zu 30 m tiefgehenden *Tiefwurzlern* erreicht werden. Da diesen jederzeit Wasser reichlich zur Verfügung steht, können sie die Spalten weitgehend offenhalten und so eine Stoffproduktion erzielen, welche auch zum Aufbau von Sträuchern und kleinen Bäumen ausreicht. Bei der großen Lufttrockenheit und starken Einstrahlung des Wüstenklimas kann es dabei zu ungeheueren Wasserumsätzen kommen, die beispielsweise in der zentralasiatischen Kara-Kum-Sandwüste stündlich bis zum Achtfachen des Blattwassergehaltes gehen.

In Abb. 260 ist ein Beispiel aus der ungarischen Alkalisteppe dargestellt. Hier trennt in 30—90 cm *Bodentiefe* eine durch Salz verursachte Verhärtung die in Trockenzeiten völlig austrocknende Oberkrume von dem durch aufsteigendes Grundwasser dauernd feuchten Untergrund. Nur wenige Arten vermögen die Verhärtungsschicht zu durchdringen und mit einer langen Pfahlwurzel in die Nähe des Grundwassers vorzudringen, die meisten wurzeln ausschließlich in der Oberkrume. Bei guter Durchfeuchtung dieser oberen Bodenschichten erwies sich die Transpiration einer flachwurzelnden Wermutart *(Artemisia monogyna)* als beinahe doppelt so groß wie die des Tiefwurzlers *Statice Gmelini* (Abb. 261, 1). In der Trockenzeit kehrt sich dieses Verhältnis um. Der Flachwurzler öffnet zunächst noch am frühen Morgen die Spalten, muß aber schon um 8 Uhr die schnell ansteigende Transpiration durch Spaltenschluß drosseln, weil der Wassernachschub versagt (2). Bei extremer Trockenheit (3) bleiben die Spalten ganz geschlossen, und es findet nur noch kutikuläre Transpiration statt; eine Assimilation ist nicht mehr möglich. Demgegenüber zeigt der Tiefwurzler *Statice* eine nur unbedeutende Einschränkung der Transpiration, welche dadurch bedingt ist, daß er neben dem Tiefensystem noch ein oberflächliches Wurzelwerk be-

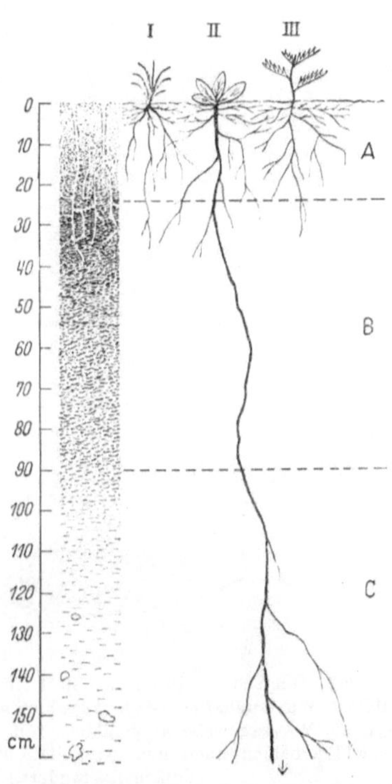

Abb. 260. Boden- und Wurzelprofil in der ungarischen Alkalisteppe. *A* Oberkrume, Auswaschungshorizont mit Trockenrissen. *B* stark versalzter und verhärteter Einwaschungshorizont. *C* Untergrund (Lehm). Grundwasserspiegel in 4,5 m Tiefe. I *Festuca pseudovina.* II *Statice Gmelini.* III *Artemisia monogyna.*

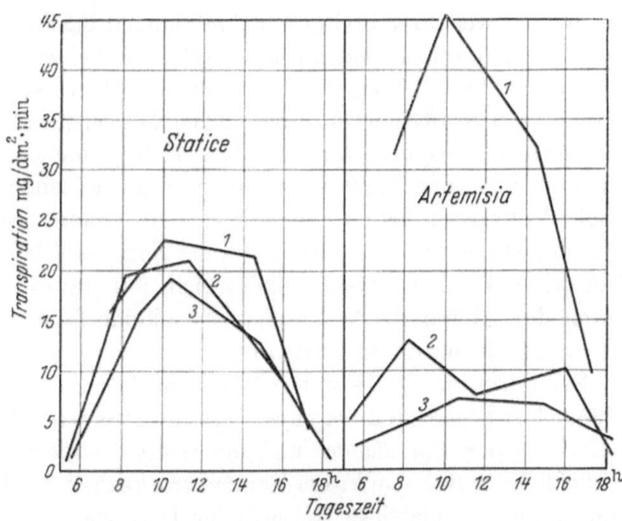

Abb. 261. Tagesverlauf der Transpiration von Statice Gmelini und Artemisia monogyna (Abb. 260) bei gleicher Evaporation. 1 bei gut durchfeuchtetem, 2 bei mäßig trockenem, 3 bei stark ausgetrocknetem Boden.

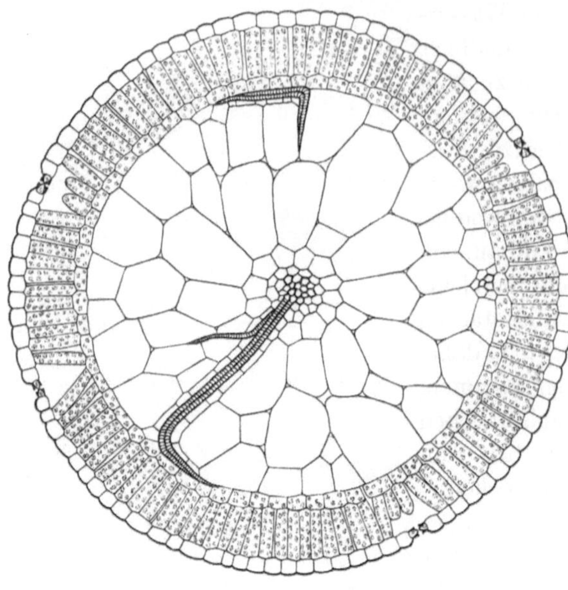

Abb. 262. Querschnitt durch das Blatt einer sukkulenten weichlaubigen Wüstenpflanze *(Zygophyllum simplex)*. Inneres Mesophyll als Wassergewebe ausgebildet, vom zentralen Leitbündel gehen Tracheiden nach dem Assimilationsgewebe. 40/1. (Nach Volkens, verändert.)

sitzt, welches bei Trockenheit ausfällt. Tiefwurzler spielen auch in unserem Klima auf trockenen Sand- und Lößböden eine Rolle.

Wenn Grundwasser nicht erreichbar ist, steht in *extremen Wüsten*, wie z. B. der ägyptisch-arabischen (Abb. 249), den Pflanzen nur die aus den minimalen Niederschlägen der Regenzeit herrührende dürftige Durchfeuchtung der obersten Bodenschichten zur Verfügung. Da sie in der Regenzeit durch die Therophyten stark beansprucht und durch Evaporation der Bodenoberfläche dauernd gemindert wird, bleibt den in die Trockenzeit hinein vegetierenden aktiven Dürreresistenten Wasser nur unter Aufwendung sehr hoher

*Wurzelsaugkräfte* zugänglich, zumal da unter solchen Verhältnissen sehr oft noch die Versalzung des Bodens hinzutritt und die Xerophyten gleichzeitig zu Halophyten macht. Außergewöhnlich hohe osmotische Werte bis zur Größenordnung von etwa 100 Atmosphären, die sich bei dauernd großen Wasserdefiziten und deshalb geringer Turgeszenz in ebenso hohe Saugkräfte umsetzen (Abb. 137), sind für solche *Osmoxerophyten* kennzeichnend. Dieser am härtesten kämpfende Xerophytentyp besitzt ein weit ausgebreitetes und mit langen Faserwurzeln einen großen Bodenraum dicht durchziehendes *Wurzelwerk*. Nur bei sehr weitem Stand der Einzelpflanzen (Abb. 249) ergeben die Einzugsgebiete so viel Wasser, als für eine Öffnung der Spalten wenigstens in den Morgenstunden und damit für eine hinreichende Photosynthese notwendig ist. In manchen Gegenden reichen freilich auch dazu die manchmal jahrzehntelang ausbleibenden Niederschläge nicht aus; solche Vollwüsten haben nur noch eine Regenflora und sind sonst völlig vegetationslos. Oft wird, wie in Abb. 249, der *Salzgehalt* des Bodens zum begrenzenden Faktor, und Pflanzenwuchs findet sich nur in den Trockentälchen, in denen durch den Abfluß der Wassermassen säkular fallender Wolkenbrüche eine gewisse Entsalzung stattgefunden hat.

Der durch dauernde starke Winde noch gesteigerten Evaporationskraft der Wüstenluft begegnen diese physiologisch extremsten Trockenpflanzen durch *Verkleinerung* der *Einzelblätter* und der *Gesamtblattfläche*. Viele von ihnen müssen schließlich im Höhepunkt der Sommertrockenheit die Blätter abwerfen oder sind von vornherein blattlose Ruten- oder Dornpflanzen. Bisweilen tritt bei Osmoxerophyten eine mäßige Sukkulenz auf (Abb. 262), deren Wasservorat aber nur einer Stabilisierung des Tagesumsatzes dient.

# 4. Der Temperaturfaktor.

## a) Kältepflanzen.

**Vegetationsgrenzen.** Die begrenzende Wirkung niederer Temperaturen, welche in den Polargebieten und Hochgebirgen bis zur *Kältewüste* führt, ist einesteils durch plasmatötende *Extremtemperaturen* des *Winters*, andernteils durch die produktionshemmende Verkürzung und Kälte der *Vegetationszeit* im *Sommer* bedingt. Der letztere Faktor ist von allgemeinerer Bedeutung, da es hinsichtlich der Frosthärte Pflanzen gibt, die jedem auf der Erde vorkommenden Kältegrad gewachsen sind. So vermögen am *Kältepol* der Erde im nordöstlichen Sibirien (Werchojansk) trotz einer durchschnittlichen Januartemperatur von $-50{,}5°$ und einem absoluten Minimum von $-67{,}8°$ *Lärchenwälder* zu siedeln, weil infolge des kontinentalen Klimas ein verhältnismäßig warmer Sommer mit einer mittleren Julitemperatur von $+15{,}4°$ als Vegetationszeit zur Verfügung steht.

Wo, auch bei milderen Wintertemperaturen, die mittlere Temperatur des wärmsten Monats unter $10°$ sinkt, ist Baumwuchs nicht mehr möglich (*Baumgrenze*). Die Vegetation löst sich dann über Gebüsche (Knieholz, Grünerlen, Weiden, Abb. 263) und Zwergsträucher (Alpenrosen usw.) in einzelne, dem Boden angepreßte Stauden (Abb. 264) auf und endet in Kryptogamenvereinen von Moosen und Flechten, welche mit einzelnen Vertretern weit in die Schnee- und Eisregion hinein Felsen und Steine besiedeln.

**Frosthärte.** Die Resistenz gegen tiefe Extremtemperaturen *(Frosthärte)* gründet in der Erhaltung der vitalen Plasmastruktur. Sie ist nicht mit dem Gefrieren des Zellinhaltes identisch, da es ebenso Kältepflanzen gibt, welche monatelanges Einfrieren ertragen, wie tropische Wärmepflanzen, die schon oberhalb null Grad absterben. Maßgebend ist die artspezifische Stabilität des Plasmas, die einer jahreszeitlichen Periodizität und klimatischen Einflüssen unterworfen ist. Die Frosthärte

Abb. 263. Alpine Baumgrenze in Tirol. Legföhren *(Pinus mugo)*.

Abb. 264. Alpine Kältewüste auf einer Tiroler Gletschermoräne. Von links nach rechts: Grashorst *(Sesleria disticha)*, Polster eines Steinbrechs *(Saxifraga bryoides)*, großes Polster der Steinnelke *(Silene acaulis)*, dahinter Alpenrosenbusch *(Rhododendron ferrugineum)*.

ist in der winterlichen Ruhezeit erheblich größer als während der sommerlichen Aktivperiode (Abb. 265). Die Umstellung beginnt schon im Hochwinter und Hochsommer, und deshalb stellen Spätfröste eine besondere Gefahr dar, zumal für schon aus dem Schnee herausragende Teile, welche dann, z. B. bei Alpenrosen, leicht erfrieren.

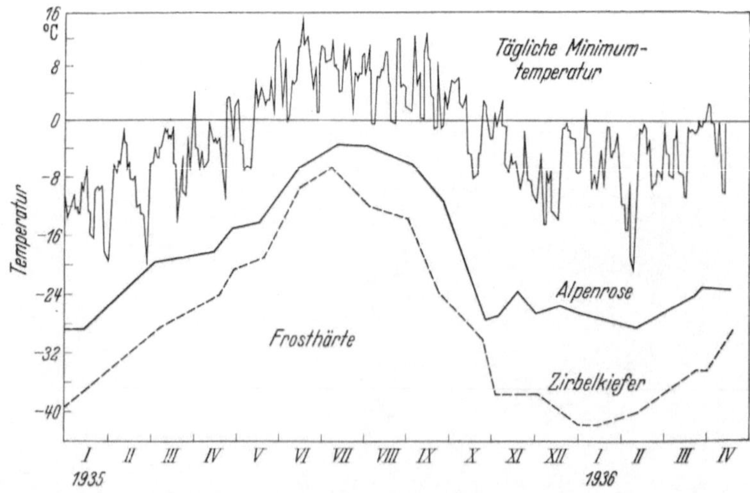


Abb. 265. Jahreszeitliche Änderung der Frosthärte von Alpenpflanzen in 1900 m Höhe (Patscherkofel bei Innsbruck). Frosthärte bestimmt als die bei 1½stündiger Einwirkung eine schwere Schädigung hervorrufende Temperatur. Darüber die täglichen Temperaturminima am Standort. Alpenrose *(Rhododendron ferrugineum)* und Zirbelkiefer *(Pinus cembra)*. (Nach Pisek.)

*Schnee* ist ein außerordentlich schlechter Wärmeleiter und hält schon bei etwa 1 m Höhe den Boden während des ganzen Winters ungefähr auf der Temperatur des Herbstes. Wo der Schneeschutz fehlt, wie auf vom Wind freigeblasenen Bodenwellen und Graten, sind nur besonders frostharte Arten lebensfähig. Zu der Gefahr des Erfrierens kommt dann die des *Vertrocknens*, da der gefrorene Boden die Wasseraufnahme verhindert, während Wind und Sonnenstrahlung, zumal im Spätwinter, eine erhebliche Transpiration verursachen können. Immergrüne Pflanzen (Ericaceen, Nadelhölzer) schützen sich durch Verdickung und Kutinisierung der Epidermis, versenkte Spaltöffnungen und sklerenchymatische Versteifungen gegen mechanische Windbeschädigung und Transpirationsverluste.

**Standortsklima.** Kormophytische Kältepflanzen benötigen eine Vegetationsperiode von wenigstens ein bis zwei Monaten mit einer mittleren täglichen Temperatur über 0°; Moose und Flechten kommen mit weniger aus. Daß in so kurzer Zeit und bei so niederen Temperaturen ein ausreichender Stoffgewinn zustande kommt, wird durch die besondere physiologische Einstellung der Pflanze und eine günstige Kombination *standörtlicher Klimabedingungen* ermöglicht. Der *Wassergehalt* des Bodens ist nach der Schneeschmelze optimal und erlaubt in Verbindung mit dem *niederen Sättigungsdefizit der kühlen Luft* die dauernd weite Offenhaltung der Spalten. Damit ist eine wesentliche Voraussetzung für die volle photosynthetische Ausnutzung der langen, in der Arktis nachtlosen Hochsommertage gegeben. Die Temperatur ist in dem physiologisch maßgebenden *Mikroklima* der Pflanzenstandorte erheblich höher, als das in 2 m Höhe gemessene meteorologische Makroklima angibt, weil die Einstrahlung der Sonne bei genügendem Windschutz eine Erwärmung des Bodens und der Pflanzenteile bedingt. So hat man für einen Pflanzenstandort in Nordostgrönland innerhalb der Vegetation eine mittlere Julitemperatur von 13,0° festgestellt gegenüber nur 4,4° nach der meteorologischen Messung. Für das Zustandekommen solcher Standorte auf kleinstem Raum, auf welche sich die Kältepflanzen beschränken, spielt die Neigung des Geländes nach der Sonnenseite und der Windschutz durch Steine usw. eine entscheidende Rolle. Die Pflanzen ducken sich in die bodenwarme Luftschicht durch *Rosetten-* oder *Polsterwuchs* der Stauden (Abb. 264) und dicht dem Boden oder Gestein angepreßten *Spalierwuchs* der Zwergsträucher.

**Physiologische Einstellung.** Die *physiologische Anpassung* betrifft in erster Linie den *Temperaturspiegel* der *Assimilation* und *Atmung*. Die *Atmung* ist so eingestellt, daß eine arktische Kältepflanze bei 10° etwa dieselbe Intensität erreicht wie eine tropische Wärmepflanze bei 25° (Abb. 266). Auf diese Weise er-

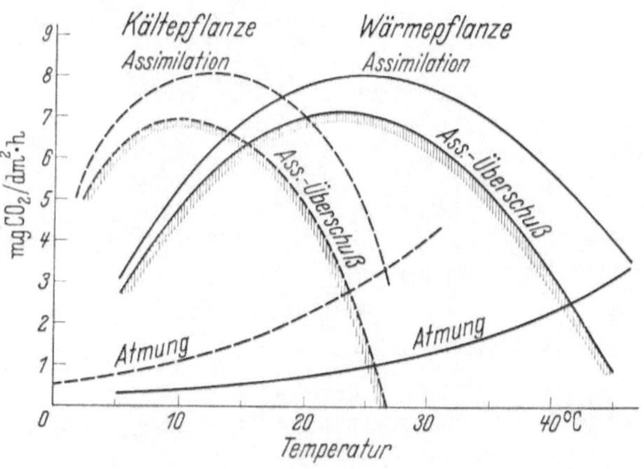



Abb. 266. Temperaturabhängigkeit der Assimilation, der Atmung und des Assimilationsüberschusses bei einer arktischen Kälte- und einer tropischen Wärmepflanze.

halten beide Typen unter ihren Standortsbedingungen den vital notwendigen Energiebetrag, ohne durch einen übermäßigen Stoffverbrauch den Stoffgewinn herabzumindern. In ähnlicher Weise ist der Temperaturspiegel der *Assimilation* gesenkt. Das gilt auch für unsere Frühjahrspflanzen. Die Kältepflanze versagt daher im warmen Klima, weil die temperaturgesteigerte Atmung die photosynthetische Stoffproduktion aufzehrt. Andererseits verkümmert die Tropenpflanze bei niederer Temperatur, weil ihre Atmung nicht mehr die lebensnotwendige Energiemenge liefert.

Eine weitere physiologische Besonderheit der Kältepflanzen ist der schnelle *Übergang aus dem Ruhezustand in den aktiven:* Immergrüne Blätter, sehr weit entwickelte Winterknospen und die Erhaltung sommergrüner Blätter unter der Schneedecke unterstützen die sofortige Ausnutzung der Vegetationsmöglichkeit, die zu einem schlagartigen Erblühen der arktischen und alpinen Vegetation nach der Schneeschmelze führt, wobei manche Arten ihre Blüten noch aus der Schneedecke heraus entfalten. Trotz allem bleibt natürlich der jährliche Stoffgewinn und damit die Wachstumsgeschwindigkeit klein. So wird aus der Arktis von einem 544 Jahre alten Wacholderstämmchen berichtet, das bei nur 8,3 cm Durchmesser einen durchschnittlichen Jahreszuwachs von nur 0,19 mm erzielte.

Die Reifung von Samen innerhalb der kurzen Vegetationsperiode ist sehr unsicher, zumal da, z. B. bei der Kiefer, die Befruchtung und die Embryonalentwicklung höhere Temperaturen erfordern kann, als sie für das vegetative Wachstum notwendig sind. *Vegetative Vermehrung* spielt deshalb eine große Rolle.

### b) Wärmepflanzen.

**Wüsten.** In den *Wüsten* kommen Tagestemperaturen bis zu 50° vor. Die Photosynthese ist dann schon durch das Wasserdefizit der Gewebe und den Spaltöffnungsschluß begrenzt. Die Nachttemperaturen liegen im Wüstenklima nieder, so daß die entscheidende assimilatorische Produktion am frühen Morgen bei etwa 20° und darunter vor sich geht.

Abb 267. Tropischer Regenwald auf den Philippinen.

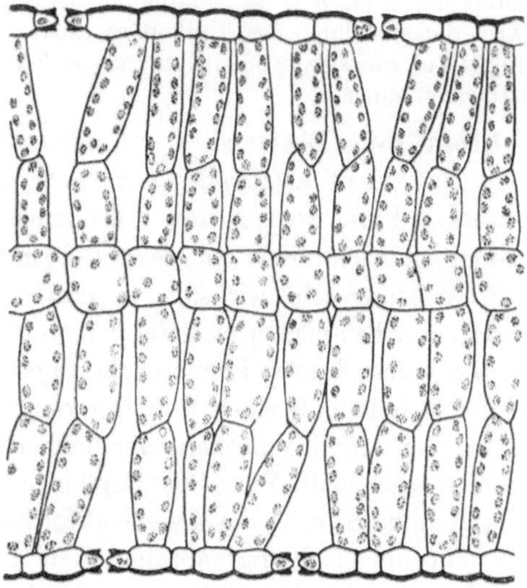

**Tropen.** In den *immerfeuchten Tropen* wechseln, ohne daß der Wasserfaktor begrenzend ist, Tagestemperaturen um und über 30° mit Nachttemperaturen von 20—25°. Dem tragen die Tropenpflanzen durch Einstellung des Assimilationsspiegels auf ein höheres Optimum Rechnung (Abb. 266). Die gleichzeitige Verschiebung des Atmungsspiegels verhindert überflüssigen Substanzverlust während der Nacht. Die in den Tropen erzielten Stundenleistungen sind zwar nicht höher als in gemäßigten Klimaten, aber sie summieren sich bei dauernd optimalem Wasserfaktor zu *Gesamtstoffgewinnen*, wie sie an keinem anderen Standort erreicht werden. Daraus erklärt sich die *Üppigkeit* des *tropischen Regenwaldes* und sein einzig dastehender *Formenreichtum* an Bäumen, Sträuchern, Lianen, Epiphyten und Stauden (Abb. 233, 235, 267).

Abb. 268. Isolateral gebautes Sonnenblatt einer Wüstenpflanze *(Erodium arborescens)*. 120/1.

# 5. Der Lichtfaktor.

## a) Sonnenpflanzen.

Direktes Sonnenlicht kann durch Überhitzung oder, zumal wenn es reich an ultravioletten Strahlen ist, durch photochemische Einwirkung schädigend wirken. Jedoch ist das überoptimale Licht nirgendwo absolut begrenzender Faktor des Pflanzenlebens.

**Profilstellung.** Das wichtigste Mittel zur Herabsetzung der maximalen mittäglichen Einstrahlung ist die *Profilstellung der Blätter* mit der Fläche parallel zur Lichtrichtung. Die Blätter arbeiten dann mit dem diffusen Seitenlicht, und Blattober- und -unterseite können anatomisch vollständig gleich gebaut sein (Abb. 268). Innerhalb des Blattes wiederholt sich die Profilstellung bei den Chloroplasten (Abb. 163).

Am auffallendsten verhalten sich die sog. *Kompaßpflanzen*, welche ihre Blattflächen meist in Nord-Süd-Richtung einstellen (Abb. 269). Diese Lage

Abb. 269. Der Kompaß-Lattich *(Lactuca serriola)*. *A* von Osten, *B* von Süden her gesehene Pflanze. (Nach Kerner von Marilaun, verändert.)

kommt durch *thermotrope* Eindrehung der jungen Blätter in die Richtung der stärksten Wärmerückstrahlung des Erdbodens zustande, welche normal am Mittag aus Süden erfolgt. Vor rückstrahlenden Mauern oder Felsen können aber auch andere Orientierungen zustande kommen.

**Überhitzung.** Die Gefahr der *Überhitzung* ist am größten bei *massigen Pflanzenteilen* (Sukkulente), *fehlender Transpiration* und *geringer Turbulenz* der Luft. Der letztere Faktor, welcher den Wärmeausgleich zwischen Pflanzenoberfläche und Luft entscheidend bestimmt, ist gerade in Wüsten mit ihrer thermisch ganz labilen Luftschichtung sehr wirksam, so daß hier selbst bei Kakteen keine 65° überschreitende Temperaturen gefunden werden. In den empfindlichen Geweben von Nicht-Sonnenpflanzen können schon geringere Überhitzungen tödlich wirken, so bei den in heißen, trockenen Sommern an Obst und Beeren bisweilen zu beobachtenden Verbrennungsflecken oder beim Rindenbrand freigestellter Baumstämme.

**Wasserhaushalt.** Viele Sonnenpflanzen sind naturgemäß gleichzeitig *Xerophyten* und deshalb auch vom Wasserfaktor her zu betrachten. Dies gilt namentlich für den morphologisch-anatomischen Bau der Sonnenblätter, auf welchen bei Gelegenheit der Schattenblätter zurückzukommen sein wird (Abb. 270).

## b) Schattenpflanzen.

**Lichtgenuß.** Bei den *Schattenpflanzen* wird das Licht als Minimumfaktor absolut begrenzend. Die *Beleuchtungsstärke* an einem Standort wird mit einem Photometer, z. B. einem der in der Photographie üblichen Belichtungsmesser, bestimmt und auf die gleichzeitige Beleuchtungsstärke des diffusen zenitalen Himmelslichtes bezogen. Den Quotienten beider Größen bezeichnet man als den *Lichtgenuß* der Pflanze. Der Lichtgenußwert 1 bedeutet danach einen vollständig unbeschatteten Standort, der Wert $^1/_3$ einen beschatteten mit $^1/_3$ der Beleuchtungsintensität im Freien. Aus zahlreichen Messungen ergibt sich für jede Pflanzenart ein zwischen einem Minimum und Maximum eingeschlossener *Lichtbereich* der Existenzfähigkeit. Einige Lichtgenußbereiche sind:

**Stauden und Kräuter**

| | | |
|---|---|---|
| Sonnenpflanze: | Fettblatt *(Sedum acre)* | $1-^1/_2$ |
| Sonnenpflanze: | Thymian *(Thymus serpyllum)* | $1-^1/_4$ |
| Schattenpflanze: | Storchschnabel *(Geranium Robertianum)* | $^3/_4-^1/_{25}$ |
| Schattenpflanze: | Sauerklee *(Oxalis acetosella)* | $^1/_5-^1/_{70}$ |

**Bäume**

| | | |
|---|---|---|
| Lichtholz: | Lärche *(Larix decidua)* | $1-^1/_5$ |
| Lichtholz: | Kiefer *(Pinus silvestris)* | $1-^1/_{10}$ |
| Schattenholz: | Fichte *(Picea excelsa)* | $1-^1/_{40}$ |
| Lichtholz: | Birke *(Betula pendula)* | $1-^1/_6$ |
| Lichtholz: | Eiche *(Quercus pedunculata)* | $1-^1/_{25}$ |
| Schattenholz: | Buche *(Fagus silvatica)* | $1-^1/_{70}$ |

Der Mindestlichtgenuß kormophytischer Schattenpflanzen liegt in unseren Wäldern bei etwa $^1/_{200}$, in tropischen Regenwäldern bei $^1/_{400}$. Thallophyten vermögen vielleicht mit noch weniger Licht auszukommen.

Während man Stauden und Kräuter meist im ganzen als Sonnen- oder Schattenpflanzen unterscheiden kann, haben Bäume an der Oberfläche ihrer Krone stets

Sonnenblatt-, im Inneren Schattenblattcharakter. Nach dem Lichtanspruch der letzteren kann man in *Licht-* und *Schattenhölzer* trennen. Ausgesprochen zu den ersteren gehören Lärche und Birke, zu den letzteren Fichte und Buche. Diese Unterschiede sind am verschieden tiefen Schatten unter den Bäumen bemerkbar, welcher das Lichtgenußminimum der Schattenblätter angibt.

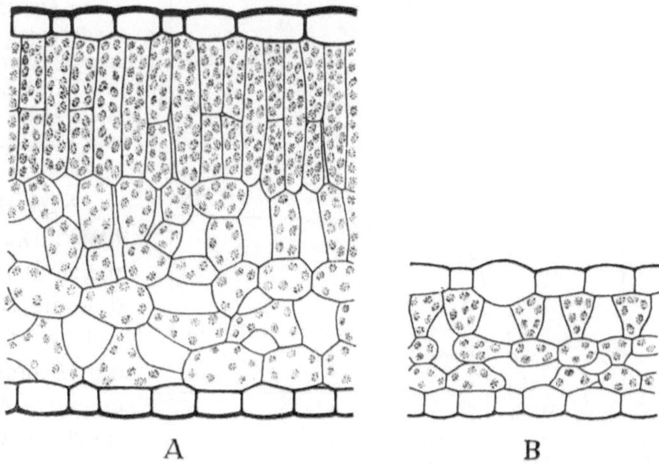

Abb. 270. Sonnen- (*A*) und Schattenblätter (*B*) der Buche im Querschnitt. 350/1. (Nach Kienitz-Gerloff, verändert.)

**Sonnen- und Schattenblätter.** Die *morphologischen* Unterschiede zwischen Sonnen- und Schattenblättern innerhalb ein und derselben Baumkrone (Abb. 270) sind als Anpassungen an verschiedene Assimilations- und Transpirationsbedingungen zu verstehen. *Sonnenblätter*, für welche der *Wasserfaktor* begrenzend ist, sind kleiner und dicker, haben enge Interzellularen, starke Kutinisierung und stehen oft in Profilstellung. *Schattenblätter* sind *Lichtsammler*, haben große Flächen, oft transversalphototropische Mosaikstellung (Abb. 170), weite Interzellularen für optimalen Gasaustausch und, da sie unter mehr oder weniger hygrophytischen Bedingungen stehen, schwache Kutinisierung und bisweilen emporgehobene Spaltöffnungen (Abb. 247).

Bei extremen Schattenblättern ist oft eine kegelförmige Gestalt der Palisadenzellen zu beobachten, welche durch Linsenwirkung zu einer *Konzentration des Lichtes* führt (Abb. 270 *B*). Dieser Vorgang ist besonders auffallend bei dem Leuchtmoos *(Schistostega)*, das in dunkeln, feuchten Gesteinsklüften wächst. Seine Vorkeime bilden Scheiben aus charakteristisch gestalteten, als Sammellinsen wirkenden Zellen (Abb. 271). Durch Brechung und totale Reflexion der Lichtstrahlen wird die Beleuchtungsintensität im rückwärtigen Teil der Zelle etwa verdoppelt und gibt den sich dort sammelnden Chloroplasten auch noch bei unterhalb des Minimums liegendem Außenlicht

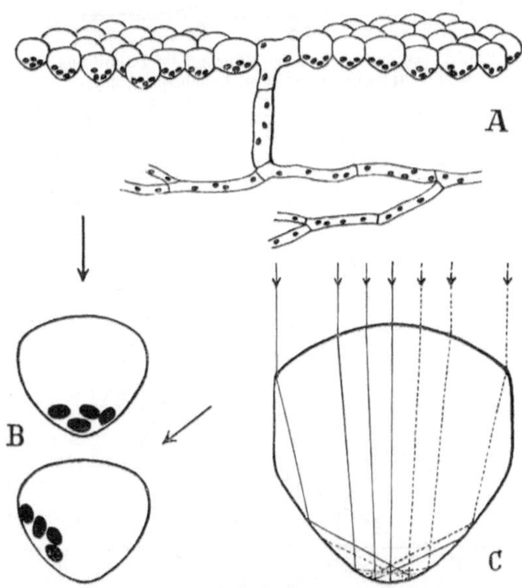

Abb. 271. Leuchtmoos *(Schistostega osmundacea)*. *A* Vorkeim. *B* Verlagerung der Chlorophyllkörner (schwarz) bei verschiedener Lichtrichtung. *C* Strahlengang in einer Zelle. (Nach Noll, Gistl, verändert.)

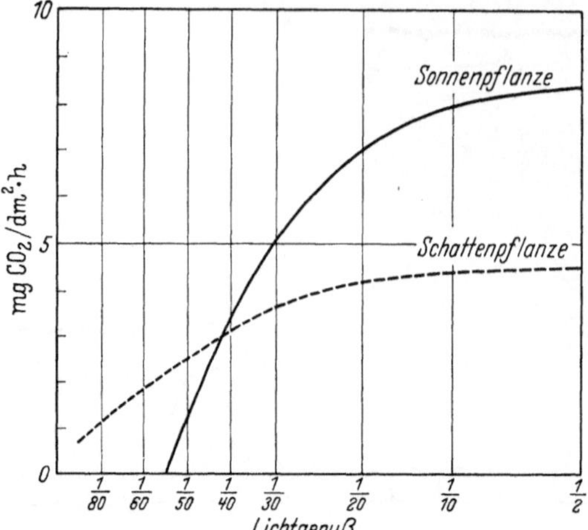



Abb. 272. Lichtkurve der Assimilation einer tropischen Sonnen-
*(Lantana camara)* und Schattenpflanze *(Cyrtandra picta)*.
(Nach v. Faber.)

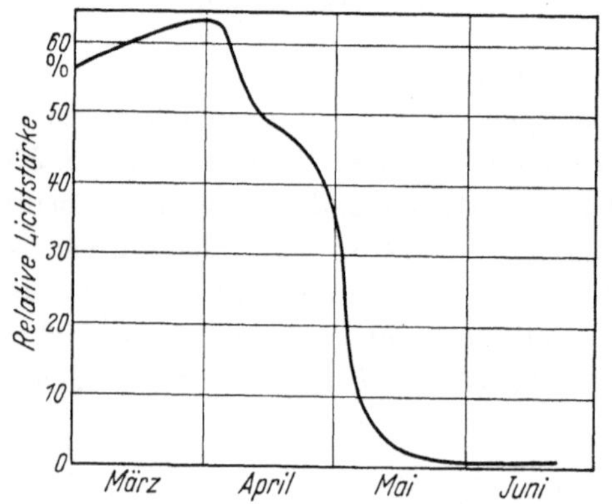



Abb. 273. Abfall der Lichtstärke während der Belaubung eines
Eichen-Hainbuchenwaldes. (Nach Salisbury.)

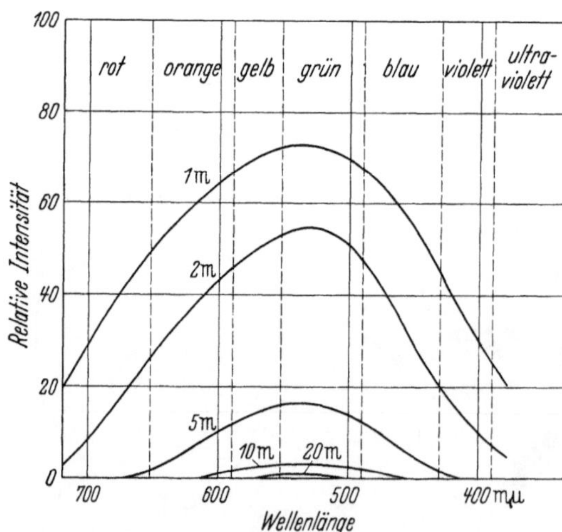



Abb. 274. Intensität und spektrale Zusammensetzung des
Lichtes in verschiedener Wassertiefe eines Alpensees (Lunz)
in Prozenten der auf die Oberfläche auffallenden Strahlung.
(Nach Sauberer.)

einen ausreichenden Lichtgenuß. Bei Änderung der Lichtrichtung verlagern sich die Chlorophyllkörner. Das von ihnen parallel rückgestrahlte Licht läßt das Moos aus dem Dunkel der Felsspalte grünlich zurückleuchten.

*Physiologisch* ist das Schattenblatt an *niedere Lichtstärken* angepaßt. Der *Kompensationspunkt*, d. h. die Beleuchtungsstärke, bei welcher die Photosynthese eben die Atmung übertrifft und zu einem Assimilationsüberschuß führt, liegt sehr tief (Abb. 272). Bei schwachem Licht ist deshalb die Assimilationsleistung des Schattenblattes erheblich größer als die des Sonnenblattes, bei starkem dagegen bleibt sie hinter dieser stark zurück, weil das Optimum der Lichtkurve niedriger liegt.

**Bodenatmung.** Leistungssteigernd kann bei Schattenpflanzen der über dem Waldboden oft erhöhte *Kohlendioxydgehalt der Luft* wirken. Die in der Erde lebenden Bakterien, Pilze, Tiere und Wurzeln atmen dauernd Kohlendioxyd aus, das in die Luft diffundiert *(Bodenatmung)* und allgemein eine wichtige Rolle für die Ergänzung des bei der Photosynthese verbrauchten Kohlendioxyds spielt. In dichten Wäldern mit humosem Boden, in denen die Bodenatmung groß und die Luftturbulenz gering ist, kann sich während der Nacht der Kohlendioxydgehalt der bodennahen Luftschichten auf über das Dreifache des normalen Wertes erhöhen. Da es sich um einen stark im Minimum befindlichen Faktor handelt, bedeutet das eine proportionale und deshalb sehr beachtliche Steigerung der Assimilationsleistung.

**Frühjahrswaldpflanzen.** Manche Schattenpflanzen verschaffen sich durch Vorlegung der Vegetationsperiode in die Zeit *vor der Belaubung* des Waldes einen erheblich höheren Lichtgenuß als später möglich (Abb. 273), wobei sie physiologisch als Kältepflanzen eingestellt sind. Zu ihnen gehören aus ihren Speicherorganen früh und schnell austreibende Rhizom- und Zwiebelpflanzen, wie die Anemone, welche das für eine Schattenpflanze hohe Lichtgenußminimum von $^1/_5$ hat.

**Wasserpflanzen.** Auch im Wasser kann man Licht- und Schattenpflanzen unterscheiden. Mit zunehmender Wassertiefe vermindert sich nicht nur die Intensität des Lichtes, sondern es ändert sich auch seine *spektrale Zusammensetzung* (Abb. 274). In größerer Tiefe gibt es nur noch Grünlicht. Bei den Algen scheint neben der physiologischen Sonnen- oder Schatteneinstellung eine komplementäre Anpassung der Plastidenfarbstoffe an den vorherrschenden Spektralbezirk vorzuliegen, da an der Meeresküste in den oberen Zonen Grün- und Braunalgen, in den tieferen Rotalgen vorherrschen; jedoch gibt es auch unter den Rotalgen Sonnenpflanzen, welche ihr Lichtoptimum bei den hohen Lichtintensitäten der Oberfläche haben (Abb. 231).

# II. Anpassungen an besondere Lebensweisen.

## 1. Ernährungsspezialisten.

### a) Saprophyten.

Als *Saprophyten* faßt man die sich von *toter* organischer Substanz ernährenden *Heterotrophen* (S. 129) zusammen, welche die große Menge der im Boden und Wasser lebenden *Bakterien* und *Pilze* ausmachen. Diese Gruppe von Lebewesen ist ein unentbehrliches Glied im Gesamtablauf des Lebens auf der Erde, weil sie die in den Pflanzen und Tieren festgelegten Nährstoffe, vor allem Kohlenstoff, Stickstoff, Phosphor und Kalium, nach deren Tod durch Verwesung und Fäulnis wieder freisetzen und damit den begrenzten Vorrat der Erde an diesen Stoffen flüssig und für neues Leben verfügbar erhalten. Es entstehen so *Kreislaufprozesse*, welche für Kohlenstoff und Stickstoff in den Schemen der Abb. 275 vereinfacht dargestellt sind.

### b) Parasiten.

*Parasitismus*, d. h. Heterotrophie an *lebender* Substanz, spielt im großen Kreislauf der Natur keine Rolle, sondern ist als ein Seitensprung aufzufassen, der vor allem in den an und für sich heterotroph organisierten Gruppen der Bakterien und Pilze naheliegt und häufig vorkommt. Doch gibt es auch besonders gelagerte Fälle bei den Samenpflanzen.

**Bakterien und Pilze.** Die parasitischen *Bakterien* leben meist zwischen den Gewebezellen *(interzellular)*, indem sie fermentativ die Mittellamellen auflösen; von hier aus erfolgt der Angriff auf das Plasma, welches durch giftige Stoffwechselprodukte getötet und durch Fermente aufgelöst und ausgenutzt wird. Weniger häufig sind *intrazellulare* Arten, welche durch die Zellwände hindurch in das Plasma selbst eindringen und dieses unmittelbar angreifen. Bei den parasitischen *Pilzen* finden sich beide Wachstumsweisen oft kombiniert, indem sich die Hauptstränge der Hyphen interzellular ausbreiten, Seitenhyphen aber in die Zellen eindringen

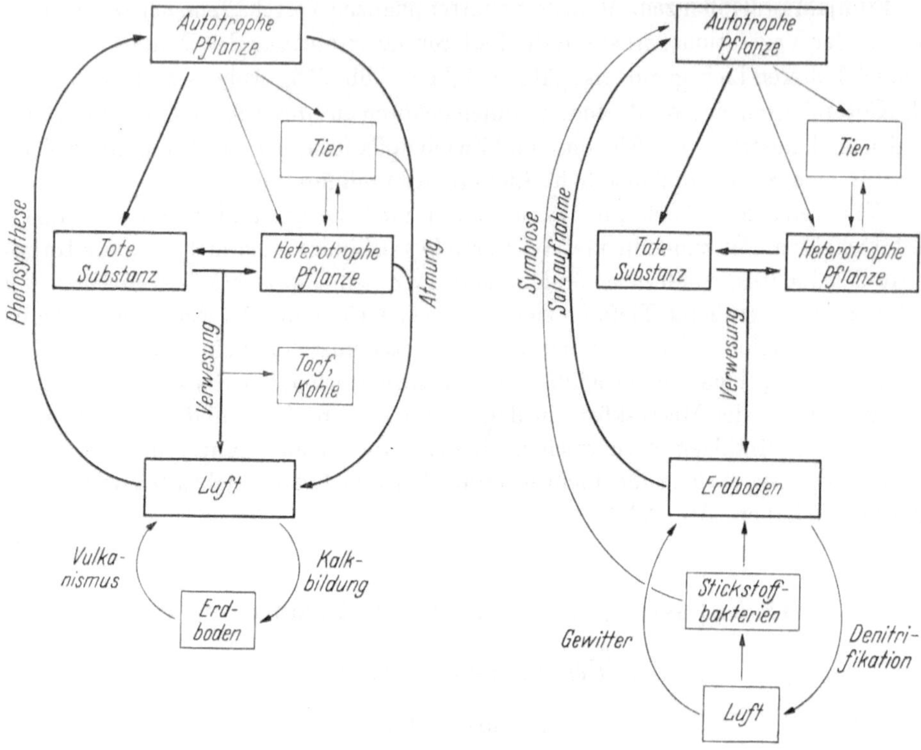


Abb. 275. Kreislauf des Kohlenstoffs und Stickstoffs.

und als Saugorgane *(Haustorien)* das Plasma enzymatisch angreifen und ausbeuten, ohne daß dabei die Zellen des Wirtes immer getötet zu werden brauchen (Abb. 276). **Samenpflanzen.** Der Parasitismus von Kormophyten ist insofern anderer Art, als nicht einzelne Zellen des Wirtes ausgebeutet, sondern seine Leitsysteme angezapft werden. Dabei kann der Parasit seine photosynthetische Funktion beibehalten und nur aus den Gefäßbahnen des Wirtes Wasser und Nährsalze entnehmen (*Halbschmarotzer*, z.B. Mistel, Abb. 132), oder er kann auch das Siebröhrensystem verschmelzen und damit zum *Ganzschmarotzer* werden. In diesem Fall wird kein Chlorophyll mehr gebildet, und die Assimilationsorgane werden mehr oder weniger reduziert. Im extremen Fall des Teufel-

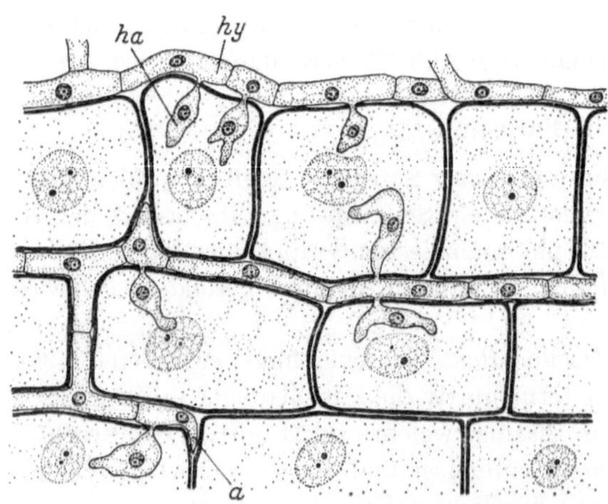


Abb. 276. Blasenrost *(Cronartium ribicola)* in einem Markstrahl der Weymuthskiefer. Interzelluläre Hyphen (*hy*) und intrazelluläre Haustorien (*ha*); bei *a* eine die Zellwände in der Mittellamelle aufsprengende Hyphe. 750/1. (Nach Colley, verändert.)

zwirns (*Cuscuta*, Abb. 277) fehlen die Blätter ganz und ebenso die Wurzeln. Die Keimwurzel stirbt gleich nach der Keimung ab, ihr Material wird zur Verlängerung des dünnen, nutierend nach einer Wirtspflanze suchenden Keimsprosses verwendet (*B*). Damit wird die Kehrseite des parasitischen Lebens offenbar, nämlich die Schwierigkeit, die Samen an eine Wirtspflanze heranzubringen. Aus diesem Grund zeigen alle Parasiten sehr reichliche Samenbildung, soweit nicht die Samenverbreitung durch besondere Anpassungen gesichert ist. Ein solcher Fall liegt bei der Mistel vor, deren Beeren von Vögeln, vor allem Drosseln, gefressen werden; die Samen werden dann mit dem Kot oder beim Abwetzen des Schnabels auf Baumäste übertragen, an denen sie mit einer unverdaulichen Schleimschicht festkleben (Abb. 132 *B*).

Die Saugorgane *(Haustorien)*, welche sich mit einzelnen Zellen dicht an die Gefäße und Siebbahnen der Wirtspflanze anlegen (Abb. 277 *D*), werden meist von Wurzeln (Abb. 132), beim Teufelszwirn vom Stengel aus entwickelt (Abb. 277 *A, C*). Bei einem außerordentlich weit spezialisierten tropischen Parasiten *(Rafflesia)* sind sie allein von allen vegetativen Organen übriggeblieben und durchziehen als pilzhyphenartige Stränge das Wurzel- oder Stammgewebe von Lianen; erst nach genügender Ansammlung von Baustoffen entwickeln sie eine aus dem Wirt hervor-

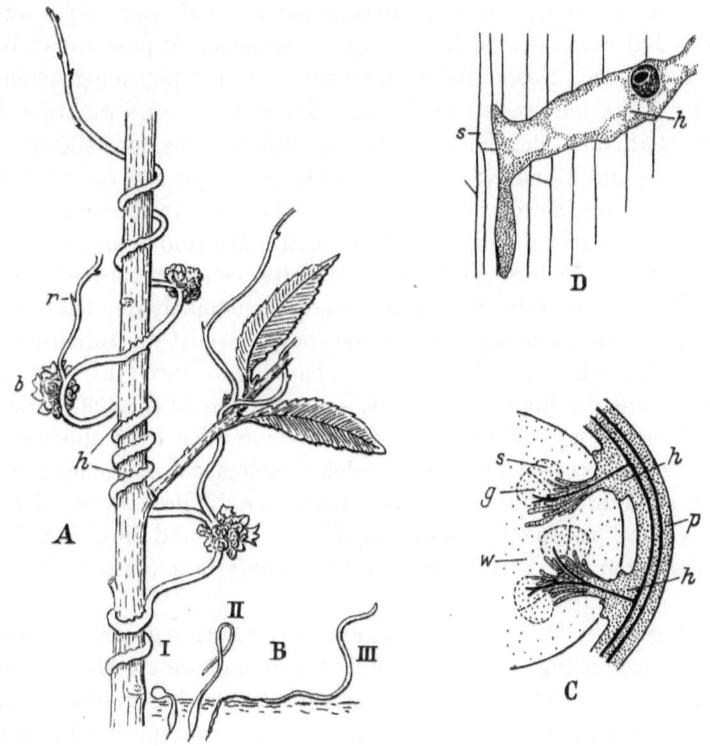

Abb. 277. Teufelszwirn *(Cuscuta europaea)*. *A* Stengel mit Haustorien (*h*) und Blüten (*b*) an einem Weidenzweig. *r* rudimentäre Laubblätter. *B* Samenkeimung (I), junge (II) und ältere (III) Keimpflanze. *C* Querschnitt durch einen Wirtssproß (*w*) und 2 Haustorien (*h*) des Cuscutasprosses (*p*), die mit den Gefäß- (*g*) und Siebteilen (*s*) des Wirtes verschmelzen. Leitbündel des Parasiten schwarz gezeichnet. *D* Ende einer Haustorienzelle, welche sich an eine Siebröhre (*s*) der Wirtspflanze anlegt. Wirtsgewebe ohne Plasmainhalt gezeichnet. (Nach Schumacher, Troll, verändert.)

brechende Blüte, die dann allerdings mit Durchmessern bis zu einem Meter die größte im Pflanzenreich überhaupt bekannte ist.

**Infektion und Abwehr.** Dem Angriff des Parasiten setzt die befallene Wirtspflanze *Abwehrkräfte* entgegen. Diese beruhen teils auf dem *mechanischen* Widerstand der *Zellwände*, teils auf der *chemischen* Gegenwirkung des Plasmas, wobei die Erscheinungen der *Immunität* und *Antikörperbildung* grundsätzlich dieselben wie bei Tier und Mensch sind. Pilze sind im allgemeinen besser als Bakterien geeignet, Zellulosewände fermentativ oder mechanisch zu überwinden; auch entspricht ihr im sauren Bereich liegendes Wachstumsoptimum der Reaktion des Zellsaftes in den eröffneten Zellen, während die meisten Bakterien ein alkalisches Substrat verlangen. Deshalb spielen im *Pflanzenreich Pilzkrankheiten* die größere Rolle, im Gegensatz zu den vorwiegenden Bakterienkrankheiten der Tiere und des Menschen; auch sind Pflanzenkrankheiten meist örtlich beschränkt, weil die Ausbreitungsmöglichkeiten im Gefäß- und Siebröhrensystem gering sind gegenüber denen im Blut- und Lymphkreislauf.

Die Infektionsfähigkeit *(Virulenz)* eines Parasiten erstreckt sich in der Regel nur auf eine oder einige wenige bestimmte Wirtsarten. In vielen Fällen ist die Spezialisierung noch enger, indem der Parasit in verschiedene, morphologisch oft nicht unterscheidbare *Rassen* geteilt ist, deren jede nur bestimmte Rassen der Wirtspflanze zu infizieren vermag. Beispielsweise sind vom Schwarzrost des Weizens über 100 verschiedene Rassen mit spezifischer Anpassung an besondere Weizensorten bekannt. Neben den morphologischen und physiologischen Voraussetzungen der Infektion spielen *ökologische Bedingungen* eine wichtige Rolle. So hängt die Beschaffenheit der Zellwände und der Chemismus der Zelle oft stark von den edaphischen und klimatischen Standortsbedingungen ab, oder die Infektion ist nur zu bestimmten Zeiten möglich, etwa weil sie nur in die noch zarte Keimpflanze oder in die Narbe der Blüte erfolgen kann. Dann müssen bei Parasit und Wirt bestimmte Entwicklungszustände gleichzeitig erreicht werden, was dadurch erschwert sein kann, daß die Entwicklungsgeschwindigkeit der beiden eine verschiedene klimatische Abhängigkeit hat. Beispielsweise ist die Infektion des Roggens mit dem Mutterkornpilz *(Claviceps purpurea)* nur durch die Narbe möglich. Je länger sich daher die Blühzeit hinzieht, um so stärker ist der Befall. Er ist heute infolge der Kultur reingezüchteter Sorten, welche in allen Individuen gleichzeitig abblühen, sehr stark zurückgegangen. Solche ökologische Beziehungen erklären aber auch in bestimmten Jahren das Auftreten von *Epidemien*, die den Bestand einer Art stark dezimieren oder sogar gefährden können und die sich in den künstlichen Reinkulturen der Land- und Forstwirtschaft besonders verheerend auswirken.

Es hat sich gezeigt, daß die *Resistenz* bestimmter Sorten gegenüber bestimmten Parasiten *genetisch* bedingt ist und durch Kreuzung auf andere übertragen werden kann, ein Vorgang, welcher den Abwehrkampf einer Art in der freien Natur wesentlich unterstützt und in der modernen Pflanzenzüchtung viel benutzt wird. Auf der anderen Seite tauschen aber auch die Parasiten durch Kreuzung Virulenz-Gene aus oder erhalten durch Mutation neue, so daß der Kampf zwischen Parasit und Wirt auf einer sich stets verschiebenden Basis weitergeht.

## c) Symbiosen.

Aus dem Kampf zwischen Parasit und Wirt kann ein *Gleichgewichtszustand* hervorgehen, in welchem beide Partner in Angriff und Abwehr sind und, falls ihr Stoffwechsel sich ergänzt, gegenseitig auseinander Nutzen ziehen *(Symbiose)*. Das kann im Zusammenwirken eines hetero- und autotrophen Organismus der Fall sein, indem dieser photosynthetische Kohlenstoffassimilate, jener durch Chemosynthese oder fermentativen Aufschluß gewonnene Stickstoffverbindungen, Nährsalze, teilweise auch Kohlenstoffverbindungen zur Verfügung stellt.

### α) Bakterienknöllchen.

Das im Erdboden vorkommende *Bacterium (Rhizobium) radicicola* verhält sich Leguminosenwurzeln gegenüber zunächst als Parasit, indem es in Form schleimiger, fadenförmiger Kolonien in Meristem- oder Wurzelhaarzellen eindringt (Abb. 278 *I*). Die infizierten Zellen werden zu Teilungen angeregt und erzeugen Knöllchen (*A*), in welchen die Bakterien in das Zellplasma übergehen (*II*) und sich auf Kosten desselben stark vergrößern (Bakteroiden). In diesem Zustand sind sie befähigt, *atmosphärischen Stickstoff zu assimilieren* und als Eiweiß zu speichern; daneben geben sie große Mengen löslicher Stickstoffverbindungen, z. B. Asparaginsäure (S. 134), an die Wurzel ab. Schließlich erfüllen sie die ganze Zelle mit Ausnahme der Vakuole (*III*). Jetzt setzt eine Verdauung des gesamten Zellinhaltes, sowohl des Plasmas wie der Bakteroiden, ein, welche das von den letzteren gespeicherte Eiweiß an die Pflanze ausliefert. Nach seinem Abtransport schrumpfen die Knöllchen zusammen, behalten aber in den Interzellularräumen Schleimkolonien lebender Bakterien (*IV*), die bei der späteren Auflösung in den Erdboden zurückkehren.

Die durch die Knöllchensymbiose aus der Luft gewonnenen Stickstoffmengen sind sehr erheblich. Sie erleichtern den Leguminosen die Besiedelung oligotropher

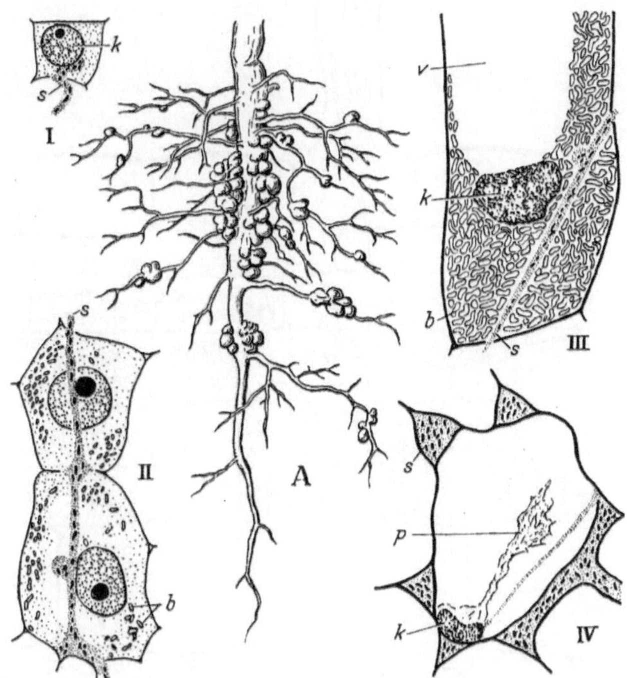

Abb. 278. *Bacterium radicicola. A* Wurzel der Lupine mit Wurzelknöllchen. I—IV Verlauf der Symbiose bei der Wicke *(Vicia sepium)*. I Infektion einer Meristemzelle durch einen Bakterienschleimfaden (*s*). *k* Zellkern. II Sich streckende Knöllchenzellen. Bakterien teilweise in das Plasma übergetreten (*b*). III Entwickelte Knöllchenzelle. Plasma ganz von Bakterien (Bakteroiden, *b*) angefüllt. Zellkern (*k*) in Degeneration. *v* Vakuole. IV Alte Knöllchenzelle. Bakteroiden und Plasma aufgelöst (*p*). In Schleim eingebettete Bakterien in den Interzellularen (*s*). (Nach Pfeffer, Burgeff, teilweise verändert.)

Böden und machen viele derselben zu wertvollen landwirtschaftlichen Kulturpflanzen (Erbse, Bohne, Klee, Lupine usw.), die auch zur Bodenverbesserung benutzt werden (Gründüngung).

Neben einigen anderen pflanzlichen Bakteriensymbiosen gibt es zahlreiche tierische, vor allem bei Insekten.

### β) Mykorrhizen.

**Endotrophe Mykorrhiza.** Einen ähnlichen Verlauf wie die Knöllchenbakteriensymbiose nimmt die *endotrophe Wurzelverpilzung (Mykorrhiza)*, die am besten bei den *Orchideen* bekannt ist. Bei der Infektion dringen die Hyphen bestimmter Pilzarten durch die Wurzelhaare oder andere Epidermiszellen ein und breiten sich, ohne die Verbindung mit dem Boden aufzugeben, in den äußeren Zellschichten der Wurzel-, seltener Rhizomrinde aus (Abb. 279). Die Wirtszellen bleiben lebend, geben aber an den Pilz reichlich Kohlehydrate ab, wozu die vorher vorhandene Stärke aufgelöst wird. Die Pilzhyphen speichern dabei große Mengen von Eiweiß, Glykogen und Fett, deren Stickstoff- und wohl teilweise auch Kohlenstoffbausteine sie ebenso wie Nährsalze vom Bodenmyzel zugeleitet erhalten. Später kommt es zur Verdauung und Auflösung der Hyphen (Abb. 279). In Fällen noch engerer Symbiose gibt der Pilz aus aufgeplatzten Hyphenspitzen dauernd Stoffe an das Wirtsplasma ab.

Manche Orchideenarten sind von ihrem Wurzelpilz so abhängig geworden, daß sie ohne diesen nicht mehr lebensfähig sind, ja daß ihre sehr kleinen, nur noch aus einigen hundert

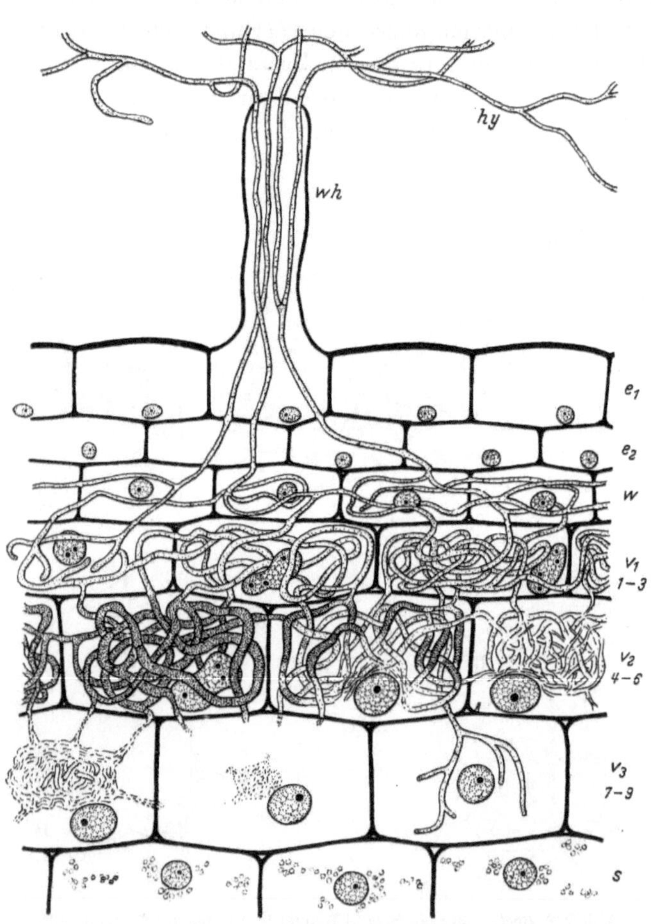


Abb. 279. Endotrophe Mykorrhiza einer Orchidee *(Platanthera chlorantha)*. Schematischer Längsschnitt durch die Wurzelrinde. *hy* Bodenmyzel. *wh* Wurzelhaar, *e₁, e₂* Epidermis und Subepidermis, *w* Wirtsschicht, *v₁–v₃* Verdauungsschichten. Die Zellen mit den Stadien 1—9 der Verdauung und Neuinfektion sind in Wirklichkeit regellos angeordnet. *s* Speicherschicht mit Stärkekörnern. Das Zytoplasma der Wurzelzellen ist nicht gezeichnet. – (Nach Burgeff, verändert.)

kaum differenzierten Zellen bestehenden Samen in der Natur ohne Pilzinfektion nicht einmal mehr keimen. Noch ein Schritt weiter führt zum Verzicht auf eigene Photosynthese und zum Bezug auch der gesamten Kohlehydrate durch den Pilz, d. h. zu *saprophytischen* Orchideen ohne Chlorophyll und mit reduzierten Schuppenblättern, wie bei uns der Vogelnestwurz *(Neottia nidus-avis)*; in den Tropen gibt es sogar Arten, welche in Symbiose mit zellulosespaltenden Pilzen tote Baumstämme als Nahrungssubstrat benützen.

Weitere Fälle endotropher Mykorrhizen liegen bei Ericaceen, Gentianaceen und anderen Samenpflanzenfamilien vor, in ausgeprägtem Maß auch bei Bärlappen, bei denen sie schon aus dem Karbon wahrscheinlich sind.

**Ektotrophe Mykorrhiza.** Fast alle unsere Bäume und Sträucher entwickeln auf humosen Böden besondere Kurzwurzeln, die von einem dichten Hyphengeflecht umhüllt sind. Zahlreiche Arten von Ständerpilzen, darunter die meisten unserer eßbaren Röhren- und Blätterpilze, können solche *ektotrophen Mykorrhizen* hervorbringen. Von dem Pilzmantel aus schieben sich Hyphen unter Lösung der Mittellamelle interzellular zwischen die epidermalen Zellen ein und umflechten diese, wobei in der Verdauung intrazellular eingedrungener Hyphen Übergänge zur endotrophen Mykorrhiza vorliegen können. Auch hier beziehen die Pilze Kohlehydrate und liefern Stickstoffverbindungen und Salze, welche sie mit ihren vielseitigen starken Fermentsystemen im Humus besser aufzuschließen vermögen als die Wurzeln. Teilweise sind bestimmte Pilzarten auf bestimmte Baumarten spezialisiert, in deren Nähe man dann ihre Fruchtkörper findet (Birkenpilz, Lärchenpilz usw.).

### γ) Flechten.

Das vollkommenste Gleichgewicht einer Symbiose wird bei den *Flechten* (Abb. 280) erreicht. In ihnen haben sich ursprünglich wohl parasitische Schlauchpilze (sehr selten auch Ständerpilze) mit im freien Zustand weit verbreiteten, meist einzelligen grünen oder blaugrünen Algen zu Synthesen zusammengefunden, welche man lange Zeit als *einheitliche Organismen* aufgefaßt hat (Abb. 23).

Die *Verbindung* beider Partner erfolgt durch Umspannen der Algenzellen oder Eindringen von Seitenhyphen in dieselben, wobei aber nur Stoffaustausch, keine Verdauung stattfindet. Der Pilz leistet seinen Beitrag nicht nur durch den *Aufschluß des Substrates*, sondern auch durch die *Ausbildung eines Thallus*, welcher durch Quellung der Hyphenwände und kapillare Füllung der Zwischenräume große Mengen Niederschlagswasser aufnimmt, einige Zeit festhält und

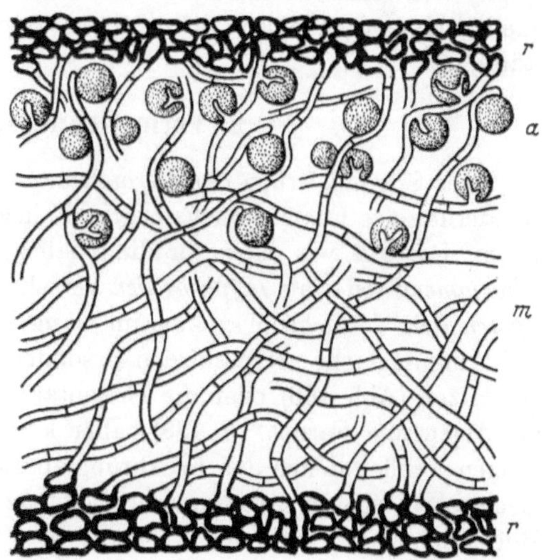

Abb. 280. Querschnitt durch einen Flechtenthallus *(Parmelia acetabulum)*. *r* Rindenschicht. *a* Algenschicht. *m* Markgewebe. (Nach Nienburg, verändert.)

damit den für die Photosynthese der Alge notwendigen Zustand eines hohen Wasser-potentials (S. 151) verlängert. So ist es verständlich, daß die Pioniervegetationen an oligotrophen und klimatisch ungünstigen Standorten bis in die Trocken- und Kälte-wüsten hinein zu einem großen Teil aus Flechten bestehen (Abb. 236), besonders auch an Felsen, Steinen und Baumrinden, wo die Thalli teilweise in das Substrat hineindringen. Die größte Massen- und Artentfaltung von Flechten liegt freilich, ihrem labilen Wasserhaushalt (S. 115) entsprechend, in regen- und nebelreichen kühlen Klimaten, vor allem der Gebirge.

Bei der *geschlechtlichen Vermehrung* tritt eine Trennung der beiden Symbionten ein, indem der Pilz für sich allein Sporenlager bildet und aus ihnen die Sporen ab-schleudert. Diese müssen dann an ihrem Keimort mit freilebenden Algen eine neue Symbiose eingehen. Der Unsicherheit dieser Vermehrung wird bei den meisten Flechten durch die Bildung rein *vegetativer Vermehrungskörper* begegnet, welche sich als kleine, von einigen Hyphen umsponnene Algengruppen vom Thallus ab-lösen (Soredien).

*Algensymbiosen* kommen auch im *Tierreich* vor, z. B. beim grünen Süßwasser-polypen, bei welchem einzellige, stickstoffheterotroph gewordene Grünalgen intra-zellulär im Plasma des Wirtes leben.

### δ) Fleischfressende Pflanzen.

In verschiedenen Familien dikotyler Samenpflanzen sind einzelne Formen *fleischfressend* geworden, indem sie *Blätter* in meist sehr weitgehender morpholo-gischer und physiologischer Abwandlung als Organe zum *Fang von Tieren*, haupt-sächlich Insekten oder Wasserkrebschen, ausgebildet haben (Abb. 114–116, 159). Sämtliche Arten haben daneben ihre photosynthetisch-autotrophe Ernährungs-fähigkeit beibehalten und sind auch ohne Tierfang lebensfähig, entwickeln sich aber mit solchem besser und erzeugen mehr Samen. Daß die fleischfressenden Pflanzen vor allem auf nährstoffarmen Substraten, in Mooren, Gewässern und epiphytisch vorkommen, macht die ökologische Bedeutung dieser Zusatznahrungs-quelle, namentlich hinsichtlich der Stickstoffverbindungen und Nährsalze, ver-ständlich.

## 2. Vermehrungsspezialisten.

Einer Spezialisierung der Vermehrungsorgane steht ihre, der systematischen Gliederung des Pflanzenreichs zugrunde liegende Beharrungstendenz (S. 12) ent-gegen. Das gilt vor allem für die Thallophyten und Archegoniaten, bei denen *schwimmende* oder als *Hyphenzellen* verschmelzende *Gameten* und kleine *einzellige Sporen* den Vermehrungszyklus im Gang halten. Die Abläufe desselben zeigen wohl mannigfache artspezifische Besonderheiten, wie etwa den Sporenabschuß bei Pilzen (Abb. 166) oder die chemotaktische Anlockung von Spermatozoiden bei Algen und Farnen (S. 138), aber kaum grundsätzliche Gruppenspezialisie-rungen ähnlich denen der Ernährungsspezialisten. Dahin führen erst die ökolo-gisch schwierigeren Aufgaben der *Bestäubung* und der *Samenverbreitung* bei den Blütenpflanzen.

## a) Bestäubung.

### α) Selbst- und Fremdbestäubung.

Das ökologische Bestäubungsproblem entspringt dem vererbungsphysiologischen Bedürfnis der *Fremdbefruchtung* zwecks starker Durchmischung der Genome (S. 167). Die meisten Pflanzenarten suchen deshalb die *Selbstbefruchtung* ganz zu *verhindern* oder nur als Ersatz zuzulassen.

Der radikalste Weg dazu ist, durch besondere multiple *Sterilitätsgene* die Art in *Sterilitätsgruppen* aufzuteilen, deren Individuen untereinander und natürlich auch in sich selbst unfruchtbar sind. Solche Sterilitätsgruppen stellen beispielsweise viele Sorten unserer Obstbäume dar; bei der Anlage von Plantagen einer einzigen Sorte ist darauf zu achten, daß Bäume einer mit ihr fertilen anderen als Pollenspender zur Verfügung stehen. Manchmal sind die Sterilitätsgruppen schon an morphologischen Merkmalen zu erkennen, wie z. B. bei den Primeln und Forsythien, bei welchen es kurzgrifflige und langgrifflige Individuen gibt *(Heterostylie)*, welche nur bei gegenseitiger Bestäubung Samen ansetzen.

Bei *Forsythia* beruhen die Sterilitätsgruppen auf *Flavonolen,* welche auch die gelbe Blütenfarbe bedingen. Die reifen *Pollenkörner* der Langgriffler enthalten Querzitrin, die der Kurzgriffler Rutin, beides Flavonolglukoside, welche sich nur in einer Glukosegruppe unterscheiden. Sie verhindern die Keimung der Pollenkörner, falls sie nicht durch Abspaltung der Glukose als Querzetin inaktiviert werden. Dazu bilden die *Narben* der Kurzgriffler ein nur Querzitrin, diejenigen der Langgriffler ein nur Rutin spaltendes Ferment. Durch diesen eleganten Mechanismus kommen die in Abb. 281 dargestellten Befruchtungs- (Fertilitäts-) und Unfruchtbarkeits- (Sterilitäts-) Fälle zustande. In anderen Fällen bewirken die Sterilitätsgene eine Hemmung des Pollenschlauchwachstums im Griffel.

Mittelbar wird sehr allgemein Selbststerilität durch Verhinderung der *Selbstbestäubung* erreicht. Die *räumliche* Verteilung der Geschlechter auf verschiedene Individuen *(zweihäusig, diözisch)* oder wenigstens verschiedene Blüten *(einhäusig, monözisch)* ist vor allem bei Windblühern verbreitet. Bei den sehr viel häufigeren *Zwitterblüten* ist meist eine *zeitliche* Verschiebung in der Entwicklung der Antheren und Narben vorhanden, indem die ersteren den reifen Blütenstaub zu einem Zeitpunkt entleeren, in welchem die letzteren noch geschlossen und noch nicht empfängnisfähig sind *(vormännliche, protandrische* Blüten) oder umgekehrt *(vorweibliche, protogyne* Blüten). Nicht selten wird, wenn keine

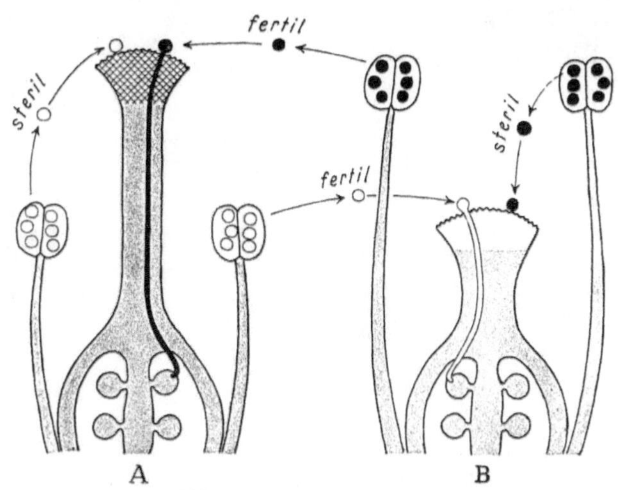


Abb. 281. Heterostylie und Selbststerilität bei *Forsythia.* *A* Langgrifflige, *B* kurzgrifflige Blüte. Schwarze Pollenkörner mit Rutin, weiße mit Querzitrin als Keimungshemmstoffen. Schraffierte Narbe mit Rutin spaltendem, weiße mit Querzitrin spaltendem Ferment. (Nach Moewus, verändert.)

Fremdbefruchtung stattgefunden hat, später eine Selbstbefruchtung in derselben oder in besonderen, sich nicht öffnenden Blüten (*Kleistogamie*, z. B. beim Veilchen) ermöglicht.

Die von der Pflanze entwickelten Bestäubungsanpassungen laufen darauf hinaus, den Transport des Pollens von einem zum anderen Individuum mit *möglichst geringem Materialaufwand* sicherzustellen. Das geschieht durch *Wind-* oder *Tierbestäubung.*

### β) **Windbestäubung.**

Der phylogenetischen Herkunft des Blütenstaubes aus Archegoniaten-Mikrosporen entsprechend, ist seine wohl ursprüngliche Verbreitungsart die *Verwehung* durch *Luftströmungen.* Dieser Transport beruht auf denselben physikalischen Voraussetzungen wie das *Schweben* des *Planktons* im Wasser (S. 191). Unterschiedlich von diesem bedingt die *geringere Dichte* und *innere Reibung* der Luft eine größere Sinkgeschwindigkeit, welche jedoch durch die zeitweise viel *stärkere Turbulenz* und *Windgeschwindigkeit* mehr als ausgeglichen werden kann, so daß Blütenstaub bis in Höhen von über 2000 Meter emporgerissen und auf mehrere hundert Kilometer Entfernung transportiert werden kann.

Bei der überragenden Bedeutung der Turbulenz sind besondere Einrichtungen zur Erhöhung des *Formwiderstandes* selten (Luftsäcke von Koniferenpollenkörnern, Abb. 282 *A III*), sehr verbreitet aber solche zur Begünstigung des *Abstäubens* bei trockenem und windigem Wetter. So öffnet der Kohäsionsmechanismus als allgemeines Merkmal der kormophytischen Sporangien und Staubbeutel (Abb. 180) diese nur bei trockenem Wetter, und die bewegliche Aufhängung der Blütenstände (Kätzchen der Bäume) oder Staubbeutel (Gräser) sorgt für die Ausschüttelung des Pollens gerade im Augenblick einer Luftströmung, wie etwa bei der Haselnuß leicht zu beobachten ist.

Dieser Vorgang kann durch besondere Anpassungen unterstützt werden. In der männlichen *Kiefernblüte* (Abb. 282 *A*) öffnen sich die Pollensäcke der übereinanderstehenden Staubblätter nach unten. Der herausfallende Blütenstaub lagert sich zunächst auf dem „Verdeck" des nächsttieferen Staubblattes und wird von da

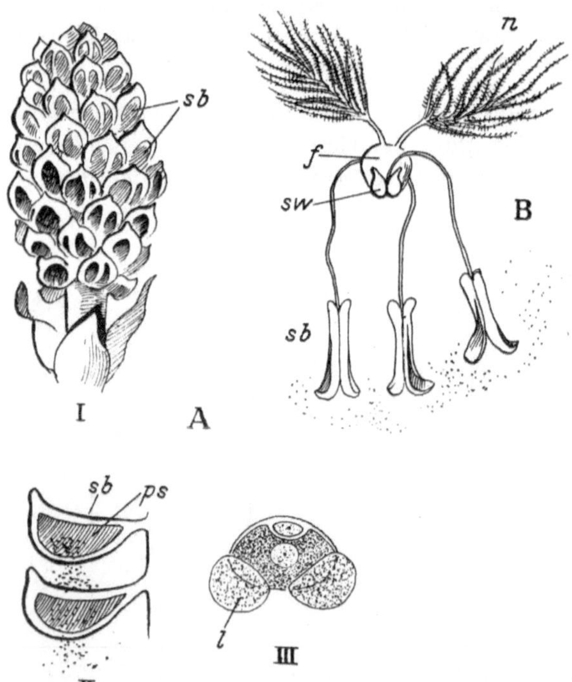


Abb. 282. Windblüten: *A* Kiefer *(Pinus silvestris).* I Männliche Blüte. II Zwei übereinanderstehende Staubblätter. *sb* Staubblatt. *ps* Pollensack. III Pollenkorn. *l* Luftsack. *B* Grasblüte *(Lolium perenne)* nach Entfernung der Spelzen. *f* Fruchtknoten. *n* Narbe. *sb* Staubblätter. *sw* Schwellkörper. (Nach Strasburger, Kerner von Marilaun, Velenowsky, verändert.) (R.)

beim Schütteln durch den Wind in dichten Wolken abgeschleudert. Bei den *Gräsern* (Abb. 282 *B*) wachsen beim Öffnen der Spelzenblüte, welche durch zwei Schwellkörper erfolgt, die Staubfäden mit sehr großer Geschwindigkeit (S. 170), so daß die Antheren frei in die Luft hängen. Der Blütenstaub wird aus den löffelförmig gestalteten Enden, in welchen er sich zunächst sammelt, durch Luftbewegungen ausgeschüttelt und mitgenommen. Manche Gräser unterstützen diesen Flugstart noch dadurch, daß sie die Blüten zu Tageszeiten mit voraussichtlich günstiger Turbulenz öffnen, z. B. am frühen Vormittag, wenn die beginnende Erwärmung des Bodens durch die Sonnenstrahlung aufsteigende Luftströme zu erzeugen pflegt. Lange federförmig verbreiterte *Narben*, wie sie bei Windblühern sehr allgemein sind, schaffen große Auffangflächen für die in der Luft schwebenden Pollenkörner.

Die *Sicherstellung* einer Windbestäubung erfordert eine große Pollendichte in der Luft und damit die Erzeugung sehr *großer Mengen* von Blütenstaub. Mißt man diese als Pollenniederschlag auf dem Boden, so ergeben sich für Wälder und Getreidefelder Zahlen von mehreren tausend, bisweilen über hunderttausend Pollenkörnern je Quadratzentimeter. Das bedeutet einen erheblichen Aufwand an Baustoffen, zumal hochwertigen Eiweißstoffen der Zellkerne. Er wird im allgemeinen nur dann zu einer sicheren Bestäubung und Befruchtung führen, wenn zahlreiche Individuen derselben Art in großen Beständen beisammenstehen, wie das z. B. für Waldbäume und Gräser der Fall zu sein pflegt.

### γ) Tierbestäubung.

**Allgemeine Grundlagen.** Die Ausnutzung von Tieren zur Bestäubung gründet sich auf deren *Nahrungstrieb* und *Dressurfähigkeit*. Als Nahrung wird *Blütenstaub* oder das zuckerreiche Sekret besonderer Drüsengewebe *(Blütenhonig, Nektar)* gesucht. Indem sich dabei das Tier auf eine bestimmte Blütenart einstellt und nur diese fortlaufend befliegt, wird die Bestäubung ihrer Zufälligkeit zu einem großen Teil enthoben und die benötigte Blütenstaubmenge stark herabgesetzt. Damit wird der vom Tier beanspruchte Nahrungstribut ausgeglichen. Das ist in um so höherem Maße der Fall, als es der Blüte gelingt, nutzlose oder unsichere Besucher fernzuhalten und erwünschte so zu lenken, daß Staubbeutel und Narben mit Sicherheit berührt werden. Von *offenen*, praktisch allen Kleintieren zugänglichen Blüten wie denen der Rosen- (Abb. 5) oder Doldengewächse (Abb. 2), die mehrfach neben der Tierbestäubung auch die durch Wind benutzen, führen alle Übergänge zu *geschlossenen*, z. B. Lippenblüten (Abb. 3), welche mit oft raffinierten Baueinrichtungen nur ganz bestimmte, gut dressierbare und ihrem Bau nach zum Blütenbesuch geeignete, fliegende Tierarten zulassen. Diese haben ihrerseits Anpassungen entwickelt, die in manchen Fällen zur völligen gegenseitigen Abhängigkeit der beiden Partner geführt haben. In den bei weitem meisten Fällen sind die bestäubenden Tiere *Insekten*, vor allem Hummeln, Bienen, Schmetterlinge und Fliegen, in warmen Ländern aber auch *Vögel* (Kolibris, Honigvögel usw.).

Über die Mittel, mit denen die *Insekten* von den Blüten angelockt und geleitet werden, sind wir bei *Bienen* und *Hummeln* am besten unterrichtet. Man muß zwischen der *Fernorientierung* beim *Anflug* und der *Nahorientierung* beim *Besuch*, d. h. beim Saugen und Pollensammeln, unterscheiden. Der *Anflug* einer Hummel ist optisch geleitet, wie der in Abb. 283 dargestellte Versuch zeigt. Wirksam ist dabei in erster Linie die *Farbe*. Man kann Bienen oder Hummeln auf eine solche dressieren, wenn man sie ihnen in einem umlegbaren Muster von Farbtafeln wiederholt als

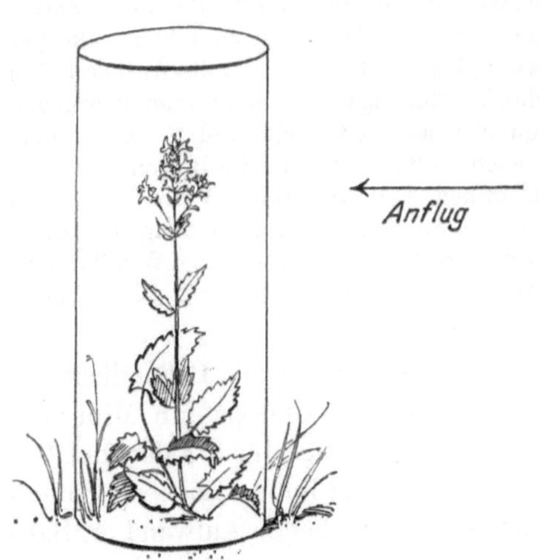


Abb. 283. Anflug einer Hummel auf den Blütenstand eines Lippenblütlers *(Stachys officinalis)*, dessen optischer und Duftreiz durch einen Glaszylinder getrennt sind. (Nach Kugler, verändert.) (R.)

Unterlage von Nahrung (Zuckerwasser) darbietet. Die Tiere fliegen diese Farbe schließlich auch ohne Zuckerwasser an, selbst wenn die Form der Farbfläche geändert wird. Ebenso fliegt eine auf den Besuch einer bestimmten Blume eingestellte Hummel auch ein gleichfarbiges Papiermodell an. Das bedeutet aber noch nicht den *Besuch* desselben. Sie wendet sich vielmehr unmittelbar davor ab und fliegt weiter, weil der für den *Besuch* notwendige *Duftreiz* fehlt. Läßt man diesen wirken, indem man etwa im Modell eine wirkliche Blüte versteckt, so erfolgt der Versuch zum Saugen durch Vorstrecken und Tasten des Rüssels. Dabei muß der spezifische Duft einer bestimmten Blüte geboten werden. Wird dieser durch Einträufeln

eines stark riechenden ätherischen Öles überdeckt, so unterbleibt der Besuch. Neben dem Duft nimmt die Hummel auch die *Formgestaltung* der Blüte und auf ihr befindliche Zeichnungen wahr. Letztere dienen oft als *Saftmale*, d. h. Wegweiser für das Einführen des Rüssels, besonders bei zygomorphen Blüten, während bei radiären die Tiere auch ohne Saftmal in der Mitte suchen.

Zum erstenmal ausfliegende Bienen oder Hummeln besuchen zunächst beliebige Blüten, wobei sie sich vom *Farbkontrast* beeinflussen lassen. Haben sie eine gute Nektarquelle gefunden, so bleiben sie dieser treu und werden blütenstet, bei den Bienen unter Mitteilung an die Stockgenossen durch richtungweisende Tanzbewegungen.

**Spezielle Bestäubungseinrichtungen.** Die Mannigfaltigkeit spezieller Blütenanpassungen an die Bestäubung durch Tiere ist fast unübersehbar. Sie kann hier nur durch einige wenige Fälle beleuchtet werden.

Blüten, welche auf Bestäubung durch *Schmetterlinge* eingerichtet sind, halten durch eine lange und enge Kronenröhre weniger langrüsselige Insekten von dem am Grunde ausgeschiedenen Nektar fern. Die in Abb. 284 *A* dargestellte vormännliche *Geißblattblüte* streckt dem anfliegenden Nachtschwärmer am ersten Abend die reifen Staubbeutel, am zweiten die nun empfängnisfähig gewordene Narbe entgegen.

Eine typische *Hummelblume* ist die Lippenblüte der *Taubnessel* (Abb. 3). Der Honig wird am Grund einer langen und engen Blumenkronenröhre abgeschieden und ist deshalb nur langrüsseligen Bienen und Hummeln erreichbar. Die Unterlippe dient als Landeplatz. Beim Hineinzwängen des Kopfes stößt das Tier im frühen Zustand der vormännlichen Blüte an die Staubbeutel und belädt sich mit Blütenstaub. Beim Besuch einer älteren Blüte trifft es an derselben Stelle auf die nun zweispaltig geöffnete Narbe. Bei der roten Taubnessel *(Lamium purpureum)* ist die Kronenröhre kurz und weit genug, um zahlreichen Bienen und Hummelarten, darunter der Honigbiene mit ihrem 6 mm langem Rüssel, das Aufsaugen des

Honigs zu erlauben. Bei der weißen und gefleckten Art (*Lamium album* und *maculatum*) dagegen ist dazu eine Rüssellänge von wenigstens 10–12 mm erforderlich, die nur von einigen wenigen Hummelarten erreicht wird.

Bei der *Salbei* ist die Lippenblüte zu einem *Schlagwerk* umgestaltet (Abb. 284 *B*). Es sind nur noch zwei Staubblätter ausgebildet, und zwar so, daß der Staubfaden

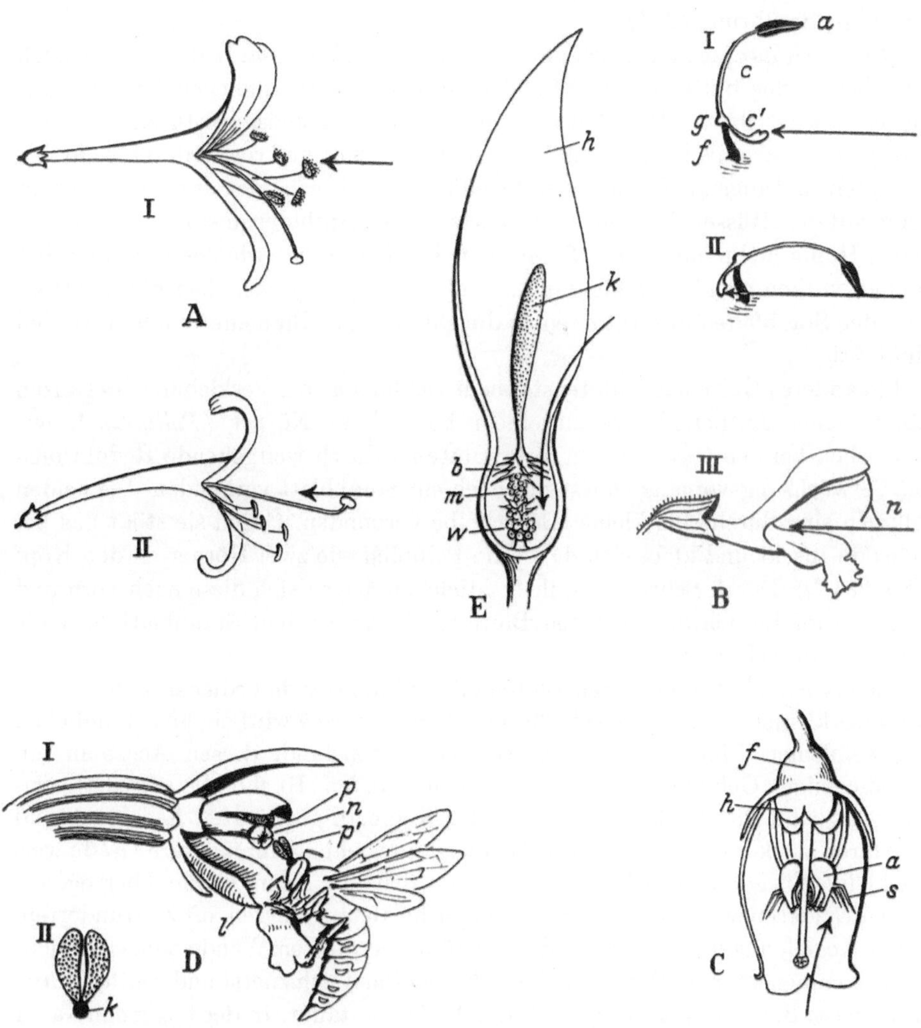

Abb. 284. Insektenblüten. Die Pfeile geben den Weg des bestäubenden Insektes an. *A* Nachtfalterblume des Geißblattes *(Lonicera periclymenum)*. I Antherenreife am ersten Abend. II Narbenreife am zweiten Abend.— *B* Schlagwerkblüte *(Salvia glutinosa)*. I, II Hebelmechanismus des Staubblattes. *a* Blütenstaubführende Antherenhälfte. *c, c'* langer und kurzer Schenkel des Verbindungsstückes (Konnektiv). *g* Gelenk. *f* Staubfaden. III Blüte im weiblichen Stadium. *n* Narbe.— *C* Streuvorrichtung einer aufgeschnitten gezeichneten Ericaceenblüte *(Vaccinium uliginosum)*. *a* Anthere mit Fortsätzen *s. h* Nektardrüsen. *f* unterständiger Fruchtknoten.— *D* Pollinienblüte einer Orchidee *(Epipactis palustris)*. I Blüte mit die Narbe bestäubender Wespe. Die seitlichen Perigonblätter sind abgeschnitten. *p* Pollinium in der geöffneten Anthere, Pollen punktiert, Klebescheibchen schwarz gezeichnet. *p'* von der Wespe mitgebrachtes Pollinium. *n* Narbenfläche, *l* Lippe. II Die beiden Pollinien mit Klebescheibchen *k*. — *E* Kesselfalle des aufgeschnitten gezeichneten Blütenstandes des Aronstabes *(Arum maculatum)*. *m* Männliche Blüten. *w* weibliche Blüten. *b* abschließende Borsten. *k* keulenförmige Verlängerung der Blütenstandsachse. *h* Hochblatt (Spatha). (Nach Knuth, Kerner von Marilaun, H. Müller, Firbas, teilweise verändert.) (R.)

eine kurze Säule bildet, auf der mit einem Gelenk das lange, halbkreisförmige Verbindungsstück (Konnektiv) der Antherenhälften als ungleicharmiger Hebel beweglich aufgesetzt ist. Nur eine Hälfte ist fruchtbar ausgebildet, die andere bildet ein Scheibchen, das den Eingang zur Blüte versperrt *(I)*. Wird es von einer eindringenden Hummel zurückgedrückt, so schlägt der längere Hebelarm die Anthere auf den Rücken des Tieres und bestreut ihn mit Blütenstaub *(II)*. Später krümmt sich die Narbe nach unten und kommt dadurch mit dem eingestäubten Rücken eines Besuchers in Berührung *(III)*.

*Streuvorrichtungen* finden sich unter anderem bei *Ericaceen*. In den glockig nach unten hängenden Blüten (Abb. 284 *C*) öffnen sich die vormännlichen Antheren mit Löchern an der Spitze. Der Blütenstaub ist nicht, wie meist bei Insektenblüten, klebrig und zusammenballend, sondern fein und trocken und rieselt deshalb auf den von unten eindringenden Haut- oder Zweiflügler herab, sobald er auf dem Weg zum Honig mit dem Rüssel die eigenartigen Fortsätze der Antheren anstößt. Die älteren, keinen Honig mehr führenden Blüten mancher Ericaceen, wie des in großen Beständen vorkommenden Heidekrautes *(Calluna vulgaris)*, schieben durch Streckung der Staubfäden die Antheren in die Öffnung der Blumenkrone und werden windblütig.

Ein anderes Extrem der Blütenstaubentwicklung ist die Verklebung des ganzen Inhalts einer Antherenhälfte zu einem kompakten Körper *(Pollinium)*, wie namentlich bei den *Orchideen*. In ihrer Blüte ist durch weitgehende Reduktions- und Verwachsungsvorgänge meist nur noch ein Staubblatt vorhanden. Die beiden Pollinien sind durch eine kleine Klebscheibe verbunden. Gegen sie stößt das besuchende Insekt und klebt sich dabei die Pollinien wie zwei Hörner an den Kopf (Abb. 284 *D*). Durch Schrumpfen ihrer Stielchen neigen sich diese nach vorn und werden beim Besuch der nächsten Blüte an die unter dem Staubblatt liegende Narbenfläche gebracht.

Die als *Kesselfallen* gebauten Blüten oder Blütenstände bedienen sich zur Bestäubung kleiner Insekten, meist Fliegen. Beim *Aronstab* wird ein aus männlichen und weiblichen Blüten zusammengesetzter Blütenstand, dessen Achse in ein keulenförmiges Gebilde ausläuft, von einem großen Hochblatt (Spatha) umschlossen (Abb. 284 *E*). Durch den von der Keule ausgeströmten Aasgeruch und eine durch starke Atmung bewirkte Temperaturerhöhung um mehrere Grade werden kleine Fliegen angelockt. Sie gleiten an den mit einem Ölfilm überzogenen glatten Epidermiswänden der Keule und Spatha ab und stürzen, oft zu Hunderten, in den Kessel, aus dem sie wegen der Borsten und glatten Wände zunächst nicht herauskommen können. Die weiblichen Blüten öffnen sich zuerst und werden durch aus anderen Blütenständen mitgebrachten Pollen bestäubt. In der folgenden Nacht entleeren die männlichen Blüten den Blütenstaub, mit dem sich die im Kessel herumkriechenden Insekten einpudern. Nun welkt die Spatha, und durch Verschrumpfung der Borsten und Wände wird der Ausgang frei, worauf die Insekten eine andere neuaufgeblühte Pflanze aufsuchen und bestäuben.

Im letzten Ende kann die Bestäubungsgemeinschaft zu einer Art *symbiontischen Zusammenlebens* führen. Das ist z. B. bei *Yucca*, einer amerikanischen Liliaceengattung, der Fall, bei der eine Motte mit besonders ausgebildeten Organen den Blütenstaub aus den Staubbeuteln herausholt, zu einer Kugel formt und in den Griffelkanal einer zweiten Blüte hineinstopft. Gleichzeitig sticht sie mit einem

Legeapparat ihre Eier in den Fruchtknoten ein. Ein Teil der sich entwickelnden Samenanlagen dient den ausschlüpfenden Larven zur Ernährung, der größere Rest bildet Samen. Für die Yuccapflanze gibt es ebensowenig eine andere Möglichkeit der Bestäubung wie für die Yuccamotte eine andere der Larvenentwicklung. Daher decken sich die geographischen Verbreitungsareale beider. Eine ähnlich enge Beziehung besteht zwischen dem Feigenbaum und der Feigengallwespe.

## b) Samenverbreitung.

**Windverbreitung.** Gegenüber Sporen und Blütenstaub stellen die Samen vielzellige und schwere Gebilde dar. Ein Transport in der *Luft* benötigt deshalb im allgemeinen besondere Anpassungen. Mit einer außergewöhnlichen *Samenverkleinerung* arbeiten viele Orchideen, bei denen die schon bei der Keimung erfolgende Wurzelverpilzung (S. 228) eine sehr weitgehende Reduktion des Einzelsamens bis auf ein Gewicht von nur 0,002 mg ermöglicht.

Für *größere* Samen bzw. Früchte sind *Schwebeeinrichtungen* zur Verminderung der Sinkgeschwindigkeit notwendig. *Geflügelte* Früchte fliegen je nach der Ausbildung und Anordnung der Flügel im Gleitflug (Abb. 285 *A*) oder sinken verzögert durch Drehung (*B*). Die bis zu 25 cm langen und 32 g schweren Dipterocarpaceenfrüchte (*E*) fallen wie Fliegerbomben von sehr hohen Urwaldbäumen innerhalb eines Umkreises von 50—150 m. Schwebetypen mit *Haargebilden* sind *C* und *D*. Bei dem Federflieger in *F* wird der Samen nach der Landung in den Boden hineingebohrt, indem sich der bei Feuchtigkeit gerade Federstiel bei Trockenheit durch Torsionsentquellung (Abb. 179) korkzieherartig einrollt und dabei, sobald die Federfahne an einer Pflanze oder Bodenunebenheit ein Widerlager findet, den Samen in drehende Bewegung versetzt; das Wiederherausschrauben aus dem Boden verhindern Widerhaken.

In zahlreichen Fällen verzichtet die Pflanze auf einen Ferntransport der Samen und begnügt sich mit deren *Ausstreuung*, zumal aus Balg- und Kapselfrüchten (Abb. 122 *A—C*). Diese wirken oft wie eine Streubüchse, welche sich nur bei trockenem Wetter öffnet und dann dem schüttelnden Wind die Samen mitgibt. In anderen Fällen werden Turgor- und Quellungsmechanismen zum *Abschleudern* der Samen benutzt (Abb. 178, 179).

**Schwimmfrüchte.** Schwimmfrüchte oder -samen vermindern ihr spezifisches Gewicht durch luftführende Zellen oder Interzellularräume und schaffen sich durch Kutinisierung oder Wachsüberzüge wasserdichte Epidermen. Sie können so manchmal jahrelang schwimmfähig bleiben. Es gibt auch Strandpflanzen, welche dieses Ausbreitungsmittel benutzen, am bekanntesten die Kokosnußpalme, welche durch Meeresströmungen eine weltweite Verbreitung am tropischen Sandstrand erlangt hat.

**Tierverbreitung.** Die Anpassungen der Früchte an die Verbreitung durch Tiere gehen entweder auf ein äußerliches *Anhaften* oder eine Aufnahme als *Nahrung*. Im allgemeinen wird der erste Weg mehr von Bodenpflanzen, der letztere von Sträuchern und Bäumen beschritten.

Zum *Festhaften* dienen Haare mit gekrümmter Spitze, wie bei der Labkrautklette (Abb. 285 *G*) oder größere hakige Auswüchse, oft der frühere Griffel, wie bei der Anemone (Abb. 1). Weniger harmlos für den Träger sind gewisse auf der Erde liegende Früchte, wie die südafrikanischen *Wollspinnen* (*I*), deren lange geschlossen bleibende Kapseln sich mit starken Widerhakenkrallen unter die Hufe und an die Beine von Antilopen, Schafen usw. festklammern, oder die amerikanischen *Gemshörner* (*H*), deren Fruchtkapseln sich mit zwei nadelscharfen, gekrümmten Fortsätzen (Griffel) in die Haut festhaken.

Die zum *Gefressenwerden* bestimmten Früchte locken als Beeren-, Stein-, Kern- oder Sammelfrüchte (Abb. 5, 122 *EF*) durch Farbe, Form und Geschmack, bis-

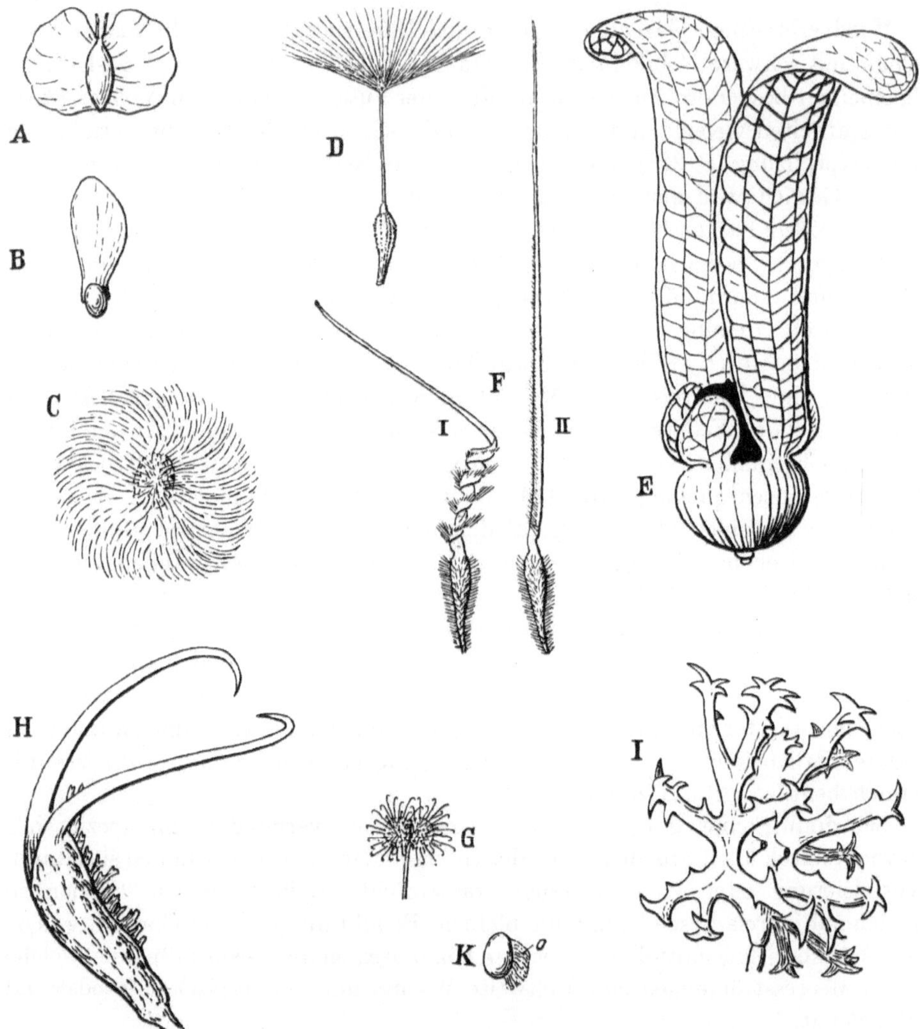

Abb. 285. Verbreitungsmittel von Früchten und Samen. *A* Birkensamen mit Flughaut (Segelflieger). – *B* Fichtensamen mit Flughaut (Schraubenflieger). – *C* Samen der Baumwolle mit Flughaaren. – *D* Frucht des Löwenzahns mit Haarkranz (Schirmflieger). – *E* Frucht von *Dipterocarpus*. Die Nuß (schwarz gezeichnet) ist vom Fruchtkelch umgeben, von dessen fünf Zipfeln zwei als Fallflügel ausgebildet sind. – *F* Teilfrucht des Reiherschnabels *(Erodium cicutarium)*. I trocken. II feucht. Die Granne dreht bei ihrer hygroskopischen Krümmung den Samen in den Erdboden. – *G* Frucht des Kletten-Labkrautes *(Galium aparine)*. – *H* Frucht einer amerikanischen Trampelklette *(Proboscidea lutea)* nach Wegnahme des fleischigen Fruchtwandteiles. – *I* Frucht einer südafrikanischen Wollspinne *(Harpagophytum procumbens)*. – *K* Samen des Schöllkrautes *(Chelidonium majus)* mit am Nabel anhaftendem Ölgewebe *o*. *E* und *H* etwa 1/2, sonst 1/1 oder schwach vergrößert. (Nach Ulbrich, Schenck, v. Wettstein, Kerner v. Marilaun.)

weilen auch Duft an, aber erst wenn die Samen reifgeworden sind. Diese selbst sind durch harte und schwer zersetzbare Schalen gegen den schnellen Angriff von Verdauungssäften geschützt, passieren deshalb unbeschädigt Magen und Darm und werden mit den Exkrementen abgesetzt.

*Nußartige* Früchte werden oft dadurch verbreitet, daß Nagetiere (Hamster, Eichhörnchen, Mäuse) und Vögel (Spechte, Häher) *Winterlager* anlegen, wobei stets eine größere oder kleinere Anzahl Früchte beim Transport verlorengeht oder vergessen übrigbleibt.

Viele Pflanzenarten bedienen sich des Sammeltriebes der *Ameisen*, indem sie ihre Samen bzw. Früchtchen mit öl- und fettreichen Oberhautschichten oder häufiger Gewebewucherungen *(Ölkörper*, Abb. 285 *K)* ausstatten. Die Ameisen schätzen diese als Nahrungsmittel und schleppen deshalb die oft durch Niederneigen oder Umfallen der Fruchtstiele am Boden dargebotenen Samen in großen Mengen in ihre Bauten. Die Ölgewebe werden dort oder schon auf dem Transport abgebissen, die Samen selbst bleiben unberührt und werden aus dem Bau herausgeschafft oder sind unterwegs liegengeblieben. Man hat berechnet, daß ein einziger mittelgroßer Staat der roten Waldameise auf diese Weise jährlich etwa 40000 Samen verschleppt.

# E. Geobotanik (Pflanzengeographie).

Die Verteilung der Pflanzenwelt auf der Erde kann entweder in Hinsicht auf die einzelne *Pflanzenart (Floristik)* oder die am geographischen Standort sich zusammenfindende *Pflanzengesellschaft (Soziologie)* untersucht werden. Beide Disziplinen haben eine auf der *Systematik* gründende *beschreibend-ordnende* und eine von der *Ökologie* ausgehende *kausal-erklärende* Seite. Je nachdem man die heutige geographische oder die frühere geologische Verteilung im Auge hat, unterscheidet man zwischen *chorologischer* und *chronologischer* (historischer, genetischer) Geobotanik.

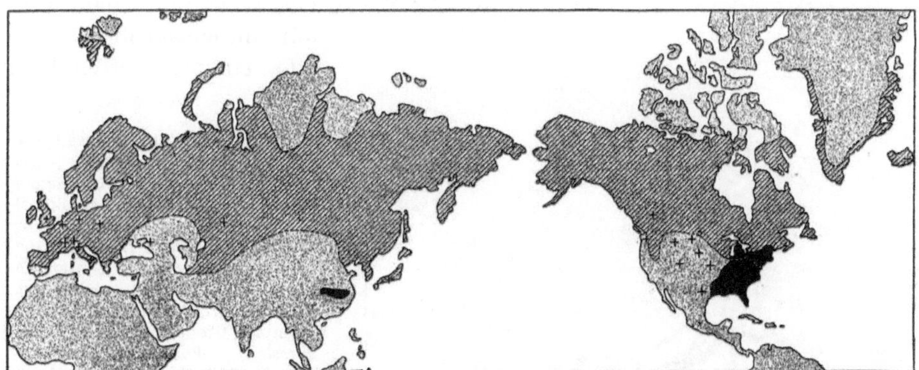

Abb. 286. Geschlossene und disjunkte Areale. Schraffiert: *Cardamine pratensis* (Wiesenschaumkraut). Schwarz: *Liriodendron tulipifera* bzw. *chinensis* (Tulpenbaum); + Kreide- und Tertiärfunde desselben. (Nach Meusel, Schmucker, verändert.)

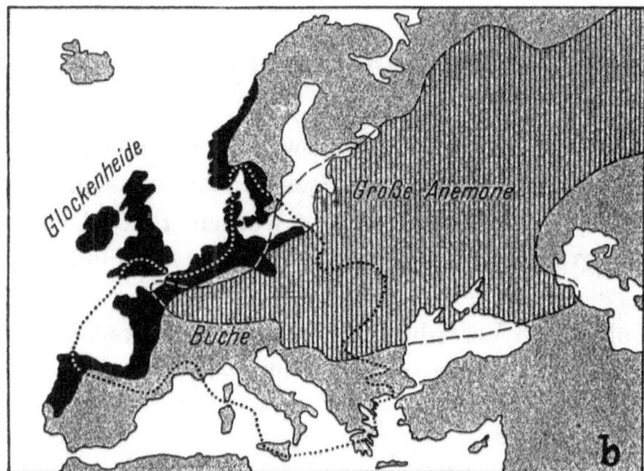



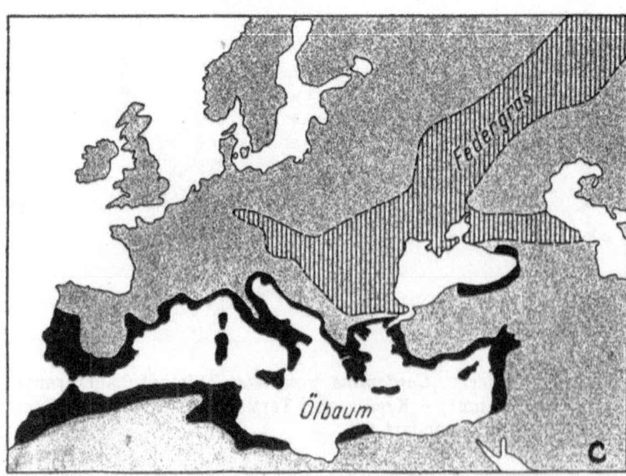



Abb. 287. Europäische Arealtypen.
*a* Schwarz: Arktisch-alpin (-ozeanisch); Gletscherhahnenfuß *(Ranunculus glacialis)*. Schraffiert: Borealmontan (-kontinental); Fichte *(Picea excelsa)*. *b* Schwarz: Atlantisch (boreomeridional-ozeanisch); Glockenheide *(Erica tetralix)*. Schraffiert: Kontinental (boreomeridional-kontinental); Große Anemone *(Anemone silvestris)*. Punktiert umrandet: Mitteleuropäisch; Buche *(Fagus silvatica)*. *c* Schwarz: Mediterran (Meridional-ozeanisch); Ölbaum *(Olea europaea)*. Schraffiert: Pontisch (submeridional-kontinental): Federgras *(Stipa stenophylla)*. (Nach Meusel, Schmucker, verändert.)

# I. Floristik.

**Areal.** Die Grundaufgabe der chorologischen Floristik ist die Feststellung des *Verbreitungsgebietes (Areal)* einer Art. Es wird durch Punkteintragung aller bekannten Fundorte auf der Karte festgestellt und meist unter Vernachlässigung der Punktdichte und kleinerer Leerstellen (Gewässer, Gebirge usw.) durch Verbindung der äußersten Standorte als Arealfläche gezeichnet. Die Grenzziehung ist dabei oft nicht ohne Willkür, weil die im Kerngebiet häufige Art nach dem Rande hin selten wird und sich nur noch an vereinzelten, oft weit auseinanderliegenden oder vorgeschobenen Örtlichkeiten findet (Abb. 300).

Die Pflanzenareale haben sehr verschiedene *Größe* und *Form*. Sie können sich weit *ausdehnen*, z. B. über Amerika, Europa und Asien hinweg (Abb. 286) oder sehr eng beschränkt sein, etwa auf eine einzige kleine Insel oder einen isolierten Berg

*(Endemismus)*. Dabei können sie zusammenhängend *(geschlossene Areale)* oder in Teilareale aufgespalten sein *(disjunkte Areale)* (Abb. 286).

**Arealtypen.** Nach der geographischen Lage ihrer Schwerpunkte kann man die Areale in *Arealtypen* ordnen. Für den eurosibirischen Raum gliedert sich dabei von Norden nach Süden eine *arktische, boreale, boreomeridionale* und *meridionale* Zone aus, während von Westen nach Osten sich *kontinentale* Areale in der Mitte des

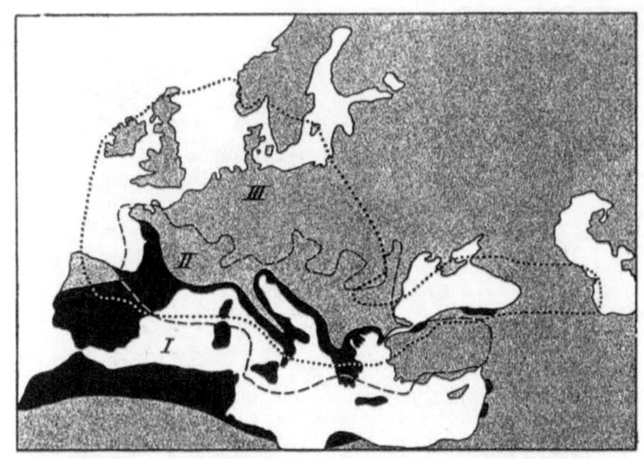

Abb. 288. Europäische Eichenareale. I Immergrüne Eiche *(Quercus ilex)*, mediterran. II Flaumeiche *(Qu. pubescens)*, submediterran. III Steineiche *(Qu. petraea)*, mitteleuropäisch. (Nach Meusel.)

Landblockes von *ozeanischen* nach der atlantischen und pazifischen Küste hin scheiden. Die horizontale Gliederung wiederholt sich *vertikal* in den Gebirgen, d. h. die Areale mancher arktischer Arten greifen in Mitteleuropa disjunkt auf die Alpen, die borealer auf die Mittelgebirge über (Abb. 287 *a, arktisch-alpine* und *boreal-montane* Arealtypen). Für Europa ergeben sich so die in Abb. 287 dargestellten *Arealtypen*, wobei die boreomeridional-ozeanischen Florenelemente als atlantisch, die boreomeridional-kontinentalen als kontinental, die meridional-ozeanischen als mediterran, die submeridional-kontinentalen als pontisch bezeichnet werden. Zwischen ihnen vermitteln Übergänge, wie z. B. das Areal der Flaumeiche *(Quercus pubescens)*, welches zwischen dem mediterranen der immergrünen Eiche *(Qu. ilex)* und dem mitteleuropäischen der Steineiche *(Qu. petraea)* liegt und deshalb als submeridional bezeichnet wird (Abb. 288).

Aus der Häufung von Florenelementen ergibt sich die Aufteilung Europas in einen *arktischen, borealen, atlantischen, kontinentalen, mediterranen und pontischen Florenbezirk* (Abb. 289). *Mitteleuropa* stellt im wesentlichen ein atlantisch-kontinentales Übergangsgebiet dar mit einer beschränkten Zahl eigener Arealtypen, darunter z. B. Buche und Steineiche mit mitteleuropäisch-mediterran-montaner Verbreitung (Abb. 287 *b*, 288).

Die Arealtypen sind, wie schon ihre geographische

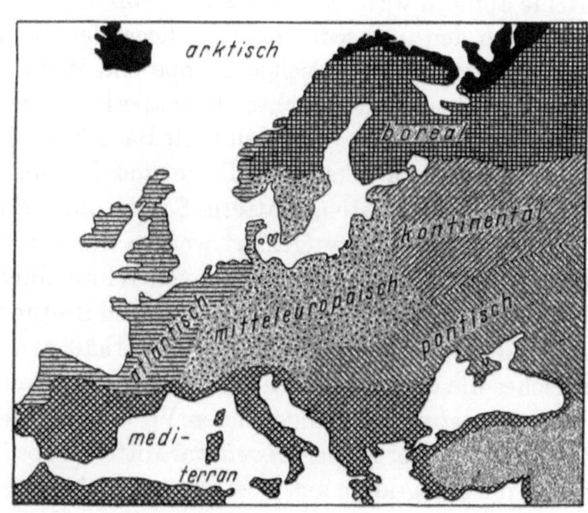


Abb. 289. Florenbezirke Europas. (Nach Walter, Oberdorfer, verändert.)

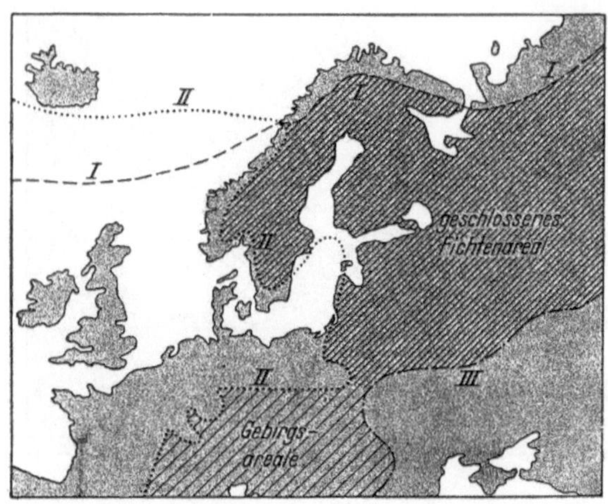


Abb. 290. Arealgrenzen der Fichte im Vergleich mit Klimalinien.
I Kältegrenze (mindestens 65 Tage mit über 12,5° Tagesmaxi-
mum. II Ozeanische Grenze (mindestens 120 Frosttage).
III Wärmegrenze (höchstens 65 Tage mit über 24° Tagesmaxi-
mum. (Nach Enquist, verändert.)

Lage andeutet, weitgehend *klimatisch* bedingt. Die Arealgrenzen fallen oft mit gewissen *Temperatur-* und *Feuchtigkeitslinien* zusammen. So stimmt die Nordgrenze der Fichte (Abb. 290) ziemlich genau mit der Juliisotherme von 10° oder der Linie überein, welche 65 Tage mit wenigstens 12,5° Maximaltemperatur verbindet und als Minimum ausreichender Sommerwärme angesehen werden kann. Die Südgrenze ist eine Wärmegrenze bei 65 Sommertagen mit über 24° maximal. Nach Westen ist das kontinental-boreale Fichtenareal an wenigstens 120

Frosttage mit Minimumtemperaturen bei und unter 0° gebunden. Bei der Buche fällt die Nordgrenze mit der Januarisotherme von —2° zusammen, was als Begrenzung durch winterliche Kälte gedeutet werden kann. In ähnlicher Weise kann man Areale atlantischer und kontinentaler Arten durch bestimmte Regenmengen abgrenzen (Abb. 300). Mit solchen Vergleichen liegen freilich noch nicht die wirklichen ursächlichen Zusammenhänge klar, welche sicher viel komplizierter sind und einer experimentell-ökologischen Analyse bedürfen.

**Florengeschichte.** Neben ökologischen Minimumfaktoren können noch im Gang befindliche *Wanderungen* der Pflanzenart ihre heutigen Arealgrenzen bestimmen. Keinere Grenzverschiebungen sind schon als Folge heute vor sich gehender Klimaschwankungen zu beobachten. So hat sich in Lappland unter dem Einfluß einer Reihe abnorm warmer Jahre Kiefernanflug weit vor einer Arealgrenze eingestellt, die, nach den in ihrem Vorgebiet liegenden Baumleichen zu schließen, bisher im Rückzug war, und zwischen Steppe und Wald sind ähnliche Verschiebungen als Folge trockener und feuchter Klimaperioden im Gang.

Die heutigen Areale sind nur mit Berücksichtigung der *eis-* und *nacheiszeitlichen Wanderungen* zu verstehen. Diese sind für eine Anzahl von Arten außer durch Funde von Holzresten, Blättern, Samen und Früchten vor allem durch die *Pollenanalyse* weitgehend aufgeklärt worden. Sie gründet sich auf die gute Erhaltungsfähigkeit der Blütenstaubkörner von Windblühern in Ablagerungen von Seen und besonders im Torf der Hochmoore. Durch Bestimmung und Auszählung der Blütenstaubkörner von Schicht zu Schicht erhält man ein *Pollendiagramm* (Abb. 291), welches die qualitative, mit gewissen Einschränkungen auch die quantitative Zusammensetzung der umgebenden Vegetation wiedergibt.

Während der letzten *Eiszeit* war Mitteleuropa im allgemeinen *waldlos* (Abb. 292). Ein Pollendiagramm aus Oberschwaben (Abb. 291) weist für diese Periode zahlenmäßig nur sehr spärlichen Baumpollen, überwiegend von Weiden *(Salix)* und Zwergbirken *(Betula)*, auf; der wenige Kiefernpollen *(Pinus)* kann dank seiner ausgezeichneten Flugfähigkeit (Abb. 282 *A*) von weither stammen. Dagegen ist sehr viel Blütenstaub von Riedgräsern *(Cyperaceae)*, Gräsern *(Gramineae)* und anderer außerhalb des Waldes häufiger Arten vorhanden. Bei 137 cm des Diagramms ändert sich das Bild vollständig. Es beginnt die *nacheiszeitliche Bewaldung*, wobei zunächst Birken-, dann Kiefern-, dann, unter vorübergehendem Hervortreten der Hasel *(Corylus)*, Eichenmischwälder aus Eiche *(Quercus)*, Linde *(Tilia)* und Ulme *(Ulmus)* auftreten. Später folgt, im abgebildeten Diagramm nicht mehr erfaßt, das Auftreten der Buche *(Fagus)*. Aus dem ökologischen Verhalten dieser Bäume läßt sich der auch durch andere Tatsachen gestützte Schluß ziehen, daß der Eichenmischwald einer *Wärmezeit* entspricht, die im Haselnuß-Maximum ein gegenüber heute um 2—3° höheres Jahresmittel hatte. Die in der Tabelle gegebene Übersicht zeigt, wie weit die florengeschichtliche Analyse Mitteleuropas in Verbindung mit geologischen und prähistorischen Untersuchungen getrieben werden konnte.

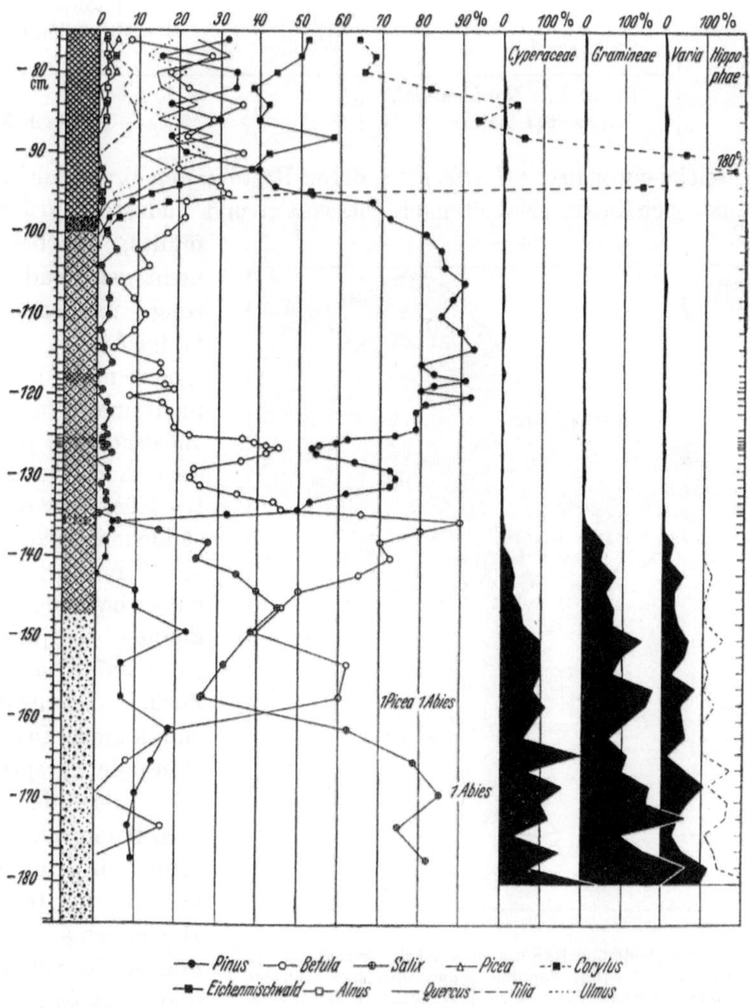


Abb. 291. Pollendiagramm spät- und nacheiszeitlicher Ablagerungen in Oberschwaben (Federsee). Alle Pollenprozente beziehen sich auf die Gesamtzahl der Baumpollen ohne Corylus. (Nach Firbas.)

| Ungefähre Zeitgrenze | Klimaperioden | Waldzeit | Kulturperioden |
|---|---|---|---|
| Gegenwart | Nachwärmezeit (Subatlantikum) *Klimaverschlechterung* | Buchenzeit | Geschichtliche Zeit La-Tène-Zeit |
| 500—800 v. Chr. | Späte Wärmezeit (Subboreal) | Übergangszeit | Bronzezeit |
| 2500 v. Chr. | Mittlere Wärmezeit (Atlantikum) | Eichenmisch-waldzeit | Neolithikum |
| 5000 v. Chr. | Frühe Wärmezeit (Boreal) Vorwärmezeit | Haselzeit und frühe Eichen-mischwaldzeit | Mesolithikum |
| 8000 v. Chr. | *Eisrand in Mittelschweden* Späteiszeit | Kiefern-Birken-Zeit Waldlose Zeit | Paläolithikum (Magdalénien) |
| 18 000 v. Chr. | *Eisrand in Norddeutschl.* Eiszeit (Glazial) | | (Nach Firbas) |

Als die reiche europäische *Tertiärflora*, deren Reste in den Braunkohlenlagern erhalten sind, sich in der Eiszeit nach Südwesten und Südosten zurückziehen

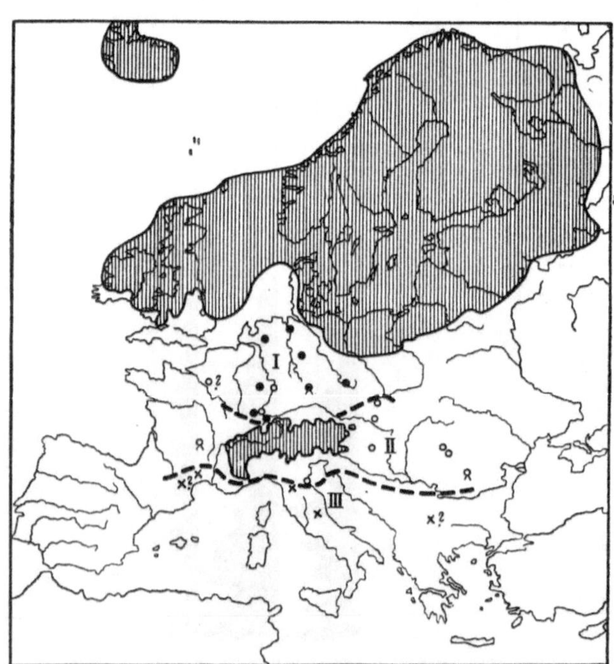

mußte, starben viele nicht genügend wanderungs- und anpassungsfähige Arten aus. Andere fanden nach der Eiszeit nicht mehr zurück, wie *Rhododendron ponticum*, der sich in zwei disjunkten Rückzugsarealen im südlichen Spanien und am Schwarzen Meer erhalten hat. Die arktisch-alpinen Disjunktionen (Abb. 287 *a*) sind beim Zurückweichen des Eises entstanden, indem die Bestände ursprünglich arktischer oder in der Eiszeit neu entstandener Arten mit dem Eis teils nach Norden, teils in die Hochalpen auseinandergingen. In *Nordamerika* und *Ostasien*, wo der Tertiärflora breite Rück-

Abb. 292. Vegetationsgliederung Europas während der letzten Eiszeit. Gletscher schraffiert. I Waldlose Tundren (Fundstellen durch Punkte bezeichnet). II Birken-Kiefernwälder (Kreise). III Birken-Kiefernwälder mit geringer Beimischung wärmeliebender Bäume (Kreuze). (Nach Firbas.)

zugsflächen zur Ver-
fügung standen
und der eiszeitliche
Temperaturrückgang
nicht so groß war, ist
von den Tertiärfloren
viel mehr erhalten
geblieben, und die
dortigen Wälder sind
heute sehr viel arten-
reicher als unsere
mitteleuropäischen.

**Florenreiche.** Die
Gesamtverteilung der
Vegetation auf der
Erde ist durch das

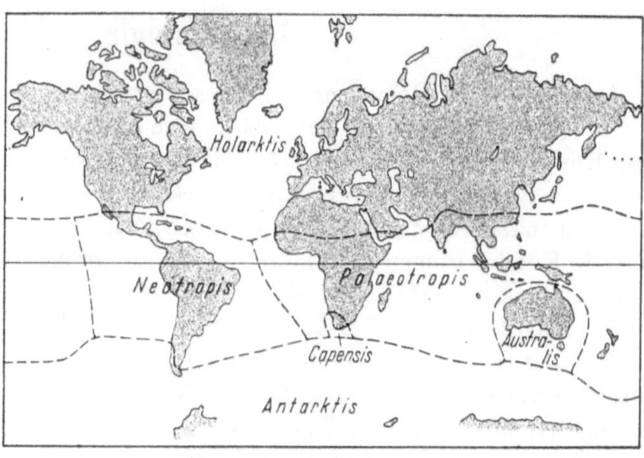


Abb. 293. Florenreiche der Erde.

Klima, aber auch maßgebend durch die geologischen Umwälzungen bedingt. Auf
der nördlichen Halbkugel erstrecken sich die Areale vieler Arten über alle drei Erd-
teile hinweg (Abb. 286). Noch häufiger gilt das für das Gesamtareal von Gattungen etwa der Pappeln, Eichen oder Buchen, welche in nahe verwandten Arten
in Nordamerika, Europa und Asien vorkommen. Man faßt deshalb diese drei Erd-
teile, soweit sie nicht in die Tropen fallen, als *holarktisches Florenreich (Holarktis)*
zusammen (Abb. 293). Im äquatorialen Gürtel dagegen und auf der südlichen
Halbkugel bestehen scharfe Unterschiede zwischen der Alten Welt, der Neuen
Welt und Australien. So kommen Kakteen (Abb. 8 *A*, 250) und Bromeliaceen
(Abb. 113) nur in Zentral- und Südamerika vor, während für Afrika und Süd-
asien u. a. sukkulente Euphorbien, Stapelien und Kleinien (Abb. 8 *B—D*) eigentümlich sind und Australien floristisch eine ähnliche Sonderstellung einnimmt wie
in seiner Tierwelt. Man trennt deshalb *Neotropis*, *Paläotropis* und *Australis*, welch
letzterer die Antarktis und Capensis nahestehen (Abb. 293). Diese auffallende Verteilung wird am besten durch die Theorie der *Kontinentalverschiebung* verständlich.
Nach ihr haben die heutigen Kontinente noch in der Kreide einen zusammen-
hängenden Block gebildet,
wobei das heutige Deutschland mit einer tropischen
Vegetation zeitweise unter
dem Äquator lag. Im Ter-
tiär ist von Süden her eine
Aufspaltung der Kontinente
erfolgt, wobei sich zuerst
Australien abgelöst hat,
während zwischen Europa
und Nordamerika noch
lange Zeit Landbrücken bestanden (Abb. 294).

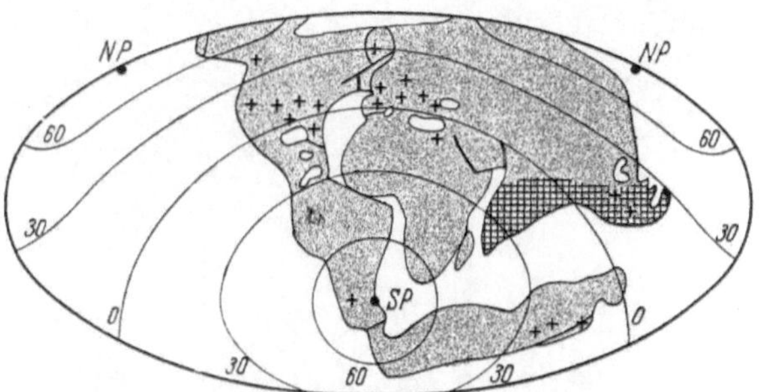


Abb. 294. Aufspaltung der Kontinente im Frühtertiär. NP bzw.
SP damaliger Nord- bzw. Südpol. + Kreide- und Tertiärfunde von
Zimtbäumen *(Cinnamomum)*; heutiges Areal der Gattung schraffiert.
(Nach Wegener, Irmscher, verändert.)

# II. Soziologie.

**Assoziation.** Die Pflanzenarten eines Florenbezirkes treten in charakteristischen *Pflanzengesellschaften* auf, welche sich an Standorten mit gleichen Boden- und Klimabedingungen wiederholen. Ihre systematische Definition ist möglich, wenn man in einheitlichen Vegetationsflecken, etwa von 100 qm Fläche, sämtliche vorkommenden Arten feststellt und diese *Artenlisten* auf sich oftmals wiederholende Kombinationen bestimmter Arten hin vergleicht. Eine solche *charakteristische Artenkombination* wird als *Assoziation* bezeichnet. Die Assoziationen sind die Grundeinheiten der Soziologie, ähnlich wie die Arten die der Systematik. Sie stellen aber nicht wie diese unteilbare organismische Einheiten dar, sondern ein durch begrenzende Standortsfaktoren, Konkurrenzkampf und Ausbreitungszufälligkeiten entstandenes äußeres Gleichgewicht selbständiger Individuen, das sich an zwei Standorten derselben Assoziation niemals genau in derselben Artenzusammensetzung und Artenhäufigkeit wiederholt.

Für die Charakterisierung einer Assoziation sind die Arten entscheidend, welche ihr *treu* sind, d. h. in anderen Assoziationen überhaupt nicht oder in nur geringer Regelmäßigkeit und Menge vorkommen. Sie werden als *Charakterarten* bezeichnet und definieren die Assoziation, die meist nach einer oder mehreren von ihnen bezeichnet wird, indem man an den Gattungsnamen die Endsilbe -etum anhängt und den Genitiv des Artnamens hinzufügt.

Beispielsweise heißt die Assoziation des Buchenwaldes nach der Buche (*Fagus silvatica*) als Hauptcharakterart *Fagetum silvaticae*. Weitere Charakterarten in ihr sind Tanne (*Abies alba*), Hasenlattich (*Prenanthes purpurea*), Vogelnestwurz (*Neottia nidus avis*), Waldgerste

Abb. 295. Gesellschaftsgefüge eines Eichen-Hainbuchenwaldes. I Moos-, II Kraut-, III Strauch-, IV Baumschicht mit Epiphyten (Moose und Flechten an der Buche links und Schlingpflanzen [Waldrebe und Epheu] an der Eiche rechts.) (R.)

*(Elymus europaeus)*, Zahnwurz *(Cardamine bulbifera)* usw. Die Charakterarten kommen aber nicht sämtlich in jedem Buchenwald vor; es genügt zur Bestimmung der Assoziation das Vorkommen einiger, u. U. einer einzigen. Dabei ist in bewirtschafteten Wäldern in erster Linie auf die Bodenpflanzen und Sträucher zu achten, weil der Baumbestand durch den Forstbetrieb stark verändert sein kann. So gehört ein großer Teil unserer „Buchenwälder" nicht der Assoziation des Fagetums, sondern der des Eichen-Hainbuchenwaldes *(Querceto-Carpinetum)* an, in welchem die natürlicherweise nur in geringer Menge vorhandene Buche stark bevorzugt oder allein geduldet worden ist.

**Subassoziation.** Innerhalb des Bereichs einer Assoziation bedingen Unterschiede der Standortsverhältnisse, vor allem der Bodengüte und Bodenfeuchtigkeit, die Ausbildung von *Subassoziationen*, welche durch das Auftreten bestimmter Nicht-Charakterarten *(Differentialarten)* umgrenzbar sind. So unterscheidet man beim Fagetum neben der typischen Subassoziation (ohne Differentialarten) eine solche auf leicht saurem (wichtigste Differentialart: *Polytrichum attenuatum*), auf kalk-reichem *(Sesleria coerulea)*, auf sehr nährstoffreichem *(Allium ursinum)* und auf feuchtem Boden *(Lysimachia nemorum)*. Die Subassoziationen sind außer-ordentlich feine Zeiger für die Gesamtheit aller klimatischen und edaphischen Standortsbedingungen und geben deshalb wichtige Hinweise für die land- oder forstwirtschaftliche Eignung eines Geländes. Sie bilden die Grundlage der *Vegetationskartierung*, welche die ursprünglichen Vegetationsformen umgrenzt. Im Kulturland können diese oft noch aus Vegetationsresten an Wallhecken, Straßen-rändern usw., aus der Unkrautflora oder aus dem Bodenprofil rekonstruiert werden.

**Gesellschaftsgefüge.** Die Definition der Assoziation durch Charakterarten ist im wesentlichen nur ein diagnostisches Mittel der Unterscheidung und Ordnung. Sie sagt nichts über das *Gesellschaftsgefüge* in seinem physiognomischen Aufbau und ökologischen Zusammenhang aus.

Das Wesen eines Gesellschaftsgefüges ist uns besonders geläufig im Bild der *Wälder* und der Verwebung der sie über und unter der Erde aufbauenden Pflanzen-arten (Abb. 295, 296). Allgemein kann man im Wald eine Baum-, Strauch-, Kraut- (Feld-) und Moosschicht unterscheiden, die selbst wieder in mehrere

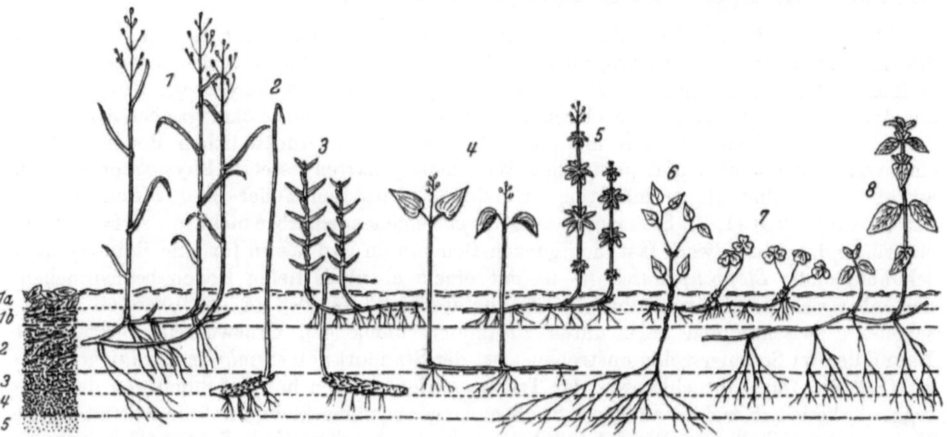

Abb. 296. Wurzelschichtung in einem Buchenwald. Bodenprofil: 1 *a* Streuschicht abgefallenen Laubes. 1 *b*, 2 Vermoderungsschichten, 3, 4 Humusschichten. 5 mineralischer A-Horizont. Pflanzen: 1 Perlgras *(Melica uniflora)*. 2 Zahnwurz *(Dentaria bulbifera)*, oberirdische Teile abgestorben. 3 Sternmiere *(Stellaria holostea)*. 4 Schattenblümchen *(Maianthemum bifolium)*. 5 Waldmeister *(Asperula odorata)*. 6 Waldveilchen *(Viola silvatica)*. 7 Sauerklee *(Oxalis acetosella)*. 8 Goldnessel *(Lamium galeobdolon)*. (Nach Meusel, verändert.)

Abb. 297. Vegetationsprofil eines pontischen Wiesensteppenhanges im Kyffhäusergebirge. Bodenprofil: *A* Schwarzerdeähnliche Oberschicht, *C* Muttergestein (Gips), in $C_1$ verwittert. Pflanzen: 1 Federgras *(Stipa pennata).* 2 Pfriemengras *(Stipa capillata).* 3 Erdsegge *(Carex humilis).* 4 Goldaster *(Aster linosyris).* 5 Schwarzwurzel *(Scorzonera purpurea).* 6 Skabiose *(Scabiosa canescens).* 7 Blauschwingel *(Festuca glauca).* 8 Heideröschen *(Fumaria procumbens.)* (Nach Meusel, verändert.)

Unterschichten zerfallen können. Die Gliederung wächst mit der Gunst der Verhältnisse und führt schließlich im tropischen Regenwald unter Beteiligung von Lianen und Epiphyten zu einer fast völligen Ausfüllung des Waldraumes (Abb. 267). Die Teilnehmer dieser Vergesellschaftung sind in ihren ökologischen Ansprüchen und Anpassungen, z. B. hinsichtlich Licht und Feuchtigkeit, so stark ineinander verzahnt, daß es einerseits gesellschaftsfremden Arten nicht möglich ist, in sie einzudringen, und daß andererseits vorübergehend, etwa durch außergewöhnliche Winterkälte oder Sommertrockenheit, ausgefallene Genossen ihren Platz in kurzer Zeit durch Vermehrung und Einwanderung wieder zurückgewinnen. Neben die räumliche Verteilung tritt, zumal in sommergrünen Wäldern, eine *zeitliche,* indem sich die Pflanzen der Krautschicht in ihren Vegetationsperioden abwechseln. Auch die unterirdischen Pflanzenteile, Rhizome und Wurzeln, verteilen sich auf durch ihre chemische und physikalische Beschaffenheit unterschiedene Bodenschichten (Abb. 296).

Als weiteres Beispiel kann die Struktur von Steppengesellschaften an den Gipshängen des Kyffhäusers im Thüringer Trockengebiet (Abb. 300) dienen. Es findet sich dort an treppenartigen Abhängen die in Abb. 297 dargestellte *Wiesensteppen-Gesellschaft, deren* Fläche auf Arten zweier verschiedener Florenelemente und verschiedener ökologischer Ansprüche verteilt ist. Die ebenen Absätze mit einem tieferen schwarzerdeähnlichen Boden (S. 200) sind von kontinentalen und pontischen Wiesensteppenarten besetzt. Physiognomisch am auffallendsten sind die in mächtigen Horsten entwickelten Feder- und Pfriemengräser der Gattung *Stipa* (1, 2). Sie erfüllen mit ihrem tiefgehenden, aber nicht in das Felsgestein eindringenden Wurzelwerk fast den ganzen Bodenraum und lassen für eine Reihe anderer schönblühender *Steppenpflanzen* (5—6) mit einem ebenfalls tiefen Boden beanspruchenden, aber weniger dichten Wurzelwerk nur wenig Platz. Der in den obersten Bodenschichten zwischen den nach unten zusammenschließenden Graswurzeln verbleibende Raum, der im Sommer völlig austrocknet, ist der Standort von *einjährigen Frühjahrspflanzen* (S. 210). Die Abbruchkanten der Treppenstufen werden hauptsächlich von der Erdsegge (3) besiedelt, welche an dieser Stelle einen genügenden Lichtgenuß findet und ein die Erde zusammenhaltendes Wurzelwerk besitzt. In den Absatzwinkeln liegt auf dem nahe an die Oberfläche herankommenden Felsenuntergrund eine nur sehr dünne Erdschicht. Das auf *tiefgründigen* Boden eingestellte Wurzelsystem der *pontischen Steppen*pflanzen hat hier keinen genügenden Lebensraum mehr; es wird Platz für *Felspflanzen,* welche dem *mediterranen* Florenelement angehören. Die beiden eingezeichneten Arten (7, 8) gehören zwei verschiedenen ökologischen Typen an, einem sehr flachwurzelnden, sich mit einer sehr dünnen Bodenauflage begnügenden und einem tiefwurzelnden, in die Spalten des Felsgesteins hineindringenden. Diese Arten, die in der Wiesensteppen-Gesellschaft nur „Begleiter" sind, treten als Charakterpflanzen in der Gesellschaft der *Felsenheide* auf (Abb. 298). Sie besetzt die steileren Hänge, auf denen Abbruch und Abschwemmung eine Bodenbildung nur in sehr geringem Ausmaß zulassen. An den unverwitterten Felsabstürzen finden Kormophyten keine Lebensmöglichkeit mehr; sie sind von *Flechtengesellschaften* besetzt, deren Gesellschaftsgefüge sehr viel einfacher und lockerer ist.

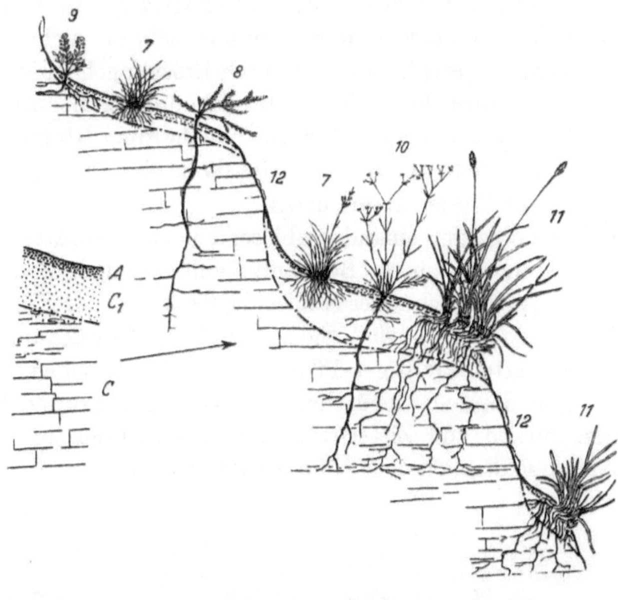

Abb. 298. Vegetationsprofil einer submediterranen Felsenheide im Kyffhäusergebirge. Bodenprofil: Erklärung wie in Abb. 217. Pflanzen, soweit nicht in Abb. 297 erklärt: 9 Steinkraut *(Alyssum montanum)*. 10 Gipskraut *(Gypsophila fastigiata)*. 11 Blaugras *(Sesleria coerulea)*. (Nach Meusel, verändert.)

**Gesellschaftsentwicklung.** Jedes *Klima* arbeitet auf einen ihm eigentümlichen *Boden* und damit auch auf eine ihm eigentümliche *Vegetation* hin. Als Beispiel ist in Abb. 299 die Boden- und Vegetationsentwicklung in den Alpen dargestellt. Kalkgestein liefert hier zunächst einen schwach alkalischen Boden, für welchen ein Seggenrasen *(Caricetum firmae)* kennzeichnend ist. Da das feuchte kühle Klima aber zur Podsolierung (S. 197) strebt, beginnt mit der Zeit eine gewisse Versauerung und Auslaugung des Bodens (Rendzina). Die Kalkpflanzen des *Firmetum* verlieren ihre Existenzgrundlage, und an ihre Stelle tritt die durch eine andere Segge charakterisierte Gesellschaft des *Elynetum*. Wenn die Entwicklung zur endgültigen Podsolierung weitergeht, macht damit parallel das *Elynetum* der Gesellschaft des *Caricetum curvulae* Platz. Damit ist der klimabedingte *Endzustand (Klimax)* des Bodens und der Vegetation erreicht.

Im *mitteldeutschen Trockenklima* des Thüringer Beckens liegt eine andere Boden- und Vegetationsklimax vor. Innerhalb eines durch Niederschläge unter 550 mm gekennzeichneten Gebietes (Abb. 300) hat die *Bodenentwicklung* fast überall zu Schwarzerde (S. 200) geführt, welche in den feuchteren Nachbarbezirken nicht vorkommt, und die *Vegetation* ist gekennzeichnet durch das Fehlen der Buche und das Auftreten einer kontinentalen Federgras-Wiesensteppen-Assoziation (*Astragalo-Stipetum*, Abb. 297), welche der buchenwaldreichen Umgebung mit Assoziationen mitteleuropäischer, atlantischer und borealer Florenelemente abgeht.

Für den größten Teil des deutschen Flach- und Hügellandes ist die *Klimaxgesellschaft* der Eichen-Hainbuchenwald *(Querceto-Carpinetum)*. In den Gebirgen wird er abgelöst vom Buchenwald *(Fagetum)*, darüber vom Fichtenwald *(Pice-etum)*. Diese Endzustände werden aber sehr oft nicht erreicht, weil die Bodenreife noch nicht abgeschlossen oder durch Erosion gehemmt ist, eine besondere Wasser-führung vorliegt, lokale Klimaabweichungen, z. B. durch verschiedene Exposition, bestehen oder der Mensch durch Viehhaltung, Holz- und Grasnutzung usw. ein-greift. An Stelle der Klimax tritt dann eine andere Assoziation als *Dauergesell-schaft* auf (Wiesen, Heide usw.).

Die Folge der einander ablösenden Gesellschaften, welche vom vegetations-losen Standort, einem Bergsturz, vulkanischem Boden oder auch einer Wald-brand-, Windbruch- oder Kahlschlagfläche aus zur Klimax führen, bezeichnet man als *Sukzession* (Abb. 299). Sie beginnt beispielsweise auf einer Kahlschlagfläche mit Gesellschaften krautiger Pflanzen, wie Windröschen, Kreuzkraut, rotem Finger-hut, geht dann zu Gebüschen aus Weiden, Him- und Brombeeren über, aus wel-chen Birken und Zitterpappeln herauswachsen, bis die Zusammensetzung der Bäume schließlich dem Klimaxwald entspricht.

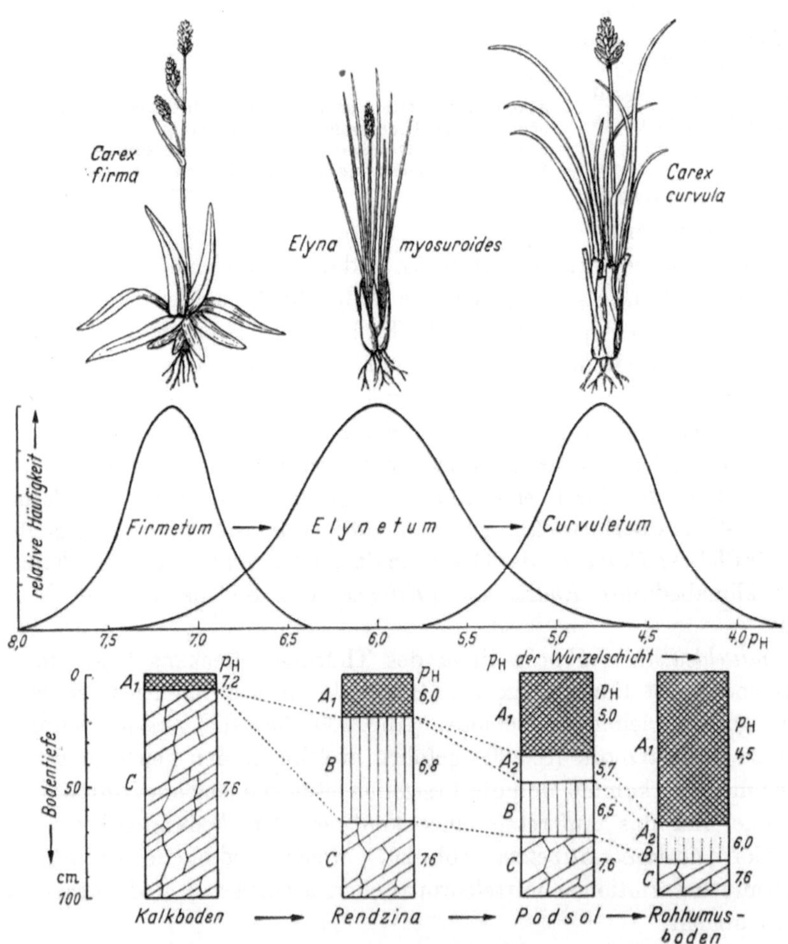


Abb. 299. Boden- und Vegetationsentwicklung in den Hochalpen. Pflanzenbilder etwa 1/3. (Nach Braun-Blanquet und Jenny, erweitert.)

**System der Pflanzengesellschaften.** Gewisse Pflanzenarten sind einer *Gruppe von Assoziationen* treu und dienen deshalb als *Charakterarten* für soziologische *Einheiten höherer Ordnung*, welche man in aufsteigender Reihe als *Verband* (Endsilbe -ion), *Ordnung* (-etalia) und *Klasse* (-etea) bezeichnet.

Beispielsweise werden der Buchenwald *(Fagetum)*, der Eichen-Hainbuchenwald *(Querceto-Carpinetum)* und der Eschen-Ahorn-Schluchtwald *(Querceto-Fraxinetum)* durch die Verbandscharakterarten Waldmeister *(Asperula odorata)*, Seidelbast *(Daphne mezereum)* usw. zum Verband des *Asperulo-Fagion* verknüpft. Dieser bildet zusammen mit den Auen-

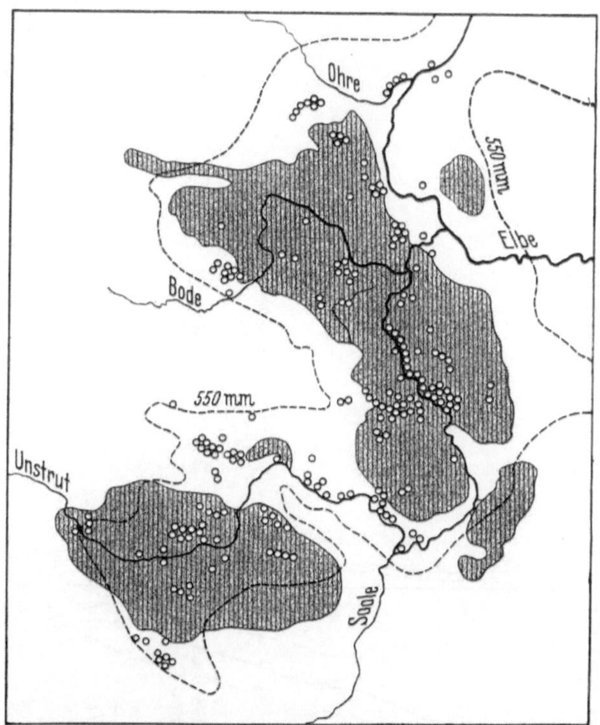



Abb. 300. Boden- und Vegetationsklima im mitteldeutschen Trockengebiet. Kreise: Standorte der Federgrasassoziation (Astragalo-Stipetum). Gebrochene Linie: Jahresniederschlag von 500 mm. Schraffiert: Schwarzerde-Flächen. (Nach Knapp u. a., verändert.)

und Quellwäldern *(Alno-Padion)* die *Ordnung* der *Fagetalia*, welche durch die Ordnungscharakterarten *Anemone nemorosa*, Aronstab *(Arum maculatum)*, Lärchensporn *(Corydalis cava* und *solida)*, Spitzahorn *(Acer platanoides)*, Esche *(Fraxinus excelsior)* usw. umgrenzt ist. Die Ordnung der *Fagetalia* wiederum wird mit der der meridionalen wärme- und trockenliebenden Eichenwälder *(Quercetalia pubescentis-sessiliflorae)* zur *Klasse* der eutrophen Fallaubwälder *(Querceto-Fagetea)* vereinigt, welcher die der bodensauren Wälder *(Quercetea roboris-sessiliflorae)* gegenübersteht. In entsprechender Weise lassen sich die Gesellschaften der Wiesen, Trockenrasen, Moore, Sümpfe, Gewässer, Ackerunkräuter usw. gliedern.

**Vegetationsgebiete.** Die Klimaabhängigkeit der *Assoziationen* sowohl wie der *Arealtypen* bringt es mit sich, daß die *geographische Verteilung* der floristischen und soziologischen Einheiten höherer Ordnung weitgehend *übereinstimmt*. So kann man beispielsweise die in Abb. 289 dargestellten Florenbezirke Europas auch durch die Wuchsräume von Klimaxassoziationen darstellen.

Wie die Florenreiche sind auch die obersten soziologischen Einheiten in ihrer geographischen Erstreckung durch die Kontinentalverschiebungen begrenzt. Deshalb hat z. B. der soziologische Aufbau einer mexikanischen Wüste (Abb. 250) nichts gemeinsam mit dem einer nordafrikanischen (Abb. 249) und ebensowenig der des brasilianischen Regenwaldes mit dem des malaiischen. Trotz der systematischen Verschiedenheit führt aber der Zwang gleicher ökologischer Standortsbedingungen

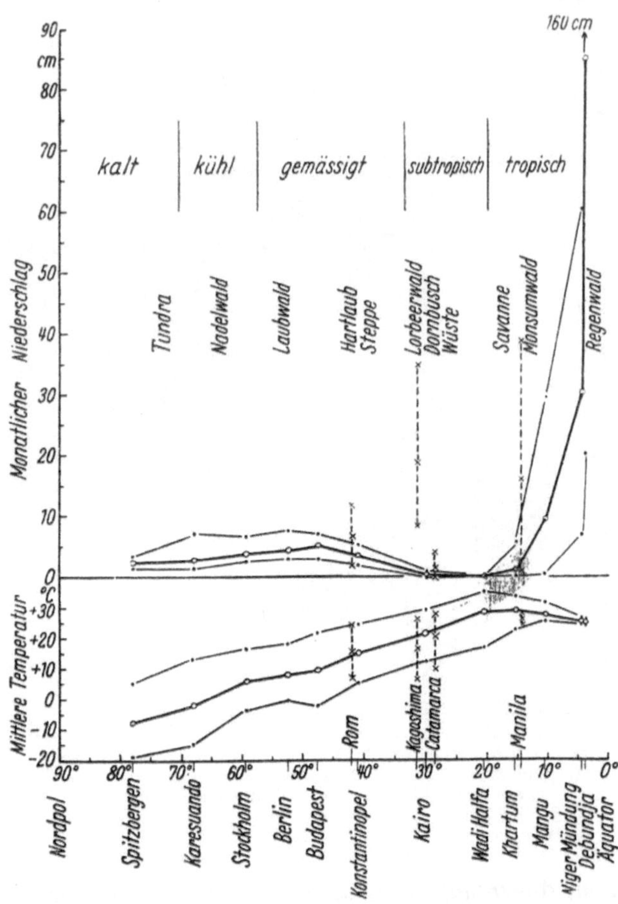


Abb. 301. Zonale Verteilung von Temperatur und Niederschlag vom
Nordpol zum Äquator.

hüben und drüben zu einander oft täuschend ähnlichen morphologischen Formen und Vegetationsphysiognomien (Abb. 8). So sehen die immergrünen Hartlaubgebüsche der kalifornischen Küste (Chaparral) ganz ebenso aus wie die des Mittelmeergebietes (Macchie, Abb. 256), aber einander vegetativ zum Verwechseln ähnliche Formen erweisen sich in der Blüte als zu ganz verschiedenen Familien gehörig, wie etwa eine mediterrane Erica und ein kalifornisches Rosengewächs oder ein Ginster und eine Composite. Physiognomisch lassen sich deshalb Pflanzengesellschaften auch über die Florengrenzen hinaus als *Vegetationsgebiete* vereinigen.

Man erhält dabei eine im ganzen *zonale Anordnung.* Sie ist die Folge einerseits der einstrahlungsbedingten Temperaturabnahme vom Äquator zu den Polen und andererseits der Passat-Antipassat-Zirkulation der Luft, welche beim Abstieg in der Gegend des 30. Breitengrades Niederschlagsarmut bewirkt. Dieses Schema ist freilich in den warmen Klimaten durch Monsunwinde und Meeresströmungen vielfach gestört, so daß auf gleicher Breite feuchte und trockene Gebiete nebeneinander liegen können, während in den kühleren Klimaten die geringere Evaporation (S. 119) und die starke West-Ost-Zirkulation der Luft solche Gegensätze weitgehend ausgleichen. Die so entstehenden Vegetationsgebiete lassen sich in folgendem Schema zusammenfassen:

| Klima | feucht ←————————————→ trocken | | |
|---|---|---|---|
| kalt | Tundra | | |
| kühl | Nadelwald | | |
| gemäßigt | Laubwald | Hartlaubgehölze | Steppe |
| subtropisch | Lorbeerwald | Trockenbusch | Wüste |
| tropisch | Regenwald | Monsunwald | Savanne |

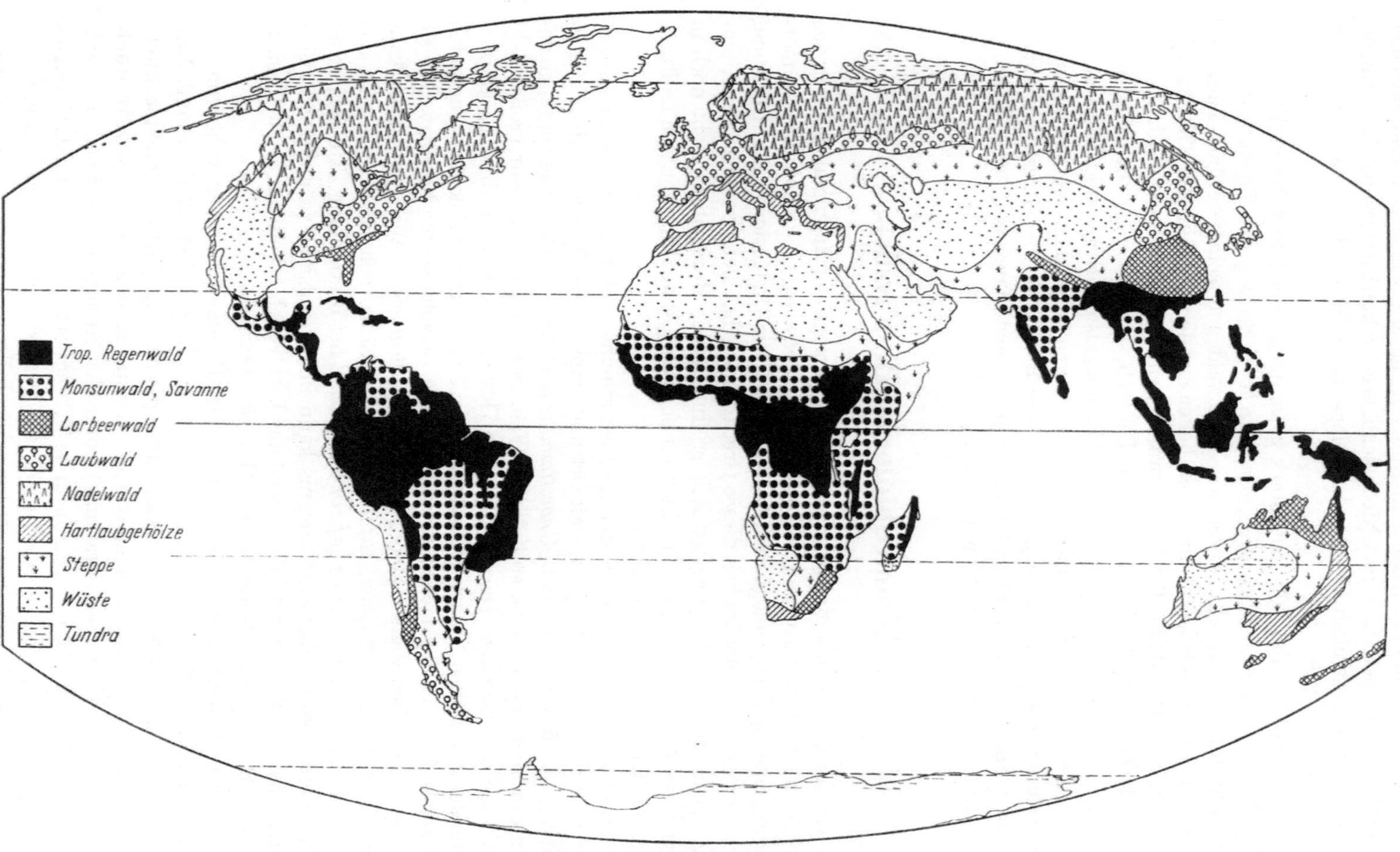


Abb. 302. Vegetationsgebiete der Erde.

Zahlenmäßig sind die *Klimate* in Abb. 301 durch die mittleren und extremen monatlichen Temperaturen und Niederschläge charakterisiert, wobei die geringere ökologische Wirksamkeit der Niederschläge bei höheren Temperaturen zu beachten ist (Abb. 248).

Die Karte der Abb. 302 gibt, stark zusammenfassend und die vertikale Gebirgsgliederung übergehend, die *geographische Verteilung* der *Vegetationsgebiete.* Ihre Physiognomie erhellt, soweit als Nadelwald und sommergrüner Laubwald nicht ohne weiteres bekannt, im wesentlichen aus den Abbildungen 236, 249, 250, 252, 253, 256, 264 und 267. Der Lorbeerwald ist ein verarmter Regenwald. Die Monsunwälder werfen in der Trockenzeit das Laub ab, sie sind weniger dicht und ärmer an Arten, vor allem auch Epiphyten und Lianen, als der Regenwald. Die weit verbreiteten Savannen bilden einen noch trockeneren tropischen Vegetationstyp, in welchem nur noch einzelne Baumgruppen oder Bäume in einer Grassteppe stehen, während der in der Karte nicht besonders abgegrenzte Trocken- (Dorn-) Busch im Übergang vom Monsunwald zur Wüste liegt.

# F. Quantenbiologie (Biophysik).

Wie die Geobotanik die systematische und ökologische Mannigfaltigkeit in den Großraum der Erde ausweitet, so vertieft die *Quantenbiologie (Biophysik)* die morphologischen und physiologischen Grundlagen in die Dimensionen des *Atoms* und *Energiequants.* Die Möglichkeit dieses Grenzgebietes hat sich erst durch die Atom- und Quantenphysik der jüngsten Zeit eröffnet. Seine Bearbeitung steht noch in den ersten Anfängen, und es kann hier nur eben eine Andeutung von sich eröffnenden Möglichkeiten gegeben werden.

Im Quantengebiet ist die eindeutige Bestimmung (Determination) eines Einzelvorganges nicht mehr möglich, weil Ort und Impuls eines Teilchens nicht gleichzeitig genau bestimmbar sind *(Unbestimmtheitsrelation).* Viele Einzelvorgänge zusammen aber ergeben eine statistische Wahrscheinlichkeit, bei sehr großer Zahl praktisch die Sicherheit eines bestimmten Gesamtablaufs, d. h. die Kausalbeziehung der klassischen Naturwissenschaften. An den in der Physiologie behandelten Prozessen sind im allgemeinen jeweils so viele Einzelmoleküle beteiligt, daß sie kausal beschrieben werden können. In der *Quantenbiologie* aber werden der kausalen Voraussage entzogene, *zufällige* Einzelvorgänge behandelt, wie z. B. das *Auftreffen eines Energiequants auf ein Genmolekül* bei Bestrahlung. Ein solches an sich unbedeutendes Elementarereignis kann im Organismus zu außerordentlich weitreichenden Wirkungen führen, weil das katalytisch arbeitende Kern-Plasmasystem den minimalen Geneffekt zur Mutation *verstärkt.*

Die *quantenbiologische* Untersuchung der *Mutationsauslösung* geht von der Frage aus, ob das Gen einen oder mehrere Strahlungstreffer erhalten muß. Man kann aus der *statistischen Wahrscheinlichkeit* die Abhängigkeit des erzielten Effektes (z. B. der Anzahl der Genmutationen) von der zugeführten Dosis (z. B. Röntgen-, Radium-, Ultraviolettstrahlung) unter der Annahme berechnen, daß entweder nur ein oder daß zwei oder mehrere Treffer notwendig sind, um das Ereignis herbeizuführen. Die so gewonnenen *Dosis-Effektkurven* werden am besten so gezeichnet, daß der Effekt in logarithmischer Teilung angetragen und als Dosiseinheit der experimentell gut bestimmbare Halbwert genommen wird, d. h. diejenige Dosisstärke, bei welcher 50% des maximal möglichen Effektes erzielt werden (vgl. Abb. 204). Die Eintrefferkurve stellt sich dann als Gerade dar, die Mehrtrefferkurven sind verschieden gekrümmte Linien (Abb. 303). Untersucht man die Dosis-Effektbeziehung *experimentell*, so kann man aus der Form der gefundenen Kurve entscheiden, ob ein Ein-, Zwei- oder Mehrtrefferereignis vorliegt *(Trefferprinzip)*. Die *Genmutation* ergibt sich dabei als durch *einen einzigen Treffer* bedingt. Dem Trefferereignis kann nun die Vorstellung eines bestimmten physikalischen Vorganges zugeschrieben und in seinen Konsequenzen experimentell überprüft werden. Als solcher ist bei der Genmutation eine *Ionisation* zu betrachten, welche innerhalb des *Bereichs eines größeren Moleküls* erfolgt und die zu dessen Strukturänderung notwendige Energie liefert. Das Gen ist deshalb als großes Molekül oder sehr kleine Mizelle zu denken.

Die *in der Natur* auftretenden *Mutationen* können nicht durch die kosmische Strahlung bedingt sein, da deren Dichte nur etwa 0,1% des beobachteten Effektes erklären würde. Da sie im Gegensatz zu Strahlungsmutationen stark temperaturabhängig sind, ist anzunehmen, daß die zur Genumwandlung notwendige Aktivierungsenergie durch eine zufällige thermische Energieverteilung geliefert wird.

Für die *Chromosomenmutation* erhält man Zwei- und Mehrtrefferkurven. Jede Bruchstelle für sich ist zwar auch hier ein Eintrefferereignis, aber für die Auswechslung von Chromosomenstücken sind mindestens zwei gleichzeitige Brüche notwendig (Abb. 196 *B*). Wahrscheinlich ist die Art der Ionisation hier eine andere als bei der Genmutation.

Nach dem Trefferprinzip lassen sich auch andere elementare Vorgänge analysieren, wie z. B. die *Inaktivierung von Viren* oder die *Abtötung von Bakterien* durch Bestrahlung. Erstere verhalten sich wie Gene. Bei Bakterien läßt sich zeigen, daß ihre Zelle etwa 1000 empfindliche Bereiche aufweist, von denen bei der Bestrahlung nur einer getroffen zu werden braucht, um die Abtötung bzw. die Unfähigkeit zu weiterer Teilung zu bewirken. Diese Treffbereiche haben wahrscheinlich genartigen Charakter, eine Vorstellung, welche mit der morphologischen Tatsache der Kernlosigkeit der Bakterien und der Nukleoproteidverteilung im Plasma übereinstimmt (S. 16).

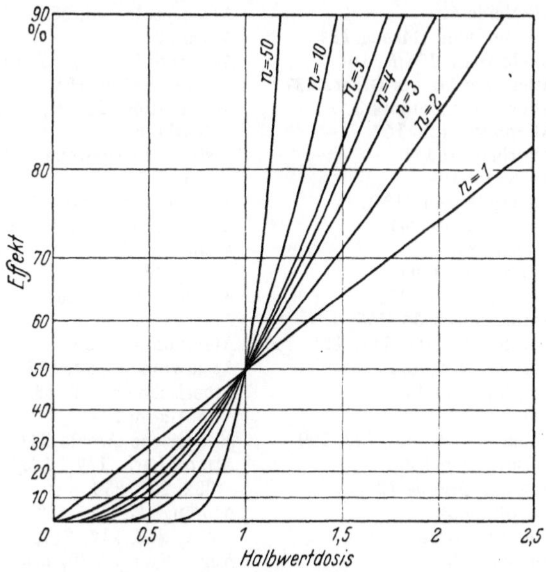


Abb. 303. Berechnete Dosis-Effektkurven für verschiedene Trefferzahlen. *n* Anzahl der notwendigen Treffer. Effekte in logarithmischem Maßstab. (Nach Timoféeff-Ressovsky und Zimmer.)

# Sachverzeichnis.

Hauptverweise sind *kursiv* gesetzt. Latinisiertes c ist meist als k oder z geschrieben.